国家"双高计划"建筑钢结构工程技术专业群成果教材
高等职业教育土建类"十四五"系列教材

建筑工程计量与计价

JIANZHU

GONGCHENG

JILIANG YU JIJIA

U0783682

工作手册式

主　编　成如刚

副主编　祁大勇

参　编　李　班　汪　玲

　　　　夏　锐　刘　湃

电子课件
（仅限教师）

华中科技大学出版社
http://press.hust.edu.cn
中国·武汉

图书在版编目（CIP）数据

建筑工程计量与计价 / 成如刚主编 . —武汉：华中科技大学出版社，2023.9
ISBN 978-7-5680-9809-0

Ⅰ . ①建… Ⅱ . ①成… Ⅲ . ①建筑工程—计量 ②建筑造价 Ⅳ . ① TU723.32

中国国家版本馆 CIP 数据核字（2023）第 167984 号

建筑工程计量与计价

Jianzhu Gongcheng Jiliang yu Jijia

成如刚　主编

策划编辑：康　序

责任编辑：段亚萍

封面设计：孢　子

责任监印：朱　玢

出版发行：华中科技大学出版社（中国·武汉）　　电话：（027）81321913
　　　　　武汉市东湖新技术开发区华工科技园　　邮编：430223

录　　排：武汉创易图文工作室

印　　刷：武汉市洪林印务有限公司

开　　本：787 mm×1092 mm　1/16

印　　张：25.25

字　　数：658 千字

版　　次：2023 年 9 月第 1 版第 1 次印刷

定　　价：58.00 元

"建筑工程计量与计价"课程是工程造价专业、建筑工程技术专业等专业的核心课程之一,是工程造价专业核心岗位的必修关键课程。

本教材在编写过程中,对接计量计价岗位,对接二级造价工程师职业资格标准,融入最新行业成果,如新规范、新定额(湖北 2018 定额等)、新图集(如 22G101等)、营改增、装配式与钢结构新技术等。按照工作手册式、活页式思路,重新设计了课程教学内容体系并配套信息化资源。每个章节设计了基于项目的典型工作任务(清单编制任务、清单计价任务等),并围绕工作任务展开相关知识内容,引导读者学习。

本教材由国家"双高计划"建筑钢结构工程技术专业群建设单位、国家级职业教育教师教学创新团队及相关行业企业专家共同编写。由黄冈职业技术学院成如刚主编,湖北大鹏工程咨询有限公司祁大勇(高级工程师、资深造价师、香港测量师)担任副主编,黄冈职业技术学院李班、黄冈职业技术学院汪玲、黄冈市审计局一级造价工程师夏锐、广联达科技股份有限公司刘湃参与编写。具体分工为:祁大勇编写工作手册 1、2、14,成如刚编写工作手册 3、5、6、7、8、10、15、18,李班和汪玲共同编写工作手册 4、9、16、17,夏锐和刘湃共同编写工作手册 11~13 并提供所有案例素材。全书由成如刚策划和统稿。

本书可作为高职高专、成人高校和应用型本科建筑工程技术、建设工程管理、工程造价等专业的教材,也可以作为湖北二级造价工程师考试、职工训练和广大从业人员的自学参考用书。

本书在编写过程中参考了大量专家学者的著作、论文和网络资料,并得到了行业内许多同仁的支持,在此一并表示衷心的感谢!

为了方便教学,本书还配有电子课件等资料,任课教师可以发邮件至 husttujian@163.com 索取。

由于编者的水平有限,书中难免出现不妥和错漏之处,敬请广大读者和同仁批评指正,以便再版时加以完善。

编　者
2023 年 5 月

目 录
Contents

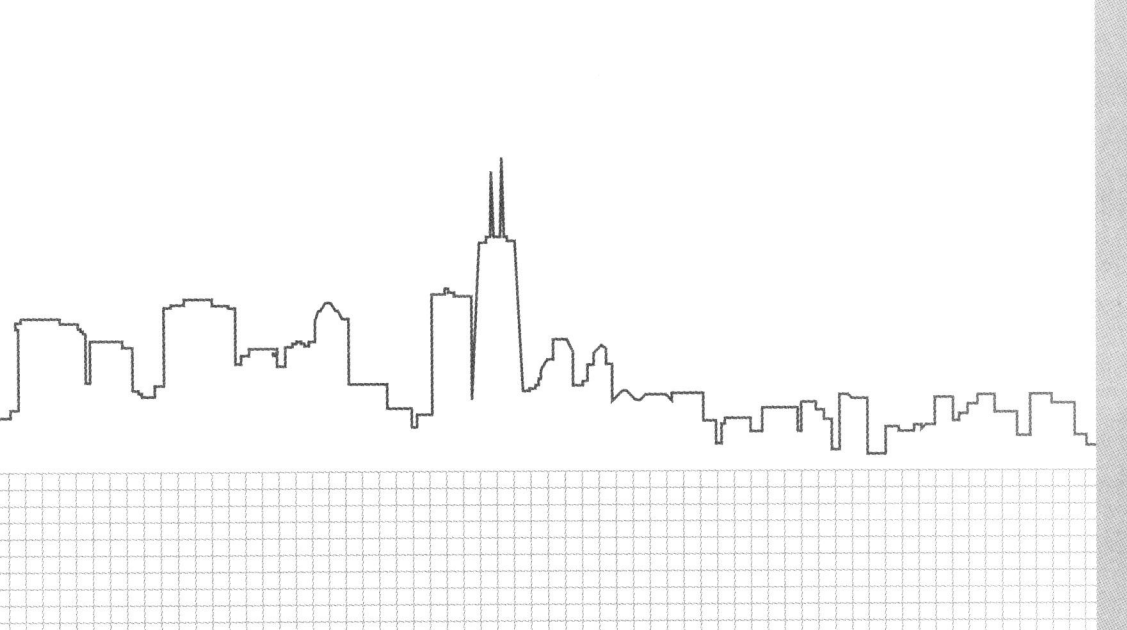

任务书 1

任务：分析清单计价与定额计价的异同（见表 1.1）。

表 1.1　清单计价与定额计价的异同

序号	计价模式	相同点	不同点
1	定额计价		
2	清单计价		

任务 1 相关知识点

1.1　建设工程计价的含义

建设工程计量与计价，包含计量、计价两部分内容。

建设工程计量也就是计算工程量，是指依据设计文件，按照标准规定的相关建设工程的工程量计算规则，对工程数量进行计算的活动。

建设工程计价是指在建设工程项目实施建设的各个阶段,根据不同的目的,按照规定的程序、方法和依据,对特定的建设项目工程造价及其构成内容进行预测或确定的过程。计价活动是全过程、全方位的预测、优化、计算和分析过程。在投资决策阶段,一般指投资估算的编制;在设计阶段,一般指设计概算和施工图预算的编制;在招投标阶段,一般指招标控制价和投标报价的编制;在施工阶段,一般指进度价款结算的编制;在竣工验收阶段,一般指竣工结(决)算的编制等。在设计阶段及其之前是对工程造价的估计,在交易阶段及其以后是对工程造价的确定的。

两层小框架楼房
施工全过程

1.2 建设工程计量计价基本原理

建设工程计量计价的主要作用是确定建设产品的工程价格,也就是确定工程造价。建设产品的价格确定也是建立在经济学理论基础之上的,也是由生产这个产品的社会必要劳动量确定的。

建设产品可以指工程建设的最终产品——建设项目(例如,一所学校、一座医院、一座工厂、一个住宅小区等),也可以是能独立发挥功能和作用的某些完整产品——工程项目(例如,一所学校的教学大楼、食堂、宿舍等),也可以是完整产品中能独立组织施工的部分——单位工程(例如,教学大楼的土建工程、给排水工程、电气照明工程等),还可以是单位工程的基本组成部

计价原理

分——分部工程或分项工程(例如,土建工程中的土石方工程、桩基工程、砌筑工程、混凝土与钢筋混凝土工程等分部工程,混凝土与钢筋混凝土工程中的柱、梁、板、墙、楼梯等分项工程),甚至可以指某个施工作业过程或某个施工工艺环节。

建设产品的价格组成包括:人工费、材料费及工程设备费、施工机具(施工仪器仪表)使用费、企业管理费、利润、规费、增值税。

建设工程计量计价基本原理通过公式表达如下:

建筑安装工程造价 = ∑(单位工程基本构造要素工程量 × 相应单价)

首先将一个建设项目进行分解,划分为可以按有关技术经济参数测算价格的、具有共性的基本构造要素;然后按照规则计算基本构造单元的实物工程量,采取一定的方法找到相应构造单元的当时当地单价;考虑一些其他费用;最后进行分项分部组合汇总,计算出某单位工程的工程造价。

建设工程计价的基本思路就是项目的分解与组合,是一种从下而上的分部分项组合计价方法。一般来说,分解结构层次越多,基本子项也越细,计算也更精确。在建设项目的不同阶段,要求的精度不同,基本构造单元的粗细程度要求也不同,按精度不同,可以是分部工程、分项工程或结构构件、施工过程等。

编制分项工程人工、材料、机械台班的消耗量定额,是确定工程造价的重要基础。在消耗量定额的基础上再考虑价格因素,用货币量反映一定计量单位的定额人工费、材料费、施工机

具使用费,三项费用合计称为工料机单价。在工料机单价基础上考虑管理费、利润和适当风险费用即为综合单价(不完全综合单价)。在工料机单价基础上再加上管理费、利润、风险费用、总价措施项目费、规费,即为不含税全费用综合单价,再考虑增值税之后就是含税全费用综合单价。

建设工程计量与计价基本步骤是:依据相关工程建设法律法规、规范、定额(指标)、合同、造价信息、设计文件等工程技术资料,计算特定建设工程项目的基本构造要素(分部或分项工程,或结构构件,或施工过程等,一般是定额项目或清单项目)工程量、确定相应单价,考虑一些其他费用后,汇总确定单位工程造价,由不同单位工程造价可以汇总确定单项工程造价,进而可以向上汇总得到建设项目工程造价。

1.3　建设工程计价方式

我国目前是两种计价方式并存,即:定额计价方式和工程量清单计价方式。

1.3.1　定额计价方式

定额计价方式是项目各方以定额为基础计算单位工程造价的计价方式。

定额计价方式适用于建设项目全过程的各阶段的造价确定和控制,包括:投资阶段的投资估算、设计阶段的设计概算、施工图设计阶段以及招投标阶段的施工图预算、施工阶段的价款结算以及施工单位编制的施工预算、竣工阶段的工程结(决)算、运营维护阶段的成本测算与控制等。

定额计价方式是一种传统的计价方式,并将长期存在。

定额计价的基本依据是国家(或省、市、自治区,或行业)统一使用的定额、合同、造价信息、设计文件等工程技术经济资料。

1.3.2　清单计价方式

工程量清单计价方式是指由招标人按照《建设工程工程量清单计价规范》、工程量计算规范规定提供工程量清单,由投标人依据工程量清单自主报价的工程造价计价方式。

清单计价方式

工程量清单计价方式是在建设工程招投标方式下采用的一种特殊的计价方式,适用于建设工程发承包及实施阶段的造价确定和控制。包括:招投标阶段的施工图预算(即:工程量清单、招标控制价、投标报价)、施工阶段的价款结算、竣工阶段的工程结算等。使用国有资金投资的建设工程发承包,必须采用工程量清单计价。

我国的工程量清单计价方式是在定额计价方式基础上,适应市场需要和国际化的需要而发展起来的一种新的工程产品计价方式。

工程量清单计价的基本依据是清单计价规范、工程量计算规范、定额(指标)、合同、造价信息、设计文件等工程技术经济资料。

1.4　建设工程计量计价基本流程

1.4.1　建设工程定额计量计价基本流程

　　建设工程定额计量计价包括工料单价法与实物法两种方法,计价程序分别如图1.1、图1.2所示。我国常用的是工料单价法,湖北目前用的是全费用单价法,如图1.3所示。

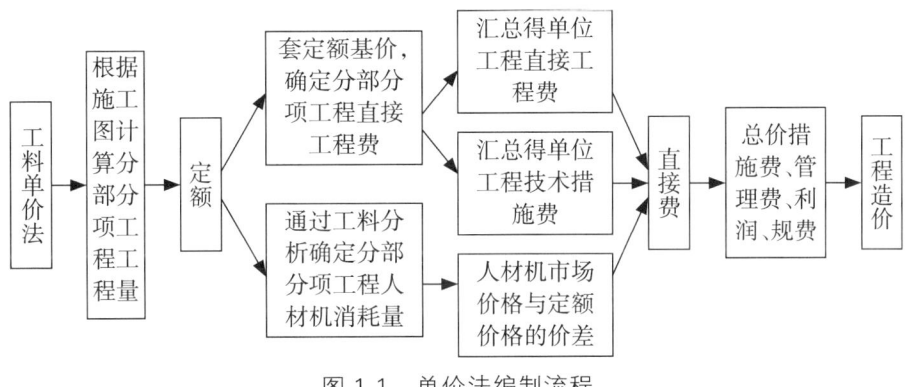

图 1.1　单价法编制流程

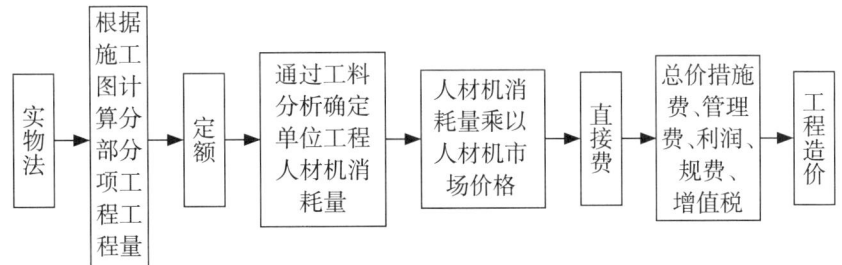

图 1.2　实物法编制流程

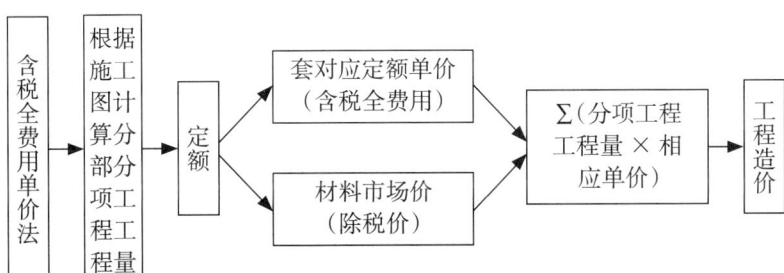

图 1.3　湖北全费用单价法编制流程

1.4.2　建设工程清单计量计价基本流程

建设工程清单计量计价包括招标人编制清单、投标人投标报价两个过程,招标人编制招标控制价的流程与投标报价的流程基本相同。 招标人提供工程量清单基本流程如图 1.4 所示,投标人投标报价基本流程如图 1.5 所示,湖北全费用清单编制与投标报价基本流程如图 1.6 所示。

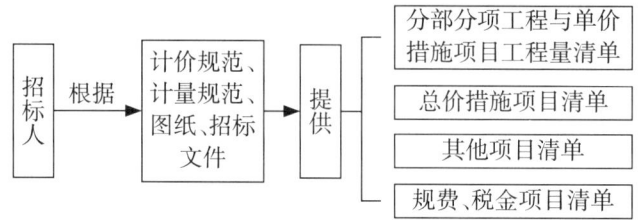

图 1.4　招标人编制清单基本流程

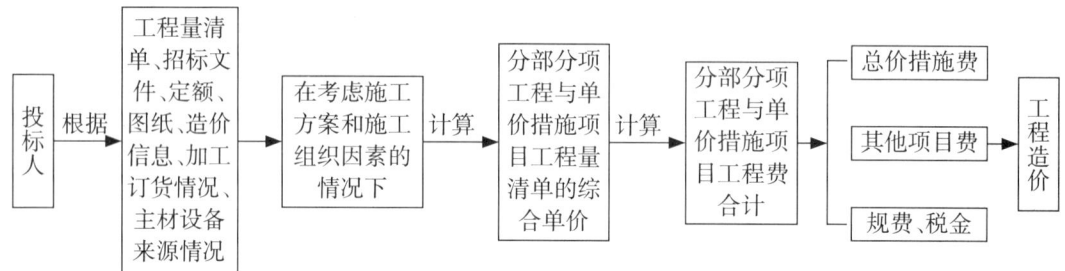

图 1.5　投标人投标报价基本流程

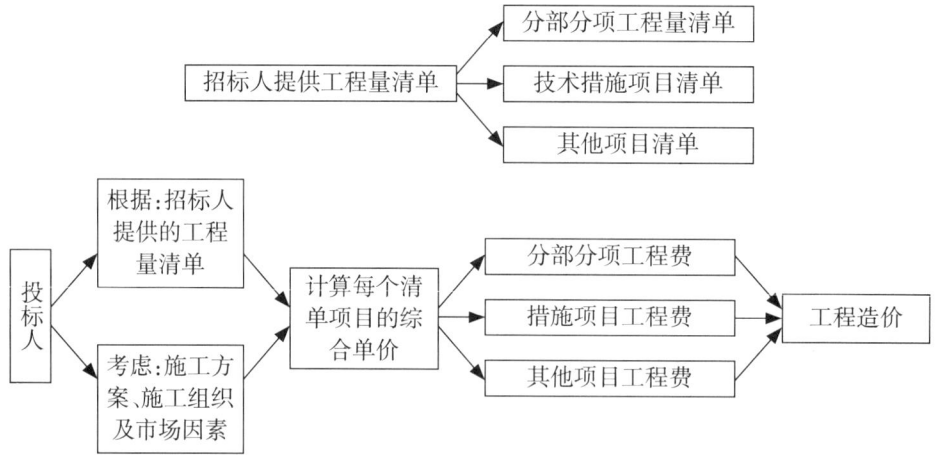

图 1.6　湖北全费用清单编制与投标报价基本流程

1.5　计量计价标准和依据

计量计价标准和依据包括计价活动的相关规章规程、工程量清单计价和工程量计算规范、工程定额及相关造价信息等。

从我国现状来看,工程定额主要作为国有资金投资工程编制投资估算、设计概算和最高投标限价(招标控制价)的依据,对于其他工程,在项目建设前期各阶段可以用于建设投资的预测和估计,在工程建设交易阶段,工程定额可以作为建设产品价格形成的辅助依据。工程量清单计价依据主要适用于合同价格形成以及后续的合同价款管理阶段。计价活动的相关规章规程则根据其具体内容可能适用于不同阶段的计价活动。造价信息是计价活动所必需的依据。

1. 计价活动的相关规章规程

现行计价活动相关的规章规程主要包括国家标准——《工程造价术语标准》GB/T 50875、《建筑工程建筑面积计算规范》GB/T 50353、《建设工程造价咨询规范》GB/T 51095、《建设工程造价鉴定规范》GB/T 51262,以及中国建设工程造价管理协会标准——《建设项目投资估算编审规程》《建设项目设计概算编审规程》《建设项目施工图预算编审规程》《建设工程招标控制价编审规程》《建设项目工程结算编审规程》《建设项目工程竣工决算编制规程》《建设项目全过程造价咨询规程》《建设工程造价咨询成果文件质量标准》《建设工程造价咨询工期标准》等。

2. 工程量清单计价和工程量计算规范

工程量清单计价和工程量计算规范由《建设工程工程量清单计价规范》GB 50500、《房屋建筑与装饰工程工程量计算规范》GB 50854、《仿古建筑工程工程量计算规范》GB 50855、《通用安装工程工程量计算规范》GB 50856、《市政工程工程量计算规范》GB 50857、《园林绿化工程工程量计算规范》GB 50858、《矿山工程工程量计算规范》GB 50859、《构筑物工程工程量计算规范》GB 50860、《城市轨道交通工程工程量计算规范》GB 50861、《爆破工程工程量计算规范》GB 50862 等组成。

3. 工程定额

工程定额主要指国家、地方或行业主管部门制定的各种定额,包括工程消耗量定额和工程计价定额等。工程消耗量定额主要是指完成规定计量单位的合格建筑安装产品所消耗的人工、材料、施工机具台班的数量标准。工程计价定额是指直接用于工程计价的定额或指标,包括预算定额、概算定额、概算指标和投资估算指标。此外,部分地区和行业造价管理部门还会颁布工期定额,工期定额是指在正常的施工技术和组织条件下,完成建设项目和各类工程建设投资费用的计价依据。

4. 工程造价信息

工程造价信息是指工程造价管理机构发布的建设工程人工、材料、工程设备、施工机具的价格信息,以及各类工程的造价指数、指标等。

1.6　工程量清单计价概述

《建设工程工程量清单计价规范》(GB 50500—2013)规范建设工程造价计价行为,统一建

设工程计价文件的编制原则和计价方法。

《房屋建筑与装饰工程工程量计算规范》(GB 50854—2013)规范工程造价计量行为,统一房屋建筑与装饰工程工程量清单的编制、项目设置和计量规则。适用于房屋建筑与装饰工程施工发承包计价活动中的工程量清单编制和工程量计算。工程量清单必须根据工程计量规范编制。

国有资金投资的建设工程施工发承包,必须采用工程量清单计价。非国有资金投资的建设工程,宜采用工程量清单计价。不采用工程量清单计价的建设工程,应执行《建设工程工程量清单计价规范》(GB 50500—2013)除工程量清单等专门性规定外的其他规定(如:价款约定、价款调整、价款支付、争议解决、结算、造价鉴定等相关条款)。

1.6.1   工程量清单计价主要内容

1. 工程量清单

工程量清单是载明建设工程分部分项工程项目、措施项目、其他项目的名称和相应数量以及规费、税金项目等内容的明细清单。在不同阶段,又可分别称为"招标工程量清单""已标价工程量清单"等。

(1)招标工程量清单。

招标工程量清单是指招标人依据国家标准、招标文件、设计文件以及施工现场实际情况编制的,随招标文件发布,供投标报价的工程量清单,包括其说明和表格。

招标工程量清单是工程量清单计价的基础,应作为编制招标控制价、投标报价、计算或调整工程量、索赔等的依据之一。

招标工程量清单应以单位(项)工程为单位编制,应由分部分项工程项目清单、措施项目清单、其他项目清单、规费和税金项目清单组成。

(2)已标价工程量清单。

已标价工程量清单是指构成合同文件组成部分的投标文件中已标明价格,经算术性错误修正(如有)且承包人已确认的工程量清单,包括对其的说明和表格。已标价工程量清单特指中标人的"已标价工程量清单"。实践中,已标价工程量清单的"清单"可能会出现与招标工程量清单不同的情况,可能的原因:一是评标专家和承包人均确认的错误修正;二是投标人没有响应招标工程量清单的要求,修改了招标工程量清单(项目或工程量),评标时没有发现,最终又中标的情况。

2. 工程量清单计价

工程量清单计价是指计算工程量清单项目所需的全部费用的计价过程,包括分部分项工程费、措施项目费、其他项目费和规费、税金。工程量清单计价采用综合单价计价。

(1)招标控制价。

招标人根据国家或省级、行业建设主管部门颁发的有关计价依据和办法,以及拟定的招标文件和招标工程量清单,结合工程具体情况编制的招标工程的最高投标限价。

(2)投标价。

投标人投标时响应招标文件要求所报出的对已标价工程量清单汇总后标明的总价。

（3）签约合同价。

发承包双方在工程合同中约定的工程造价，即包括了分部分项工程费、措施项目费、其他项目费、规费和税金的合同总金额。采用招标发包的工程，其合同价应为投标人的中标价。

（4）竣工结算价。

发承包双方依据国家有关法律、法规和标准规定，按照合同约定确定的，包括在履行合同过程中按合同约定进行的合同价款调整，是承包人按合同约定完成了全部承包工作后，发包人应付给承包人的合同总金额。竣工结算价是由发承包双方按照合同约定的造价条款（签约合同价、合同价款调整）等事项确定的最终工程造价。合同价款调整指工程变更、索赔、现场签证、政策变化等引起的价款调整。

3. 综合单价

综合单价是指完成一个规定清单项目所需的人工费、材料和工程设备费、施工机具使用费和企业管理费、利润以及一定范围内的风险费用。

风险费用是指隐含于已标价工程量清单综合单价中，用于化解发承包双方在工程合同中约定内容和范围内的市场价格波动风险的费用。

1.6.2　工程量清单计价的主要依据

1. 编制招标工程量清单的依据

（1）《建设工程工程量清单计价规范》（GB 50500）和相关工程的国家计量规范［如《房屋建筑与装饰工程工程量计算规范》（GB 50854）等］。

（2）国家或省级、行业建设主管部门颁发的计价定额和计价办法。如《湖北省房屋建筑与装饰工程消耗量定额及全费用基价表》、《湖北省建筑安装工程费用定额》、《建筑安装工程费用项目组成》（建标〔2013〕44号）、《建筑工程安全防护、文明施工措施费用及使用管理规定》（建办〔2005〕89号）、《湖北省扬尘污染防治增加费计取办法》、《关于调整湖北省建设工程计价依据的通知》（鄂建办〔2019〕93号）等文件。

（3）建设工程设计文件及相关资料。如：经审定的施工设计图纸及其说明、相关标准图集等。

（4）与建设工程有关的标准、规范、技术资料。如相关设计规范、施工规范、质量标准等。

（5）拟定的招标文件（含补充通知、答疑纪要等）。

（6）施工现场情况、地勘水文资料、工程特点及常规施工方案。如：经审定的施工组织设计或施工技术措施方案。

（7）其他相关资料。

2. 编制招标控制价的依据

在招标工程量清单编制依据的基础上，删除"计量规范"（计量规范不是招标控制价的编制依据），另外增加两条：

（1）招标工程量清单。原因：招标工程量清单是招标文件的一部分，招标控制价和投标报价必须在招标工程量清单的基础上进行计价（报价），必须按招标工程量清单填报价格。项目编码、项目名称、项目特征、计量单位、工程量必须与招标工程量清单一致。

（2）工程造价管理机构发布的工程造价信息，当工程造价信息没有发布时，参照市场价。注意：优先考虑"工程造价管理机构发布的工程造价信息"，当工程造价信息没有发布时，参照市场价。

3. 编制投标报价的依据

投标报价由投标人自主确定。其编制依据与招标控制价的编制依据相比有如下不同：

一是增加计价依据"企业定额"。优先考虑"企业定额"，也可参考国家或省级、行业建设主管部门颁发的计价定额和办法。

二是把招标控制价考虑的"常规施工方案"改为投标人"投标时拟定的施工组织设计或施工方案"。

三是把"工程造价管理机构发布的工程造价信息，当工程造价信息没有发布时，参照市场价"改为"市场价格信息或工程造价管理机构发布的工程造价信息"。编制招标控制价时，优先考虑"工程造价管理机构发布的工程造价信息"，当工程造价信息没有发布时，参照市场价；编制投标报价时，"市场价格信息"和"工程造价管理机构发布的工程造价信息"二者没有优先级，均可参考。

工作手册 2

建筑工程费用

JIANZHU GONGCHENG FEIYONG

2.1 建筑工程费用项目构成

任务书 2.1

背景资料:根据某工程分部分项工程和单价措施项目的工程量,以及当地省级行政主管部门发布的《房屋建筑与装饰工程消耗量定额》中的消耗指标,进行工料分析,计算得出各项资源消耗及该地区相应的市场价格,见表 2.1,表中的单价均为不包含增值税可抵扣进项税额的价格。

表 2.1　资源消耗量及预算价格表

资源名称	单位	消耗量	除税单价 / 元	资源名称	单位	消耗量	除税单价 / 元
32.5 水泥	kg	1 740.84	0.46	钢筋 ϕ 10 以上	t	5.526	3 700.00
42.5 水泥	kg	18 101.65	0.48	砂浆搅拌机	台班	16.24	42.84
52.5 水泥	kg	20 349.76	0.50	5 t 载重汽车	台班	14.00	310.59
净砂	m³	70.76	90.00	木工圆锯	台班	0.36	171.28
碎石	m³	40.23	108.00	翻斗车	台班	16.26	101.59
钢模	kg	152.96	9.95	挖土机	台班	1.00	1 060.00
木门窗料	m³	5.00	2 480.00	混凝土搅拌机	台班	4.35	152.15
木模	m³	1.232	2 200.00	卷扬机	台班	20.59	72.57
镀锌铁丝	kg	146.58	10.48	钢筋切断机	台班	2.79	161.47
灰土	m³	54.74	50.48	钢筋弯曲机	台班	6.67	152.22
水	m³	42.90	4.50	插入振动器	台班	32.37	11.82
电焊条	kg	12.98	6.67	平板振动器	台班	4.18	13.57
草袋子	m³	24.30	0.94	履带式推土机	台班	10.38	858.54
黏土砖	千块	109.07	510.00	电动打夯机	台班	85.03	23.12
隔离剂	kg	20.22	2.00	普工	工日	350.00	60.00
铁钉	kg	61.57	5.70	一般技工	工日	100.00	80.00
钢筋 ϕ 10 以内	t	2.307	3 600.00	高级技工	工日	50.00	110.00

纳税人所在地为城市,按照该工程所在地的省级行政部门发布的计价程序中的规定取费,安全文明施工费按分部分项工程和单价措施项目的人工费+机械费的 12% 计取,其他的

总价措施项目费用合计按分部分项工程和单价措施项目的人工费＋机械费的8%计取,其中人工费、机械费分别占比为35%、10%。企业管理费和利润分别按分部分项工程和单价措施项目的人工费＋机械费的15%和10%计取,规费中的社会保险费和公积金合计按分部分项工程和单价措施项目的人工费的15%计取,按标准缴纳的工程排污费为0.3万元。增值税税率按9%。

任务:应用实物量法编制该基础工程的施工图预算。

任务分析:

(1)本案例已根据当地省级行政主管部门发布的《房屋建筑与装饰工程消耗量定额》中的消耗指标,进行了工料分析,并得出各项资源的消耗量和该地区相应的市场价格表(见表2.1)。在此基础上可直接利用表2.1计算出该基础工程的人工费、材料费和施工机具使用费。

(2)按背景材料给定的费率,并根据建标〔2013〕44号文件计算应计取的各项费用和增值税,并汇总得出该基础工程的施工图预算造价。

▌任务实施

任务步骤1:根据表2.1的各种资源的消耗量和市场价格,列表计算该基础工程的人工费、材料费和施工机具使用费,见表2.2。

表2.2 分部分项工程和单价措施项目人、材、机费用计算表

资源名称	单位	消耗量	除税单价/元	除税合价/元	资源名称	单位	消耗量	除税单价/元	除税合价/元
32.5水泥	kg	1 740.84	0.46		砂浆搅拌机	台班	16.24	42.84	
42.5水泥	kg	18 101.65	0.48		5 t载重汽车	台班	14.00	310.59	
52.5水泥	kg	20 349.76	0.50		木工圆锯	台班	0.36	171.28	
净砂	m³	70.76	90.00		翻斗车	台班	16.26	101.59	
碎石	m³	40.23	108.00		挖土机	台班	1.00	1 060.00	
钢模	kg	152.96	9.95		混凝土搅拌机	台班	4.35	152.15	
木门窗料	m³	5.00	2 480.00		卷扬机	台班	20.59	72.57	
木模	m³	1.232	2 200.00		钢筋切断机	台班	2.79	161.47	
镀锌铁丝	kg	146.58	10.48		钢筋弯曲机	台班	6.67	152.22	
灰土	m³	54.74	50.48		插入振动器	台班	32.37	11.82	
水	m³	42.90	4.50		平板振动器	台班	4.18	13.57	
电焊条	kg	12.98	6.67		履带式推土机	台班	10.38	858.54	
草袋子	m³	24.30	0.94		电动打夯机	台班	85.03	23.12	
黏土砖	千块	109.07	510.00		施工机具使用费合计				
隔离剂	kg	20.22	2.00		普工	工日	350.00	60.00	
铁钉	kg	61.57	5.70		一般技工	工日	100.00	80.00	

续表

资源名称	单位	消耗量	除税单价/元	除税合价/元	资源名称	单位	消耗量	除税单价/元	除税合价/元
钢筋 ϕ 10以内	t	2.307	3 600.00		高级技工	工日	50.00	110.00	
钢筋 ϕ 10以上	t	5.526	3 700.00		人工费合计				
材料费合计									

任务步骤 2：根据表 2.2 计算求得的人工费、材料费、施工机具使用费和背景资料给定的费率计算该工程的施工图预算，见表 2.3。

表 2.3　工程施工图预算费用计算表

序号	费用名称	费用计算表达式	金额/元	备注
1	分部分项工程和单价措施项目的人材机费用之和	人工费＋材料费＋施工机具使用费		
2	总价措施项目费	安全文明施工费＋其他总价措施项目费		
3	企业管理费			
4	利润			
5	规费			
6	税金			
7	预算造价	1＋2＋3＋4＋5＋6		

任务 2.1 相关知识点

建筑安装工程费用组成

建筑安装工程费是指为完成工程项目建造、生产性设备及配套工程安装所需的费用。本章主要介绍其中的房建与装饰工程费用。房建与装饰工程费用内容包括各类房屋建筑工程的费用，以及为施工而进行的场地平整，工程和水文地质勘察，原有建筑物和障碍物的拆除，以及施工临时用水、电、暖、气、路、通信和完工后的场地清理等工作的费用。

2.1.1　按造价形成划分时我国建筑安装工程费用项目构成

建筑安装工程费按照工程造价形成由分部分项工程费、措施项目费、其他项目费、规费、增值税组成，分部分项工程费、措施项目费、其他项目费包含人工费、材料费、施工机具使用费、企业管理费和利润（见图 2.1）。

单位工程造价＝分部分项工程费＋措施项目费＋其他项目费＋规费＋增值税

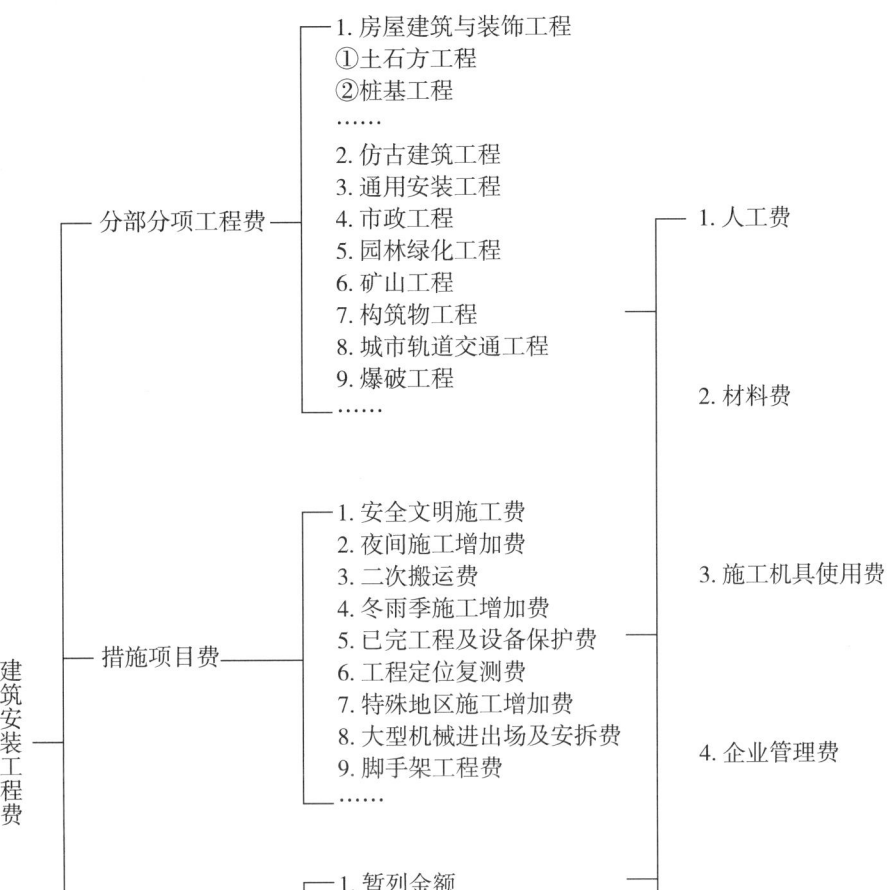

图 2.1　建筑安装工程费用项目组成（按造价形成划分）

【案例 2.1.1】

背景资料：某工程项目造价费用如下。分项工程和单价措施项目的造价数据如表 2.4 所示，分项工程和单价措施项目的管理费和利润为人材机费用之和的 15%，总价措施项目费用 9 万元（其中含安全文明施工费 3 万元），暂列金额 12 万元，规费为分项工程和单价措施项目费的人材机费用之和的 10%，一般计税法增值税税率为 9%。

表 2.4　分项工程和单价措施项目的造价数据

名称	工程量	综合单价
A	600 m³	180 元 / m³
B	900 m³	360 元 / m³
C	1 000 m³	280 元 / m³
D	600 m³	90 元 / m³

任务：计算项目造价（单位：万元。计算结果均保留三位小数）。

▌任务实施

任务步骤 1：计算分项工程和单价措施项目费（见表 2.5）。

表 2.5　分项工程和单价措施项目费用计算

名称	工程量	综合单价	合价 / 万元
A	600 m³	180 元 / m³	10.8
B	900 m³	360 元 / m³	32.4
C	1 000 m³	280 元 / m³	28.0
D	600 m³	90 元 / m³	5.4
合计			76.6

分项工程和单价措施项目费用之和为 76.6 万元。

任务步骤 2：计算分项工程和单价措施项目费用中的人材机费用：人材机费用＝76.6/（1＋15%）万元＝66.609 万元。

任务步骤 3：总价措施项目费用 9 万元。

任务步骤 4：其他项目费＝暂列金额＝12 万元。

任务步骤 5：规费＝66.609×10% 万元＝6.661 万元。

任务步骤 6：增值税＝（76.6＋9＋12＋6.661）×9% 万元＝9.383 万元。

任务步骤 7：项目造价＝（76.6＋9＋12＋6.661＋9.383）万元＝113.644 万元。

2.1.2　按费用构成要素划分时我国建筑安装工程费用项目组成

建筑安装工程费按照费用构成要素划分，由人工费、材料（包含工程设备，下同）费、施工机具使用费、企业管理费、利润、规费和增值税组成。其中人工费、材料费、施工机具使用费、企业管理费和利润包含在分部分项工程费、措施项目费、其他项目费中（见图 2.2）。

单位工程造价＝人工费＋材料费＋施工机具使用费
＋企业管理费＋利润＋规费＋增值税

2.1.2.1　分部分项工程费

分部分项工程费是指各专业工程的分部分项工程应予列支的各项费用。

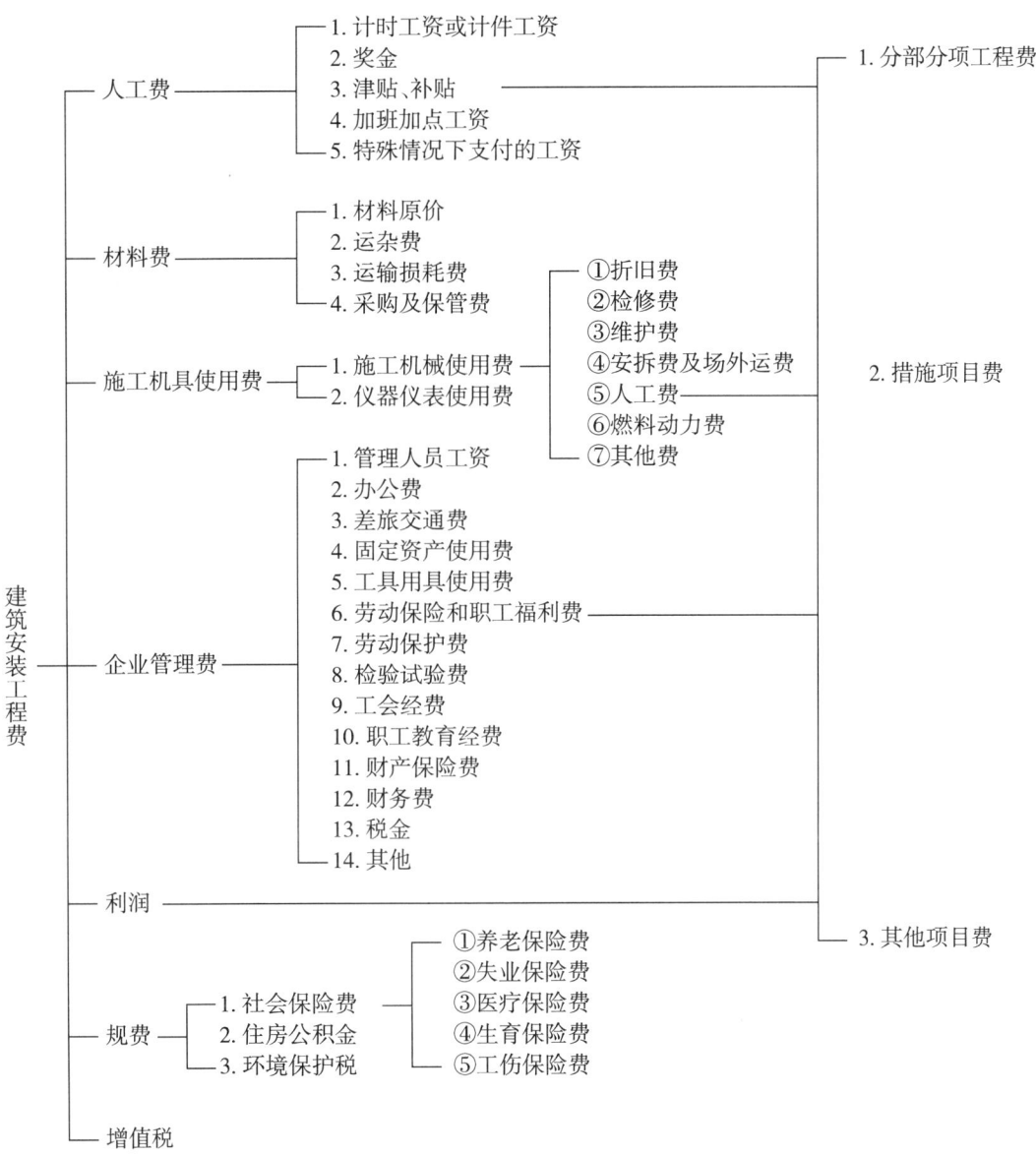

图 2.2 建筑安装工程费用项目组成（按费用构成要素划分）

专业工程：是指按现行国家计量规范划分的房屋建筑与装饰工程、仿古建筑工程、通用安装工程、市政工程、园林绿化工程、矿山工程、构筑物工程、城市轨道交通工程、爆破工程等各类工程。

分部分项工程：指按现行国家计量规范对各专业工程划分的项目。如房屋建筑与装饰工程划分的土石方工程、地基处理与边坡支护工程、桩基工程、砌筑工程、混凝土及钢筋混凝土工程等。各类专业工程的分部分项工程划分见现行国家或行业计量规范。

分部分项工程费通常用分部分项工程量乘以综合单价进行计算：

$$分部分项工程费＝\sum（分部分项工程量 \times 综合单价）$$

综合单价包括人工费、材料费、施工机具使用费、企业管理费和利润，以及一定范围的风险费用。

1. 人工费

建筑安装工程费中的人工费,是指支付给直接从事建筑安装工程施工作业的生产工人的各项费用。人工费的基本计算公式为:

$$人工费 = \sum(工日消耗量 \times 日工资单价)$$

计算人工费的基本要素有两个,即人工工日消耗量和人工日工资单价。

(1)人工工日消耗量。人工工日消耗量是指在正常施工生产条件下,完成规定计量单位的建筑安装产品所消耗的生产工人的工日数量。它由分项工程所综合的各个工序劳动定额包括的基本用工、其他用工两部分组成。

(2)人工日工资单价。人工日工资单价是指直接从事建筑安装工程施工的生产工人在每个法定工作日的工资、津贴及奖金等。

施工企业投标报价时自主确定人工费。工程造价管理机构确定日工资单价应通过市场调查,根据工程项目的技术要求,参考实物工程量人工单价综合分析确定,最低日工资单价不得低于工程所在地人力资源和社会保障部门所发布的最低工资标准的:普工 1.3 倍、一般技工 2 倍、高级技工 3 倍。

工程计价定额不可只列一个综合工日单价,应根据工程项目技术要求和工种差别适当划分多种日人工单价,确保各分部工程人工费的合理构成。

2. 材料费

建筑安装工程费中的材料费,是指工程施工过程中耗费的各种原材料、半成品、构配件、工程设备等的费用,以及周转材料等的摊销、租赁费用。材料费的基本计算公式为:

$$材料费 = \sum(材料消耗量 \times 材料单价)$$

计算材料费的基本要素是材料消耗量和材料单价。

(1)材料消耗量。材料消耗量是指在正常施工生产条件下,完成规定计量单位的建筑安装产品所消耗的各类材料的净用量和不可避免的损耗量。

(2)材料单价。材料单价是指建筑材料从其来源地运到施工工地仓库直至出库形成的综合平均单价,由材料原价、运杂费、运输损耗费、采购及保管费组成。采用一般计税法计算工程造价时,材料市场单价采用除税价(材料原价、运杂费等均应扣除增值税进项税额);采用简易计税法计算工程造价时,材料单价采用含税价。

$$材料单价 = (材料原价 + 运杂费) \times [1 + 运输损耗率(\%)] \times [1 + 采购保管费率(\%)]$$

(3)工程设备。工程设备是指构成或计划构成永久工程一部分的机电设备、金属结构设备、仪器装置及其他类似的设备和装置。

$$工程设备费 = \sum(工程设备量 \times 工程设备单价)$$

$$工程设备单价 = (设备原价 + 运杂费) \times [1 + 采购保管费率(\%)]$$

采用一般计税法计算工程造价时,工程设备单价采用除税价(设备原价、运杂费等均应扣除增值税进项税额);采用简易计税法计算工程造价时,工程设备单价采用含税价。

3. 施工机具使用费

建筑安装工程费中的施工机具使用费,是指施工作业所发生的施工机械、仪器仪表使用费或其租赁费。

(1)施工机械使用费。施工机械使用费是指施工机械作业发生的使用费或租赁费。构成施工机械使用费的基本要素是施工机械台班消耗量和机械台班单价。施工机械台班消耗量是指在正常施工生产条件下,完成规定计量单位的建筑安装产品所消耗的施工机械台班的数量。施工机械台班单价是指折合到每台班的施工机械使用费。施工机械使用费的基本计算公式为:

$$施工机械使用费 = \Sigma(施工机械台班消耗量 \times 机械台班单价)$$

$$施工机械台班单价 = 台班折旧费 + 台班检修费 + 台班维护费 + 台班安拆费及场外运费$$
$$+ 台班人工费 + 台班燃料动力费 + 台班其他费$$

采用一般计税法计算工程造价时,机械台班价格采用除税价(台班单价中的相关子项均需扣除增值税进项税额);采用简易计税法计算工程造价时,机械台班价格采用含税价。

工程造价管理机构在确定计价定额中的施工机械使用费时,应根据建筑施工机械台班费用计算规则,结合市场调查,编制施工机械台班单价。施工企业可以参考工程造价管理机构发布的台班单价,自主确定施工机械使用费的报价,如:

$$租赁施工机械使用费 = \Sigma(施工机械台班消耗量 \times 机械台班租赁单价)$$

(2)仪器仪表使用费。仪器仪表使用费是指工程施工所需使用的仪器仪表的摊销及维修费用。与施工机械使用费类似,仪器仪表使用费的基本计算公式为:

$$仪器仪表使用费 = \Sigma(仪器仪表台班消耗量 \times 仪器仪表台班单价)$$

或:

$$仪器仪表使用费 = 工程使用的仪器仪表摊销费 + 维修费$$

仪器仪表台班单价通常由折旧费、维护费、校验费和动力费组成。

当一般纳税人采用一般计税方法时,仪器仪表台班单价中的相关子项均需扣除增值税进项税额。

4. 企业管理费

企业管理费是指施工单位组织施工生产和经营管理所需的费用,内容包括:

(1)管理人员工资:是指按规定支付给管理人员的计时工资、奖金、津贴补贴、加班加点工资及特殊情况下支付的工资等。

(2)办公费:是指企业管理办公用的文具、纸张、账表、印刷、邮电、书报、办公软件、现场监控、会议、水电、烧水和集体取暖降温(包括现场临时宿舍取暖降温)等费用。当一般纳税人采用一般计税方法时,办公费中增值税进项税额的抵扣原则:以购进货物适用的相应税率扣减,其中购进自来水、暖气冷气、图书、报纸、杂志等适用的税率为 9% ,接受邮政和基础电信服务等适用的税率为 9% ,接受增值电信服务等适用的税率为 6% ,其他一般为 13% 。

(3)差旅交通费:是指职工因公出差、调动工作的差旅费、住勤补助费,市内交通费和误餐补助费,职工探亲路费,劳动力招募费,职工退休、退职一次性路费,工伤人员就医路费,工地转移费以及管理部门使用的交通工具的油料、燃料等费用。

(4)固定资产使用费:是指管理和试验部门及附属生产单位使用的属于固定资产的房屋、设备、仪器等的折旧、大修、维修或租赁费。当一般纳税人采用一般计税方法时,固定资产使用费中增值税进项税额的抵扣原则:设备、仪器的折旧、大修、维修或租赁费以购进货物、接受修理修配劳务或租赁有形动产服务适用的税率扣减,均为 13% 。

(5)工具用具使用费:是指企业施工生产所需的价值低于 2 000 元或管理使用的不属于固定资产的生产工具、器具、家具、交通工具和检验、试验、测绘、消防用具等的购置、维修和摊销费。当一般纳税人采用一般计税方法时,工具用具使用费中增值税进项税额的抵扣原则:以购

进货物或接受修理修配劳务适用的税率扣减,均为 13%。

(6)劳动保险和职工福利费:是指由企业支付的职工退职金、按规定支付给离休干部的经费,集体福利费、夏季防暑降温费、冬季取暖补贴、上下班交通补贴等。

(7)劳动保护费:是企业按规定发放的劳动保护用品的支出。如工作服、手套以及在有碍身体健康的环境中施工的保健费用等。

(8)检验试验费:是指施工企业按照有关标准规定,对建筑以及材料、构件和建筑安装物进行一般鉴定、检查所发生的费用,包括自设试验室进行试验所耗用的材料等费用。不包括:新结构、新材料的试验费,对构件做破坏性试验及其他特殊要求检验试验的费用和按有关规定由发包人委托检测机构进行检测的费用。对此类检测发生的费用,由发包人在工程建设其他费用中列支。但对承包人提供的具有合格证明的材料进行检测,不合格的,该检测费用由承包人承担;合格的,该检测费用由发包人承担。当一般纳税人采用一般计税方法时,检验试验费中增值税进项税额以现代服务业适用的税率 6% 扣减。

(9)工会经费:是指企业按《中华人民共和国工会法》规定的全部职工工资总额比例计提的工会经费。

(10)职工教育经费:是指按职工工资总额的规定比例计提,企业为职工进行专业技术和职业技能培训、专业技术人员继续教育、职工职业技能鉴定、职业资格认定以及根据需要对职工进行各类文化教育所发生的费用。企业发生的职工教育经费支出,按企业职工工资薪金总额的 1.5%~2.5% 计取。

(11)财产保险费:是指施工管理用财产、车辆等的保险费用。

(12)财务费:是指企业为施工生产筹集资金或提供预付款担保、履约担保、职工工资支付担保等所发生的各种费用。

(13)税金:是指企业按规定缴纳的房产税、非生产性车船使用税、土地使用税、印花税、城市维护建设税、教育费附加以及地方教育附加等。

按《中华人民共和国城市维护建设税法》(2020 年 8 月 11 日第十三届全国人民代表大会常务委员会第二十一次会议通过,2021 年 9 月 1 日起施行)规定,城市维护建设税税率如下:纳税人所在地在市区的,税率为 7%;纳税人所在地在县城、镇的,税率为 5%;纳税人所在地不在市区、县城或者镇的,税率为 1%。

《征收教育费附加的暂行规定》(国务院 2011 年 1 月 8 日第三次修订)规定:教育费附加率为 3%。

对建设项目,地方教育附加率为 2%。

城市维护建设税及教育费附加以其实际缴纳的增值税为计征依据,与增值税同时缴纳,应纳税额的计算:

$$应纳税额＝实际缴纳增值税税额 × 适用税率$$

(14)其他:包括技术转让费、技术开发费、投标费、业务招待费、绿化费、广告费、公证费、法律顾问费、审计费、咨询费、保险费(含危险作业意外伤害险)等。

(15)湖北规定:企业管理费中塔吊监测设施,发生时另行计算。

(16)企业管理费计算方法。

一般采用取费基数乘以费率的方法计算,取费基数有三种,分别是:以直接费(直接费＝人工费＋材料费＋机械费)为计算基础、以人工费和施工机具使用费合计为计算基础以及以人工费为计算基础。

① 以直接费为计算基础时：
$$企业管理费＝直接费 \times 企业管理费费率$$

② 以人工费和机械费合计为计算基础时：
$$企业管理费＝（人工费＋机械费）\times 企业管理费费率$$

③ 以人工费为计算基础时：
$$企业管理费＝人工费 \times 企业管理费费率$$

(17) 企业管理费费率计算方法。

① 以直接费为计算基础：
$$企业管理费费率(\%) = \frac{生产工人年平均管理费}{年有效施工天数 \times 人工单价} \times 人工费占直接费的比例(\%)$$

② 以人工费和机械费合计为计算基础：
$$企业管理费费率(\%) = \frac{生产工人年平均管理费}{年有效施工天数 \times （人工单价＋每一工日机械使用费）} \times 100\%$$

③ 以人工费为计算基础：
$$企业管理费费率(\%) = \frac{生产工人年平均管理费}{年有效施工天数 \times 人工单价} \times 100\%$$

注：上述公式适用于施工企业投标报价时自主确定管理费，是工程造价管理机构编制计价定额，确定企业管理费的参考依据。

工程造价管理机构在确定计价定额中的企业管理费时，应以人工费或人工费＋机械费或人工费＋材料费＋机械费作为计算基数，其费率根据历年工程造价积累的资料，辅以调查数据确定，列入分部分项工程和措施项目中。

5. 利润

利润是指施工单位从事建筑安装工程施工所获得的盈利。

(1) 施工企业根据企业自身需求并结合建筑市场实际自主确定，列入报价中。

(2) 工程造价管理机构在确定计价定额中的利润时，应以人工费或人工费＋机械费或人工费＋材料费＋机械费作为计算基数，其费率根据历年工程造价积累的资料，并结合建筑市场实际确定，以单位（单项）工程测算，利润在税前建筑安装工程费的比重可按不低于5%且不高于7%的费率计算。利润应列入分部分项工程和措施项目中。

① 以直接费为计算基础时：
$$利润＝直接费 \times 利润率$$

② 以人工费和机械费合计为计算基础时：
$$利润＝（人工费＋机械费）\times 利润率$$

③ 以人工费为计算基础时：
$$利润＝人工费 \times 利润率$$

2.1.2.2　措施项目费

措施项目费是指为完成建设工程施工，发生于该工程施工准备和施工过程中的技术、生活、安全、环境保护等方面的费用。措施项目及其包含的内容应遵循各类专业工程的现行国家或行业工程量计算规范。以《房屋建筑与装饰工程工程量计算规范》GB 50854—2013 中的规定为例，措施项目费包括总价措施项目费和单价措施项目费。

1. 总价措施项目费

国家计量规范规定不宜计量的措施项目,又称总价措施项目。

(1)安全文明施工费。

安全文明施工费是指工程施工期间按照国家现行的环境保护、建筑施工安全、施工现场环境与卫生标准和有关规定,购置和更新施工安全防护用具及设施、改善安全生产条件和作业环境所需要的费用。

① 环境保护费:是指施工现场为达到环保部门要求所需要的各项费用。

② 文明施工费:是指施工现场文明施工所需要的各项费用。

③ 安全施工费:是指施工现场安全施工所需要的各项费用。

④ 临时设施费:是指施工企业为进行建设工程施工所必须搭设的生活和生产用的临时建筑物、构筑物和其他临时设施费用,包括临时设施的搭设、维修、拆除、清理费或摊销费等。

湖北安全文明施工费包含内容如下:

安全标志牌、现场围挡、五板一图、企业标志、场容场貌、材料堆放、垃圾清运(指运至场内指定地点)、现场防火等;

楼板、屋面、阳台等临边防护,通道口防护,预留洞口防护,电梯口防护,楼梯边防护,垂直方向交叉作业防护,高层作业防护费用;

现场办公生活设施、施工现场临时用电的配电线路、配电箱、开关箱、接地保护装置。

湖北安全文明施工费不含《建设工程施工现场消防安全技术规范》(GB 50720—2011)规定的临时消防设施内容,发生时另行计算。

(2)夜间施工增加费:是指因夜间施工所发生的夜班补助费、夜间施工降效、夜间施工照明设备摊销及照明用电等费用。内容由以下各项组成:

① 夜间固定照明灯具和临时可移动照明灯具的设置、拆除费用;

② 夜间施工时,施工现场交通标志、安全标牌、警示灯的设置、移动、拆除费用;

③ 夜间照明设备摊销及照明用电、施工人员夜班补助、夜间施工劳动效率降低等费用。

(3)二次搬运费:是指因施工场地条件限制而发生的材料、构配件、半成品等一次运输不能到达堆放地点,必须进行二次或多次搬运所发生的费用。湖北定额中的成品构件二次运输即属于此类费用。

(4)冬雨季施工增加费:是指在冬季或雨季施工需增加的临时设施、防滑、排除雨雪,人工及施工机械效率降低等费用。

(5)工程定位复测费:是指工程施工过程中进行全部施工测量放线和复测工作的费用。

(6)特殊地区施工增加费:是指工程在沙漠或其边缘地区、高海拔、高寒、原始森林等特殊地区施工增加的费用。

(7)总价措施项目费的计算。

对于不宜计量的措施项目,通常用计算基数乘以费率的方法予以计算。

① 安全文明施工费。计算公式为:

$$安全文明施工费 = 计算基数 \times 安全文明施工费费率(\%)$$

计算基数应为分部分项工程费+单价措施项目费中的人工费+材料费+施工机具使用费、人工费或人工费与施工机具使用费之和,其费率由工程造价管理机构根据各专业工程的特点综合确定。

② 其余不宜计量的措施项目。包括夜间施工增加费,非夜间施工照明费,二次搬运费,冬雨季施工增加费,地上、地下设施和建筑物的临时保护设施费,已完工程及设备保护费等。计算公式为:

$$其他总价措施项目费=计算基数 \times 其他总价措施项目费费率(\%)$$

公式中的计算基数应为人工费或人工费与施工机具使用费之和,其费率由工程造价管理机构根据各专业工程特点和调查资料综合分析后确定。

2. 单价措施项目费

(1)大型机械设备进出场及安拆费:① 大型机械设备进出场包括施工机械整体或分体自停放场地运至施工现场或由一个施工地点运至另一个施工地点,所发生的机械进出场运输及转移费用;② 大型机械设备安拆费包括施工机械在施工现场进行安装、拆卸所需的人工费、材料费、机械费、试运转费和安装所需的辅助设施的费用。

(2)脚手架工程费:是指施工需要的各种脚手架搭、拆、运输费用以及脚手架购置费的摊销(或租赁)费用。通常包括以下内容:

① 施工时可能发生的场内、场外材料搬运费用;

② 搭、拆脚手架、斜道、上料平台费用;

③ 安全网的铺设费用;

④ 拆除脚手架后材料的堆放费用。

(3)混凝土模板及支架(撑)费:混凝土施工过程中需要的各种钢模板、木模板、支架等的支拆、运输费用及模板、支架的摊销(或租赁)费用。内容由以下各项组成:

① 混凝土施工过程中需要的各种模板制作费用;

② 模板安装、拆除、整理堆放及场内外运输费用;

③ 清理模板黏结物及模内杂物、刷隔离剂等费用。

(4)施工排水:是指为保证工程在正常条件下施工,所采取的排水措施所发生的费用。

(5)施工降水:是指为保证工程在正常条件下施工,所采取的降低地下水位的措施所发生的费用。

(6)垂直运输:是指现场所用材料、机具从地面运至相应高度以及职工人员上下工作面等所发生的运输费用。包括施工需要的各种垂直运输机械的固定(铺设、安装)、运行、拆除、摊销(或租赁)费用。

(7)超高施工增加费。当单层建筑物檐口高度超过 20 m ,多层建筑物超过 6 层时,可计算超高施工增加费,内容由以下各项组成:

① 建筑物超高引起的人工工效降低以及由于人工工效降低引起的机械降效费;

② 高层施工用水加压水泵的安装、拆除及工作台班费;

③ 通信联络设备的使用及摊销费。

(8)已完工程及设备保护费:是指竣工验收前,对已完工程及设备采取的必要保护措施(覆盖、包裹、封闭、隔离等)所发生的费用。

(9)单价措施项目费的计算。

国家计量规范规定应予计量的措施项目,又称单价措施项目。其计算公式为:

$$单价措施项目费=\sum(措施项目工程量 \times 综合单价)$$

综合单价包括人工费、材料费、施工机具使用费、企业管理费和利润,以及一定范围的风

险费用。单价措施项目的综合单价包含内容与计算方法同分部分项工程。采用一般计税法计算工程造价时,材料市场价格和机械台班价格采用除税价;采用简易计税法计算工程造价时,材料市场价格和机械台班价格采用含税价。

措施项目及其包含的内容详见各类专业工程的现行国家或行业计量规范。

2.1.2.3　其他项目费

(1)暂列金额:是指建设单位在工程量清单中暂定并包括在工程合同价款中的一笔款项,用于施工合同签订时尚未确定或者不可预见的所需材料、工程设备、服务的采购,施工中可能发生的工程变更、合同约定调整因素出现时的工程价款调整以及发生的索赔、现场签证确认等的费用。

暂列金额由建设单位根据工程特点,按有关计价规定估算,施工过程中由建设单位掌握使用,扣除合同价款调整后如有余额,归建设单位。一般计税法时,暂列金额为不含进项税额的费用。简易计税法时,暂列金额为含进项税额的费用。

(2)暂估价:是指招标人在工程量清单中提高的用于支付必然发生但暂时不能确定价格的材料单价以及专业工程的金额。暂估价分为材料暂估单价、工程设备暂估单价、专业工程暂估价。一般计税法时,专业工程暂估价为不含进项税额的费用。简易计税法时,专业工程暂估价为含进项税额的费用。

(3)计日工:是指在施工过程中,施工企业完成建设单位提出的施工图纸以外的零星项目或工作所需的费用,按照合同中约定的单价计价形成的费用。

计日工由建设单位和施工单位按施工过程中形成的有效签证来计价。

(4)总承包服务费:是指总承包人为配合、协调建设单位进行的专业工程发包,对建设单位自行采购的材料、工程设备等进行保管以及施工现场管理、竣工资料汇总整理等服务所需的费用。

总承包服务费由建设单位在招标控制价中根据总包范围和有关计价规定编制,施工单位投标时自主报价,施工过程中按签约合同价执行。

2.1.2.4　规费

规费是指按国家法律、法规规定,由省级政府和省级有关权力部门规定必须缴纳或计取的费用,包括:

(1)社会保险费:

① 养老保险费:是指企业按照规定标准为职工缴纳的基本养老保险费。

② 失业保险费:是指企业按照国家标准为职工缴纳的失业保险费。

③ 医疗保险费:是指企业按照规定标准为职工缴纳的基本医疗保险费。

④ 生育保险费:企业按照国家规定为职工缴纳的生育保险。根据"十三五"规划纲要,生育保险与基本医疗保险合并的实施方案已在12个试点城市行政区域进行试点。

⑤ 工伤保险费:企业按照国务院制定的行业费率为职工缴纳的工伤保险费。

(2)住房公积金:是指企业按规定标准为职工缴纳的住房公积金。

(3)环境保护税:主要是指按规定缴纳的施工现场工程排污费。

(4)其他应列而未列入的规费,按实际发生计取。

（5）规费计算方法：

① 社会保险费和住房公积金。

社会保险费和住房公积金应以人工费为计算基础，根据工程所在地省、自治区、直辖市或行业建设主管部门规定费率计算。

$$社会保险费和住房公积金＝\sum（工程人工费 \times 社会保险费和住房公积金费率）$$

式中：社会保险费和住房公积金费率可以每万元发承包价的生产工人人工费和管理人员工资含量与工程所在地规定的缴纳标准综合分析取定。

② 环境保护税（主要指工程排污费）。

环境保护税等其他应列而未列入的规费应按工程所在地环境保护等部门规定的标准缴纳，按实计取列入。

工程排污费是指承包人按环境保护部门的规定，对施工现场超标准排放的噪声污染缴纳的费用（注：污水排放等费用已包含在水费中，不在此项计算），编制招标控制价或投标报价时按费率计算，结算时按实际缴纳环保部门的金额计算。

2.1.2.5　税金

税金是指国家税法规定的应计入建筑安装工程造价内的增值税。

1. 一般计税法

一般计税法下的增值税指国家税法规定的应计入建筑安装工程造价内的增值销项税，增值税税率为9%。计税基础为不含进项税额的不含税工程造价（又称税前造价）。税前造价＝分部分项工程费＋措施项目费＋其他项目费＋规费（＝人工费＋材料费＋施工机具使用费＋企业管理费＋利润＋规费），各费用项目均以不包含增值税可抵扣进项税额的价格计算。

$$增值税＝税前造价 \times 9\%$$

2. 简易计税法

简易计税法下的增值税指国家税法规定的应计入建筑安装工程造价内的应交增值税，增值税征收率为3%。税前造价（不含分包款）各费用项目均以包含增值税进项税额的含税价格计算。

$$增值税＝税前造价 \times 3\%$$

小规模纳税人提供建筑服务，适用简易计税方法。

一般纳税人可以选择简易征收的情形［《财政部 税务总局关于全面推开营业税改征增值税试点的通知》（财税〔2016〕36号）］：

（1）一般纳税人以清包工方式（指施工方不采购建筑工程所需的材料或只采购辅助材料，并收取人工费、管理费或者其他费用）提供的建筑服务，可以选择简易计税方法计税。

（2）一般纳税人为甲供工程（全部或部分设备、材料、动力，由发包人自行采购）提供的建筑服务，可以选择简易计税方法计税。

一般纳税人必须选择简易征收的情形［《财政部 税务总局关于建筑服务等营改增试点政策的通知》（财税〔2017〕58号）］：

建筑工程总承包单位为房屋建筑的地基与基础、主体结构提供工程服务，建设单位自行

采购全部或部分钢材、混凝土、砌体材料、预制构件的,适用简易计税方法计税。

地基与基础、主体结构的范围,按照《建筑工程施工质量验收统一标准》(GB 50300—2013)附录 B《建筑工程的分部工程、分项工程划分》中的"地基与基础""主体结构"分部工程的范围执行。

2.1.2.6   相关问题的说明

(1)建设单位和施工企业均应按照省、自治区、直辖市或行业建设主管部门发布的标准计算规费和税金,不得将其作为竞争性费用。

(2)各专业工程计价定额的使用周期原则上为 5 年。

(3)工程造价管理机构在定额使用周期内,应及时发布人工、材料、机械台班价格信息,实行工程造价动态管理,如遇国家法律、法规、规章或相关政策变化以及建筑市场物价波动较大时,应适时调整定额人工费、定额机械费以及定额基价或规费费率,使建筑安装工程费能反映建筑市场实际。

(4)建设单位在编制招标控制价时,应按照各专业工程的计量规范和计价定额以及工程造价信息编制。

(5)施工企业在使用计价定额时除不可竞争费用外,其余仅作参考,由施工企业投标时自主报价。

【案例 2.1.2】

背景资料:某工程采用工程量清单计价。按工程所在地的计价依据规定,措施费和规费均以分部分项工程费(已包含管理费和利润)中的人工费为计费基础,经计算,该工程的分部分项工程费总计为 6 300 000 元,其中人工费为 1 260 000 元。其他有关工程造价方面的背景资料如下:

(1)安全文明施工费费率为 25%,夜间施工增加费费率为 2%,二次搬运费费率为 1.5%,冬雨季施工增加费费率为 1%。

按合理的施工组织设计,该工程需大型机械进出场及安拆费 26 000 元,工程定位复测费 2 400 元,已完工程及设备保护费 22 000 元,特殊地区施工增加费 120 000 元,脚手架费 166 000 元,模板及支撑费 250 000 元。

(2)招标文件中列明,该工程暂列金额 330 000 元,计日工费用 20 000 元,总承包服务费 20 000 元。

(3)社会保障费中的养老保险费费率为 16%,失业保险费费率为 2%,医疗保险费和生育保险费费率为 6%;住房公积金费率为 6%;工伤保险费费率为 0.48%。增值税为不含税的人材机费、管理费、利润、规费之和的 3%。

任务:计算该工程的招标控制价(单位:元。计算结果均保留 2 位小数)。

▌任务实施

任务步骤 1:   分部分项工程费 = 6 300 000.00 元

任务步骤 2:措施项目费。

$$安全文明施工费 = 1\ 260\ 000 \times 25\% 元 = 315\ 000.00 元$$

$$夜间施工增加费 = 1\ 260\ 000 \times 2\% 元 = 25\ 200.00 元$$

$$二次搬运费＝1\ 260\ 000×1.5\% 元＝18\ 900.00\ 元$$

$$冬雨季施工增加费＝1\ 260\ 000×1\% 元＝12\ 600.00\ 元$$

$$大型机械进出场及安拆费＝26\ 000.00\ 元$$

$$工程定位复测费＝2\ 400.00\ 元$$

$$已完工程及设备保护费＝22\ 000.00\ 元$$

$$特殊地区施工增加费＝120\ 000.00\ 元$$

$$脚手架费＝166\ 000.00\ 元$$

$$模板及支撑费＝250\ 000.00\ 元$$

合计：　　　　　措施项目费＝958 100.00 元

任务步骤 3：　　其他项目费＝暂列金额＋计日工费用＋总承包服务费

$$＝(330\ 000.00＋20\ 000.00＋20\ 000.00)元$$

$$＝370\ 000.00\ 元$$

任务步骤 4：规费。

社会保障费＝养老保险费＋失业保险费＋生育保险费＋医疗保险费＋工伤保险费

$$＝1\ 260\ 000×(16\%＋2\%＋6\%＋0.48\%)元＝308\ 448.00\ 元$$

$$住房公积金＝1\ 260\ 000×6\% 元＝75\ 600.00\ 元$$

$$合计规费＝社会保障费＋住房公积金＝384\ 048.00\ 元$$

任务步骤 5：不含税造价＝分部分项工程费＋措施项目费＋其他项目费＋规费

$$＝(6\ 300\ 000.00＋958\ 100.00＋370\ 000.00＋384\ 048.00)元$$

$$＝8\ 012\ 148.00\ 元$$

任务步骤 6：　　增值税＝8 012 148.00×3% 元＝240 364.44 元

任务步骤 7：招标控制价＝(8 012 148.00＋240 364.44)元＝8 252 512.44 元

2.2　房建与装饰工程费用计算

2.2.1　湖北省定额计价计算程序

任务书 2.2.1

背景资料：根据湖北某房屋建筑工程分部分项工程和单价措施项目的工程量以及《房屋建筑与装饰工程消耗量定额》中的消耗指标，进行工料分析，计算得出各项资源消耗及该地区相应的市场价格(单价均为不包含增值税可抵扣进项税额的价格)，计算出该工程的人工费 3 400 000 元、材料费 15 000 000 元和施工机具使用费 2 600 000 元。

任务：依据湖北相关定额，应用实物量法编制该基础工程的施工图预算(定额计价)。

▌任务实施

任务步骤:施工图预算费用计算见表 2.6。

表 2.6　工程施工图预算费用计算表

序号	费用名称	费用计算表达式	金额／元
1	分部分项工程和单价措施项目的人材机费用之和	人工费＋材料费＋施工机具使用费	
2	总价措施项目费	安全文明施工费＋其他总价措施项目费	
3	企业管理费		
4	利润		
5	规费		
6	税金		
7	预算造价	1＋2＋3＋4＋5＋6	

任务 2.2.1 相关知识点

2.2.1.1　费用计算基本方法

房建与装饰工程费用组成中,分部分项费与单价措施项目费中人工费、材料费、机械使用费(人工费、材料费、机械使用费合称直接费)可通过消耗量定额计算,计算公式为:

$$定额直接费＝\sum[工程量 \times(定额人工费＋定额材料费＋定额机械费)]$$

按照工程量计算规则计算出工程量后,就要套用相应定额项目计取定额基价(定额基价＝定额人工费＋定额材料费＋定额机械费),然后计算定额直接费。

计算工程量是计算相应定额项目的工程量,套用定额是套用相应定额项目的定额基价,都涉及项目列项的问题,项目列项不正确,就会出现重复计算或漏算的问题。因此,要熟悉定额相关说明,正确应用定额。

定额材料费中的材料(设备)单价应考虑市场价格,定额机械费中的机械台班单价的燃料动力费应考虑市场价格,定额人工费中的人工单价应按定额管理部门发布的单价计算。考虑市场价(或信息价或发布价)之后,定额直接费就变成直接费了。

由发包人供应的材料和工程设备(又称甲供材),不计入工程造价中。

房建与装饰工程费用组成中,总价措施费、管理费、规费、利润等的一般计算公式为:

$$费用＝计费基数 \times 费率$$

湖北省各专业工程的计费基础:以人工费与施工机具使用费之和为计费基数。

税金的一般计算公式为:

$$税金＝税前造价 \times 税率$$

2.2.1.2　费率标准

(1)总价措施费(见表 2.7、表 2.8)。

表 2.7　安全文明施工费费率表　　　　　　　单位:%

专业		计费基础	费率	其中			
				安全施工费	文明施工费	环境保护费	临时设施费
一般计税法	房屋建筑	人工费+施工机具使用费	13.64	7.72	3.15		2.77
	装饰工程		5.39	3.05	1.20		1.14
	土石方工程		6.58	2.01	2.74		1.83
简易计税法	房屋建筑	人工费+施工机具使用费	13.63	7.71	3.15		2.77
	装饰工程		5.38	3.05	1.19		1.14
	土石方工程		6.19×1.013 9	1.89×1.013 9	2.58×1.013 9		1.72×1.013 9

表 2.8　其他总价措施费费率表　　　　　　　单位:%

专业		计费基础	费率	其中			
				夜间施工增加费	二次搬运费	冬雨季施工增加费	工程定位复测费
一般计税法	房屋建筑	人工费+施工机具使用费	0.70	0.16	按施工组织设计	0.40	0.14
	装饰工程		0.60	0.14		0.34	0.12
	土石方工程		1.29	0.32		0.71	0.26
简易计税法	房屋建筑		0.70	0.16		0.40	0.14
	装饰工程		0.60	0.14		0.34	0.12
	土石方工程		1.21×1.013 9	0.30×1.013 9		0.67×1.013 9	0.24×1.013 9

(2)企业管理费(见表 2.9)。

表 2.9　企业管理费费率表　　　　　　　单位:%

专业		计费基础	费率
一般计税法	房屋建筑	人工费+施工机具使用费	28.27
	装饰工程		14.19
	土石方工程		15.42
简易计税法	房屋建筑		28.22
	装饰工程		14.18
	土石方工程		14.51×1.013 9

(3)利润(见表 2.10)。

表 2.10　利润费率表　　　　　　　单位:%

专业		计费基础	费率
一般计税法	房屋建筑	人工费+施工机具使用费	19.73
	装饰工程		14.64
	土石方工程		9.42
简易计税法	房屋建筑		19.70
	装饰工程		14.63
	土石方工程		8.87×1.013 9

（4）规费（见表2.11）。

表2.11　规费费率表　　　　　　　　　　单位:%

专业		计费基础	费率	社会保险费	其中					住房公积金	环境保护税
					养老保险费	失业保险费	医疗保险费	工伤保险费	生育保险费		
一般计税法	房屋建筑	人工费+施工机具使用费	26.85	20.08	12.68	1.27	4.02	1.48	0.63	5.29	1.48
	装饰工程		10.15	7.58	4.87	0.48	1.43	0.57	0.23	1.91	0.66
	土石方工程		11.57	8.65	5.49	0.55	1.73	0.61	0.27	2.28	0.64
简易计税法	房屋建筑		26.79	20.04	12.66	1.27	4.01	1.47	0.63	5.28	1.47
	装饰工程		10.14	7.57	4.87	0.48	1.43	0.56	0.23	1.91	0.66
	土石方工程		10.90×1.013 9	8.14×1.013 9	5.17×1.013 9	0.52×1.013 9	1.63×1.013 9	0.57×1.013 9	0.25×1.013 9	2.15×1.013 9	0.61×1.013 9

（5）总承包服务费。

总承包服务费应依据招标人在招标文件中列出的分包专业工程和供应材料、设备情况，按照招标人提出的协调、配合及服务要求和施工现场管理需要自主确定，也可参照下列标准：

① 招标人仅要求对分包的专业工程进行总承包管理和协调时，按分包的专业工程造价的1.5%计算。

② 招标人要求对分包的专业工程进行总承包管理和协调，并同时要求提供配合服务时，根据招标文件中列出的配合服务内容和提出的要求按分包的专业工程造价的3%～5%计算。配合服务的内容包括：对分包单位的管理、协调和施工配合等费用；施工现场水电设施、管线敷设的摊销费用；共用脚手架搭拆的摊销费用；共用垂直运输设备、加压设备的使用、折旧、维修费用等。

③ 招标人自行供应材料、工程设备的，按招标人供应材料、工程设备价值的1%计算。

（6）增值税税率。

一般计税法下增值税税率为9%；简易计税法下增值税征收率为3%。

2.2.1.3　各专业工程适用范围

房屋建筑工程：适用于工业与民用临时性和永久性的建筑物（含构筑物），包括各种房屋、设备基础、钢筋混凝土、砖石砌筑、木结构、钢结构、门窗工程及零星金属构件、烟囱、水塔、水池、围墙、挡土墙、化粪池、窨井、室内外管道沟砌筑等。

钢结构建筑、装配式建筑均适用于房屋建筑工程。

装饰工程：适用于楼地面工程、墙柱面装饰工程、天棚装饰工程、玻璃幕墙工程及油漆、涂料、裱糊工程等。

桩基工程、地基处理与边坡支护工程适用于各专业工程。土石方工程适用于各专业工程的土石方工程。

2.2.1.4　一般规定

(1)甲供材。

由发包人供应的材料和工程设备(又称甲供材),不计入工程造价中。

(2)索赔与现场签证费用。

以实物量形式表示的索赔与现场签证,列入分部分项工程费和单价措施项目费中。

以费用形式表示的索赔与现场签证,不含增值税,列入其他项目费中,另有说明的除外。

(3)总承包服务费不含增值税,另有说明的除外。

(4)采用一般计税法计算工程造价时,材料市场价格和机械台班价格采用除税价;采用简易计税法计算工程造价时,材料市场价格和机械台班价格采用含税价。

2.2.1.5　定额计价计算程序

(1)计算程序(见表2.12、表2.13)。

表 2.12　定额计价计算程序

序号	费用项目			计算方法
1	分部分项工程费与单价措施项目费			1.1 + 1.2 + 1.3
1.1	其中		人工费	∑(人工费)
1.2			材料费	∑(材料费)
1.3			施工机具使用费	∑(施工机具使用费)
2	总价措施项目费			2.1 + 2.2
2.1	其中		安全文明施工费	(1.1 + 1.3)× 费率
2.2			其他总价措施项目费	(1.1 + 1.3)× 费率
3	企业管理费			(1.1 + 1.3)× 费率
4	利润			(1.1 + 1.3)× 费率
5	规费			(1.1 + 1.3)× 费率
6	其他项目费			6.1 + 6.2
6.1	总承包服务费			项目价值 × 费率
6.2	索赔与现场签证费			∑(价格 × 数量)/ ∑费用
7	不含税工程造价			1 + 2 + 3 + 4 + 5 + 6
8	增值税			7× 税率
9	含税工程造价			7 + 8

表 2.13   全费用定额形式下的定额计价计算程序

序号	费用项目		计算方法
1	分部分项工程和单价措施项目费		1.1 + 1.2 + 1.3 + 1.4 + 1.5
1.1	其中	人工费	∑(人工费)
1.2		材料费	∑(材料费)
1.3		施工机具使用费	∑(施工机具使用费)
1.4		费用(总价措施、管理费、利润、规费)	∑(费用)
1.5		增值税	∑(增值税)
2	其他项目费		2.1 + 2.1 + 2.3
2.1	总承包服务费		项目价值 × 费率
2.2	索赔与现场签证		∑(价格 × 数量)/ ∑费用
2.3	增值税		(2.1 + 2.2)× 税率
3	含税工程造价		1 + 2

(2)包工不包料工程、计时工计算方法。

包工不包料工程、计时工按定额计算出的人工费的 25% 计取综合费用。费用包括总价措施费、企业管理费、利润和规费。施工用的特殊工具,如手推车等,由发包人解决。综合费用中不包括税金。由总包单位统一支付。

2.2.2   清单计价计算程序

任务书 2.2.2

背景资料:湖北某房建与装饰工程采用工程量清单计价。经计算,该工程的分部分项工程与单价措施项目费总计为 10 000 000 元(其中房建部分 6 000 000 元,装饰部分 3 000 000 元,土方部分 1 000 000 元),其中人工费与机械费之和为 2 500 000 元(其中房建部分 1 200 000 元,装饰部分 800 000 元,土方部分 500 000 元)。

招标文件中列明,该工程暂列金额 500 000 元,材料暂估价 400 000 元,计日工费用 100 000 元,总承包服务费 60 000 元。

任务:按一般计税法计算该项目工程造价(单位:元。计算结果均保留两位小数)。

┃任务实施

任务步骤 1:分部分项工程与单价措施项目费 = ＿＿＿＿＿＿＿＿＿＿＿＿＿＿＿＿＿元。

任务步骤 2:总价措施项目费 = ＿＿＿＿＿＿＿＿＿＿＿＿＿＿＿＿＿＿＿＿＿元。

任务步骤 3:其他项目费 = ＿＿＿＿＿＿＿＿＿＿＿＿＿＿＿＿＿＿＿＿＿＿＿元。

任务步骤 4:规费 = ＿＿＿＿＿＿＿＿＿＿＿＿＿＿＿＿＿＿＿＿＿＿＿＿＿＿元。

任务步骤 5:不含税造价 = ＿＿＿＿＿＿＿＿＿＿＿＿＿＿＿＿＿＿＿＿＿＿＿元。

任务步骤 6:增值税 = ＿＿＿＿＿＿＿＿＿＿＿＿＿＿＿＿＿＿＿＿＿＿＿＿＿元。

任务步骤 7:招标控制价 = ＿＿＿＿＿＿＿＿＿＿＿＿＿＿＿＿＿＿＿＿＿＿＿元。

任务 2.2.2 相关知识点

清单计价时,综合单价为不完全综合单价,包含人工费、材料费、施工机具使用费、企业管理费、利润、一定范围的风险费用。计算程序见表 2.14~ 表 2.17。

表 2.14　清单计价单位工程造价计算程序

序号	费用项目		计算方法
1	分部分项工程费与单价措施项目费		∑(清单工程量 × 综合单价)
1.1	其中	人工费	∑(人工费)
1.2		施工机具使用费	∑(施工机具使用费)
2	总价措施项目费		∑(总价措施项目费)
3	其他项目费		∑(其他项目费)
3.1	其中	人工费	∑(人工费)
3.2		施工机具使用费	∑(施工机具使用费)
4	规费		(1.1 ＋ 1.2 ＋ 3.1 ＋ 3.2)× 费率
5	增值税		(1 ＋ 2 ＋ 3 ＋ 4)× 税率
6	含税工程造价		1 ＋ 2 ＋ 3 ＋ 4 ＋ 5

表 2.15　分部分项工程与单价措施项目综合单价计算程序

序号	费用项目	计算方法
1	人工费	∑(人工费)
2	材料费	∑(材料费)
3	施工机具使用费	∑(施工机具使用费)
4	企业管理费	(1 ＋ 3)× 费率
5	利润	(1 ＋ 3)× 费率
6	风险因素	按招标文件或约定
7	综合单价	1 ＋ 2 ＋ 3 ＋ 4 ＋ 5 ＋ 6

表 2.16　总价措施项目费计算程序

序号	费用项目		计算方法
1	总价措施项目费		1.1 ＋ 1.2
1.1	其中	安全文明施工费	(分部分项工程费与单价措施项目费中的人工费＋施工机具使用费)× 费率
1.2		其他总价措施项目费	(分部分项工程费与单价措施项目费中的人工费＋施工机具使用费)× 费率

表 2.17　其他项目费计算程序

序号	费用项目		计算方法
1	暂列金额		按招标文件
2	专业工程暂估价 / 结算价		按招标文件 / 结算价
3	计日工		3.1 + 3.2 + 3.3 + 3.4 + 3.5
3.1	其中	人工费	$\sum$(人工价格 × 暂定数量)
3.2		材料费	$\sum$(材料价格 × 暂定数量)
3.3		施工机具使用费	$\sum$(机械台班价格 × 暂定数量)
3.4		企业管理费	(3.1 + 3.3)× 费率
3.5		利润	(3.1 + 3.3)× 费率
4	总承包服务费		4.1 + 4.2
4.1	其中	发包人发包专业工程	$\sum$(项目价值 × 费率)
4.2		发包人提供材料	$\sum$(材料价值 × 费率)
5	索赔与现场签证费		$\sum$(价格 × 数量)/ $\sum$ 费用
6	其他项目费		1 + 2 + 3 + 4 + 5

2.2.3　全费用清单计价计算程序

任务书 2.2.3

背景资料:某工程外墙砖基础(混凝土实心砖,干混砂浆 DM M10)工程量 65 m³,合同约定项目采用一般计税法报价。(提示:费用采用 2018 版定额一般计税法费率标准。建筑工程费率:安全文明施工费费率13.64%、其他总价措施费费率0.7%、企业管理费费率28.27%、利润19.73%、规费26.85%。)

任务:

(1)用工程量清单计价方式计算该项目综合单价和含税工程造价。

(2)用定额计价方式计算该项目的含税造价。

(3)用全费用清单计价方式计算该项目的含税造价。

任务实施

任务(1):工程量清单计价。

任务步骤 1:外墙砖基础定额套用《湖北省房屋建筑与装饰工程消耗量定额及全费用基价表》(2018)(以下简称《2018 湖北建筑定额》)中的子目 A1–1,计算如下费用并填表 2.18。

其中:人工费=＿＿＿＿＿＿＿＿＿＿＿＿＿＿＿＿＿＿＿＿＿＿＿＿＿＿＿元。

材料费=＿＿＿＿＿＿＿＿＿＿＿＿＿＿＿＿＿＿＿＿＿＿＿＿＿＿＿＿＿元。

机械费=＿＿＿＿＿＿＿＿＿＿＿＿＿＿＿＿＿＿＿＿＿＿＿＿＿＿＿＿＿元。

费用(包括总价措施费、企业管理费、利润和规费) = _____

_____ 元。

增值税 = _____ 元。

全费用 = _____ 元。

表 2.18　《2018 湖北建筑定额》砖基础 A1-1 定额子目

工作内容:清理基础坑,调、运、铺砂浆,运、砌砖。　　　　　　　计量单位:10 m³

定额编号				A1-1
项目				砖基础 实心砖
				直形
全费用 / 元				
其中	人工费 / 元			
	材料费 / 元			
	机械费 / 元			
	费用 / 元			
	增值税 / 元			
	名称	单位	单价	数量
人工	普工	工日	92	2.511
	技工	工日	142	5.021
	高级技工	工日	212	2.511
材料	混凝土实心砖 240×115×53	千块	295.18	5.288
	干混砌筑砂浆 DM M10	t	257.35	4.078
	水	m³	3.39	1.650
	电【机械】	kW·h	0.75	6.842
机械	干混砂浆罐式搅拌机 20 000 L	台班	187.32	0.240

任务步骤 2:计算综合单价。

人工费 = _____ 元。

材料费 = _____ 元。

机械费 = _____ 元。

企业管理费 = _____ 元。

利润 = _____ 元。

综合单价 = _____ 元。

任务步骤 3:总价措施费 = _____ 元。

任务步骤 4:规费 = _____ 元。

任务步骤 5:增值税 = _____ 元。

任务步骤 6:含税工程造价 = _____ 元。

任务(2):定额计价。

任务步骤 1：计算直接工程费。

人工费＝_____元。

材料费＝_____元。

机械费＝_____元。

直接工程费＝_____元。

任务步骤 2：计算各项费用。

总价措施费＝_____元。

企业管理费＝_____元。

利润＝_____元。

规费＝_____元。

任务步骤3：增值税＝_____元。

任务步骤4：含税工程造价＝_____元。

任务(3)：全费用清单计价。

应用任务(1)中表 2.18 的数据计算。

含税工程造价＝全费用综合单价 × 工程量＝_____元。

全费用清单
计价费用计算

任务 2.2.3 相关知识点

全费用清单计价时，综合单价为完全综合单价，即全费用综合单价，包含人工费、材料费、施工机具使用费、总价措施项目费、企业管理费、利润、规费、增值税。计算程序见表2.19～表2.21。

表 2.19　全费用清单计价单位工程造价计算程序

序号	费用项目	计算方法
1	分部分项工程和单价措施项目费	∑（清单工程量 × 全费用单价）
2	其他项目费	∑（其他项目费）
3	单位工程造价	1 ＋ 2

表 2.20　分部分项工程与单价措施项目全费用综合单价计算程序

序号	费用项目	计算方法
1	人工费	∑（人工费）
2	材料费	∑（材料费）
3	施工机具使用费	∑（施工机具使用费）
4	费用	∑（费用）
5	增值税	∑（增值税）
6	全费用综合单价	1 ＋ 2 ＋ 3 ＋ 4 ＋ 5

表 2.21　其他项目费计算程序

序号	费用项目	计算方法
1	暂列金额	按招标文件
2	专业工程暂估价	按招标文件

续表

序号	费用项目		计算方法
3	计日工		3.1 + 3.2 + 3.3 + 3.4
3.1	其中	人工费	$\sum$（人工价格 × 暂定数量）
3.2		材料费	$\sum$（材料价格 × 暂定数量）
3.3		施工机具使用费	$\sum$（机械台班价格 × 暂定数量）
3.4		费用	（3.1 + 3.3）× 费率
4	总承包服务费		4.1 + 4.2
4.1	其中	发包人发包专业工程	$\sum$（项目价值 × 费率）
4.2		发包人提供材料	$\sum$（材料价值 × 费率）
5	索赔与现场签证费		$\sum$（价格 × 数量）/ $\sum$ 费用
6	增值税		（1 + 2 + 3 + 4 + 5）× 税率
7	其他项目费		1 + 2 + 3 + 4 + 5 + 6

【案例 2.2.3】

背景资料：某工程项目合同中，分项工程和单价措施项目的造价数据如表 2.22 所示。暂列金额 12 万元。一般计税法增值税税率为 9%。

表 2.22　分项工程和单价措施项目的造价数据

名称	工程量	全费用综合单价	合价 / 万元
A	600 m³	180 元 /m³	10.8
B	900 m³	360 元 /m³	32.4
C	1 000 m³	280 元 /m³	28.0
D	600 m³	90 元 /m³	5.4
合计			76.6

任务：计算该项目合同价为多少万元（计算结果均保留三位小数）。

┃任务实施

任务步骤：计算过程见表 2.23。

表 2.23　全费用清单计价单位工程造价计算程序

序号	费用项目	计算方法	金额 / 万元
1	分部分项工程和单价措施项目费	76.600	76.600
2	其他项目费	12.000×（1 + 9%）	13.080
3	单位工程造价	1 + 2	89.680

特别说明：《2018 湖北建筑定额》以全费用单价表示。全费用是完成规定计量单位的分部分项工程所需人工费、材料费、机械费、费用、增值税之和。本案例若采用定额计价模式，计算程序同全费用清单计价计算程序。

定额应用

DING'E YINGYONG

工作手册 3

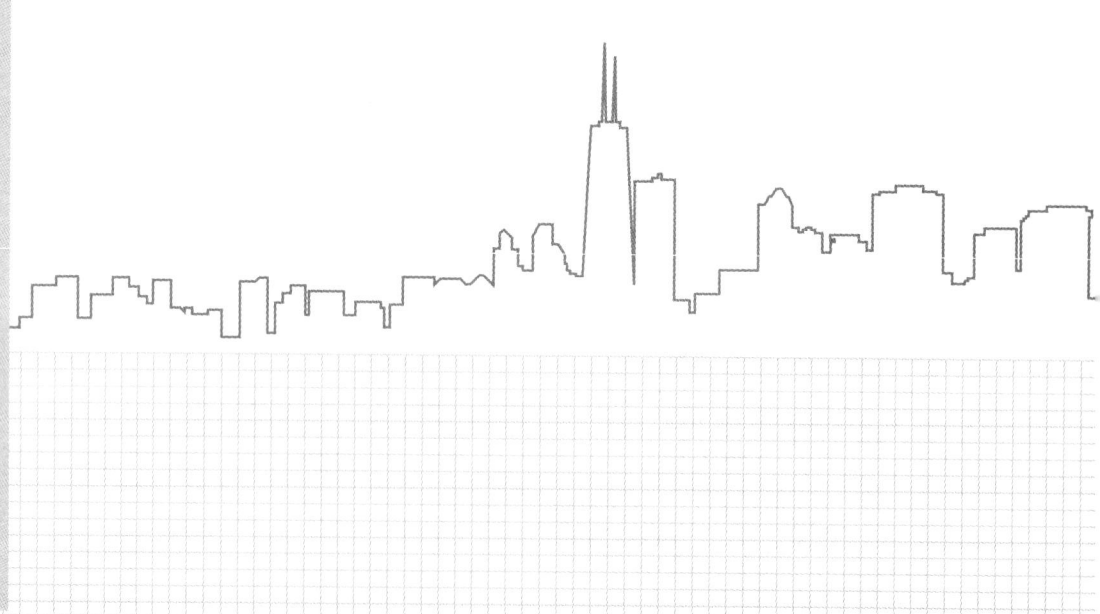

3.1 直接套用定额

任务书 3.1

背景资料:某工程外墙直形砖基础工程量为 6 500 m³,该砖基础采用 DM M10 干混砌筑砂浆、混凝土实心砖(240×115×53)砌筑。砖基础对应定额子目摘录见表 3.1。

表 3.1　《2018 湖北建筑定额》砖基础子目

工作内容:清理基槽坑,调、运、铺砂浆,运、砌砖。   计量单位:10 m³

定额编号		单位	A1-1
名称		单位	数量
人工	普工	工日	2.511
	技工	工日	5.021
	高级技工	工日	2.511
材料	混凝土实心砖 240×115×53	千块	5.288
	干混砌筑砂浆 DM M10	t	4.078
	水	m³	1.650
	电【机械】	kW·h	6.842
机械	干混砂浆罐式搅拌机 20 000 L	台班	0.240

任务:

(1)采用一般计税法,计算该砖基础定额子目的人工费、材料费、机械费、费用、增值税、全费用单价,并填写表 3.2。然后计算该砖基础项目的直接费(人工费、材料费、机械费之和)、含税工程造价(人工费、材料费、机械费、费用、增值税之和)。

(2)采用简易计税法,计算该砖基础定额子目的人工费、材料费、机械费、费用、增值税、全费用单价,并填写表 3.3。然后计算该砖基础项目含税工程造价。

(3)分析计算该砖基础项目所需水泥、砂、石灰膏、砖的用量。

引导问题 1:采用一般计税法计算工程造价时,材料市场价格和机械台班价格采用＿＿＿＿＿＿；采用简易计税法计算工程造价时,材料市场价格和机械台班价格采用＿＿＿＿＿＿。

引导问题 2:计算工程造价时,人工单价均采用＿＿＿＿＿＿。定额人工工日单价取定:普工_____元／工日,技工_____元／工日,高级技工_____元／工日。

引导问题 3:湖北 2018 定额子目中的费用包括_____、_____、_____、_____。

引导问题 4:湖北 2018 定额以全费用表示。全费用是完成规定计量单位的分部分项工程所需_____、_____、_____、_____、_____之和。

引导问题 5:人工费、材料费、机械费是以定额编制期确定的人工、材料、机械台班_____和对应的_____计算的。

引导问题 6:湖北 2018 版费用定额中,建筑工程的一般计税法费率标准如下:安全文明施工费费率_____、其他总价措施费费率_____、企业管理费费率_____、利润_____、规费_____,总费率_____。

引导问题 7:湖北 2018 版费用定额中,建筑工程的简易计税法费率标准如下:安全文明施工费费率_____、其他总价措施费费率_____、企业管理费费率_____、利润_____、规费_____,总费率_____。

引导问题 8:在选择定额项目时,当工程项目的_____(设计要求、材料种类、施工做法、技术特征和技术组织条件)与定额项目的_____相一致时,可直接套用定额。

引导问题 9:若_____与定额_____不完全一致,但定额不允许换算时也应直接套用定额。

▍任务实施

任务(1):采用一般计税法,计算砖基础定额子目的全费用单价,并计算该砖基础项目含税工程造价。

任务步骤 1:查鄂建办〔2019〕93 号附件 2-1 材料价格取定表、附件 2-2 施工机具价格取定表。

混凝土实心砖 240×115×53 的除税单价_____。

干混砌筑砂浆 DM M10 的除税单价_____。

水的除税单价_____。

电【机械】的除税单价_____。

干混砂浆罐式搅拌机 20 000 L 的除税单价_____。

任务步骤 2:计算定额人材机费用。

人工费＝_____元。

材料费＝_____元。

机械费＝_____元。

任务步骤 3:费用＝_____元。

任务步骤 4:增值税＝_____元。

任务步骤 5:全费用综合单价＝_____元。

任务步骤 6:填表 3.2。

表 3.2　《2018 湖北建筑定额》砖基础子目 A1-1（一般计税版）

工作内容：清理基槽坑，调、运、铺砂浆，运、砌砖。　　　　　　　　　　　　计量单位：10 m³

定额编号			A1-1（一般计税版）	
项目			砖基础 实心砖	
			直形	
全费用/元				
其中	人工费/元			
	材料费/元			
	机械费/元			
	费用/元			
	增值税/元			
名称		单位	单价	数量
人工	普工	工日		2.511
	技工	工日		5.021
	高级技工	工日		2.511
材料	混凝土实心砖 240×115×53	千块		5.288
	干混砌筑砂浆 DM M10	t		4.078
	水	m³		1.650
	电【机械】	kW·h		6.842
机械	干混砂浆罐式搅拌机 20 000 L	台班		0.240

任务步骤 7：该砖基础项目的直接费（人工费、材料费、机械费之和）＝＿＿＿＿＿＿＿＿

＿＿＿＿＿＿＿＿＿＿＿＿＿＿＿＿＿＿＿＿＿＿元。

任务步骤 8：该砖基础项目含税工程造价＝＿＿＿＿＿＿＿＿＿＿＿＿＿＿＿＿＿＿＿

＿＿＿＿＿＿＿＿＿＿＿＿＿＿＿＿＿＿＿＿元。

任务（2）：采用简易计税法，计算砖基础定额子目的全费用单价，并计算该砖基础项目含税工程造价。

任务步骤 1：查鄂建办〔2019〕93 号附件 2-1 材料价格取定表、附件 2-2 施工机具价格取定表。

混凝土实心砖 240×115×53 的除税单价＿＿＿＿＿＿＿＿。

干混砌筑砂浆 DM M10 的除税单价＿＿＿＿＿＿＿＿。

水的除税单价＿＿＿＿＿＿＿＿。

电【机械】的除税单价＿＿＿＿＿＿＿＿。

干混砂浆罐式搅拌机 20 000 L 的除税单价＿＿＿＿＿＿＿＿。

任务步骤 2：计算定额人材机费用。

人工费＝ _____ 元。

材料费＝ _____ 元。

机械费＝ _____ 元。

任务步骤 3：费用＝ _____ 元。

任务步骤 4：增值税＝ _____ 元。

任务步骤 5：全费用综合单价＝ _____ 元。

任务步骤 6：填表 3.3。

表 3.3　《2018 湖北建筑定额》砖基础子目 A1–1（简易计税版）

工作内容：清理基槽坑，调、运、铺砂浆，运、砌砖。　　　　　　　　　　计量单位：10 m³

	定额编号			A1–1(简易计税版)
	项目			砖基础 实心砖
				直形
	全费用 / 元			
其中	人工费 / 元			
	材料费 / 元			
	机械费 / 元			
	费用 / 元			
	增值税 / 元			
	名称	单位	单价	数量
人工	普工	工日		2.511
	技工	工日		5.021
	高级技工	工日		2.511
材料	混凝土实心砖 240×115×53	千块		5.288
	干混砌筑砂浆 DM M10	t		4.078
	水	m³		1.650
	电【机械】	kW·h		6.842
机械	干混砂浆罐式搅拌机 20 000 L	台班		0.240

任务步骤 7：该砖基础项目含税工程造价＝ _____

_____ 元。

任务(3)：分析计算该砖基础项目所需水泥、砂、石灰膏、砖的用量。

任务步骤 1：蒸压灰砂砖用量＝ _____ 千块。

任务步骤 2：DM M10 干混砌筑砂浆用量＝ _____ t。

任务步骤 3：DM M10 干混砌筑砂浆体积＝ _____ m³。

任务步骤 4：查《湖北省建设工程公共专业消耗量定额及全费用基价表》(2018)（以下简称《2018 湖北公共定额》），由附录一《混凝土、砂浆等配合比》说明十四知：DM M10 干混砌筑砂浆（混合砂浆）对应混合砂浆为 M10。依据附录一砌筑砂浆配合比表子目 5-4 计算水泥、砂、石灰膏用量：

32.5 水泥用量 = _____ kg。

中（粗）砂用量 = _____ m³。

石灰膏用量 = _____ m³。

任务 3.1 相关知识点

3.1.1　湖北 2018 定额应用引言

预算定额一般由总说明、分部说明、工程量计算规则、分项工程消耗指标及基价表和附注、机械台班价格取定表、材料价格取定表、砂浆和混凝土配合比表、材料损耗率表等内容构成。

当前，我国的预算定额表现形式主要是"量价合一"的消耗量定额及单位估价表，如《2018 湖北公共定额》《2018 湖北建筑定额》《湖北省通用安装工程消耗量定额及全费用基价表》(2018)（简称《2018 湖北安装定额》）。

湖北 2018 定额以全费用表示。全费用是完成规定计量单位的分部分项工程所需人工费、材料费、机械费、费用、增值税之和。其中：人工费、材料费、机械费是以定额编制期确定的人工、材料、机械台班单价和对应的定额消耗量计算的；费用包括总价措施项目费、企业管理费、利润、规费，《2018 湖北公共定额》中的桩基工程、地基处理与边坡支护和排水、降水工程费用是按房屋建筑工程费率标准取定的，实际使用中，不同专业，按其专业工程费率调整费用；增值税是一般计税法下按规定计算的销项税。当为简易计税时，需按简易计税时的费率计算各项费用及增值税。

湖北省 2018 定额的费率实行动态管理，定额费率是根据湖北省各专业消耗量定额及全费用基价表编制期人工、材料、机械台班价格水平进行测算的，省造价管理机构应根据人工、机械台班市场价格的变化，适时调整总价措施项目费、企业管理费、利润、规费等费率。也就是说当定额人工费、机械费发生调整时，应按《湖北省建筑安装工程费用定额》(2018)有关规定，调整定额全费用中的费用。

应用湖北定额时可按人工发布价、材料市场价格、机械台班价格计入全费用。人工发布价是指由建设行政管理部门发布的人工单价。材料市场价格指发、承包人双方认定的价格，也可以是当地建设工程造价管理机构发布的市场信息价格，双方应在相关文件上约定。机械台班价格按《湖北省施工机具使用费定额》计算。采用一般计税法计算工程造价时，材料市场价格和机械台班价格采用除税价；采用简易计税法计算工程造价时，材料市场价格和机械台班价格采用含税价。

预算定额是编制招标控制价、施工图预算、工程竣工结算、设计概算及投资估算的依据，是建设工程实行工程量清单计价的基础，是企业投标报价、内部管理和核算的重要参考。预算定额应用是指根据分部分项工程项目的内容正确地套用预算定额项目，确定定额费用，计算其人材机的消耗量。定额的正确应用是预算编制（工程造价的确定）合理的重要前提之一。

预算定额应用包括直接套用、换算、借用或补充、据实四种情况。

3.1.2　直接套用定额原则

在选择定额项目时,当工程项目的设计内容(设计要求、材料种类、施工做法、技术特征和技术组织条件)与定额项目的工作内容和规定相一致时,可直接套用定额。

若实际内容(设计内容)与定额工作内容不完全一致,但定额不允许换算时也应直接套用定额。如:湖北 2018 定额中,除规定允许调整、换算外,一般不得因具体工程的人工、材料、机械消耗与定额规定不同而改变消耗量。

大多数情况下可以直接套用定额。套用定额时应注意以下几点:

(1)熟悉施工图上分项工程的设计内容、施工组织设计上分项工程的施工方法,初步选择套用项目。

(2)核对定额项目分部工程说明,定额表上工作内容、表下附注说明,材料品种和规格等内容是否与设计一致。

(3)分项工程或结构构件的工程名称和单位,应与定额一致。

【案例 3.1.2】

背景资料:某项目 DM M10 干混砌筑砂浆(混合砂浆)砌蒸压灰砂砖混水墙(240 mm 厚),工程量 40 m³。

任务:计算一般计税情况下,该砖墙的直接费(人工费、材料费、机械费之和)、总费用(人工费、材料费、机械费、费用、增值税之和),并分析所需水泥、砂、石灰膏、砖的用量。

▌任务实施

任务步骤 1:查询《2018 湖北建筑定额》可知:设计内容与混水砖墙(1 砖)定额项目完全一致,可直接套用。应注意工程单位必须转化为与定额单位一致。

任务步骤 2:查询《2018 湖北建筑定额》,直接套用定额子目 A1–5。

全费用单价＝人工费＋材料费＋机械费＋费用＋增值税＝ 6 802.27 元 /10 m³

定额直接费单价＝(1 688.88 ＋ 2 907.88 ＋ 42.71)元 /10 m³ ＝ 4 639.47 元 /10 m³

项目直接费＝工程量 × 定额直接费单价＝ 40 ÷ 10 × 4 639.47 元 ＝ 18 557.88 元

项目总费用＝工程量 × 定额单价＝ 40 ÷ 10 × 6 802.27 元 ＝ 27 209.08 元

蒸压灰砂砖用量＝工程量 × 定额消耗量＝ 40 ÷ 10 × 5.379 千块 ＝ 21.516 千块

DM M10 干混砌筑砂浆用量＝工程量 × 定额消耗量＝ 40 ÷ 10 × 3.932 t ＝ 15.728 t

任务步骤 3:查《2018 湖北建筑定额》总说明第 8 条,知砌筑砂浆 0.588 m³/t,则:

DM M10 干混砌筑砂浆体积＝ 15.728 × 0.588 m³ ＝ 9.248 m³

任务步骤 4:查《2018 湖北公共定额》,由附录一《混凝土、砂浆等配合比》说明十四知:DM M10 干混砌筑砂浆(混合砂浆)对应混合砂浆为 M10。依据附录一砌筑砂浆配合比表子目 5-4 计算水泥、砂、石灰膏用量:

32.5 水泥:　　　　　　277 × 9.248 kg ＝ 2 561.70 kg

中(粗)砂:　　　　　　1.18 × 9.248 m³ ＝ 10.913 m³

石灰膏:　　　　　　　0.05 × 9.248 m³ ＝ 0.462 m³

3.2　预算定额的换算

任务书 3.2

背景资料：某项目，墙体厚度为 240 mm，采用 390×240×190 小型空心砌块、DM M20 砌筑砂浆砌筑，墙体工程量为 480 m³。墙面抹灰做法为：底层(14 mm 厚)和面层(6 mm 厚)抹灰设计均为干混 1∶1∶2 混合砂浆，墙面抹灰工程量为 4 000 m²。

任务：计算该项目的直接费(人材机之和)。

参考资料

(1)湖北 2018 定额中所使用的砂浆均按干混预拌砂浆编制，需要与现拌砂浆相互调整时，按表 3.4 调整。

表 3.4　干混预拌砂浆与现拌砂浆调整表　　　　　　　　　　每 t

材料名称	技工 / 工日	水 /m³	现拌砂浆 /m³	罐式搅拌机	灰浆搅拌机 / 台班
干混砌筑砂浆	＋0.225	−0.147	×0.588	减定额台班量	＋0.01
干混地面砂浆					
干混抹灰砂浆	＋0.232	−0.151	×0.606		

(2)预拌砂浆与传统现拌砂浆对应关系见表 3.5。

(3)砌体定额子目见表 3.6。

(4)抹灰砂浆定额子目见表 3.7。

表 3.5　预拌砂浆与传统现拌砂浆对应关系表

序号	品种	现拌砂浆配合比
1	干混砌筑砂浆 DM M5	混合砂浆 M5、M2.5，水泥砂浆 M5、M2.5
2	干混砌筑砂浆 DM M7.5	混合砂浆 M7.5、水泥砂浆 M7.5
3	干混砌筑砂浆 DM M10	混合砂浆 M10、水泥砂浆 M10
4	干混砌筑砂浆 DM M15	水泥砂浆 M15
5	干混砌筑砂浆 DM M20	水泥砂浆 M20
6	干混砌筑砂浆 DM M25	水泥砂浆 M25
7	干混砌筑砂浆 DM M30	水泥砂浆 M30
8	干混抹灰砂浆 DP M5	混合砂浆 1∶1∶6、混合砂浆 1∶1∶5、混合砂浆 1∶2∶1、混合砂浆 1∶2∶3、混合砂浆 1∶2∶6、混合砂浆 1∶3∶9
9	干混抹灰砂浆 DP M10	混合砂浆 1∶1∶4
10	干混抹灰砂浆 DP M15	混合砂浆 1∶1∶3；水泥砂浆 1∶3、水泥砂浆 1∶4

续表

序号	品种	现拌砂浆配合比
11	干混抹灰砂浆 DP M20	混合砂浆 1∶1∶2、混合砂浆 1∶1∶1、混合砂浆 1∶0.5∶5、混合砂浆 1∶0.5∶4、混合砂浆 1∶0.5∶3、混合砂浆 1∶0.5∶2、混合砂浆 1∶0.5∶1、混合砂浆 1∶0.3∶3、混合砂浆 1∶0.2∶2； 水泥砂浆 1∶2、水泥砂浆 1∶2.5、水泥砂浆 1∶1.5、水泥砂浆 1∶1
12	干混地面砂浆 DS M15	混合砂浆 1∶1∶3； 水泥砂浆 1∶3、水泥砂浆 1∶4
13	干混地面砂浆 DS M20	混合砂浆 1∶1∶2、混合砂浆 1∶1∶1、混合砂浆 1∶0.5∶5、混合砂浆 1∶0.5∶4、混合砂浆 1∶0.5∶3、混合砂浆 1∶0.5∶2、混合砂浆 1∶0.5∶1、混合砂浆 1∶0.3∶3、混合砂浆 1∶0.2∶2； 水泥砂浆 1∶2、水泥砂浆 1∶2.5、水泥砂浆 1∶1.5、水泥砂浆 1∶1

表 3.6　砌体定额子目

工作内容:调、运、铺砂浆、运、安装砌块及运、镶砌砖、安放木砖、垫块。　　　　　　　　计量单位:10 m³

定额编号			A1-28	A1-29	A1-30
项目			小型空心砌块墙		
			墙厚 /mm		
			240	190	120
全费用 /元			5 276.92	5 759.51	5 501.05
其中	人工费 /元		1 332.41	1 428.25	1 446.03
	材料费 /元		2 194.92	2 447.65	2 184.00
	机械费 /元		20.23	20.61	19.11
	费用 /元		1 206.42	1 292.24	1 306.76
	增值税 /元		522.94	570.76	545.15
名称		单位	单价 /元	数量	
人工	普工	工日	92.00	2.266	2.429	2.459
	技工	工日	142.00	4.532	4.858	4.919
	高级技工	工日	212.00	2.266	2.429	2.459
材料	小型空心砌块 390×240×190	m³	174.35	7.990	—	—
	小型空心砌块 390×190×190	m³	174.35	—	7.990	—
	小型空心砌块 390×190×120	m³	174.35	—	—	7.990
	标准砖 240×115×53	千块	388.03	0.830	—	0.870
	实心砖 190×90×53	千块	431.72	—	1.310	—
	干混砌筑砂浆 DM M10	t	257.35	1.836	1.870	1.734
	水	m³	3.39	0.370	0.375	0.355
	其他材料费	%	—	0.171	0.171	0.171
	电【机械】	kW·h	0.75	3.079	3.136	2.908
机械	干混砂浆罐式搅拌机 20 000 L	台班	187.32	0.108	0.110	0.102

表 3.7　抹灰砂浆定额子目

工作内容:1.清理基层、修补堵眼、湿润基层、调运砂浆、清扫落地灰。
　　　　2.分层抹灰找平、面层压光(包括门窗洞口侧壁抹灰)。　　　　　　　　计量单位:100 m²

定额编号			A10-1	A10-2	A10-3	A10-4
项目			内墙	外墙	内墙	外墙
			(14 + 6) mm		(每增减 5 mm 厚)	
全费用 / 元			3 123.10	4 294.04	571.67	598.76
其中	人工费 / 元		1 159.11	1 886.78	160.52	177.35
	材料费 / 元		1 028.41	1 028.41	256.51	256.51
	机械费 / 元		72.31	72.31	17.80	17.80
	费用 / 元		553.77	881.00	80.19	87.76
	增值税 / 元		309.50	425.54	56.65	59.34
名称		单位	单价 / 元	数量		
人工	普工	工日	92.00	3.048	4.961	0.422	0.466
	技工	工日	142.00	6.188	10.073	0.857	0.947
材料	干混抹灰砂浆 DP M10	t	265.05	3.828	3.828	0.957	0.957
	水	m³	3.39	1.637	1.637	0.245	0.245
	电【机械】	kW·h	0.75	11.005	11.005	2.708	2.708
机械	干混砂浆罐式搅拌机 20 000 L	台班	187.32	0.386	0.386	0.095	0.095

▌任务实施

任务步骤 1:计算砌体工程项目直接费。

套用《2018 湖北建筑定额》子目编号为＿＿＿＿＿＿＿＿,定额子目名称为＿＿＿＿＿＿＿。

定额基价＝＿＿＿＿＿＿＿＿＿＿＿＿＿＿＿＿元 /10 m³,DM M10 干混砌筑砂浆消耗量

为＿＿＿＿＿＿＿＿t/10 m³。

查《2018 湖北公共定额》附录二材料价格取定表:

序号 1841,DM M10 干混砌筑砂浆,除税价＝＿＿＿＿＿＿＿元 /t;

序号 1842,DM M20 干混砌筑砂浆,除税价＝＿＿＿＿＿＿＿元 /t。

换算后定额基价＝＿＿＿＿＿＿＿＿＿＿＿＿＿＿＿＿＿＿＿＿元 /10 m³。

砌体项目直接费＝＿＿＿＿＿＿＿＿＿＿＿＿＿＿＿＿＿＿＿＿＿＿＿元。

任务步骤 2:计算抹灰工程项目直接费。

套用《2018 湖北建筑定额》子目编号为＿＿＿＿＿＿＿,定额子目名称为＿＿＿＿＿＿。

定额基价＝＿＿＿＿＿＿＿＿＿＿＿＿＿＿＿＿＿＿＿＿＿＿元 /100 m²。

干混抹灰砂浆 DP M10 消耗量为＿＿＿＿＿＿＿t/100 m²,除税单价＝＿＿＿＿＿＿元 /t。

查《2018 湖北公共定额》,由附录一《混凝土、砂浆等配合比》说明十四知:"1:1:2 混合

砂浆"对应"干混抹灰砂浆 DP M20";查《2018 湖北公共定额》附录二材料价格取定表,干混抹灰砂浆 DP M20 除税单价=_____元 /t。

换算后定额基价=_____元 /100 m²。

抹灰项目直接费=_____元。

任务步骤 3:项目直接费汇总=_____元。

任务 3.2 相关知识点

设计要求的技术特征和施工做法与定额中某些定额子目工作内容相近,按定额规定允许换算的分项工程,可按相近的分项工程定额进行调整和换算后再使用。一般仅对需要换算的内容进行换算,不需要换算的部分保持不变。预算定额换算有四种类型:材料种类换算、消耗量调整、系数调整、数值增减。换算基本思路如下:

换算后的定额基价=原定额基价+换入的费用-换出的费用

预算定额应用
(换算)

3.2.1　材料种类换算

施工方法基本相同,仅材料种类与定额不同时,套用对应定额,调整材料种类及对应单价,消耗量不变。常见的材料种类换算有:砌筑砂浆强度等级换算、地面及抹灰砂浆配合比换算、砼强度等级换算、饰面板材(或玻璃)种类换算、砌块种类换算。换算公式如下:

换算后的定额基价=原定额基价+∑[定额用量×(换入材料单价-换出材料单价)]

1. 砌筑砂浆强度等级换算

当设计图纸要求的砌筑砂浆强度等级在预算定额中缺项时,套用对应定额时,换算砂浆等级,求出新的定额直接费。

此时砂浆用量不变,人工、机械不变,只换算砂浆强度等级进而调整砂浆材料费。

砌筑砂浆强度等级换算公式如下:

换算后的定额基价=原定额基价+砂浆消耗量×(换入砂浆的单价-换出砂浆的单价)

2. 地面砂浆、抹灰砂浆配合比换算

当设计图纸要求的抹灰砂浆(含楼地面、墙柱面、天棚面抹灰)配合比与定额的抹灰砂浆配合比不同时,就要进行抹灰砂浆换算。当抹灰厚度不变只换算配合比时,人工费、机械费不变,只换算砂浆配合比和调整砂浆材料费。抹灰砂浆配合比换算公式如下:

换算后的定额基价=原定额基价+∑[定额中砂浆消耗量
×(换入砂浆单价-换出砂浆单价)]

3. 砼强度等级换算

当设计要求构件采用的混凝土强度等级(或石子粒径)与预算定额的混凝土强度等级(或石子粒径)不同时,就需要进行混凝土强度等级(或石子粒径)的换算。此时,混凝土用量不变,人工费、机械费不变,只换算混凝土强度等级(或石子粒径)。砼强度等级换算公式如下:

换算后的定额基价＝原定额基价＋定额中砼消耗量×(换入砼单价－换出砼单价)

【案例 3.2.1-1】

背景资料:某项目某工程现浇有梁板,预拌混凝土强度等级为 C30。

任务:计算对应定额项目基价(计算结果均保留两位小数)。

▎任务实施

任务步骤:依据《2018 湖北建筑定额》,查定额子目 A2-30 现浇混凝土有梁板,预拌 C20。

定额子目 A2-30:

$$定额基价 = (343.73 + 3\ 570.07 + 0.77) 元/10\ m^3 = 3\ 914.57\ 元/10\ m^3$$

C20 预拌混凝土(坍落度 30~50)用量 10.1 $m^3/10\ m^3$,单价(除税)341.94 元/10 m^3。

查 2018 湖北公共定额附录二材料价格取定表:序号 6088,预拌混凝土 C30 单价(除税)371.07 元/m^3。

套定额子目 A2-30 换:

$$定额基价 = [3\ 914.57 + (371.07 - 341.94) \times 10.1] 元/10\ m^3 = 4\ 208.78\ 元/10\ m^3$$

4. 饰面板(或基层板、玻璃等)种类换算

当设计要求饰面板(或基层板、玻璃等)种类与预算定额中饰面板(或基层板、玻璃等)种类不同时,就需要进行饰面板(或基层板、玻璃等)种类的换算。此时,饰面板(或基层板、玻璃等)用量不变,人工费、机械费不变,只换算饰面板(或基层板、玻璃等)种类。饰面板(或基层板、玻璃等)种类换算公式如下:

$$换算后的定额基价 = 原定额基价 + \sum[定额用量 \times (换入材料单价 - 换出材料单价)]$$

【案例 3.2.1-2】

背景资料:某项目内墙饰面面层用白枫木板饰面。

任务:计算该项目定额项目基价(计算结果均保留两位小数)。

▎任务实施

任务步骤:依据《2018 湖北建筑定额》,查定额子目 A10-162 墙饰面面层—木质饰面板黏贴—墙面、墙裙。

A10-162:

$$定额基价 = (609.20 + 2\ 406.22 + 297.47) 元/100\ m^2 = 3\ 312.89\ 元/100\ m^2$$

榉木板($\delta 3$)消耗量 105 $m^2/100\ m^2$,除税单价 13.78 元/m^2。

查《2018 湖北公共定额》附录二材料价格取定表序号 172,白枫木板除税单价 19.08 元/m^2。

套子目 A10-162 换:

$$换后定额基价 = [3\ 312.89 + (19.08 - 13.78) \times 105] 元/100\ m^2 = 3\ 869.39\ 元/100\ m^2$$

5. 砌块种类换算

当设计要求砌块种类与预算定额中砌块种类不同时,就需要进行砌块种类的换算。此时,

砌块用量不变,人工费、机械费不变,只换算不同种类砌块的价格。例如:定额中的标准砖只列了蒸压灰砂砖和混凝土实心砖,实际用到页岩砖、粉煤灰砖时,可以换算;页岩多孔砖墙和细石混凝土预制砖墙均可套用"多孔砖墙"子目换算;膨胀珍珠岩空心(或实心)砌块、陶粒砖(或空心砌块)、硅酸盐空心砌块、泡沫混凝土砌块、混凝土炉渣实心砌块等砌体均可套用小型空心砌块墙相关子目换算;硅酸盐实心砌块墙可套用加气混凝土砌块墙相关子目换算。砌块种类换算公式如下:

换算后的定额基价 = 原定额基价 + 定额用量 ×(换入砌块单价 - 换出砌块单价)

【案例 3.2.1-3】

背景资料:某项目干混砌筑砂浆 DM M10、标准页岩砖砌 240 mm 厚直形混水墙。

任务:计算该项目定额项目基价(计算结果均保留两位小数)。

▌任务实施

任务步骤:依据《2018 湖北建筑定额》,查定额子目 A1-5 混水砖墙—1 砖。

A1-5:

定额基价 =(1 688.88 + 2 907.88 + 42.71)元 /10 m³ = 4 639.47 元 /10 m³

蒸压灰砂砖 240×115×53 消耗量 5.379 千块 /10 m³,除税单价 349.57 元 / 千块。

查《2018 湖北公共定额》附录二材料价格取定表序号 5924,页岩砖除税单价 480.27 元 / 千块。

套子目 A1-5 换:

换后定额基价 = [4 639.47 +(480.27-349.57)×5.379] 元 /10 m³ = 5 342.51 元 /10 m³

3.2.2　消耗量调整

当设计要求的材料规格(或消耗量),与预算定额中相应项目不同时,就需要进行消耗量的换算。一般情况下,定额含量可以调整,但人工、机械用量不变(砂浆厚度调整例外)。规格用量不同的换算公式如下:

换算后的定额基价 = 原定额基价 + Σ[(换入消耗量 - 换出消耗量)× 材料单价]

1. 定额注明厚度的砂浆厚度(含墙面地面找平层、接合层、面层砂浆)的换算

湖北省定额中,设计砂浆厚度(楼地面找平层、整体面层、块料粘贴层、墙柱面抹灰、天棚抹灰)与定额取定不同时,定额允许换算的,套用相应的砂浆厚度增减定额子目。

【案例 3.2.2-1】

背景资料:某项目天棚抹灰做法为:12 mm 厚干混 1:1:4 水泥石灰混合砂浆。

任务:计算该项目定额项目基价(计算结果均保留两位小数)。

▌任务实施

任务步骤:依据《2018 湖北建筑定额》,查定额子目 A12-1 天棚抹灰—混凝土天棚—一次抹灰 10 mm,知:

A12-1:

定额基价 = (1 103.13 + 501.71 + 35.22)元/100 m² = 1 640.06 元/100 m²

干混 1∶1∶4 水泥石灰混合砂浆对应干混抹灰砂浆 DP M10，配比不需换算。

厚度 10 mm ⇒ 12 mm，需增加套用"A12-2 砂浆每增减 1 mm"子目。

子目(A12-2)×2：

定额基价 = (109.94 + 49.98 + 3.18)×2 元/100 m² = 326.2 元/100 m²

则 A12-1 + (A12-2)×2：

定额基价 = (1 640.06 + 326.2)元/100 m² = 1 966.26 元/100 m²

2. 木门窗安装用料、幕墙材的规格型号的换算

① 木结构工程定额中所注明的木材断面或厚度均以毛料为准。如设计图纸注明的断面或厚度为净料时，应增加刨光损耗；方木一面刨光加 3 mm，两面刨光加 5 mm；圆木直径加 5 mm；板一面刨光加 2 mm，两面刨光加 3.5 mm。

换算后木材体积 = 设计断面(加刨光损耗)÷ 定额断面 × 定额体积

② 幕墙工程定额使用的钢材、铝材、镀锌方钢型材、索、索具配件、拉杆、拉杆配件、玻璃肋、玻璃肋连接件、驳接爪及配件、镀锌加工件、化学螺栓、悬窗五金配件等型号、规格，如与设计不同时，可按设计规定调整，但人工、机械不变。玻璃幕墙中的型钢、挂件设计用量与定额取定用量不同时，可以调整。

幕墙饰面中的结构胶与耐候胶设计用量与定额取定用量不同时，消耗量按设计计算的用量加 15% 的施工损耗计算。

幕墙防火系统、防雷系统中的镀锌铁皮、防火岩棉、防火玻璃、钢材和幕墙铝合金装饰线条，如与设计不同时，可按设计规定调整，但人工、机械不变。

3. 饰面板(砖)规格或灰缝宽度不同的换算

面砖规格或缝宽设计与定额不同时，其块料及灰缝材料(干混预拌砂浆)用量允许调整，其他不变。

【案例 3.2.2-2】

背景资料：某项目外墙贴釉面砖 150 mm×75 mm、灰缝 8 mm(干混砂浆粘贴)。

任务：计算该项目定额项目基价(计算结果保留两位小数)。

▌任务实施

任务步骤：依据《2018 湖北建筑定额》，套用定额 A10-69 墙面块料面层—面砖—每块面积 0.02 m² 以内—预拌砂浆(干混)—面砖灰缝 10 mm 以内(0.15×0.075 m² = 0.011 25 m² < 0.02 m²)。

定额基价 = (3 808.43 + 2 671.67 + 23.23)元/100 m² = 6 503.33 元/100 m²

面砖 240×60 用量 89.257 m²/100 m²，除税单价 25.97 元/m²。

干混抹灰砂浆 DP M10 用量 1.229 t/100 m²(转为体积：1.229×0.606 m³/100 m² = 0.744 774 m³/100 m²)，除税单价 265.05 元/t。其中：灰缝砂浆(1.229−1.094) t/100 m² = 0.135 t/100 m²(折合体积 0.135×0.606 m³/100 m² = 0.081 81 m³/100 m²)。

调整块料和灰缝材料用量：

$$釉面砖(150 \times 75)消耗量 = \frac{(0.24 + 0.01) \times (0.06 + 0.01) \times 0.15 \times 0.075}{(0.15 + 0.008) \times (0.075 + 0.008) \times 0.24 \times 0.06} \times 89.257 \ \text{m}^2/100 \ \text{m}^2$$
$$= 93.054 \ \text{m}^2/100 \ \text{m}^2$$

设釉面砖的损耗率为 X,则:

$$\frac{100 \times 0.24 \times 0.06}{(0.24 + 0.01) \times (0.06 + 0.01)} \times (1 + X) = 89.257$$

解得:
$$X = 8.472\%$$

根据换算前后灰缝(面砖)厚度相等的原则,可得:

$$灰缝砂浆消耗量 = \frac{100 - 93.054 \div 1.084\ 7}{100 - 89.257 \div 1.084\ 7} \times 0.135 \ \text{t}/100 \ \text{m}^2 = 0.108 \ \text{t}/100 \ \text{m}^2$$

套子目 A10-69 换:

$$定额基价(换) = 6\ 503.33 + [(93.054 - 89.257) \times 25.97$$
$$+ (0.108 - 0.135) \times 265.05] \ 元/100 \ \text{m}^2$$
$$= 6\ 594.78 \ 元/100 \ \text{m}^2$$

特别提醒:镶贴块料面层(含石材、块料)定额项目内,均未包括打底抹灰的工作内容。

4. 龙骨间距、规格的换算

隔墙(间壁)、隔断(护壁)、天棚等定额项目中,龙骨间距、规格如与设计不同时,定额用量可以调整,但人工、机械不变。

墙面龙骨长度计算:根据计算的墙面长宽尺寸,按竖向龙骨和横向龙骨分别计算。天棚龙骨长度计算:根据计算的天棚长宽尺寸,按纵向龙骨和横向龙骨分别计算。计算面积以计算时取定墙面或天棚面积计算。

5. 砖、砌块规格的换算

湖北 2018 定额中砖的规格按实心砖、多孔砖、空心砖三类编制,砌块的规格按小型空心砌块、加气混凝土砌块、蒸压砂加气混凝土精确砌块三类编制,各种砖、砌块定额规格如表 3.8 所示。如实际采用规格与定额取定不同时,含量可以调整。

表 3.8　定额中砖、砌块规格取定表

砖及砌块名称	长(mm)× 宽(mm)× 高(mm)
混凝土实心砖	240×115×53
蒸压灰砂砖	240×115×53
多孔砖	240×115×90
空心砖	240×240×115
小型空心砌块	390×240×190,390×190×190,390×120×190
加气混凝土砌块	600×300×100,600×300×150,600×300×150 以外
蒸压砂加气混凝土精确砌块	600×300×100 ,600×300×200,600×300×50

6. 混凝土用量的换算

当图纸设计板式楼梯梯段底板(不含踏步三角部分)厚度大于 150 mm、梁式楼梯梯段底板(不含踏步三角部分)厚度大于 80 mm 时,混凝土消耗量按实调整,人工按相应比例调整。

散水混凝土按厚度 60 mm 编制,如设计厚度不同时,可以调整(人工、机械一般不变)。散水定额包括了混凝土浇筑、表面压实抹光及嵌缝内容。

台阶混凝土含量是按 1.22 m³/10 m² 综合编制的,如设计含量不同时,可以换算。

7. 其他项目用量的换算

货架、柜、家具、招牌、灯箱、栏杆、栏板、扶手等定额项目在实际施工中使用的材料品种、规格、用量与定额取定不同时,可以调整,但人工、机械不变。

3.2.3　系数调整

定额中规定的按工、料、机的一部分或全部乘以系数的分项项目,都属于系数调整的项目。此时,定额的一部分或全部乘以规定的系数。

应用时要注意三点:

(1)要区分定额系数和工程量系数,定额系数要在定额消耗量或定额人工、材料、机械费用中考虑;工程量系数应在工程量上考虑。至于某个系数是定额系数还是工程量系数,要看定额的具体规定。

(2)要区分系数应乘在定额表的何处,是在工、料、机合计(即定额直接费)上还是乘在人工费、材料费、机械费上。

(3)定额中遇有两个或两个以上系数时,按连乘方法计算。

【案例 3.2.3-1 】

背景资料:某项目型钢组合混凝土构件中直径 20 mm(带肋钢筋 HRB400)纵筋共计 15 t。

任务:计算该项目的直接费(计算结果均保留两位小数)。

▌任务实施

分析:参见《湖北 2018 建筑定额》第二章混凝土及钢筋混凝土工程说明:型钢组合混凝土构件中,钢筋执行现浇构件钢筋相应项目,人工乘以系数 1.50、机械乘以系数 1.15。

任务步骤:依据《2018 湖北建筑定额》,A2-70 符合要求。

查定额子目 A2-70:定额人工费 = 524.59 元/t,定额材料费 = 3 214.55 元/t,定额机械费 = 81.25 元/t。

定额换算,根据定额说明,人工乘以系数 1.50、机械乘以系数 1.15。

套子目 A2-70 换:

定额基价(换) = (524.59×1.5 + 3 214.55 + 81.25×1.15)元/t = 4 094.87 元/t

项目直接费 = 15×4 094.87 元 = 61 423.05 元

【案例 3.2.3-2 】

背景资料:某项目圆弧墙面干混砂浆贴面砖(800×800)。

任务:计算对应项目的定额基价(计算结果均保留两位小数)。

▌**任务实施**

分析:参见《2018湖北建筑定额》第十章墙、柱面工程说明:圆弧形、锯齿形、异形等不规则墙面抹灰、镶贴块料按相应项目乘以系数1.15。

任务步骤:依据《2018湖北建筑定额》,A10-75符合要求。

查定额子目A10-75,定额人工费=3 390.76元/100 m²,定额材料费=11 106.6元/100 m²,定额机械费=20.79元/100 m²。

定额换算,根据定额说明,项目乘以系数1.15。

套子目A10-75换:

定额基价(换)=(3 390.76+11 106.6+20.79)×1.15元/100 m²=16 695.87元/100 m²

3.2.4 数值增减

直接增加或减少某些人材机量或费用,指上述说明之外的换算。依据《2018湖北建筑定额》如下例。

(1)大体积混凝土(指基础底板厚度大于1 m的地下室底板或满堂基础)养护期保温按相应定额子目每10 m³增加人工0.01日,土工布增加0.469 m²;大体积混凝土温度控制费用按照经批准的专项施工方案另行计算。

(2)天棚吊筋安装,如在混凝土板上钻眼、挂筋者,按相应项目每100 m²增加人工3.4工日;如在砖墙上打洞搁放骨架者,按相应天棚项目每100 m²增加人工1.4工日;上人型天棚骨架吊筋为射钉者,每100 m²应减去人工0.25工日,减少吊筋3.8 kg,钢板增加27.6 kg,射钉增加585个。

【案例3.2.4】

背景资料:某项目现浇有梁式满堂基础,底板厚1.2 m,C40商品砼,体积500 m³,C40商品砼除税市场价为420元/m³,土工布除税市场价为6.5元/m²。

任务:计算该基础项目直接费(计算结果均保留两位小数)。

▌**任务实施**

任务步骤:查《2018湖北建筑定额》A2-7现浇混凝土—满堂基础—有梁式,定额人工费=352.19元/10 m³,定额材料费=3 497.66元/10 m³,定额机械费=0.24元/10 m³。普工消耗量1.692工日/10 m³,技工消耗量1.384工日/10 m³;C20商品砼除税单价341.94元/m³,消耗量10.1 m³/10 m³。

底板厚1.2 m＞1 m,需增加养护期保温费用。

人工分割比例: 普工/技工=1.692/1.384=0.55/0.45

人工费调增=0.01×(0.55×92+0.45×142)元/10 m³=1.15元/10 m³

土工布增加费用=0.469×6.5元/10 m³=3.05元/10 m³

商品砼增加费用=10.1×(420-341.94)元/10 m³=788.41元/10 m³

套A2-7换:

换算后基价=(352.19+3 497.66+0.24+1.15+3.05+788.41)元/10 m³=4 642.7元/10 m³

项目直接费=500÷10×4 642.7元=232 135.00元

3.2.5 补充定额

如果设计采用的某些新材料、新结构、新技术等分项工程未编入现行定额中,也没有相近的定额项目可以参照,则必须编制补充定额,经主管部门审批后进行套用。补充的方法一般有两种:

(1)定额代换法,即利用性质相似、材料大致相同,施工方法又很接近的定额项目,将类似项目分解套用或考虑(估算)一定系数调整使用。此种方法一定要在实践中注意观察和测定,合理确定系数,保证定额的精确性,也为以后新编定额项目做准备。

(2)定额编制法。材料用量按图纸的构造做法及相应的计算公式计算,并加入规定的损耗率,或经有关技术和定额人员讨论确定;人工及机械台班使用量,可参考劳动定额、机械台班使用定额计算;然后乘以人工日工资单价、材料预算价格和机械台班单价,即得到补充定额直接费。

3.2.6 据实计算

据实计算是针对无共同规律可循且发生概率不大的项目而言的,例如,《2018湖北建筑定额》规定:山上施工,运输车不能直接到达施工现场而发生的运输,根据实际情况,按实计算。

3.3 材料单价

任务书 3.3

背景资料:假设某建筑工地需要某种材料共计1 500吨,该种材料有甲、乙、丙三个供货地点,甲地出厂价格为290元/吨,可供需要量的20%;乙地出厂价格为285元/吨,可供需要量的30%;丙地出厂价格为270元/吨,可供需要量的50%。又已知甲地距离施工地点30公里,乙地距离施工地点28公里,丙地距离施工地点25公里。该地区该材料汽车运输费为2元/(吨·公里),装卸费为2.5元/吨,调车费为0.8元/吨。假设该种材料的运输损耗率为1%,假设该种材料采购及保管费率为2.5%。该材料上述价格均为含税价,采用"一票制"支付方式,增值税税率为13%。

任务:计算该材料除税单价和含税单价。

▌任务实施

任务(1):除税单价计算。

任务步骤 1:除税材料原价=＿＿＿＿＿＿＿＿＿＿＿＿＿＿＿＿＿＿＿＿＿＿＿＿＿

＿＿＿＿＿＿＿＿＿＿＿＿＿＿＿＿＿＿＿＿＿＿＿＿＿＿＿＿＿＿＿＿元/吨。

任务步骤 2:加权平均运距=＿＿＿＿＿＿＿＿＿＿＿＿＿＿＿＿＿＿＿＿＿＿＿＿＿

＿＿＿＿＿＿＿＿＿＿＿＿＿＿＿＿＿＿＿＿＿＿＿＿＿＿＿＿＿＿＿＿公里。

任务步骤 3：除税运杂费 = _____

_____元 / 吨。

任务步骤 4：运输损耗费 = _____

_____元 / 吨。

任务步骤 5：采购保管费 = _____

_____元 / 吨。

任务步骤 6：材料除税单价 = _____

_____元 / 吨。

任务(2)：含税单价计算。

任务步骤 1：含税材料原价 = _____

_____元 / 吨。

任务步骤 2：加权平均运距 = _____

_____公里。

任务步骤 3：含税运杂费 = _____

_____元 / 吨。

任务步骤 4：运输损耗费 = _____

_____元 / 吨。

任务步骤 5：采购保管费 = _____

_____元 / 吨。

任务步骤 6：材料含税单价 = _____

_____元 / 吨。

任务 3.3 相关知识点

　　材料费是指施工过程中耗费的原材料、辅助材料、构配件、零件、半成品或成品、工程设备的费用。工程设备是指构成或计划构成永久工程一部分的机电设备、金属结构设备、仪器装置及其他类似的设备和装置。

材料单价

　　材料单价又叫材料预算价格，是指从材料来源地(或交货地)至工地仓库(或存放地)后的出库价格，包括货源地至工地仓库之间的所有费用。内容包括材料原价(或供应价)、运杂费、运输损耗费、采购及保管费等几个方面，如图 3.1 所示。材料单价有含税单价(不扣减增值税进项税额)和除税单价(扣减增值税进项税额)两种。采用一般计税法计算工程造价时，材料单价采用除税价；采用简易计税法计算工程造价时，材料单价采用含税价。

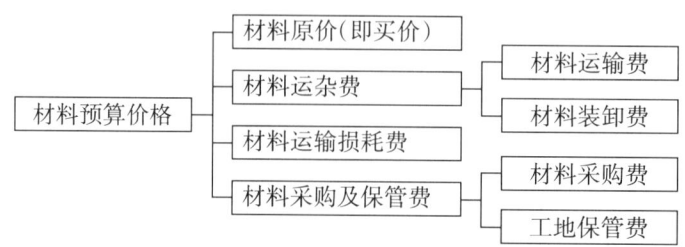

图 3.1　材料预算价格组成示意图

3.3.1 材料原价计算

材料原价是指国内采购材料的出厂价格,国外采购材料抵达买方边境、港口或车站并交纳完各种手续费、税费(含增值税或不含增值税)后形成的价格。在确定材料原价时,凡同一种材料因来源地、交货地、供货单位、生产厂家不同,而出现几种原价时,根据不同供应情况的供货数量比例,可按加权平均的方法计算其综合原价。计算公式如下:

$$加权平均原价 = \frac{K_1C_1 + K_2C_2 + \cdots + K_nC_n}{K_1 + K_2 + \cdots + K_n}$$

式中:$K_1, K_2, \cdots, K_n$——各不同供应地点的供应量或各不同使用地点的需要量;

$C_1, C_2, \cdots, C_n$——各不同供应情况的原价。

若材料供货价格为含税价格,则材料不含税原价应以购进货物适用的税率(13% 或 9%)或征收率(3%)扣减增值税进项税额。

【例 3.1】某建筑项目从甲、乙、丙三个供货地点购买面砖。甲地购买 1 500 m²,出厂含税单价 80 元 /m²;乙地购买 800 m²,出厂含税单价 85 元 /m²;丙地购买 730 m²,出厂含税单价 90 元 /m²。面砖增值税税率为 13%。求该面砖加权平均含税原价和不含税原价。

【解】加权平均含税原价 $= \dfrac{80 \times 1\ 500 + 85 \times 800 + 90 \times 730}{1\ 500 + 800 + 730}$ 元 /m² $= 83.73$ 元 /m²

加权平均不含税原价 $= \dfrac{83.73}{1 + 13\%}$ 元 /m² $= 74.10$ 元 /m²

3.3.2 材料运杂费计算

材料运杂费是指国内采购材料自来源地、国外采购材料自到岸港运至工地仓库或指定堆放地点发生的费用(含增值税或不含增值税)。含外埠中转运输过程中所发生的一切费用和过境过桥费用,包括调车和驳船费、装卸费、运输费及附加工作费等。

同一品种的材料有若干个来源地或交货地,应采用加权平均的方法计算材料运杂费。计算公式如下:

$$加权平均运杂费 = \frac{K_1T_1 + K_2T_2 + \cdots + K_nT_n}{K_1 + K_2 + \cdots + K_n}$$

式中:$K_1, K_2, \cdots, K_n$——各不同供应地点的供应量或各不同使用地点的需要量;

$T_1, T_2, \cdots, T_n$——各不同运距的运杂费。

若运杂费用为含税价格,则需要按"两票制"和"一票制"两种支付方式分别调整。

(1)"两票制"支付方式。所谓"两票制"材料,是指材料供应商就收取的货物销售价款和运杂费向建筑业企业分别提供货物销售和交通运输两张发票的材料。在这种方式下,运杂费以交通运输与服务适用税率 9% 扣减增值税进项税额。

(2)"一票制"支付方式。所谓"一票制"材料,是指材料供应商就收取的货物销售价款和运杂费合计金额向建筑业企业仅提供一张货物销售发票的材料。在这种方式下,运杂费采用与材料原价相同的方式(13% 或 9% 的税率、3% 征收率)扣减增值税进项税额。材料有关的增值税税率(征收率)见表 3.9。

表 3.9　材料有关的增值税税率（征收率）

材料名称	税率（征收率）
钢材、水泥、板枋材、沥青混凝土、装饰材料、管、线、灯具、洁具、电、汽柴油等，经过加工的属于半成品或成品的木材及竹木制品	13%（3%）
花卉、苗木、原木、水（从自来水公司之外的其他水厂购买的水）、供气供热等	9%（3%）
自来水（从自来水公司购买的水），购买生产企业自产：砂、土、石料、砖、瓦、石灰（不含黏土实心砖、瓦）	3%
在商贸企业购买：砂、土、石料、砖、瓦、石灰	13%（3%）
商品混凝土（仅限于水泥为原料生产的水泥混凝土）	3%
材料运输	9%（3%）

【例 3.2】接续例 3.1 中面砖。甲地运输单价 1.10 元 /m²，装卸单价 0.50 元 /m²；乙地运输单价 1.60 元 /m²，装卸单价 0.55 元 /m²；丙地运输单价 1.40 元 /m²，装卸单价 0.65 元 /m²。该材料采用"两票制"支付方式，运输单价、装卸单价均含税。求该面砖材料单价中的运杂费。

【解】加权平均装卸费 $= \dfrac{0.5 \times 1\ 500 + 0.55 \times 800 + 0.65 \times 730}{1\ 500 + 800 + 730}$ 元 /m² $= 0.55$ 元 /m²

加权平均运输费 $= \dfrac{1.1 \times 1\ 500 + 1.6 \times 800 + 1.4 \times 730}{1\ 500 + 800 + 730}$ 元 /m² $= 1.30$ 元 /m²

含税运杂费 $=(0.55 + 1.3)$ 元 /m² $= 1.85$ 元 /m²

除税运杂费 $= \dfrac{1.85}{1 + 9\%}$ 元 /m² $= 1.70$ 元 /m²

3.3.3　材料运输损耗费计算

材料运输损耗费，是指材料在运输及装卸过程中不可避免的损耗，如材料不可避免的损坏、丢失、挥发等。运输损耗费的计算公式是：

$$运输损耗费 =（材料原价 + 运杂费）\times 运输损耗率(\%)$$

或：

$$运输损耗费 = \dfrac{\sum 场外运输损耗量 \times（材料原价 + 运杂费）}{\sum 运输量}$$

某省取定的主要材料运输损耗率见表 3.10。

表 3.10　主要材料运输损耗率

材料种类	损耗率 /(%)	材料种类	损耗率 /(%)
各标准砖、黏土空心砖、瓦	2.0	空心砌块	2.5
实心砌块、水泥瓦、石棉瓦、玻纤瓦、石灰膏	1.5	散装水泥、河砂、炉渣、石屑	2.5
耐火砖、块状沥青、袋装水泥、混凝土、石块、石板、石膏、耐火泥、烧碱	1.0	陶管、瓷管、瓷制品、生石灰、缸砖、面砖、瓷砖、桶装沥青	2.0

【例 3.3】接续例 3.1 和例 3.2 中面砖。运输损耗率为 2.0%。求该面砖材料单价中的运输

损耗费。

【解】　运输损耗费(含税)=(83.73 + 1.85)×2% 元/m² = 1.71 元/m²

运输损耗费(不含税)=(74.10 + 1.70)×2% 元/m² = 1.52 元/m²

3.3.4　材料采购及保管费

材料采购及保管费是指组织采购、供应和保管材料、工程设备的过程中所需要的各项费用,包括采购费、仓储费、工地保管费、仓储损耗。采购费指采购人员的工资、异地采购材料的车船费、市内交通的费用、住勤补助费、通信费等;仓储费指工地材料仓库的搭建、拆除、维修费,仓库材料的堆码整理费用等;工地保管费指工地仓库保管人员的工资等费用;仓储损耗指材料在仓库堆码过程中不可避免的损耗。

建筑材料的种类、规格繁多,采购及保管费不可能按每种材料在采购过程中所发生的实际费用计取,只能规定几种费率。目前由国家经委规定的综合采购及保管费率为2.5%(其中采购费率为1%,保管费率为1.5%)。采购及保管费率也可由各省、市、自治区建设行政主管部门制定。材料采购及保管费计算公式如下:

采购及保管费=[(材料原价+运杂费)×(1 +运输损耗率)]× 采购及保管费率

或:　　　　　采购及保管费=(材料原价+运杂费+运输损耗费)× 采购及保管费率

若由建设单位供应材料到现场仓库,则施工单位只收保管费,一般不超过采购及保管费的70%,但有些地区规定在这种情况下,建设单位取其中的20%,施工单位取其中的80%。

【例 3.4】接续例 3.1 至例 3.3 中面砖。采购及保管费率为 2.5%。求该面砖材料单价中的采购及保管费。

【解】采购及保管费(含税)=(83.73 + 1.85 + 1.71)×2.5% 元/m² = 2.18 元/m²

采购及保管费(不含税)=(74.10 + 1.70 + 1.52)×2.5% 元/m² = 1.93 元/m²

3.3.5　材料单价

综上所述,材料单价的一般计算公式为:

材料单价=[(材料原价+运杂费)×(1 +运输损耗率)]×(1 +采购及保管费率)

或:　　　　　材料单价=材料原价+运杂费+运输损耗费+采购及保管费

【例 3.5】接续例 3.1 至例 3.4 中面砖。求该面砖材料单价。

【解】材料单价(含税)=(83.73 + 1.85 + 1.71 + 2.18)元/m² = 89.47 元/m²

材料单价(不含税)=(74.10 + 1.70 + 1.52 + 1.93)元/m² = 79.25 元/m²

工作手册4

建筑面积计算

JIANZHU MIANJI JISUAN

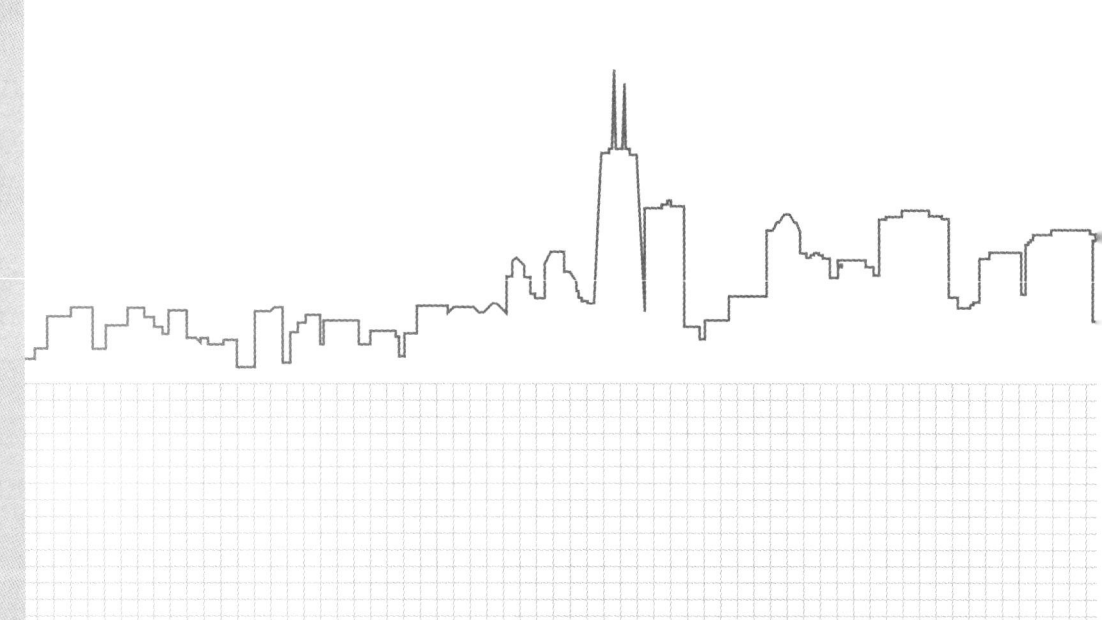

任务书 4

背景资料:某托儿所模型如图 4.1 所示,施工图纸请扫二维码查看。

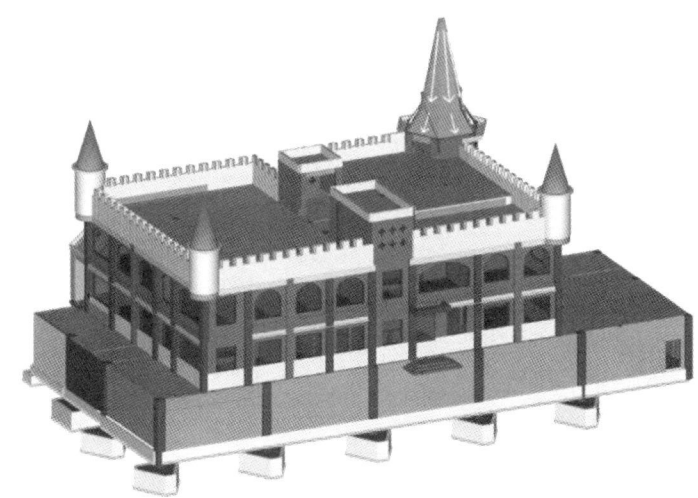

某托儿所建筑
图纸

图 4.1　托儿所模型

任务:计算该项目建筑面积。

任务实施

任务步骤 1:一层建筑面积。

任务步骤 2:二层建筑面积。

任务步骤 3:屋顶、楼梯间及其他房间建筑面积。

任务步骤 4:其他构件建筑面积。

任务 4 相关知识点

4.1 建筑面积概述

4.1.1 建筑面积的概念

建筑面积亦称建筑展开面积,是建筑物(包括墙体)所形成的楼地面面积。面积是所占平面图形的大小,建筑面积主要是墙体围合的楼地面面积(包括墙体的面积),因此计算建筑面积时,首先以外墙结构外围水平面积计算。

建筑面积包括附属于建筑物的室外阳台、雨篷、檐廊、室外走廊、室外楼梯等建筑部件的面积,是各层面积的总和。

总建筑面积应按地上和地下建筑面积之和计算,地上和地下建筑面积应分别计算。室外设计地坪以上的建筑空间,其建筑面积应计入地上建筑面积;室外设计地坪以下的建筑空间,其建筑面积应计入地下建筑面积。

建筑面积包括有效面积和结构面积。有效面积是指建筑物各层中净面积之和,包括使用面积和辅助面积。

使用面积是指建筑物各层平面布置中,可直接为生产或生活使用的净面积总和。居室净面积在民用建筑中,亦称"居住面积"。例如:住宅建筑中的居室、客厅、书房等。

辅助面积是指建筑物各层平面布置中为辅助生产或生活所占净面积的总和。例如:住宅建筑的楼梯、走道、卫生间、厨房等。

结构面积是指建筑物各层平面布置中的墙体、柱等结构所占面积的总和(不包括抹灰厚度所占面积)。

4.1.2 建筑面积的作用

建筑面积计算是工程计量的最基础的工作,在工程建设中具有重要意义。建筑面积是反映建筑物规模大小、技术与经济特征的一项重要指标;是核定估算、概算、预算工程造价的一个重要基础数据;是计算和确定工程造价,并分析工程造价和工程设计合理性的一个基础指标;是国家进行建设工程数据统计、固定资产宏观调控的重要指标;是房地产交易、工程发承包交

易、建筑工程有关运营费用的核定等的一个关键指标。

各经济指标计算公式如下：

$$单位建筑面积工程造价 = \frac{工程造价}{建筑面积}（元/m^2）$$

$$单位建筑面积人工消耗 = \frac{单位工程用量}{建筑面积}（工日/m^2）$$

$$单位建筑面积材料消耗 = \frac{单位工程某材料用量}{建筑面积}（kg/m^2、m/m^2、m^3/m^2 等）$$

$$单位建筑面积机械台班消耗 = \frac{单位工程机械台班用量}{建筑面积}（台班/m^2 等）$$

$$单位建筑面积工程量 = \frac{单位工程某分项工程工程量}{建筑面积}（kg/m^2、m/m^2、m^2/m^2 等）$$

$$容积率 = \frac{总建筑面积}{建筑占地面积} \times 100\%$$

$$建筑密度 = \frac{建筑底层面积}{建筑占地总面积} \times 100\%$$

根据有关规定,容积率计算公式中总建筑面积不包括地下室、半地下室建筑面积,屋顶建筑面积不超过标准层建筑面积 10% 的也不计算。

4.1.3　建筑面积计算的主要依据

建筑面积的计算主要依据现行国家标准 GB/T 50353《建筑工程建筑面积计算标准(征求意见稿)》和 GB 55031—2022《民用建筑通用规范》(自 2023 年 3 月 1 日起实施)。其规定了计算建筑全部面积、计算建筑部分面积和不计算建筑面积的情形及计算规则。

4.1.4　建筑面积计算标准的适用范围

GB/T 50353《建筑工程建筑面积计算标准(征求意见稿)》适用于新建、扩建、改建的工业与民用建筑工程建设全过程(指从项目建议书、可行性研究报告至竣工验收、交付使用的过程)的建筑面积计算,包括厂房、仓库、公共建筑、居住建筑、地铁车站等。该标准不仅仅适用于工程造价计价活动,也适用于项目规划、设计阶段。

4.1.5　建筑面积计算的一般原则

建筑工程在规划、设计、施工、预售等未竣工阶段,建筑面积应按建筑设计图纸尺寸计算;竣工后,建筑面积应通过实地测量获取。

建筑面积计算过程中,尺寸应按米取至三位小数,建筑面积应按平方米保留两位小数。

建筑面积应按建筑每个自然层楼(地)面处外围护结构外表面所围空间的水平投影面积计算。

"外围护结构"是指外墙,包括作为外围护结构的玻璃幕墙、金属幕墙、石材幕墙、人造板材幕墙等;"外表面"是指外围护结构的设计完成面,建筑外围护结构一般由墙体、保温层、饰面层组成,设计完成面即装饰面层外边线;当幕墙作为外围护结构时,"外表面"为幕墙面板外边线(见图4.2)。

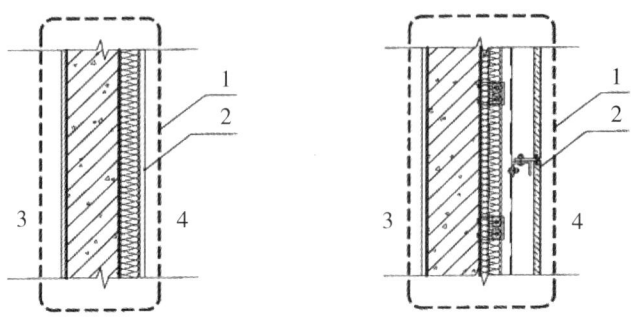

图 4.2   外围护结构外表面示意图
1—外围护结构;2—外围护结构外表面;3— 室内;4— 室外

围护性幕墙是直接作为外墙起围护作用的幕墙,装饰性幕墙是设置在建筑物墙体外起装饰作用的幕墙(见图4.3)。装饰性幕墙不应计算建筑面积。

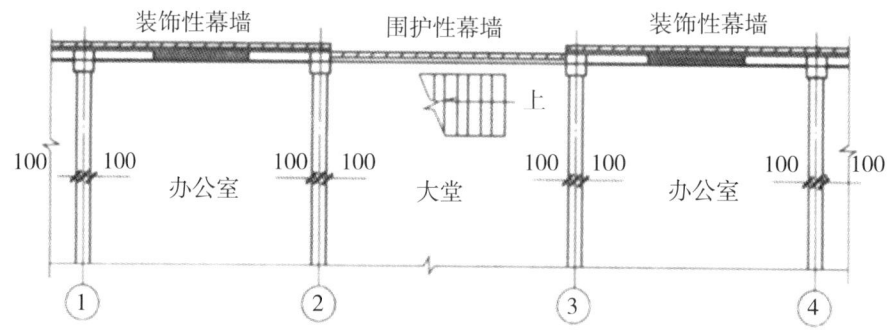

图 4.3   围护性幕墙与装饰性幕墙示意图

永久性结构的建筑空间,有永久性顶盖、结构层高或斜面结构板顶高在 2.20 m 及以上的(见图4.4),应按下列规定计算建筑面积:

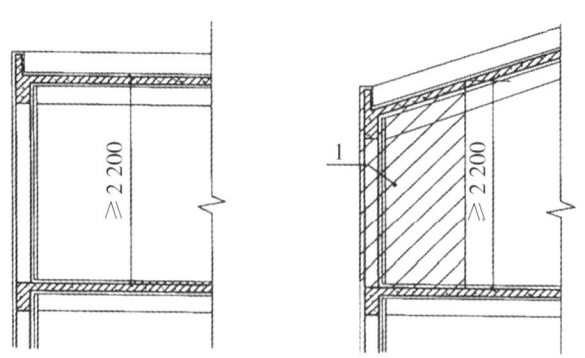

图 4.4   结构层高或斜面结构板顶高度在 2.20 m 及以上的建筑空间示意图
1—不计算建筑面积的区域

① 有围护结构、封闭围合的建筑空间,应按其外围护结构外表面所围空间的水平投影面积计算。

② 无围护结构、以柱围合,或部分围护结构与柱共同围合,不封闭的建筑空间,应按其柱或外围护结构外表面所围空间的水平投影面积计算。包括:由墙、柱围合的雨篷、车棚、货棚、

站台、有顶盖平台、有顶盖空中花园;门廊、门斗;室外楼梯;地下车库出入口;室外场馆看台下部空间;有柱的室外连廊;建筑物架空层及吊脚架空层;结构转换层等。

③ 无围护结构、单排柱或独立柱、不封闭的建筑空间,应按其顶盖水平投影面积的 1/2 计算。包括:由单排柱或独立柱支撑的室外连廊、车棚、货棚、站台、室外场馆看台雨篷、单排柱或独立柱支撑的室外楼梯等。

④ 无围护结构、有围护设施、无柱、附属在建筑外围护结构、不封闭的建筑空间,应按其围护设施外表面所围空间水平投影面积的 1/2 计算。包括:无柱的室外挑廊、连廊、檐廊;出挑的无柱室外楼梯;出挑的有顶盖空中花园等。不包含无柱雨篷。

> **提示**
>
> 　　只要具备建筑空间的两个基本要素(围合空间,可出入、可利用),即便设计未加以利用或未体现具体用途,仍然应计算建筑面积。

可出入是指人能正常出入,即通过门或楼梯等进出。而必须通过窗、栏杆、进入孔、检修孔等出入的不算可出入。一般情况下,吊顶空间不满足"可出入"属性,不计算建筑面积。

2023 建筑面积计算标准与 2013 建筑面积计算规范对比见表 4.1。

表 4.1　2023 建筑面积计算标准与 2013 建筑面积计算规范建筑面积计算原则差异表

	《建筑工程建筑面积计算标准(征求意见稿)》与 GB 55031—2022《民用建筑通用规范》	GB/T 50353—2013《建筑工程建筑面积计算规范》
结构层高小于 2.20 m 的建筑空间	不计算	计算一半
非水平面结构净高小于 2.10 m	不计算	计算一半(1.2~2.1 m)
无顶盖的建筑空间	不计算	1. 无顶盖、有围护设施的架空走廊,应按其结构底板水平投影面积 1/2 计算。 2. 无顶盖的阳台,按围护设施外围水平投影面积一半计算
阳台	封闭的全算,不封闭的按围护设施外围水平投影面积一半计算	主体结构内全算,主体结构外算底板一半
无柱雨篷	不计算	无柱雨篷的结构外边线至外墙结构外边线的宽度在 2.10 m 及以上的,且顶盖高度≤两个楼层时,应按雨篷结构板的水平投影面积的 1/2 计算建筑面积
凸(飘)窗	结构净高在 2.10 m 及以上的凸(飘)窗,应按其围护结构外表面水平面积计算建筑面积。窗台与室内楼面或地面高差在 0.15 m 及以下的,应计算全面积;窗台与室内楼面或地面高差在 0.15 m 以上、0.40 m 以下的,应计算 1/2 面积	窗台与室内楼地面高差在 0.45 m 以下且结构净高在 2.10 m 及以上的凸(飘)窗(指凸出建筑物外墙面的窗户),应按其围护结构外围水平面积计算 1/2 面积

4.2 建筑面积计算

4.2.1 主体建筑

（1）建筑面积应按建筑每个自然层（指按楼地面结构分层的楼层）楼（地）面处外围护结构外表面所围空间的水平投影面积计算。

主体结构外的室外阳台、雨篷、檐廊、室外走廊、室外楼梯等按相应条款计算建筑面积。

【例4.1】如图4.5所示，平面图图示尺寸为中轴线标注尺寸，墙厚240 mm，勒脚及以下墙厚370 mm。求建筑面积。

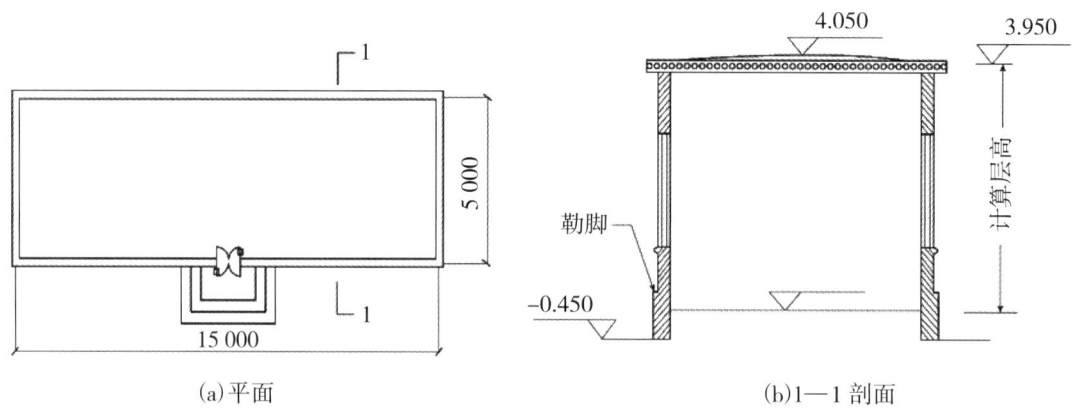

(a)平面   (b)1—1剖面

图 4.5   单层建筑物示意图

【解】因结构层高超过2.2 m，所以应计算全面积。

$$S = (15 + 0.12 \times 2) \times (5 + 0.12 \times 2)\, \text{m}^2 = 79.86\, \text{m}^2$$

提示

勒脚（无论是饰面加厚构造还是墙体加厚构造）均不计入建筑面积。框架柱凸出外墙外边的部分应计算建筑面积；附墙柱（是指非结构性装饰柱）不计算建筑面积。

【例4.2】如图4.6所示，设第1～5层的层高为3.9 m，第6层的层高为2.1 m，经计算第1～4层每层的外墙结构外围面积为1 166.60 m²，第5、6层每层的外墙结构外围面积为475.90 m²。试计算建筑面积。

【解】

$$S = [(第1\text{~}4层)1\,166.60 \times 4 + (第5层)475.90$$
$$+ (第6层)475.90 \times 0.5]\, \text{m}^2 = 5\,380.25\, \text{m}^2$$

当外墙结构本身在一个层高范围内不等厚时，以楼地面结构标高处的外围水平面积计算，如图4.7所示。

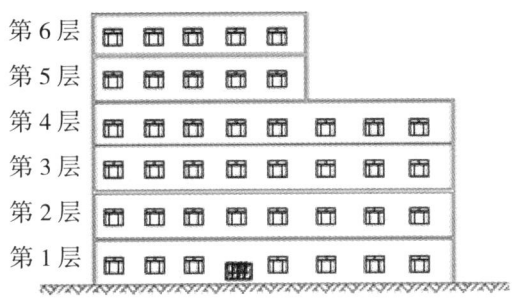

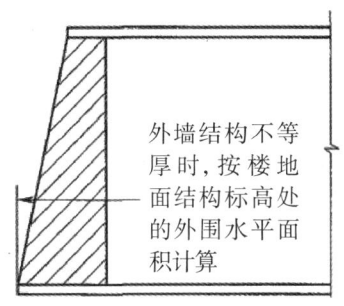

图 4.6　多层建筑物建筑面积计算示意图　　　　图 4.7　不等厚外墙示意图

（2）建筑物内设有局部楼层（见图 4.8）时，对于局部楼层的二层及以上楼层，有围护结构（指围合建筑空间的墙体、门、窗）的应按其围护结构外围水平面积计算；无围护结构有围护设施（指栏杆、护栏）的应按其围护设施外表面水平面积计算 1/2 面积。结构层高在 2.20 m 及以上的，应计算面积；结构层高在 2.20 m 以下的，不计算面积。既无围护结构又无围护设施的，不属于楼层，不计算建筑面积。

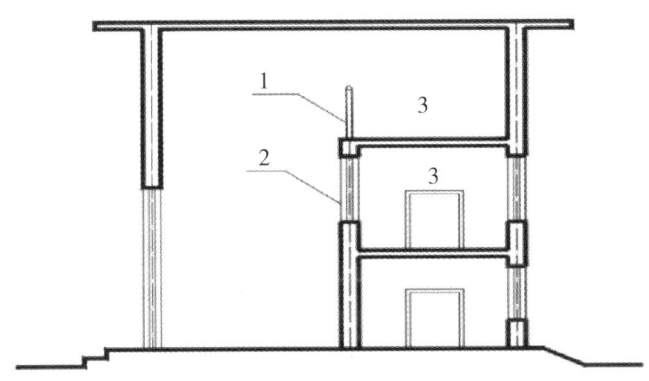

图 4.8　建筑物内的局部楼层

1—围护设施；2—围护结构；3—局部楼层

【例 4.3】如图 4.9 所示，若局部楼层结构层高均超过 2.20 m，计算该建筑物的建筑面积。

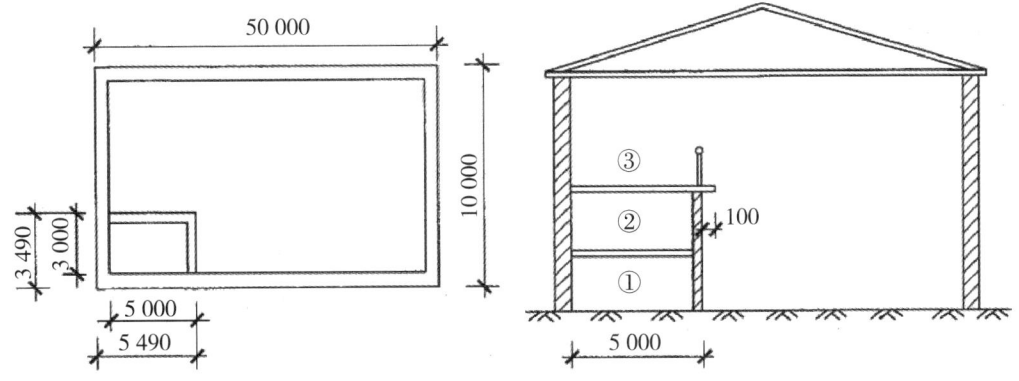

图 4.9　有局部楼层的单层平屋顶建筑物示意图

分析：有围护结构的，按其围护结构外围水平面积计算；无围护结构有围护设施的，按其围护设施外表面水平面积计算 1/2 面积，三楼有围护设施，则三楼计算建筑面积。

【解】　　　　　　　　　首层①建筑面积 $= 50 \times 10 \text{ m}^2 = 500 \text{ m}^2$

有围护结构的局部楼层②建筑面积 $= 5.49 \times 3.49 \text{ m}^2 = 19.16 \text{ m}^2$

无围护结构有围护设施的局部楼层③建筑面积 $= 5.49 \times 3.49 \times \dfrac{1}{2} \text{ m}^2 = 9.58 \text{ m}^2$

合计建筑面积 $= (500 + 19.16 + 9.58) \text{ m}^2 = 528.74 \text{ m}^2$

提示

建筑物有局部楼层,其首层面积已包括在原建筑物中,不能重复计算,因此,应从二层以上开始计算局部楼层的建筑面积。若③楼无围护设施,则③楼不计建筑面积。

4.2.2 坡屋顶

建筑物楼面、地面、顶面为斜面、曲面等非水平面的,有围护结构的应按其围护结构外表面水平面积计算全面积;有围护设施的应按其围护设施外表面水平面积计算 1/2 面积。结构净高在 2.10 m 及以上的部位,应计算面积;结构净高在 2.10 m 以下部位,不计算面积。

【例 4.4】根据图 4.10 计算该坡屋面下建筑空间的建筑面积(板厚 100 mm,墙厚 300 mm)。

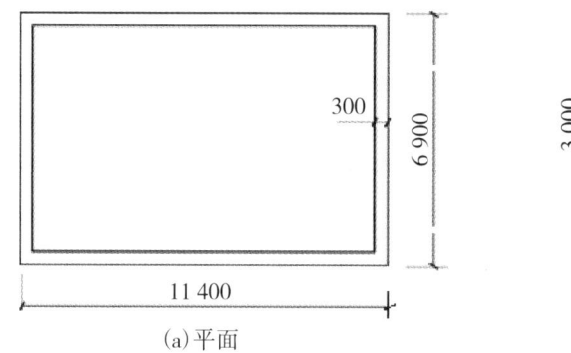
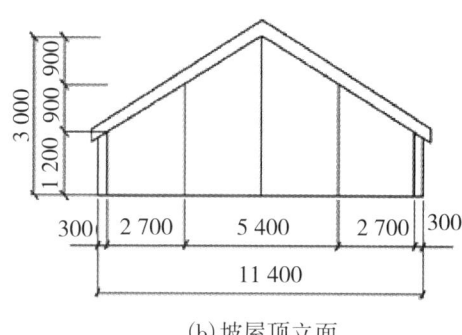

(a)平面 　　　　　　　　　(b)坡屋顶立面

图 4.10　某坡屋面示意图

【解】结构净高在 2.10 m 以下部位,不计算面积。

结构净高 $\geqslant$ 2.1 m 的范围: $S = 5.4 \times 6.9 \text{ m}^2 = 37.26 \text{ m}^2$

4.2.3 场馆看台下

场馆看台下的建筑空间(见图 4.11),有围护结构的应按其围护结构外表面水平面积计算全面积;室内单独设置的有围护设施的悬挑看台,应按其围护设施外表面水平面积计算 1/2 面积;有顶盖无围护结构的场馆看台(见图 4.12)应按其顶盖水平投影面积计算 1/2 面积。结构净高在 2.10 m 及以上的部位,应计算面积;结构净高在 2.10 m 以下部位,不计算面积。

只要设计有顶盖(不包括镂空顶盖),无论是有详细设计还是标注为需二次设计,无论什么材质,都视为有顶盖。

场馆区分三种不同的情况:第一,看台下的建筑空间,对"场"(顶盖不闭合)和"馆"(顶盖闭合)都适用;第二,室内单独悬挑看台,仅对"馆"适用;第三,有顶盖无围护结构的看台,仅对"场"适用。

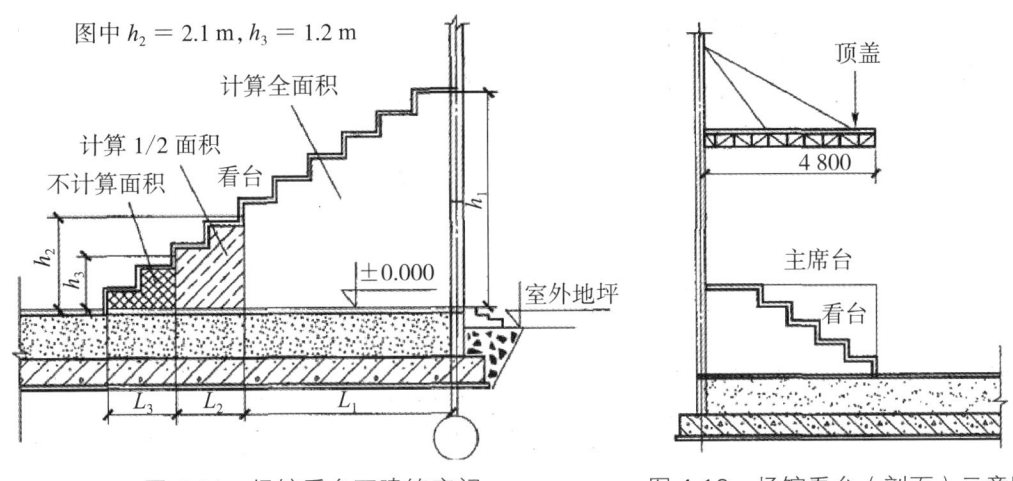

图 4.11　场馆看台下建筑空间　　　　图 4.12　场馆看台（剖面）示意图

【例 4.5】如图 4.13 所示的看台（厚度 100 mm）下的建筑空间长 100 m。试计算看台下建筑空间的建筑面积。

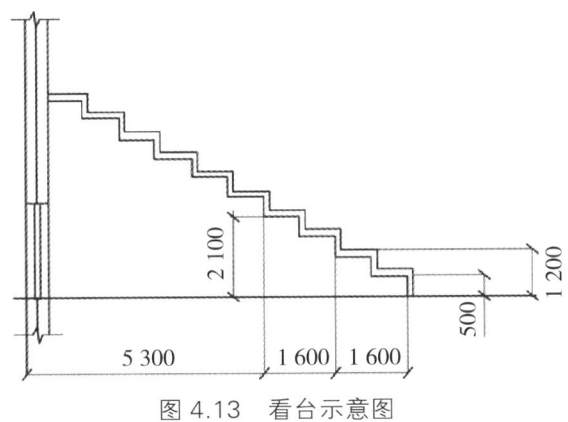

图 4.13　看台示意图

【解】如图，斜面结构净高 2.1 m 及以上的空间宽度为 5.3 m，则该看台下建筑空间建筑面积为：

$$S = 100 \times 5.3 \text{ m}^2 = 530 \text{ m}^2$$

【例 4.6】如图 4.14 所示的看台长 100 m，看台顶盖长 102 m。试计算看台的建筑面积。

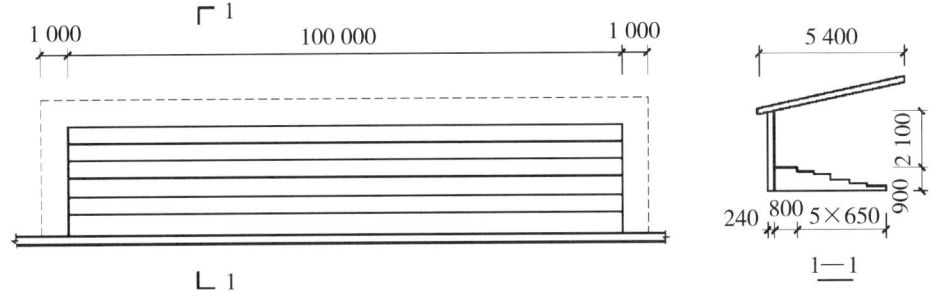

图 4.14　看台示意图

【解】有顶盖无围护结构的场馆看台，斜面结构板净高在 2.1 m 及以上的空间宽度为 5×0.65 m $= 3.25$ m。

该看台建筑面积：　　　$S = 102 \times 3.25 \times 0.5 \text{ m}^2 = 165.75 \text{ m}^2$

4.2.4　地下室、半地下室

（1）地下室、半地下室，应按其围护结构外表面水平面积计算建筑面积。结构层高在2.20 m及以上的，应计算全面积；结构层高在2.20 m以下的，不计算面积。

地下室的外墙结构不包括找平层、防水（潮）层、保护墙等。地下室示意图如图4.15所示。

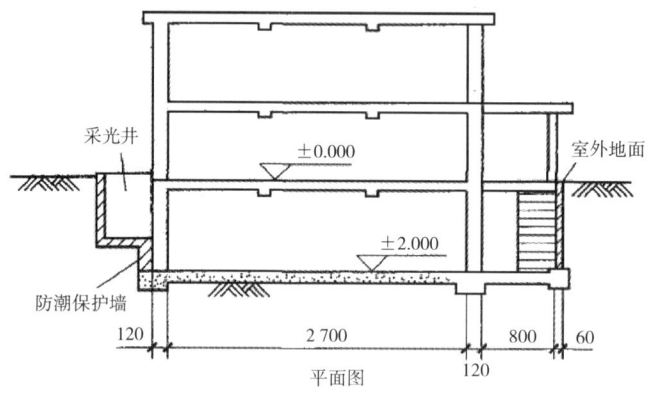

图4.15　地下室示意图

地下室外墙为变截面时，以楼地面结构标高处的结构外围水平面积计算。地下空间未形成建筑空间的，不属于地下室或半地下室，不计建筑面积。

> **提示**
>
> 地下室指室内地平面低于室外地平面的高度超过室内净高的1/2的房间。半地下室指室内地平面低于室外地平面的高度超过室内净高的1/3，且不超过1/2的房间。

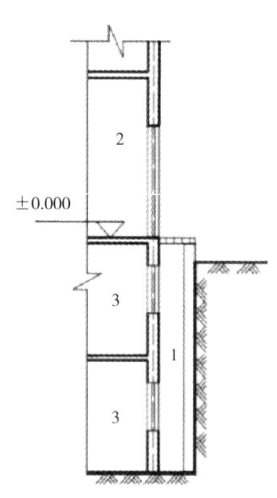

图4.16　地下室采光井
1—采光井；2—室内；3—地下室

（2）有顶盖且结构层高在2.20 m及以上的采光井（建筑物中的采光井和地下室采光井）应按一层计算面积。结构层高在2.20 m以下的，不计算面积，如图4.16所示。

> **提示**
>
> 无顶出入口、无顶采光井、外墙防潮层、保护墙，不论为何种材料、形式，均不计算面积。

（3）出入口坡道有顶盖的部位，应按其围护设施外表面水平面积计算建筑面积。结构净高在2.10 m及以上的，应计算1/2面积；结构净高在2.10 m以下的，不计算面积。

出入口坡道分有顶盖出入口坡道和无顶盖出入口坡道；顶盖以设计图纸为准，对后增加及建设单位自行增加的顶盖等，不计算建筑面积。顶盖不分材料种类（如钢筋混凝土顶盖、彩钢板顶盖、阳光板顶盖等）。地下室出入口如图4.17所示。

建筑物内的坡道随建筑物正常计算建筑面积，建筑物外的坡道按本条执行。建筑物内、外坡道的划分以建筑物外墙结构外边线为界，如图4.18所示。所以，出入口坡道顶盖的挑出长度，为顶盖结构外边线至外墙结构外边线的长度。

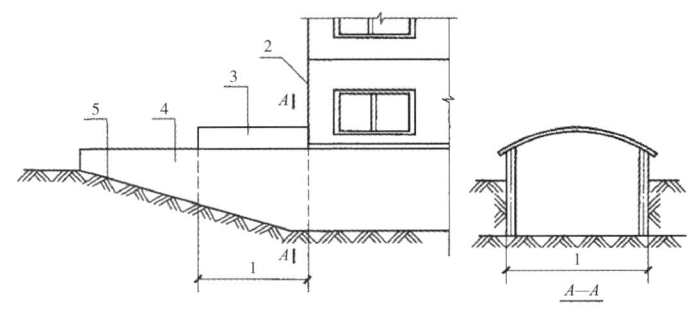

图 4.17 地下室出入口

1—计算 1/2 投影面积部位;2—主体建筑;3—出入口顶盖;4—封闭出入口侧墙;5—出入口坡道

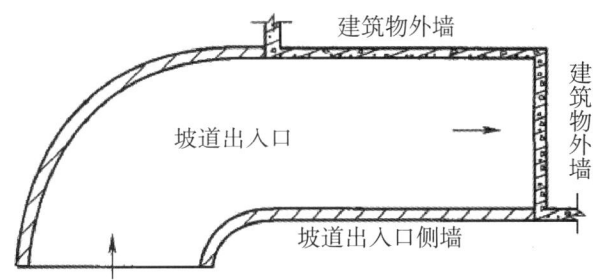

图 4.18 建筑物内外坡道划分示意图

【例 4.7】如图 4.19 所示地下室,墙厚 240。试计算建筑面积。

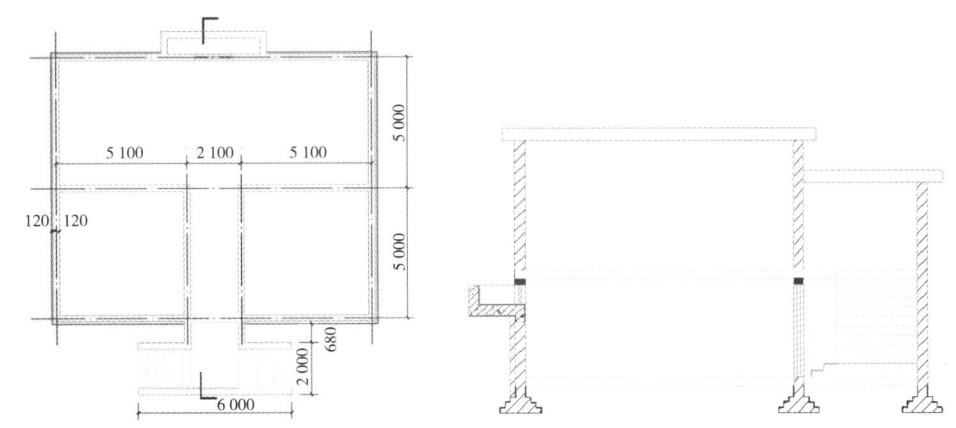

图 4.19 地下室平面和剖面示意图

【解】无顶采光井不计建筑面积,有顶出入口应按其外墙结构外围水平面积的 1/2 计算面积。

$$S = (5.1 \times 2 + 2.1 + 0.24) \times (5.0 \times 2 + 0.24)\,\text{m}^2 + [0.68 \times (2.1 + 0.24) + 6 \times 2] \times 0.5\,\text{m}^2$$
$$= 12.54 \times 10.24\,\text{m}^2 + 13.59 \times 0.5\,\text{m}^2 = 128.41\,\text{m}^2 + 6.80\,\text{m}^2 = 135.21\,\text{m}^2$$

4.2.5 建筑物架空层、坡地建筑物吊脚架空层

建筑物架空层(指仅有结构支撑而无外围护结构的开敞空间层)及坡地建筑物吊脚架空层,应按其柱或外围护结构外表面水平面积计算建筑面积。建筑物架空层如图 4.20 所示,坡地建筑物吊脚架空层如图 4.21 所示。

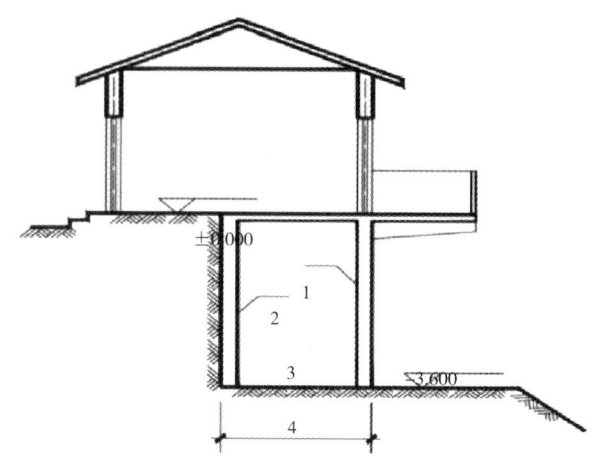

图 4.20　建筑物吊脚架空层

1—柱；2—挡土墙；3—吊脚架空层；4—计算建筑面积部位

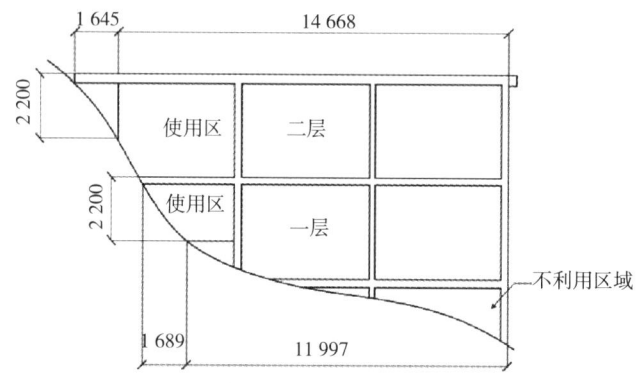

图 4.21　坡地建筑物吊脚架空层示意图

　　建筑物架空层建筑面积的计算，适用于建筑物吊脚架空层、深基础架空层，也适用于目前部分住宅、学校教学楼等工程在底层架空或在二楼或以上某个甚至多个楼层架空，作为公共活动、停车、绿化等空间的建筑面积的计算。架空层中有围护结构的建筑空间按相关规定计算。

　　【例 4.8】如图 4.22 所示，计算各部分建筑面积（结构层高均满足 2.20 m）。

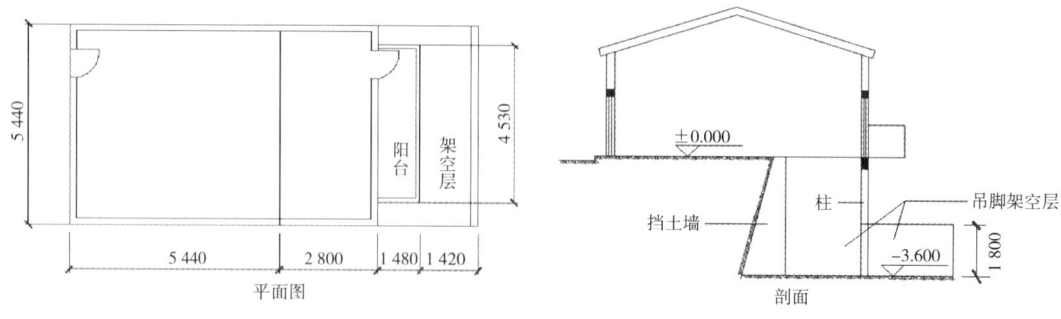

图 4.22　某吊脚架空层

　　【解】如图，斜面结构板顶高在 2.20 m 及以上的空间宽度为 $(5.44 + 2.80)\,\text{m} = 8.24\,\text{m}$。

　　　　单层建筑的建筑面积 $= (5.44 + 2.80) \times 5.44\,\text{m}^2 = 44.83\,\text{m}^2$

　　　　阳台建筑面积 $= 1.48 \times 4.53 \times 1/2\,\text{m}^2 = 3.35\,\text{m}^2$

$$吊脚架空层建筑面积 = 2.8 \times 5.44 \text{ m}^2 = 15.23 \text{ m}^2$$

建筑面积合计为：　　$(44.83 + 3.35 + 15.23) \text{ m}^2 = 63.41 \text{ m}^2$

4.2.6　建筑物的门厅、大厅

　　如图 4.23 所示，建筑物的门厅、大厅按一层计算建筑面积。结构层高在 2.20 m 及以上的，应计算全面积；结构层高在 2.20 m 以下的，不计算面积。

　　门厅是指位于建筑物入口处，用于人员集散并联系建筑室内外的枢纽空间。

　　【例 4.9】某建筑如图 4.24 所示，结构层高 $h = 3.3$ m，墙厚 200。计算该建筑物的建筑面积。

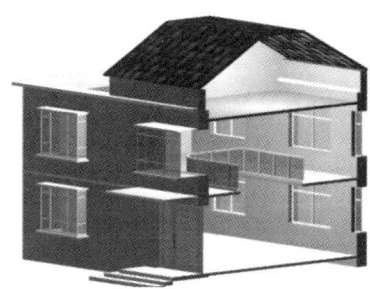

图 4.23　大厅、回廊示意图

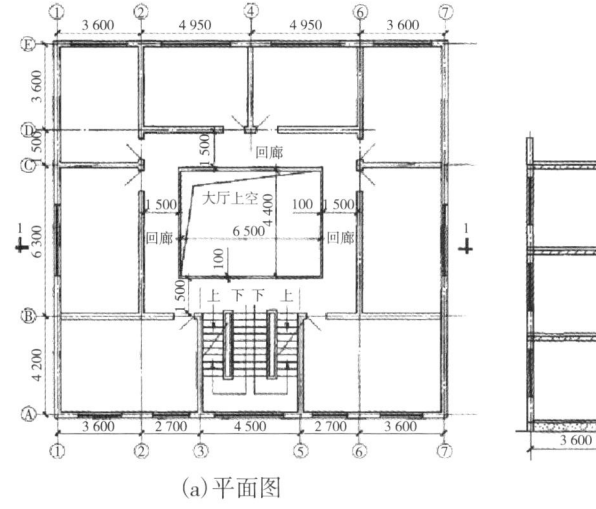

(a)平面图

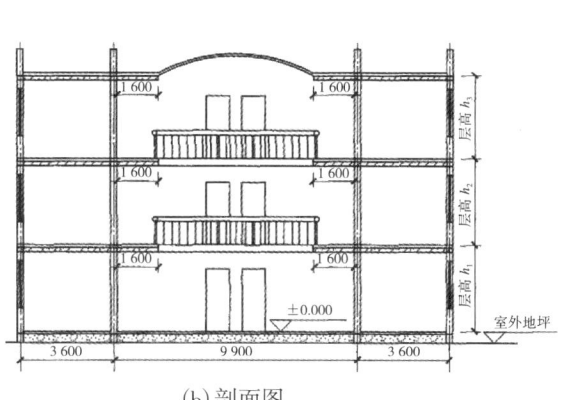

(b)剖面图

图 4.24　大厅、走廊（回廊）示意图

　　【解】(1)尽管大厅空间高度有 3 层高，只按一层计算建筑面积：

$$S_厅 = (6.5 + 1.5 \times 2 + 0.1 \times 2) \times (4.4 + 1.5 \times 2 + 0.1 \times 2) \text{ m}^2 = 9.7 \times 7.6 \text{ m}^2 = 73.72 \text{ m}^2$$

　　(2)室内挑廊(回廊)按局部楼层建筑面积计算原则计算：

$$S_廊 = (S_厅 - 6.5 \times 4.4) \times 1/2 \times 2 = (73.72 - 28.6) \times 1/2 \times 2 \text{ m}^2 = 45.12 \text{ m}^2$$

　　(3)总建筑面积：

$$\begin{aligned} S_总 &= [(3.6 \times 2 + 2.7 \times 2 + 4.5 + 0.2) \times (4.2 + 6.3 \\ &\quad + 1.5 + 3.6 + 0.2) - 73.72] \times 3 + S_厅 + S_廊 \\ &= [(17.3 \times 15.8 - 73.72) \times 3 + 73.72 + 45.12] \text{ m}^2 \\ &= (199.62 \times 3 + 73.72 + 45.12) \text{ m}^2 = 717.70 \text{ m}^2 \end{aligned}$$

4.2.7　建筑物间架空走廊

　　建筑物间的架空走廊、连廊，有围护结构的应按其围护结构外表面水平面积计算全面积；

有围护设施的应按其围护设施外表面水平面积计算 1/2 面积。结构层高在 2.20 m 及以上的，应计算面积；结构层高在 2.20 m 以下的，不计算面积。

GB 55031—2022《民用建筑通用规范》规定：无顶盖的架空走廊不计算建筑面积。

无围护结构的架空走廊见图 4.25。有围护结构的架空走廊见图 4.26。

> **提示**
>
> 架空走廊指专门设置在建筑物的二层或二层以上，作为不同建筑物之间水平交通的空间。

【例 4.10】如图 4.27 所示架空走廊的层高 3 m，平面图标注尺寸按中心线尺寸标注，围护结构厚度为 240。求架空走廊的建筑面积。

图 4.25 无围护结构的架空走廊

1—栏杆；2—架空走廊

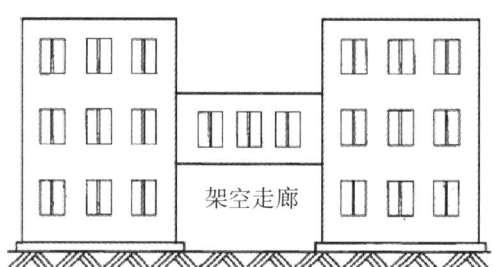

图 4.26 有围护结构的架空走廊

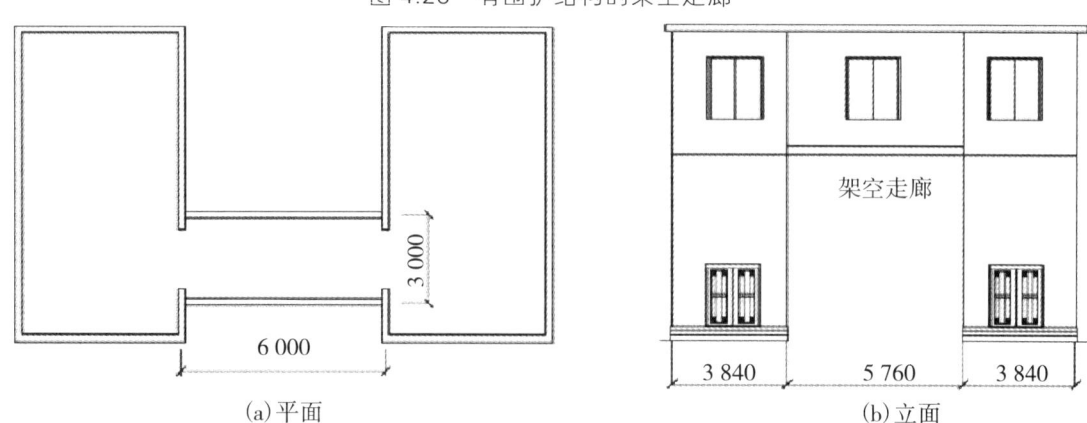

(a)平面 (b)立面

图 4.27 有架空走廊建筑的示意图

【解】架空走廊有顶盖、有围护结构。

$$S = (6 - 0.24) \times (3 + 0.24)\ \text{m}^2 = 18.66\ \text{m}^2$$

4.2.8   走廊、檐廊

有围护设施(或柱)的挑廊、檐廊、室外走廊,应按其围护设施(或柱)外表面水平面积计算建筑面积。结构层高在 2.20 m 及以上的,应计算 1/2 面积;结构层高在 2.20 m 以下的,不计算面积。

无围护结构又无围护设施(或柱)的室外走廊、檐廊、挑廊,不计算建筑面积。

挑廊指挑出建筑物外墙的水平交通空间。檐廊指建筑物挑檐下的水平交通空间。檐廊是位于建筑物首层外墙以外、屋(挑)檐下的水平交通空间。走廊、檐廊、挑廊见图 4.28。

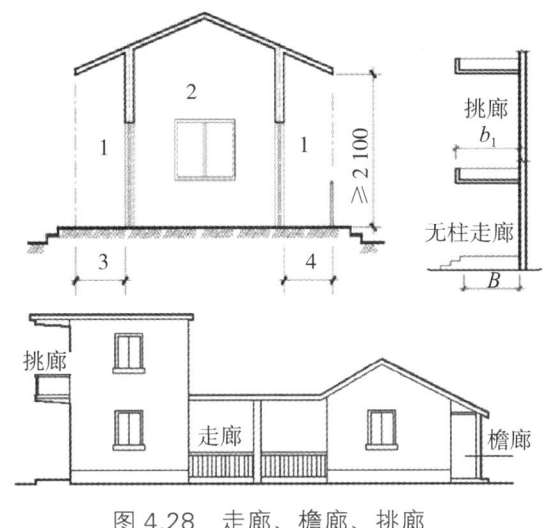

图 4.28   走廊、檐廊、挑廊

1—檐廊;2—室内;3—不计算建筑面积部位;4—计算 1/2 建筑面积部位

4.2.9   立体书库、立体仓库、立体车库

立体车库(见图 4.29)等,无结构层的应按一层计算,有结构层的应按其结构层面积分别计算。有围护结构的应按其围护结构外表面水平面积计算全面积;有围护设施的应按其围护设施外表面水平面积计算 1/2 面积。结构层高在 2.20 m 及以上的,应计算面积;结构层高在 2.20 m 以下的,不计算面积。

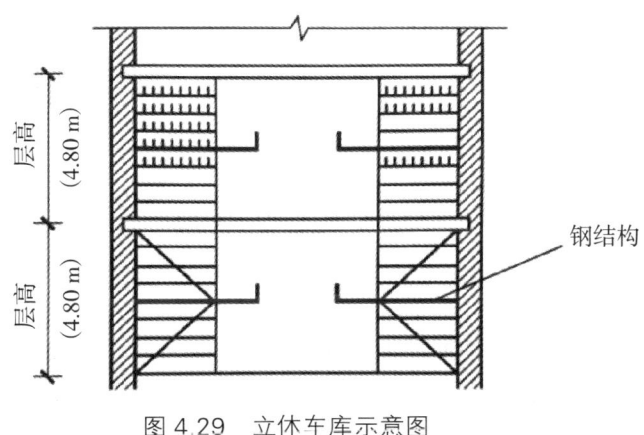

图 4.29   立体车库示意图

结构层是指整体结构体系中承重的楼板层,包括板、梁等构件,而非局部结构起承重作用的分隔层。立体车库中的升降设备、可升降的立体钢结构停车层,不属于结构层,不计算建筑面积。

4.2.10　有围护结构的舞台灯光控制室

有围护结构的舞台灯光控制室,应按其围护结构外表面水平面积计算建筑面积。结构层高在 2.20 m 及以上的,应计算全面积;结构层高在 2.20 m 以下的,不计算面积。舞台灯光控制室如图 4.30 所示。

4.2.11　建筑物外有围护结构的落地橱窗

附属在建筑物外墙以外的落地橱窗(指突出外墙面且根基落地的橱窗),应按其围护结构外表面水平面积计算。结构层高在 2.20 m 及以上的,应计算全面积;结构层高在 2.20 m 以下的,不计算面积。

落地橱窗是指在商业建筑临街面设置的下槛落地、可落在室外地坪也可落在室内首层地板,用来展览各种样品的玻璃窗。若不落地,可按凸(飘)窗规定执行。这里指室外的(强调附属在建筑物外墙)橱窗,室内的橱窗已包含在主体建筑中。橱窗示意图如图 4.31 所示。

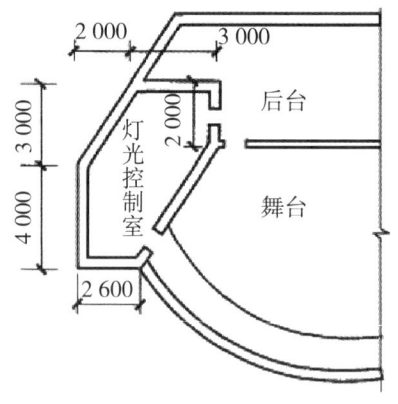

图 4.30　舞台灯光控制室平面图

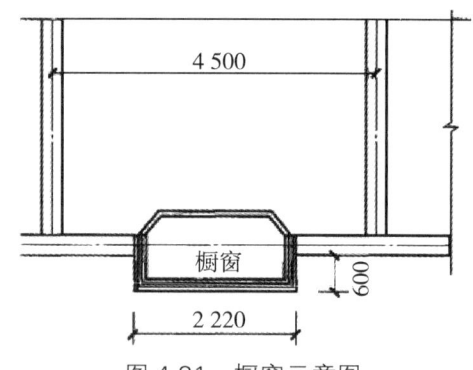

图 4.31　橱窗示意图

4.2.12　凸(飘)窗

结构净高在 2.10 m 及以上的凸(飘)窗(指凸出建筑物外墙面的窗户),当窗台与室内楼面或地面高差在 0.15 m 及以下时,应按其围护结构外表面水平面积计算全面积;当窗台与室内楼面或地面高差在 0.15 m 以上、0.40 m 以下时,应按其围护结构外表面水平面积计算 1/2 面积;当窗台与室内楼面或地面高差在 0.4 m 以上时,不计算面积。结构净高小于 2.10 m 的凸(飘)窗,不计算面积。

图 4.32 中窗台与室内楼地面高差为 0.6 m,超出了 0.4 m,并且结构净高 1.9 m < 2.1 m,两个条件均不满足,故该凸(飘)窗不计算建筑面积。图 4.33 中,窗台与室内楼地面高差为 0.3 m,小于 0.4 m,并且结构净高 2.2 m > 2.1 m,两个条件同时满足,故该凸(飘)窗计算建筑面积。

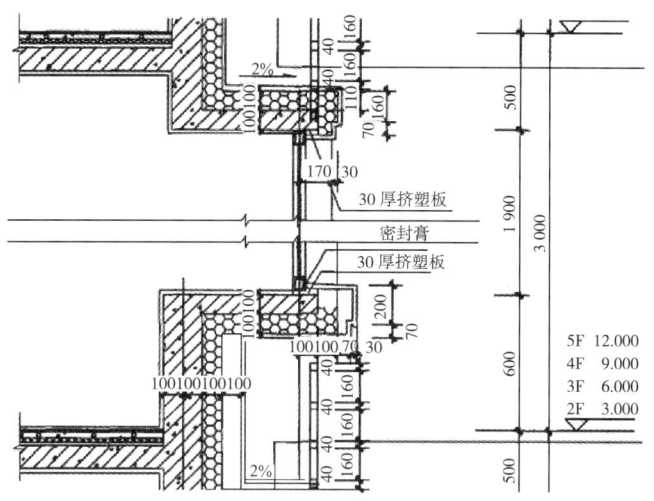

图 4.32 不计算建筑面积凸（飘）窗示例

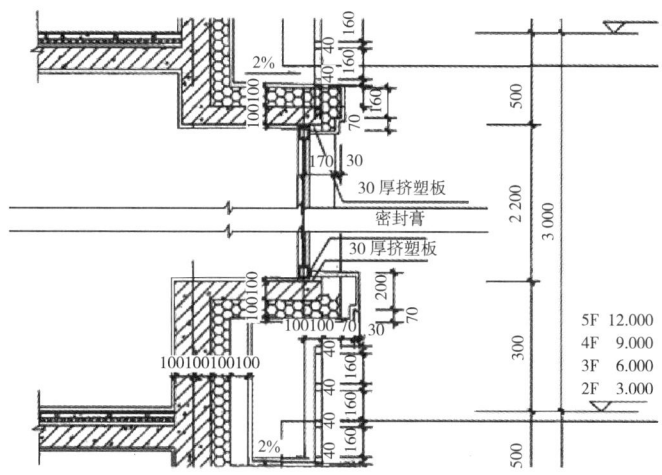

图 4.33 计算建筑面积凸（飘）窗示例

【例 4.11】计算如图 4.34 所示单个飘窗的建筑面积（该飘窗剖面见图 4.33）。

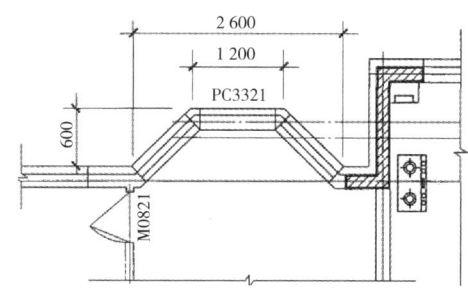

图 4.34 某凸（飘）窗平面示意图

【解】 $$S = [1/2 \times (1.2 + 2.6) \times 0.6] \times 1/2 \ \text{m}^2 = 0.57 \ \text{m}^2$$

4.2.13 门斗

门斗应按其围护结构外表面水平面积计算建筑面积。结构层高在 2.20 m 及以上的，应计算全面积;结构层高在 2.20 m 以下的,不计算面积。

门斗是建筑物出入口两道门之间的空间,它是有顶盖和围护结构的全围合空间。门斗是全围合的,门廊、雨篷至少有一面不围合。门斗如图 4.35 所示。

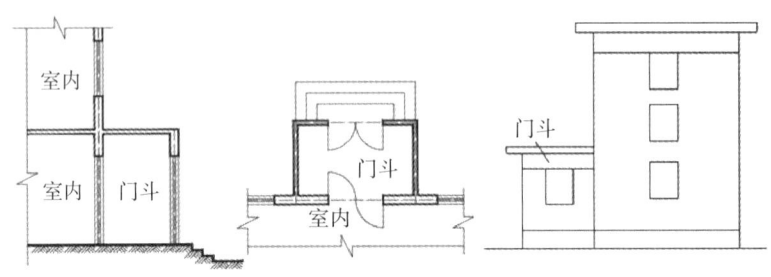

图 4.35　门斗

【例 4.12】求门斗和水箱间的建筑面积(见图 4.36)。

【解】门斗面积:　　　　　　$S = 3.5 \times 2.5 \text{ m}^2 = 8.75 \text{ m}^2$

水箱间面积:　　　　　　$S = 2.5 \times 2.5 \times 0.5 \text{ m}^2 = 3.13 \text{ m}^2$

4.2.14　门廊、雨篷

门廊、有柱雨篷应按其围护设施(或柱)外表面水平面积计算建筑面积。结构层高在 2.20 m 及以上的,应计算 1/2 面积;结构层高在 2.20 m 以下的,不计算面积。

门廊指建筑物入口处由顶盖和墙、柱等形成的半围合空间。门廊是在建筑物出入口,无门、三面或二面有墙,上部有板(或借用上部楼板)围护的部位。门廊如图 4.37 所示。

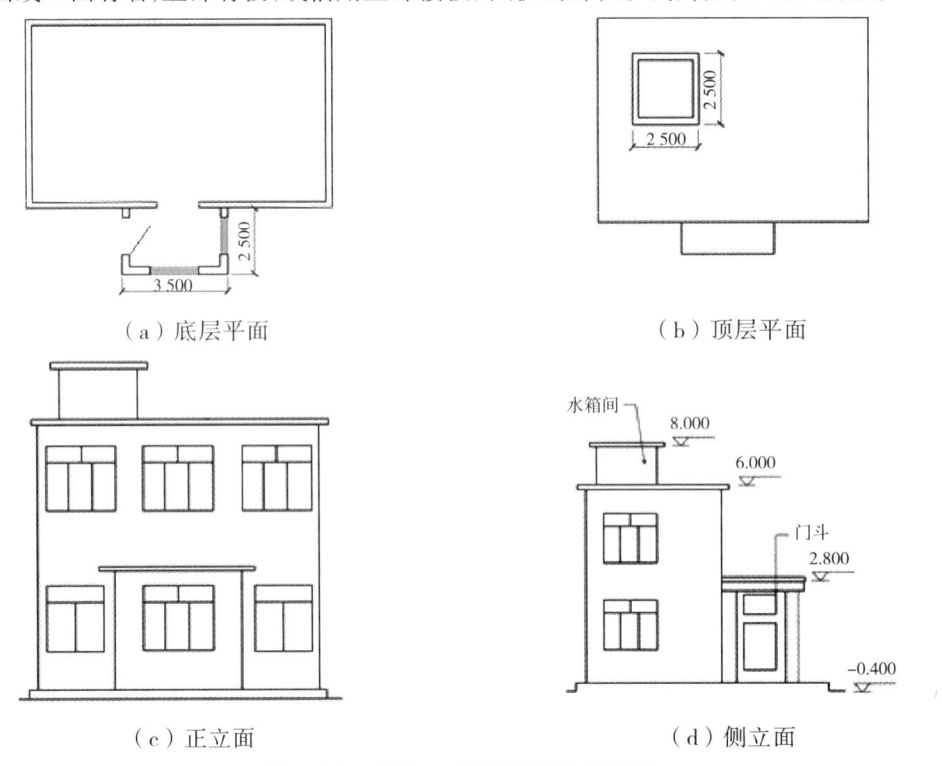

（a）底层平面　　　　　　　　　　　（b）顶层平面

（c）正立面　　　　　　　　　　　（d）侧立面

图 4.36　门斗、水箱间建筑示意图

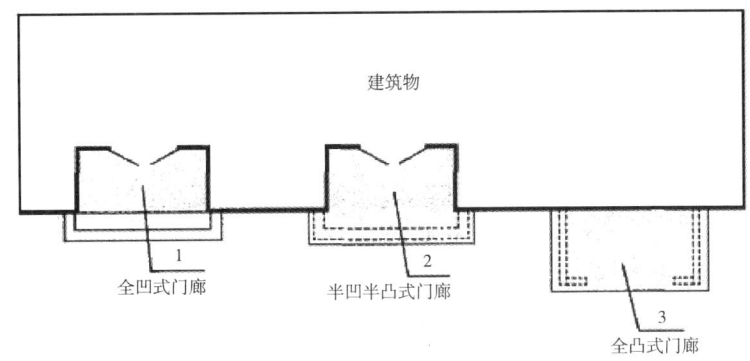

图 4.37　门廊示意图

雨篷如图 4.38 所示。无柱雨篷不计算建筑面积。如凸出建筑物,且不单独设立顶盖,利用上层结构板(如楼板、阳台底板)进行遮挡,则不视为雨篷,不计算建筑面积。

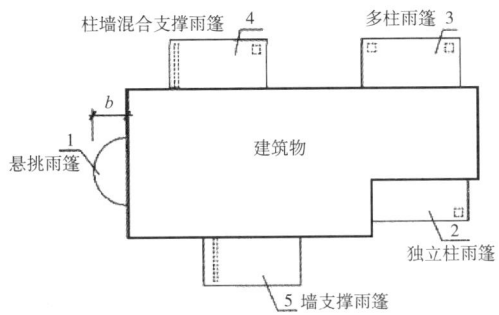

图 4.38　雨篷示意图

【例 4.13】求雨篷的建筑面积(柱外边与顶板外边距离为 300 mm)(见图 4.39)。

【解】
$$S = (2.5 - 0.3) \times (1.5 - 0.3) \times 0.5 \text{ m}^2 = 1.32 \text{ m}^2$$

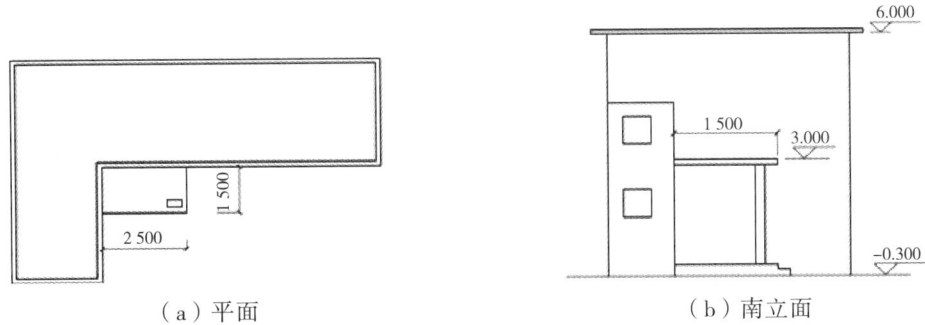

（a）平面　　　　　　　　　　（b）南立面

图 4.39　雨篷建筑示意图

4.2.15　建筑物顶部有围护结构的楼梯间、水箱间、电梯机房

建筑物凸出顶部的楼梯间、水箱间、电梯机房等,应按其围护结构外表面水平面积计算建筑面积。结构层高在 2.20 m 及以上的,应计算全面积;结构层高在 2.20 m 以下的,不计算面积。

如遇建筑物屋顶的楼梯间是坡屋顶,应按坡屋顶的相关规定计算面积;单独放在建筑物屋顶上的混凝土水箱或钢板水箱,不计算面积。不属于建筑空间的则归为屋顶造型(装饰性结构构件),不计算建筑面积。

4.2.16　设有围护结构不垂直于水平面而超出底板外沿的建筑物

围护结构不垂直于水平面的(见图4.40)、围护结构为曲面或变截面的,结构净高在2.10 m及以上的部位,应计算全面积;结构净高在2.10 m以下的部位,不计算面积。

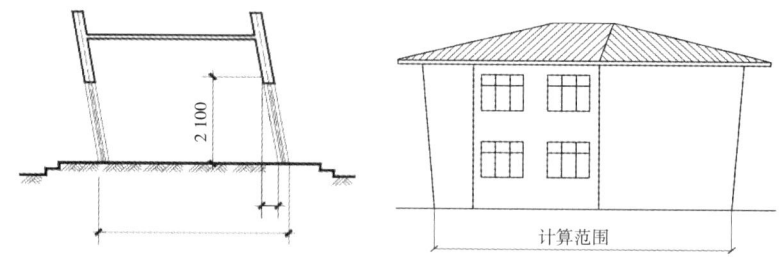

图4.40　外墙外倾斜建筑物立面示意图

【例4.14】如图4.41所示建筑物宽10 m,计算其建筑面积。

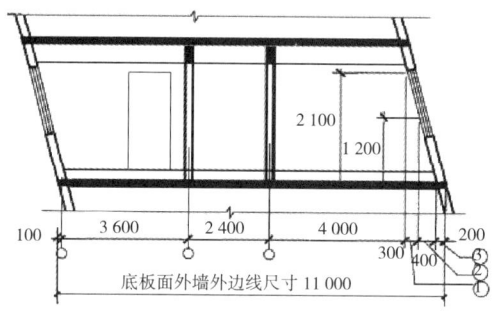

图4.41　围护结构不垂直于水平楼面的建筑面积计算示意图

【解】图中①②③部位结构净高小于2.10 m,不计算建筑面积,则建筑面积:
$$S = (0.1 + 11 - 0.3 - 0.4 - 0.2) \times 10 \ \text{m}^2 = 102 \ \text{m}^2$$

4.2.17　室内楼梯间、电梯井、提物井、管道井、通风排气竖井、垃圾道、附墙烟囱

建筑物的提物井、管道井、通风排气等竖井、电梯井、烟道及室内楼梯(间),应并入建筑物的自然层、设备层、转换层、避难层、局部楼层计算建筑面积,如图4.42所示。结构层高在2.20 m及以上的,应计算全面积;结构层高在2.20 m以下的,不计算面积。

自动扶梯、自动入行道也按此规定计算。

遇跃层建筑,其共用的室内楼梯应按自然层计算面积;上下两错层户室共用的室内楼梯,应选上一层的自然层计算面积。如图4.43中楼梯间应计算6个自然层建筑面积。

4.2.18　室外楼梯

室外楼梯(不论是否有盖)应并入所依附建筑物自然层,并应按其水平投影面积的1/2计算建筑面积。结构层高在 2.20 m 以下的,不计算面积。

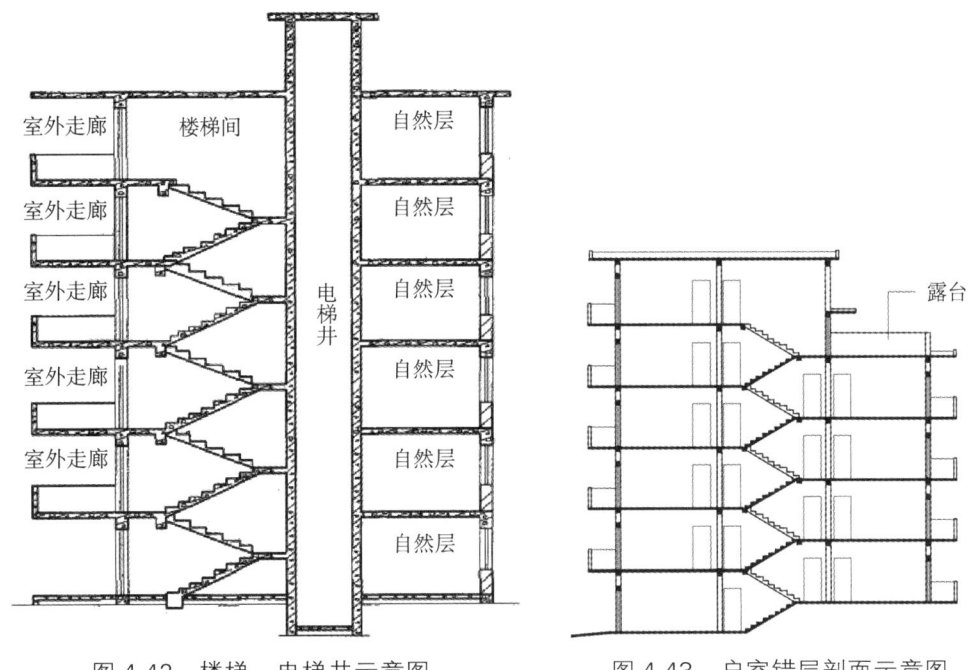

图 4.42　楼梯、电梯井示意图　　　　图 4.43　户室错层剖面示意图

层数为室外楼梯所依附的楼层数,即梯段部分投影到建筑物范围的层数。如图 4.44 所示楼梯所依附建筑物自然层均为 2 层。

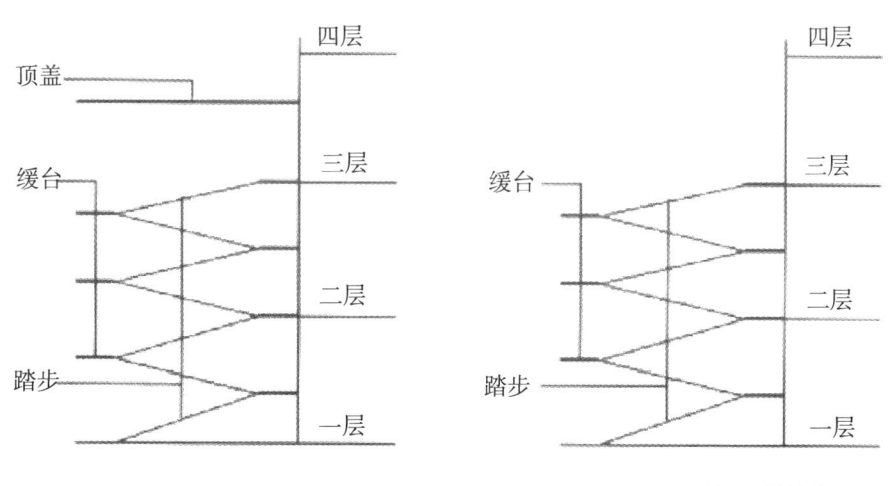

(a)有顶盖的室外楼梯　　　　　(b)无顶盖的室外楼梯

图 4.44　室外楼梯示意图

利用室外楼梯下部的建筑空间不得重复计算建筑面积。利用地势砌筑的为室外踏步,不计算建筑面积。架空达到一个自然层高度的台阶属于室外楼梯,要计算建筑面积。

【例 4.15】如图 4.45 所示,某三层建筑物室外楼梯,求室外楼梯的建筑面积。

【解】该建筑物室外楼梯投影到建筑物范围层数为两层,所以应按两层计算建筑面积。

室外楼梯的建筑面积: $S = 4 \times 6.8 \times 1/2 \times 2 \ \text{m}^2 = 27.2 \ \text{m}^2$

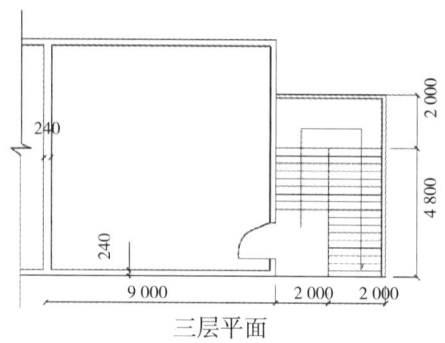

三层平面

图 4.45　室外楼梯建筑案例图

4.2.19　阳台

阳台、入户花园等，有围护结构的应按其围护结构外表面水平面积计算全面积；有围护设施的应按其围护设施外表面水平面积计算 1/2 面积。结构层高在 2.20 m 及以上的，应计算面积；结构层高在 2.20 m 以下的，不计算面积。阳台结构底板处围护设施外边线不同情况示意如图 4.46 所示。

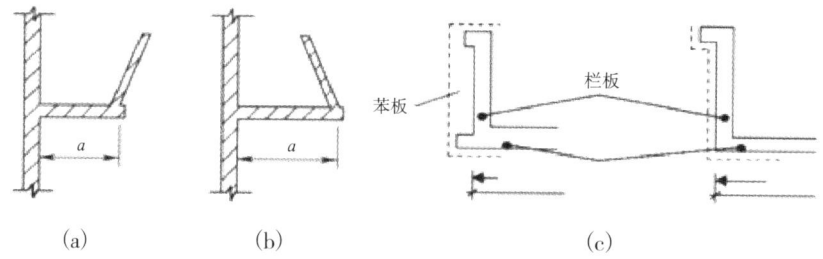

图 4.46　阳台结构底板处围护设施外边线示意图

不与户室开门连通，起装饰作用的敞开式挑台（廊）、平台，以及不与阳台相通的空调室外机搁板（箱）等设备平台部件不计算建筑面积。

4.2.20　车棚、货棚、站台、加油站、收费站等

车棚、货棚等，有围护结构的应按其围护结构外表面水平面积计算建筑面积；无围护结构的应按其顶盖水平投影面积计算 1/2 面积。结构层高在 2.20 m 以下的，不计算面积。

【例 4.16】求站台的建筑面积（见图 4.47），最低处净高为 2.4 m。

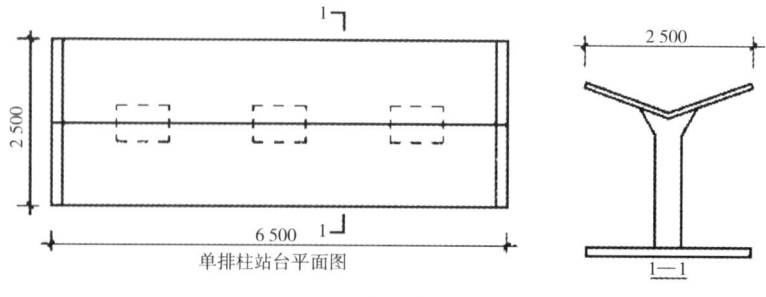

单排柱站台平面图

图 4.47　站台建筑示意图

【解】$$S = 6.5 \times 2.5 \times 0.5 \text{ m}^2 = 8.125 \text{ m}^2$$

【例 4.17】如图 4.48 所示为某站台屋顶平面、剖面图,计算其建筑面积。

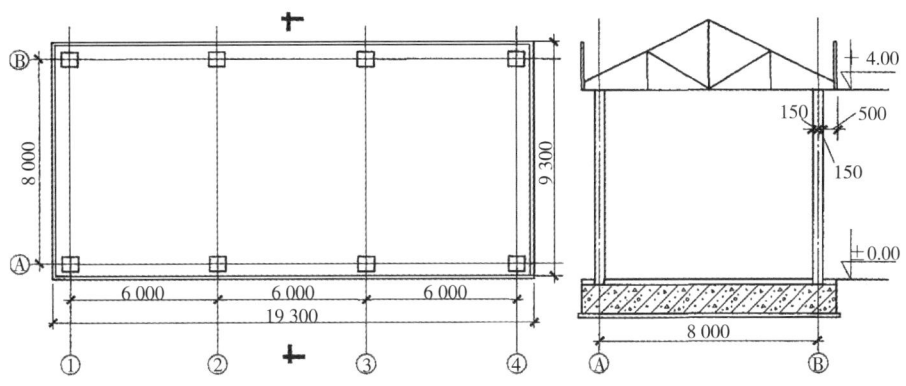

图 4.48　某站台屋顶平面、剖面图

【解】图中建筑面积：　　$S = 19.3 \times 9.3 \times 0.5 \text{ m}^2 = 89.745 \text{ m}^2$

4.2.21　变形缝

建筑物内的变形缝,应按其自然层、设备层、转换层、避难层、局部楼层,合并在建筑物建筑面积内计算;对于高低联跨的建筑物,当高低跨内部连通时,其变形缝应在低跨建筑物建筑面积内计算。

建筑物内的变形缝是指暴露在建筑物内,在建筑物内可以看得见的变形缝。如图 4.49 所示变形缝不计算建筑面积。有高低跨的变形缝见图 4.50。

【例 4.18】如图 4.50 所示,计算其建筑面积。

【解】大餐厅的建筑面积：$S = 9.37 \times 12.37 \text{ m}^2 = 115.91 \text{ m}^2$

操作间和小餐厅的建筑面积：$S = 4.84 \times 6.305 \times 2 \text{ m}^2 = 61.03 \text{ m}^2$

合计建筑面积：　　　　$S = (115.91 + 61.03) \text{ m}^2 = 176.94 \text{ m}^2$

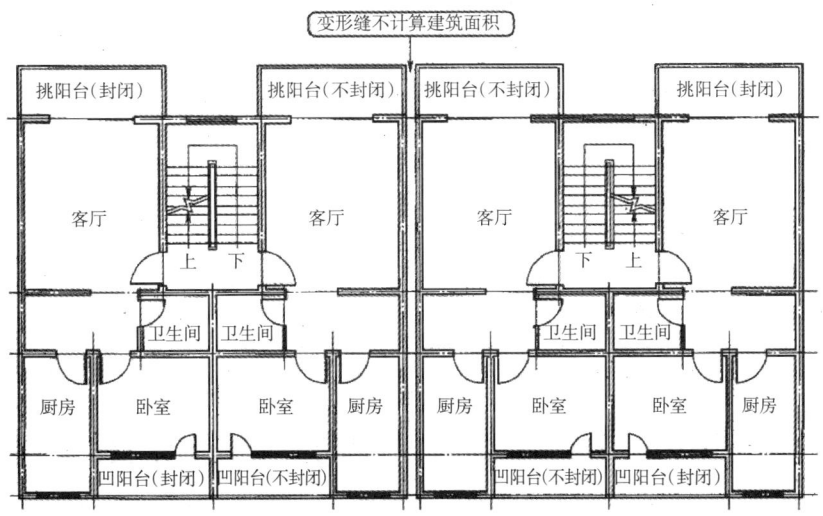

图 4.49　建筑物内部不连通变形缝

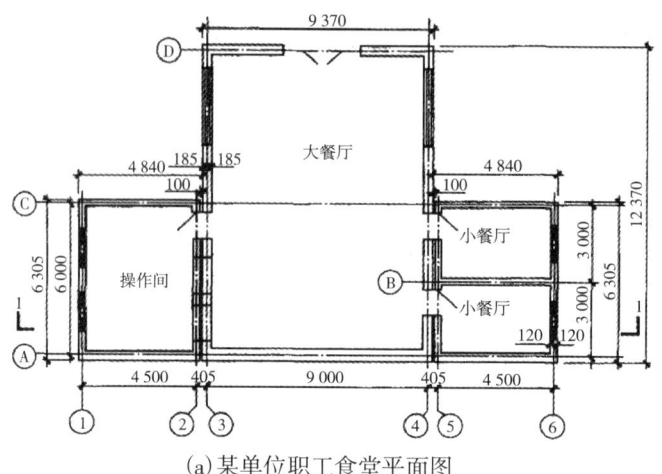

(a)某单位职工食堂平面图

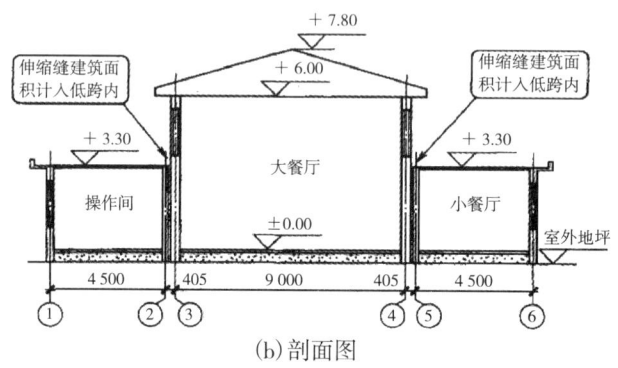

(b)剖面图

图 4.50   建筑物内的变形缝且有高低跨的情形

4.2.22   其他建筑空间

建筑物的其他建筑空间,有围护结构的,结构层高 2.20 m 及以上的,应按其围护结构外表面水平面积计算全面积;有围护设施的,结构层高 2.20 m 及以上的,应按其围护设施外表面水平面积计算 1/2 面积。如设备层、管道层、避难层等。

4.3   不计算建筑面积的范围

4.3.1   层高小于 2.20 m 的建筑空间及建筑出挑部分的下部空间

(1)结构层高或斜面结构板顶高度小于 2.20 m(非水平面结构净高小于 2.10 m)的建筑空

间：层高小于 2.20 m 的设备管道夹层、结构板顶高度小于 2.20 m 的坡屋顶等。

（2）建筑出挑部分的下部空间，如图 4.51 所示。

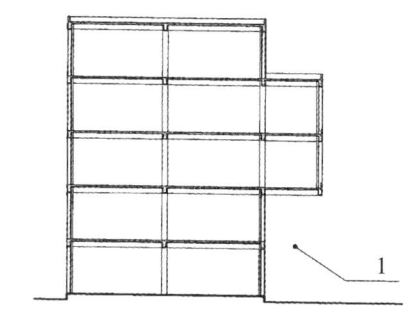

图 4.51　建筑出挑部分的下部空间示意图
1—建筑出挑部分的下部空间

4.3.2　无顶盖的建筑空间

无顶盖的建筑空间：室外平台、室外挑台、露台（见图 4.52）、室外游泳池、室外台阶、坡道、建筑屋面、屋顶花园、花架；无顶盖架空通廊；建筑物内外不构成结构层的各种操作平台（见图 4.53）、上料平台、设备平台。

露台指设置在屋面、首层地面或雨篷上的供人室外活动的有围护设施的平台。露台应满足四个条件：一是位置，设置在屋面、地面或雨篷顶；二是可出入；三是有围护设施；四是无盖。这四个条件须同时满足。如果某平台设置在首层并有围护设施，且其上层为同体量阳台，则该平台应视为阳台，按阳台的规则计算建筑面积。某建筑物屋顶水箱、凉棚、露台平面图如图 4.52 所示。

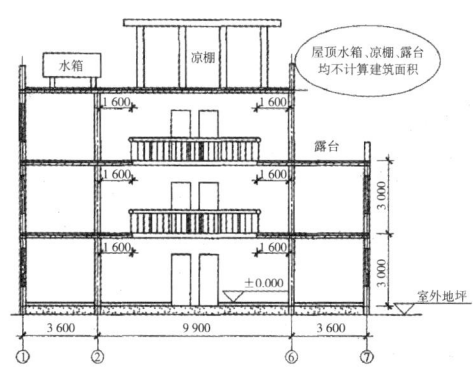

图 4.52　某建筑物屋顶水箱、凉棚、露台平面图

4.3.3　与建筑物内不相连通的建筑部件

与建筑物内不相连通的建筑部件指的是依附于建筑物外墙外，不与户室开门连通，起装饰作用的敞开式挑台（廊）、平台，以及不与阳台相通的空调室外机搁板（箱）等设备平台部件。

"与建筑物内不相连通"是指没有正常的出入口，即：通过门进出的，视为"连通"；通过窗或栏杆等翻出去的，视为"不连通"。

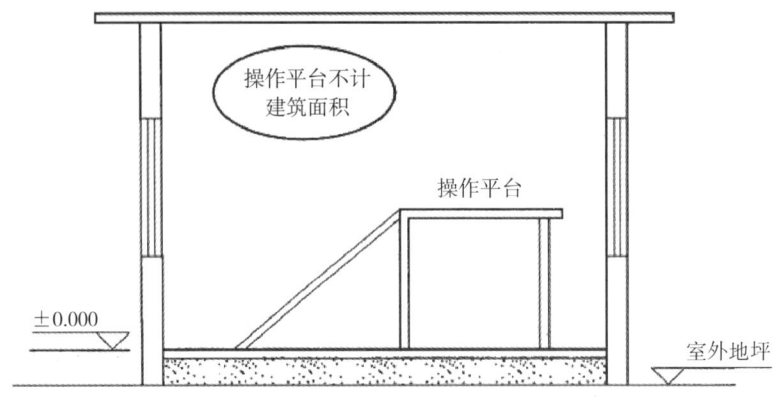

图 4.53　操作平台示意图

4.3.4　附属在建筑外围护结构上的构(配)件

附属在建筑外围护结构的构(配)件,指附属在外围护结构的装饰、遮阳、设备平台等构(配)件,如:附属在外墙的装饰柱、门窗线脚、勒脚、突出墙面的装饰线条、空调机板、遮阳板、建筑挑檐、无柱雨篷等非建筑外围护结构系统的构(配)件。

勒脚是指在房屋外墙接近地面部位设置的饰面保护构造,附墙柱是指非结构性装饰柱。

凸出外墙的结构柱要计算建筑面积。架空达到一个自然层高度的台阶属于室外楼梯,要计算建筑面积。

4.3.5　独立于建筑物之外的各类构筑物

独立于建筑物之外的各类构筑物主要指建筑物以外的地下人防通道,独立的烟囱、烟道、地沟、油(水)罐、气柜、水塔、贮油(水)池、贮仓、栈桥等构筑物。

4.3.6　建筑物中用作城市街巷通行的公共交通空间

如:骑楼、过街楼底层的开放公共空间和建筑物通道等。

骑楼是指建筑底层沿街面后退且留出公共人行空间的建筑物,指沿街二层以上用承重柱支撑骑跨在公共人行空间之上,其底层沿街面后退的建筑物,如图 4.54 所示。

过街楼是指跨越道路上空并与两边建筑相连接的建筑物,当有道路在建筑群穿过时为保证建筑物之间的功能联系,设置跨越道路上空使两边建筑相连的建筑物,如图 4.55 所示。

建筑物通道是指为穿过建筑物而设置的空间,如图 4.56 所示。

4.3.7　舞台及后台悬挂幕布和布景的天桥、挑台等

这里指的是影剧院的舞台及为舞台服务的可供上人维修、悬挂幕布、布置灯光及布景等搭设的天桥和挑台等构件设施,如图 4.57 所示。

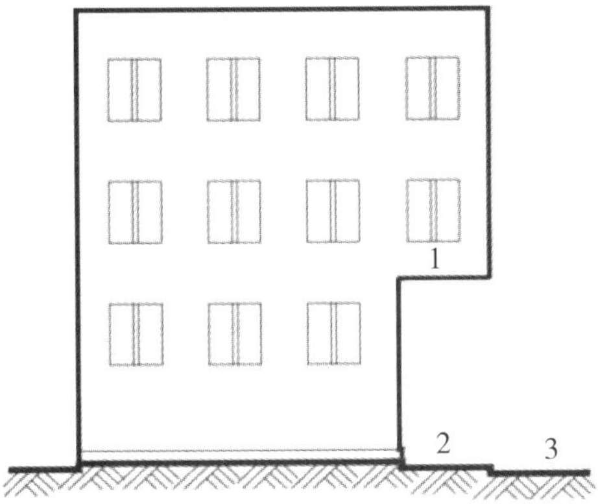

图 4.54　骑楼示意图

1—骑楼；2—人行道；3—街道

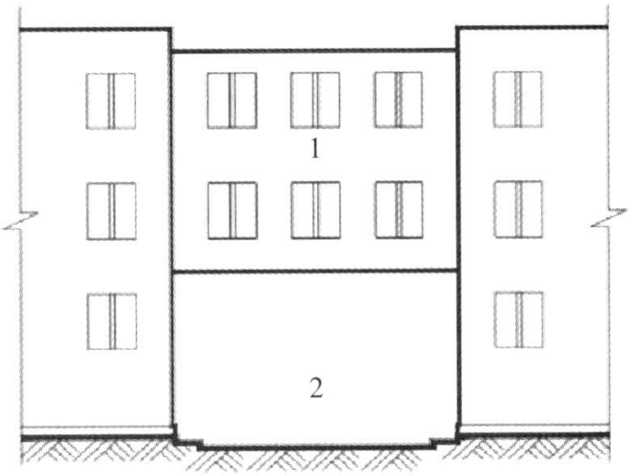

图 4.55　过街楼示意图

1—过街楼；2—建筑物通道

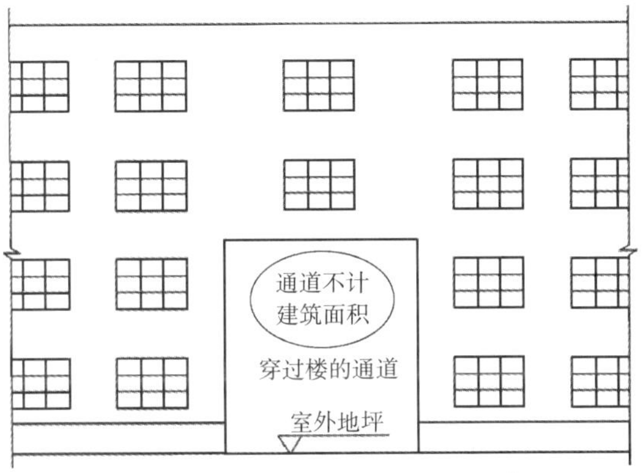

图 4.56　建筑物通道

4.3.8　不需计算的凸(飘)窗

窗台与室内楼地面高差在 0.40 m 以下且结构净高在 2.10 m 以下的凸(飘)窗,窗台与室内地面高差在 0.40 m 及以上的凸(飘)窗。凸(飘)窗如图 4.58 所示。

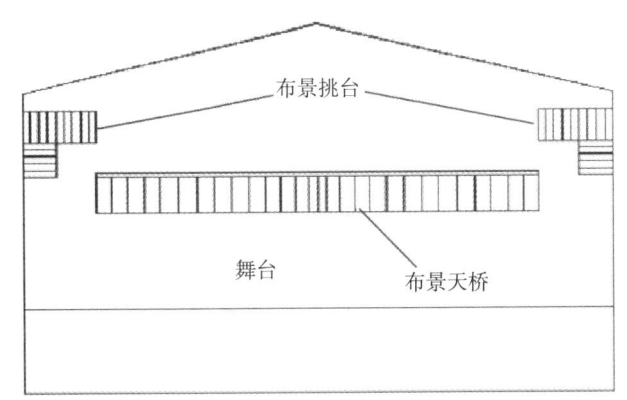

图 4.57　舞台及布景天桥、挑台示意图

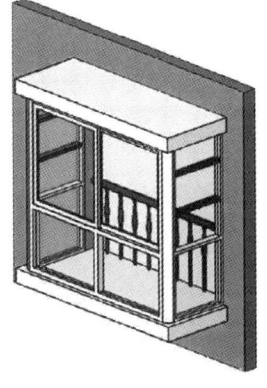

图 4.58　飘窗示意图

4.3.9　室外爬梯、室外专用消防钢楼梯、无围护结构的观光电梯

室外检修爬梯如图4.59所示。室外钢楼梯需要区分具体用途,如专用于消防楼梯,则不计算建筑面积;如果是建筑物唯一通道,兼用于消防,则需要按室外楼梯计算建筑面积。

无围护结构的观光电梯不计算建筑面积;观光电梯在电梯井内运行(井壁不限材质)时,观光电梯井按自然层计算建筑面积。

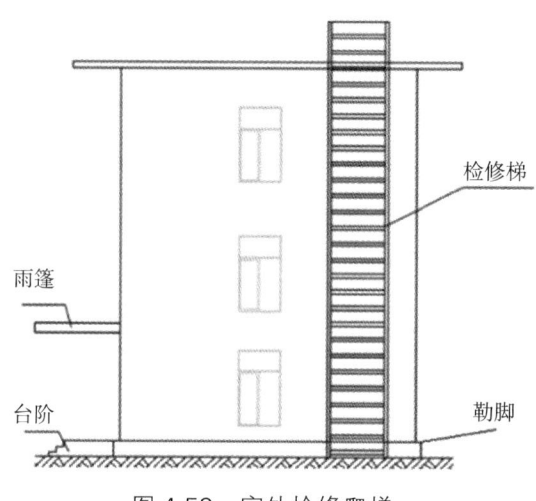

图 4.59　室外检修爬梯

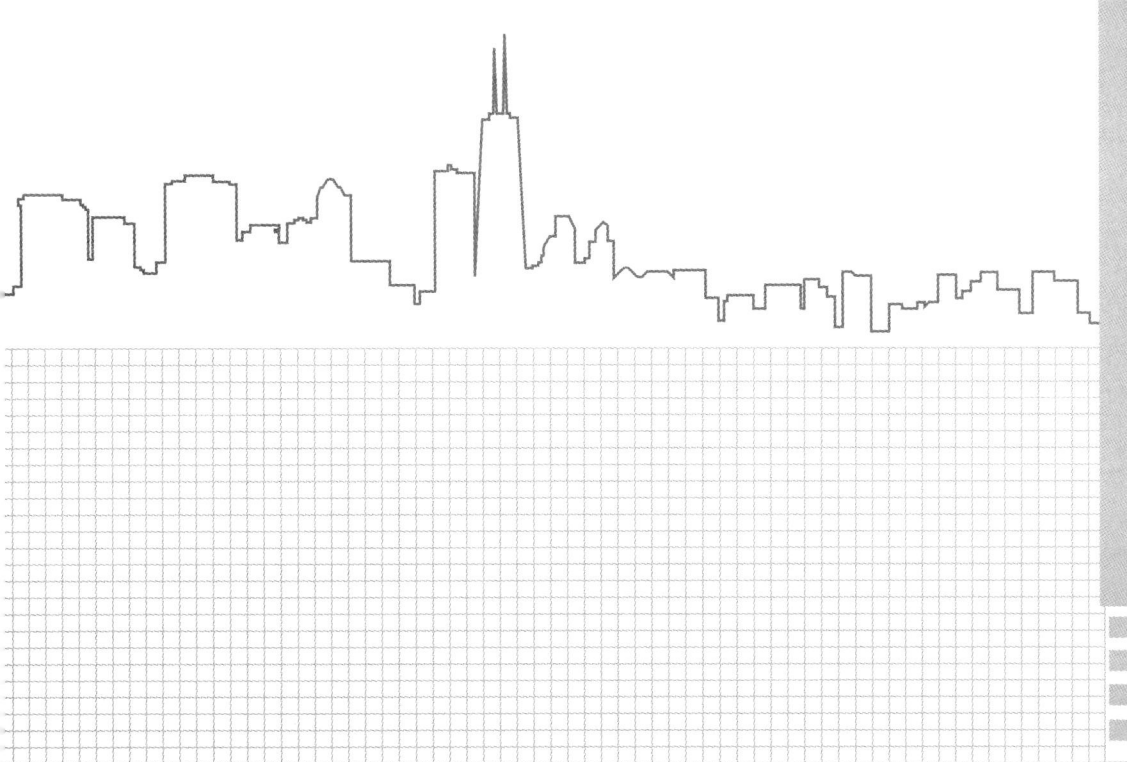

5.1 清单计量

任务书 5.1

背景资料:某工程基础施工图如图 5.1 所示,室内外高差为 300 mm;C10 混凝土垫层,普通页岩标准砖基础。查地质报告知开挖深度范围内土壤为砂土。一层室内地面构造层厚度均为 150 mm。

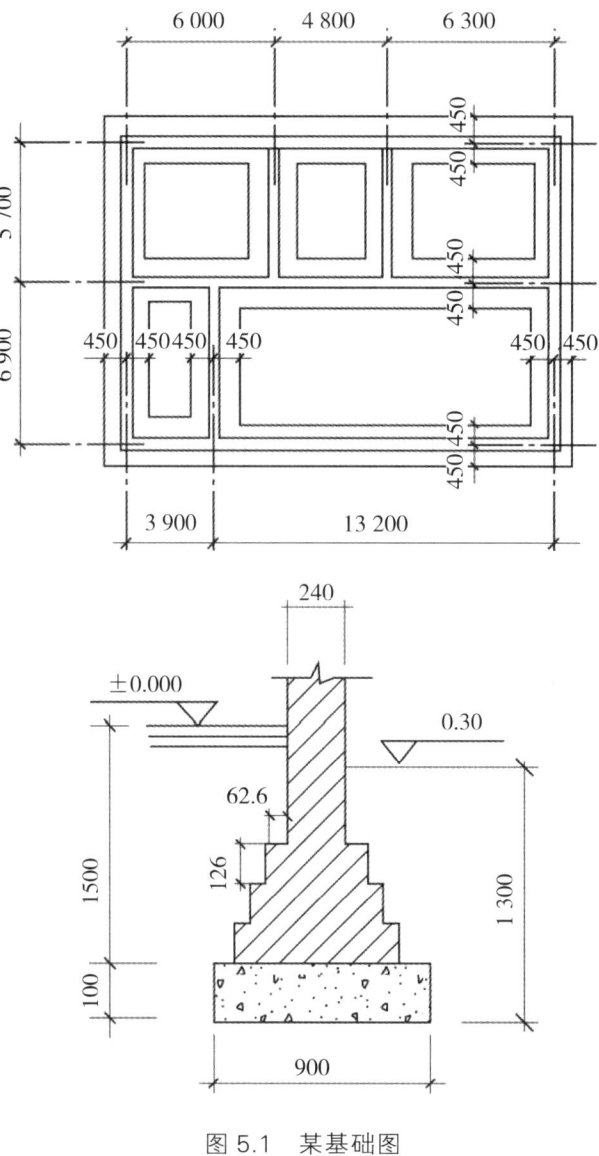

图 5.1　某基础图

任务：试编制土方项目的相关工程量清单。

|任务实施

任务步骤 1：列项计量，填表 5.1。

表 5.1　土方工程清单工程量计算表

序号	项目编码	项目名称	计算式	工程量合计	计量单位
1	010101001001	平整场地			m^2
2	010101003001	挖沟槽土方	1. 基槽长度计算： 　①外墙中心线长＝ 　②内墙基槽净长＝ 　合计沟槽长度 L ＝ 2. 挖基槽土方量＝		m^3
3	010103001001	基础回填方	1. 挖基槽土方量＝ 2. 室外地坪以下埋设的构件体积： 　外墙中心线长＝ 　内墙基础净长＝ 　内墙基础垫层净长＝ 　合计砖基础长度 L ＝ 　合计混凝土垫层长度 L ＝ 　室外地坪以下埋设的砖基础体积＝ 　室外地坪以下埋设的垫层体积＝ 3. 基础回填土＝		m^3
4	010103001002	房心回填方	房心回填土＝主墙间净面积×回填厚度 ＝		m^3
5	010103002001	余方弃置			m^3

任务步骤 2：编制工程量清单，如表 5.2 所示。

表 5.2　土方工程分部分项工程清单与计价表

序号	项目编码	项目名称	项目特征描述	计量单位	工程量	金额	
						综合单价	合价
1	010101001001	平整场地	1. 土壤类别： 2. 取弃土运距：	m^2			
2	010101003001	挖沟槽土方	1. 土壤类别： 2. 挖土深度： 3. 弃土运距：	m^3			
3	010103001001	基础回填方	1. 填方材料品种： 2. 密实度要求： 3. 运距：	m^3			
4	010103001002	房心回填方	1. 填方材料品种： 2. 密实度要求： 3. 运距：	m^3			
5	010103002001	余方弃置	1. 废弃料品种： 2. 运距：	m^3			

任务 5.1 相关知识点

本节主要介绍《房屋建筑与装饰工程工程量计算规范》GB 50854—2013 附录中土石方工程清单项目设置和工程量计算。

土石方工程包括土方工程、石方工程及回填。

5.1.1　土方工程(编码:010101)

5.1.1.1　挖土方清单列项一般规定

土方工程包括平整场地、挖一般土方、挖沟槽土方、挖基坑土方、冻土开挖、挖淤泥(流砂)、管沟土方等项目。

平整场地、挖一般土方、挖沟槽土方、挖基坑土方项目划分的规定:

(1)平整场地是指建筑物场地厚度≤±300 mm 的挖、填、运、找平,如图 5.2 所示。厚度>±300 mm 的竖向布置挖土或山坡切土应按挖一般土方项目编码列项,但仍应另列项计算平整场地(湖北规定)。

围墙、挡土墙、窨井、化粪池等都不计算平整场地。

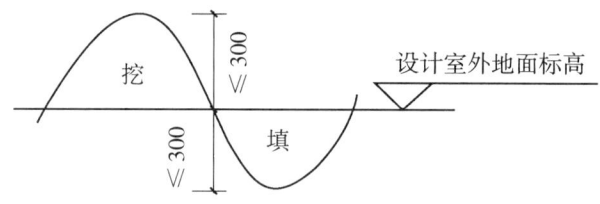

图 5.2　平整场地示意图

(2)沟槽、基坑、一般土方的划分(见表 5.3)为:

底宽≤7 m,底长>3 倍底宽为沟槽(见图 5.3);

底长≤3 倍底宽、底面积≤150 m² 为基坑(见图 5.4);

超出上述范围则为一般土方(见图 5.5)。

平整场地挖土方厚度在 30 cm 以外,也按挖一般土方计算。

人工山坡切土是指室外设计地坪以上,厚度超过 30 cm 的挖土方。

表 5.3　沟槽、基坑、挖一般土方划分表（2013 计量规范）

项目名称	底宽	底长:底宽	底面积
挖沟槽	≤7 m	>3	—
挖基坑	—	≤3	≤150 m²
挖一般土方(一)	>7 m	>3	—
挖一般土方(二)	—	≤3	>150 m²
挖一般土方(三)	平整场地挖土方厚度>30 cm		

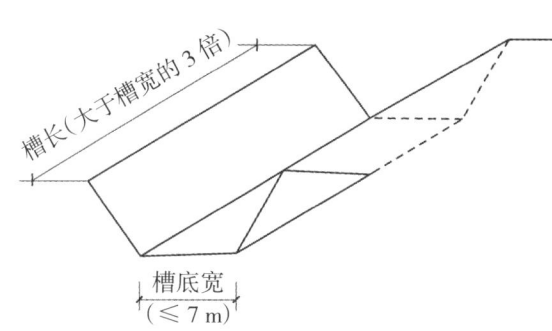

图 5.3　基（沟）槽开挖

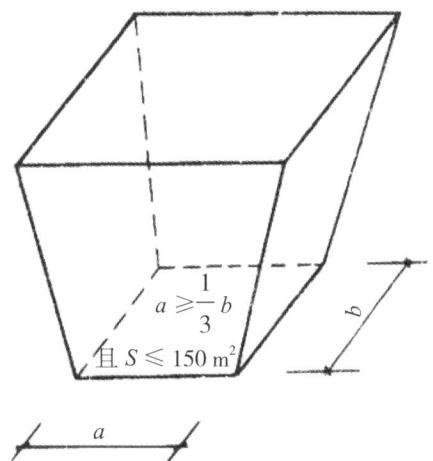

图 5.4　基坑开挖

图 5.5　挖土方

　　挖土高度的确定：一般挖土应按自然地面测量标高至设计地坪标高的平均厚度确定。基础土方开挖深度应按基础垫层底表面标高至交付施工场地标高确定，无交付施工场地标高时，应按自然地面标高确定。

土壤的分类:土壤的不同类型决定了土方工程施工的难易程度、施工方法、功效及工程成本,所以应掌握土壤类别的确定。土壤的分类可参考表 5.4 确定,如土壤类别不能准确划分时,招标人可注明为综合,由投标人根据地勘报告决定报价。

表 5.4　土壤分类表

土壤分类	土壤名称	开挖方法
一、二类土	粉土、砂土(粉砂、细砂、中砂、粗砂、砾砂)、粉质黏土、弱中盐渍土、软土(淤泥质土、泥炭、泥炭质土)、软塑红黏土、冲填土	用锹,少许用镐、条锄开挖。机械能全部直接铲挖满载者
三类土	黏土、碎石土(圆砾、角砾)混合土、可塑红黏土、硬塑红黏土、强盐渍土、素填土、压实填土	主要用镐、条锄,少许用锹开挖。机械需部分刨松方能铲满载者或可直接铲挖但不能满载者
四类土	碎石土(卵石、碎石、漂石、块石)、坚硬红黏土、超盐渍土、杂填土	全部用镐、条锄挖掘,少许用撬棍挖掘。机械须普遍刨松方能铲挖满载者

注:本表土的名称及其含义按国家标准《岩土工程勘察规范》GB 50021—2001(2009 年版)定义。

5.1.1.2　平整场地

平整场地清单项目示例见表 5.5,项目特征包括土壤类别、弃土运距、取土运距。

平整场地若需要外运土方或取土回填时,在清单项目特征中应描述弃土运距或取土运距,其报价应包括在平整场地项目中;当清单中没有描述弃、取土运距时,应注明由投标人根据施工现场实际情况自行考虑到投标报价中。

平整场地工程量按设计图示尺寸以建筑物首层建筑面积计算。如施工组织设计规定超面积平整场地时,超出部分应包括在报价内。

表 5.5　平整场地清单示例表

项目编码	项目名称	项目特征描述示例	计量单位	项目特征描述提示
010101001001	平整场地	1. 土壤类别:三类土。 2. 取弃土运距:现场内	m²	1. 土的类别根据地勘报告按表 5.4 确定划分,如不能准确划分时,可注明为综合。 2. 取弃土运距可不注明,但应注明由投标人自定(当出现 ±30 cm 以内的全部是挖方或全部是填方,需外运土方或借土回填时按余方弃置或缺方内运另编清单),结算时运距不再调整
010101001002	平整场地	1. 土壤类别:综合。 2. 弃取土运距:投标人自行考虑,结算时运距不再调整		

5.1.1.3　挖土方

1.挖土方相关清单项目示例

挖土方相关清单项目示例如表 5.6 所示。

表 5.6 挖土方清单示例表

项目编码	项目名称	项目特征描述示例	计量单位	项目特征描述提示
010101002001	挖一般土方(A 区)	1. 土壤类别:综合。 2. 挖土深度:≤ 4.5 m。 3. 场内弃土运距:投标人自行考虑,结算时运距不再调整	m³	1. 土的类别根据勘报告按表 5.4 确定划分,如不能准确划分时,可注明为综合。 2. 挖土深度应注明,挖土深度为垫层底面标高减去室内外高差。 3. 开挖方式由投标人自定。 4. 弃土运距应注明,其报价应包括在项目中;也可注明由投标人根据施工现场实际情况自行考虑到投标报价中,结算时运距不再调整。 5. 项目名称或项目特征描述可适当注明土方开挖部位。 6. 若桩间挖土,则需注明。 7. 管沟土方还需注明管外径和回填要求
010101002002	挖一般土方(B 区)	1. 土壤类别:综合。 2. 挖土深度:≤ 3 m。 3. 场内弃土运距:投标人自行考虑,结算时运距不再调整		
010101002003	挖一般土方(满堂基础 3)	1. 土壤类别:综合。 2. 挖土深度:2.5 m。 3. 场内弃土运距:投标人自行考虑,结算时运距不再调整		
010101003001	挖沟槽土方	1. 土壤类别:二类土。 2. 挖土深度:2.5 m。 3. 场内弃土运距:现场内 150 m		
010101004001	挖基坑土方	1. 土壤类别:四类土。 2. 挖土深度:2 m 以内。 3. 场内弃土运距:投标人自行考虑,结算时运距不再调整		
010101007001	管沟土方	1. 土壤类别:四类土。 2. 管外径:800 mm。 3. 挖沟深度:1.6 m 以内。 4. 场内运距:投标人自行考虑,结算时运距不再调整。 5. 回填要求:松填	m	
010101005001	冻土开挖	1. 冻土厚度:80 cm。 2. 弃土运距:投标人自行考虑,结算时运距不再调整	m³	
010101006001	挖淤泥、流砂	1. 挖掘深度:1.2 m。 2. 弃淤泥、流砂距离:投标人自行考虑,结算时运距不再调整	m³	

2. 工程量计算一般规定

土方的开挖、运输,均按开挖前的天然密实体积计算。土方回填,按回填后的竣工体积计算。不同状态的土方体积,按表5.7换算。

表 5.7　土方体积折算系数表

天然密实度体积	虚方体积	夯实后体积	松填体积
0.77	1.00	0.67	0.83
1.00	1.30	0.87	1.08
1.15	1.50	1.00	1.25
0.92	1.20	0.80	1.00

注:1. 虚方指未经碾压、堆积时间≤1年的土壤。回填后未经夯实的体积,称为松填体积。
2. 本表按《全国统一建筑工程预算工程量计算规则》GJDGZ—101—95整理。
3. 设计密实度超过规定的,填方体积按工程设计要求执行;无设计要求,按各省、自治区、直辖市或行业建设行政主管部门规定的系数执行。

挖一般土方工程量按设计图示尺寸以体积计算。

挖沟槽土方、挖基坑土方工程量按设计图示尺寸以基础垫层底面积乘以挖土深度计算。

桩间挖土不扣除桩的体积,并在项目特征中加以描述。

冻土开挖按设计图示尺寸开挖面积乘以厚度以体积计算。

挖淤泥、流砂按设计图示位置、界限以体积计算。挖方出现流砂、淤泥时,如设计未明确,编制工程量清单时,工程量可为暂估数量。结算时应根据实际情况由发包人与承包人双方现场签证确认工程量。

管沟土方以米计量时,按设计图示以管道中心线长度计算。 以立方米计量时,按设计图示管底垫层面积乘以挖土深度计算;无管底垫层按管外径的水平投影面积乘以挖土深度计算。不扣除各类井的长度,井的土方并入。

管沟土方项目适用于管道(给排水、工业、电力、通信)、光(电)缆沟〔包括:人(手)孔、接口坑)及连接井(检查井)等〕。有管沟设计时,平均深度以沟垫层底面标高至交付施工场地标高计算;无管沟设计时,直埋管深度应按管底外表面标高至交付施工场地标高的平均高度计算。

湖北规定:挖沟槽、基坑、一般土方因工作面和放坡增加的工程量(管沟工作面增加的工程量),并入各土方工程量中,办理工程结算时,按经发包人认可的施工组织设计规定计算,编制工程量清单时,可按表5.8~表5.10规定的放坡系数和工作面宽度计算。建筑物沟槽、基坑工作面及放坡自垫层下表面开始计算。原槽、坑作基础垫层时,放坡自垫层上表面开始计算。

表 5.8　放坡系数及起点深度表

土类别	放坡起点(＞m)	人工挖土	机械挖土		
			在坑内作业	在坑上作业	顺沟槽在坑上作业
一、二类土	1.20	1∶0.50	1∶0.33	1∶0.75	1∶0.50
三类土	1.50	1∶0.33	1∶0.25	1∶0.67	1∶0.33
四类土	2.00	1∶0.25	1∶0.10	1∶0.33	1∶0.25

注:1. 沟槽、基坑中土类别不同时,分别按其放坡起点、放坡系数,依不同土类别厚度加权平均计算。
2. 计算放坡时,在交接处的重复工程量不予扣除,原槽、坑作基础垫层时,放坡自垫层上表面开始计算。

表 5.9   基础施工所需工作面宽度

基础类别	每边各增加工作面宽度 /mm
砖基础	200
浆砌毛石,条石基础	150
混凝土基础垫层支模板	300
混凝土基础支模板	300
基础垂直面做防水层	1 000(防水面层)
构筑物(无防潮层)	40
构筑物(有防潮层)	60

表 5.10   管道施工单面工作面宽度计算表

管道材质	管道基础外沿宽度(无基础时管道外径)/mm			
	$\leqslant 500$	$\leqslant 1\,000$	$\leqslant 2\,500$	$> 2\,500$
混凝土管、水泥管	400	500	600	700
其他管道	300	400	500	600

3. 综合放坡系数

在场地比较开阔的情况下开挖土方时,可以优先采用放坡的方式保持边坡的稳定。放坡的坡度以挖土深度 H 与放坡宽度 B 之比表示,即 $H : B$。为便于土方计算,如图 5.6 所示,坡度通常用 $1 : K$ 表示,K 为放坡系数,$K = B/H$,显然,$1 : K = H : B$。放坡系数按设计图示尺寸计算,无明确规定时按表 5.8 规定计算。如在同一断面内遇有数类土壤,其放坡系数可按各类土占全部深度的百分比加权计算。综合放坡系数 $K = (k_1 h_1 + k_2 h_2 + \cdots + k_n h_n)/(h_1 + h_2 + \cdots + h_n)$。

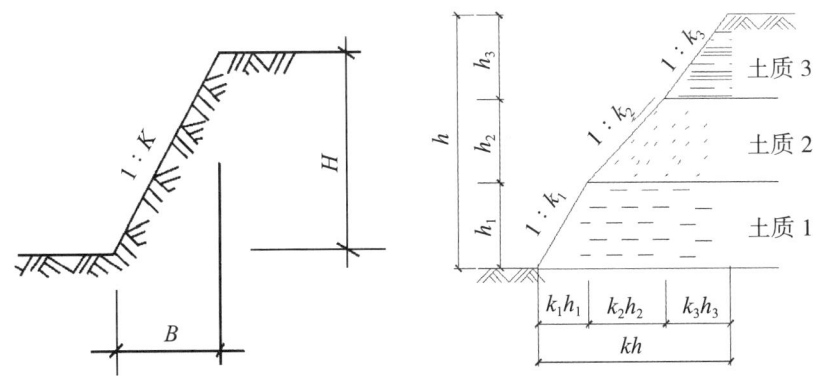

图 5.6   放坡示意图

4. 挖基槽

(1)工程量计算方法。

按基槽的横截面面积乘以槽长以立方米计算,地槽中内外凸出部分(垛、附墙烟囱)土方体积并入地槽工程量内计算。纵横交接处产生的重复工程量不扣除(见图 5.7);平行的沟槽因放坡或留工作面而导致相交时,应考虑合并

基槽土方计量

开挖,不宜按挖空气计算。公式:

$$V_{槽} = S_{断} \times L$$

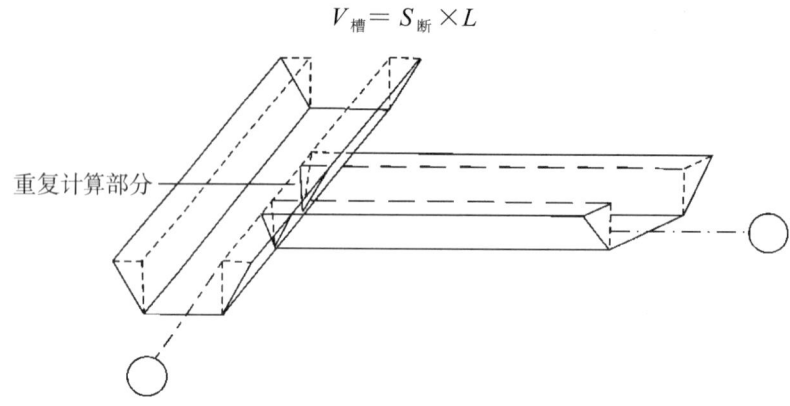

图 5.7　挖土交接处产生的重叠示意图

(2)挖基槽槽长 L。

外墙沟槽,按外墙中心线长度计算;内墙沟槽、框架间墙沟槽,按基础(含垫层)之间垫层(或基础底)的净长度计算,如图 5.8 所示。

管道的沟槽长度,按设计规定计算;设计无规定时,以设计图示管道中心线长度(不扣除各类井的长度)计算。

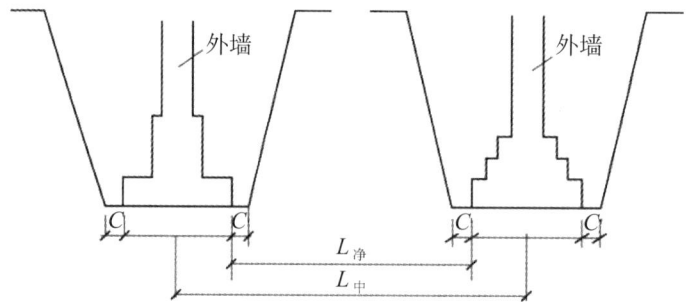

图 5.8　内墙基础底面之间净长度示意图

(3)地槽的横截面面积 $S_{断}$。

沟槽的断面面积,应包括工作面宽度、放坡宽度的面积。

① 工作面及放坡自垫层上表面开始(见图5.9)时:

$$S_{断} = a_1 H_1 + (a_2 + 2c + KH_2)H_2$$

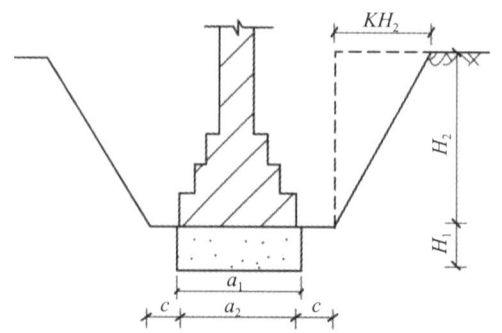 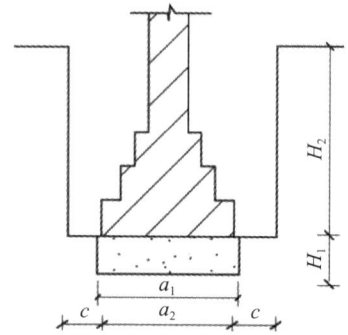

图 5.9　垫层上表面放坡地槽示意图　　图 5.10　垫层上表面有工作面不放坡地槽示意图

② 垫层上表面留工作面不放坡(见图 5.10)时：
$$S_断 = a_1H_1 + (a_2 + 2c)H_2$$

③ 垫层留工作面不放坡(见图 5.11)时：
$$S_断 = (a + 2c)H$$

④ 工作面及放坡自垫层下表面开始(见图 5.12)时：
$$S_断 = (a + 2c + KH)H$$

⑤ 一侧放坡、一侧支挡土板、留工作面(见图 5.13)时：
$$S_断 = (a + 0.1 + 2c + KH/2)H$$

⑥ 两侧支挡土板、留工作面(见图 5.14)时：
$$S_断 = (a + 0.2 + 2c)H$$

上述公式中：c——工作面宽度(m)；

　　　　　　K——放坡系数。

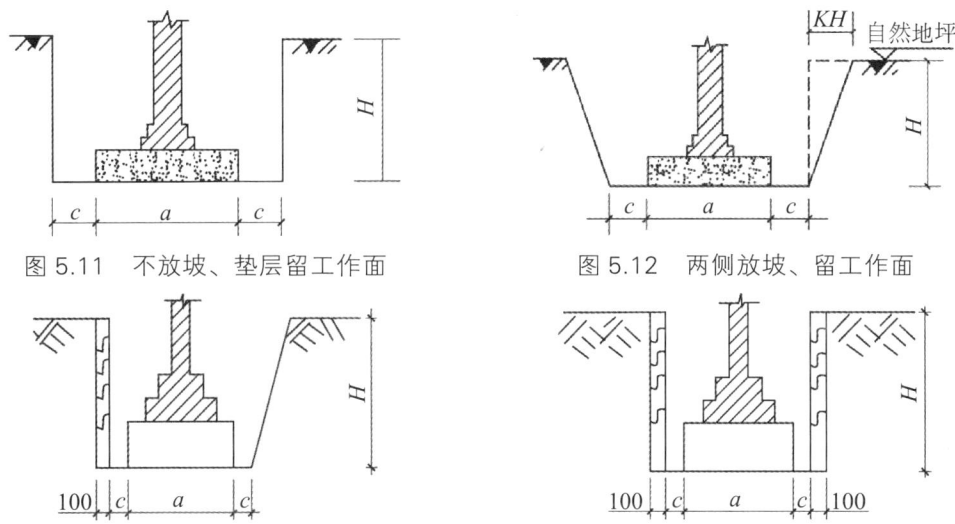

图 5.11　不放坡、垫层留工作面　　　　图 5.12　两侧放坡、留工作面

图 5.13　一侧放坡一侧支挡土板、留工作面　　图 5.14　两侧支挡土板、留工作面

【例 5.1】某工程基础施工图如图 5.15 所示,室内地坪标高为 ±0.00 m,室外地坪标高为 −0.30 m,有梁式条形基础底面标高为−2.10 m,下设 100 mm 厚 C10 混凝土垫层,普通页岩标准砖基础。查地质报告知开挖深度范围内土壤为碎石土混合土。试编制挖基槽土方项目的工程量清单。

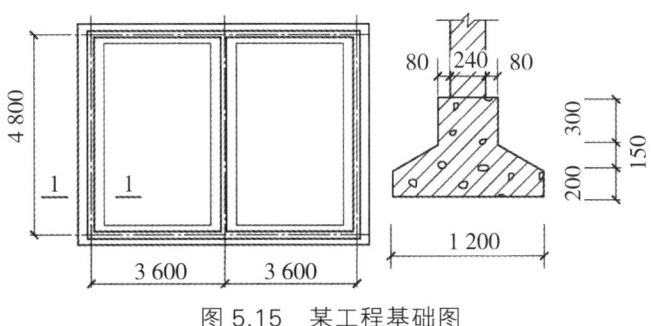

图 5.15　某工程基础图

【解】(1)分析:经查表 5.4,土壤类别判定为三类土;按常规情况考虑,工作面及放坡自垫

层下表面开始考虑,开挖深度 $H = [-0.3 - (-2.1 - 0.1)]$ m $= 1.9$ m > 1.5 m,达到三类土放坡起点深度。三类土沟槽开挖放坡系数 $K = 0.33$。

$$垫层宽 = (1.2 + 0.1 \times 2)\,\text{m} = 1.4\,\text{m}$$
$$工作面\,c = 0.3\,\text{m}$$
$$基槽底宽 = (1.4 + 0.3 \times 2)\,\text{m} = 2\,\text{m}$$
$$基槽顶宽 = (2 + 2 \times 0.33 \times 1.9)\,\text{m} = 3.254\,\text{m}$$

(2)沟槽长度计算:
$$外墙中心线长 = (3.6 \times 2 + 4.8) \times 2\,\text{m} = 24\,\text{m}$$
$$内墙基槽净长 = (4.8 - 2)\,\text{m} = 2.8\,\text{m}$$
$$合计沟槽长度\,L = (24 + 2.8)\,\text{m} = 26.8\,\text{m}$$

(3)挖基槽土方量: $\dfrac{1}{2} \times (2 + 3.254) \times 1.9 \times 26.8\,\text{m}^3 = 4.991\,3 \times 26.8\,\text{m}^3 = 133.77\,\text{m}^3$

(4)工程量清单如表 5.11 所示。

表 5.11   土方工程分部分项工程清单与计价表

序号	项目编码	项目名称	项目特征描述	计量单位	工程量	金额	
						综合单价	合价
1	010101003001	挖沟槽土方	1. 土壤类别:三类土。 2. 挖土深度:1.90 m。 3. 弃土运距:投标人自行考虑,结算时运距不再调整	m³	133.77		

5. 挖基坑

基坑土方计量

(1)不放坡、不支挡土板、不留工作面时。

① 长方体:设独立基础底面尺寸为 $a \times b$,基础底面至设计室外标高深度为 H,则:
$$V = abH$$

② 圆形基坑:设独立基础底面直径为 D,基础底面至设计室外标高深度为 H,则:
$$V = \pi D^2 H / 4 \ 或 \ V = \pi R^2 H$$

(2)不放坡、不支挡土板、留工作面时。

① 矩形基坑:
$$V = H(a + 2c)(b + 2c)$$

② 圆形基坑、桩孔:
$$V = \pi (D + 2c)^2 H / 4 \ 或 \ V = \pi (R + c)^2 H$$

(3)不放坡、带挡土板、留工作面时。

① 矩形基坑:
$$V = H(a + 2c + 0.2)(b + 2c + 0.2)$$

② 圆形基坑、桩孔:
$$V = \pi (R + c + 0.1)^2 H$$

(4)放坡、留工作面时。

放坡后形成各种形体,如拟柱体、梯形体、棱台、圆台、球台、圆锥、棱柱、圆柱、球体等。

① 拟柱体(也叫拟棱台,是指所有的顶点都在两个平行平面内的多面体。一般情况下,梯形体、棱台、圆台、球台、圆锥、棱柱、圆柱等都是拟棱台的特例)如图 5.16 所示,其体积公式可计算初等几何里各种形体的体积,为万能公式。公式如下:

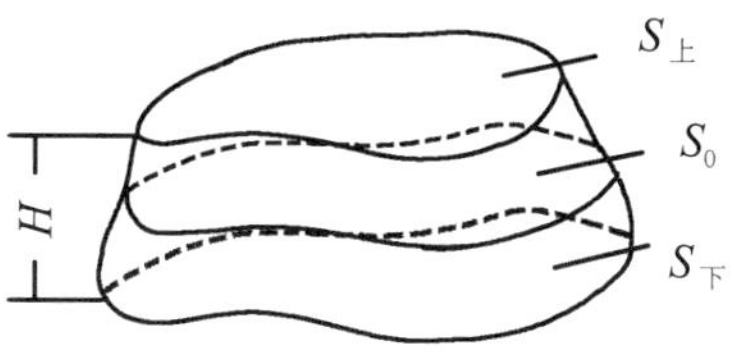

$$V = \frac{1}{6} H(S_{上} + 4S_0 + S_{下})$$

图 5.16 拟柱体示意图

其中:$S_{上}$——上底面积;

$S_{下}$——下底面积;

S_0——中截面面积;

H——高。

特别提示:如果 $S(x)$ 是 x 不超过三次的多项式,就能用拟柱体公式计算这个物体的体积。[注:用平行于底面的平面来切割物体,x 为平面到下底的距离,$S(x)$ 为这个平面截物体所得的剖面面积。张景中.求体积的万能公式——拟柱体公式 [J].数学教学通讯,2009(8).]

② 当拟柱体的上、下底面是对应边平行的全等多边形时,它就是棱柱,这时 $S_{上} = S_{下} = S_0$,公式变成 $V_{柱} = SH$。

③ 当拟柱体的上底面缩成一个点时,它就是棱锥,这时 $S_{上} = 0$,$S_0 = \frac{1}{4} S_{下}$,公式变成 $V_{锥} = \frac{1}{3} SH$。

④ 当拟柱体的上下底面是对应边平行的相似多边形时,它就是棱台,如图 5.17 所示,这时 $S_0 = \frac{S_{上} + 2\sqrt{S_{上} S_{下}} + S_{下}}{4}$,公式变成 $V = \frac{1}{3} H(S_{上} + \sqrt{S_{上} S_{下}} + S_{下})$。在土方计算时此公式仅适用于基坑底面为正方形、圆形,且周边放坡系数相等的情况。

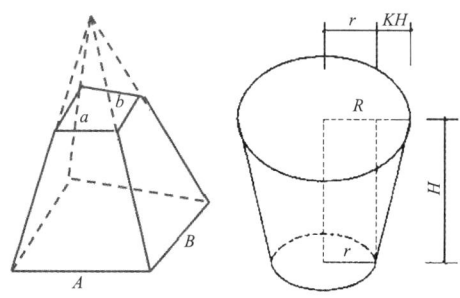

图 5.17 棱台示意图

⑤ 当拟柱体的上下底面对应边平行,但上下底面不是相似多边形时,就不是棱台,此时体积计算按万能公式 $V = \frac{1}{6} H(S_{上} + 4S_0 + S_{下})$。

如图 5.18 所示梯形体(是指上下底面是四边形的拟柱体,四棱台是梯形体的特例),这时 $S_0 = \frac{(a + A)(b + B)}{4}$,梯形体体积:

$$V = \frac{1}{6} H[ab + (a + A)(b + B) + AB]$$

其中:两底为矩形,A、B、a、b 分别为上下底边长,H 为高。

若 $a = a' + 2c$, $b = b' + 2c$; $A = a' + 2c + 2KH$, $B = b' + 2c + 2KH$,则图 5.19 所示基坑体积公式也可转换成 $V = H(a' + 2c + KH)(b' + 2c + KH) + \frac{1}{3} K^2 H^3 = h(a + KH)(b + KH) + \frac{1}{3} K^2 H^3$。在土方计算时此公式仅适用于基坑底面为矩形且四面放坡系数相等的情况。

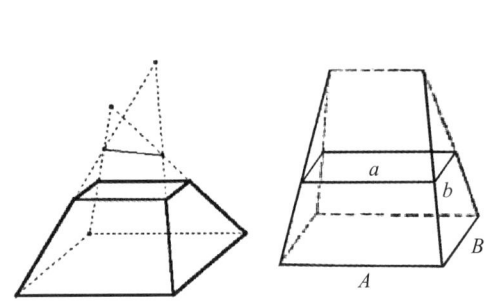 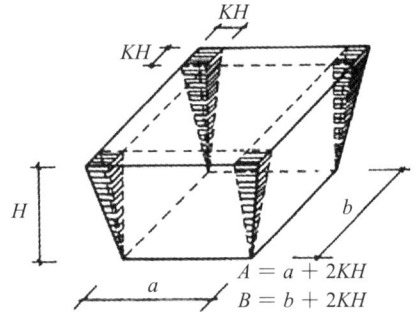

图 5.18　梯形体示意图　　　　图 5.19　方形放坡地坑（梯形体）

⑥ 多个矩形组合而成的 L 形、凹形、凸形、十字形、Z 形等规则形状（见图 5.20）的周边均匀放坡（放坡系数相等）基坑土方计算中,体积计算公式:

$$V = HS_{下} + \frac{1}{2} KH^2 L + \frac{4}{3} K^2 H^3$$

其中: $S_{下}$——下底面积;

　　　L——下底周长;

　　　H——高;

　　　K——放坡系数。

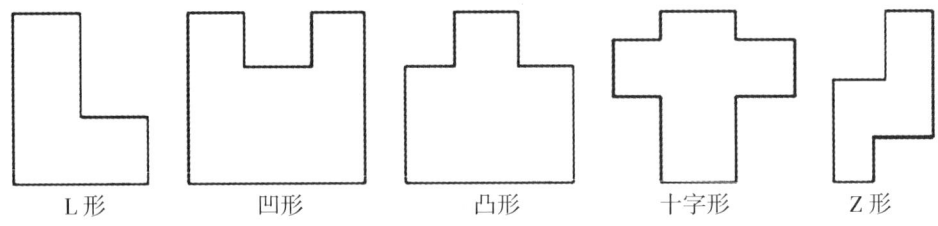

图 5.20　矩形组合形状示例

上式适用范围如下:

a. 对矩形和转角处均为 90°的凹凸形建筑平面,除了凹入宽度小于 $2KH$ 的凹形平面外,用上式计算平整场地是准确无误的。也适用万能公式 $V = \frac{1}{6} H(S_{上} + 4S_0 + S_{下})$。

b. 对于转角处均为 90°的回形建筑平面和凹入宽度小于 $2KH$ 的转角处均为 90°的凹形平面,上式不适用。只适用万能公式 $V = \frac{1}{6} H(S_{上} + 4S_0 + S_{下})$。

c. 对于有 ≠ 90°转角的建筑平面,用上式计算土方是不精确的。只适用万能公式 $V = \frac{1}{6} H(S_{上} + 4S_0 + S_{下})$。

d. 对于带弧形的建筑平面,用上式计算土方是不准确的。只适用万能公式 $V = \frac{1}{6} H(S_{上}$

$+ 4S_0 + S_下)$。

【例 5.2】某工程需挖一基坑，基坑内混凝土基础垫层长为 1.50 m，宽为 1.20 m，基坑开挖深度为 2.20 m，土壤类别为三类土。试编制挖基坑土方工程量清单。

【解】（1）计算工程量。开挖深度 $H = 2.2$ m > 1.5 m，达到三类土放坡起点深度，放坡系数 $K = 0.33$，工作面 $c = 0.3$ m。

基坑底面矩形：

$$长度 = (1.5 + 0.3 \times 2)\,m = 2.1\,m$$
$$宽 = (1.2 + 0.3 \times 2)\,m = 1.8\,m$$

基坑顶面矩形：

$$长度 = (2.1 + 0.33 \times 2.20 \times 2)\,m = 3.552\,m$$
$$宽 = (1.8 + 0.33 \times 2.20 \times 2)\,m = 3.252\,m$$

本基坑不是棱台而是梯形体（判断条件 $a : A = 2.1/3.552 \neq b : B = 1.8/3.252$，不是棱台）。

算法一：

$$V = [(1.50 + 0.30 \times 2 + 0.33 \times 2.20) \times (1.20 + 0.30 \times 2 + 0.33 \times 2.20) \times 2.20$$
$$+ 1/3 \times 0.33^2 \times 2.20^3]\,m^3 = (2.826 \times 2.526 \times 2.20 + 0.386\,5)\,m^3 = 16.09\,m^3$$

算法二：

$$V = \frac{1}{6} H[ab + (a + A)(b + B) + AB]$$
$$= \frac{1}{6} \times 2.2 \times [11.551 + (3.552 + 2.1) \times (3.252 + 1.8) + 3.78]\,m^3$$
$$= 16.09\,m^3$$

（2）工程量清单如表 5.12 所示。

表 5.12　土方工程分部分项工程清单与计价表

序号	项目编码	项目名称	项目特征描述	计量单位	工程量	金额	
						综合单价	合价
1	010101004001	挖基坑土方	1. 土壤类别：三类土。 2. 挖土深度：2.20 m。 3. 弃土运距：投标人自行考虑，结算时运距不再调整	m³	16.09		

6. 大开挖土方

基础土方大开挖计算方法同基坑。

场地竖向挖土方计算方法一般可采用网格法、横断面法。

修建机械上下坡的便道土方量并入土方工程量内。机械上、下行驶坡道土方，按施工组织设计计算；无施工组织设计时，可按挖方总量的 3% 计算，合并在土方工程量内。

【例 5.3】某基坑大开挖，底平面尺寸如图 5.21 所示，坑深 5.5 m，设计要求四边均按 1∶0.4 的坡度放坡，求基坑开挖的土方量。

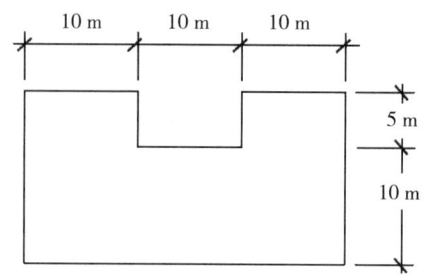

图 5.21   基坑底面布置图

【解】(1)计算工程量。由题知,该基坑每侧边坡放坡宽度为 $KH = 5.5 \times 0.4$ m $= 2.2$ m;$2KH = 4.4$ m < 10 m。按体积计算公式 $V = HS_{下} + \dfrac{1}{2}KH^2L + \dfrac{4}{3}K^2H^3$ 或万能公式 $V = \dfrac{1}{6}H(S_{上} + 4S_0 + S_{下})$ 计算。

① 算法一:按体积计算公式 $V = HS_{下} + \dfrac{1}{2}KH^2L + \dfrac{4}{3}K^2H^3$ 计算。

坑底面积为: $\quad\quad\quad\quad S_{下} = (30 \times 15 - 10 \times 5)\ \text{m}^2 = 400\ \text{m}^2$

下底周长 $L = [(30 + 15) \times 2 + 5 \times 2]\ \text{m} = 100\ \text{m}$

$$V = (5.5 \times 400 + \frac{1}{2} \times 0.4 \times 5.5^2 \times 100 + \frac{4}{3} \times 0.4^2 \times 5.5^3)\ \text{m}^3$$
$$= (2\ 200 + 605 + 35.49)\ \text{m}^3 = 2\ 840.49\ \text{m}^3$$

② 算法二:按万能公式 $V = \dfrac{1}{6}H(S_{上} + 4S_0 + S_{下})$ 计算。

坑底面积为: $\quad\quad\quad\quad S_{下} = 400\ \text{m}^2$

坑口面积为: $S_{上} = [(30 + 2 \times 2.2) \times (15 + 2 \times 2.2) - (10 - 2 \times 2.2) \times 5]\ \text{m}^2$
$$= (34.4 \times 19.4 - 5.6 \times 5)\ \text{m}^2 = 639.36\ \text{m}^2$$

(注:坑口面平面相当于下底面外放宽所围成的平面,所以坑口面面积也可按 $S_{上} = S_{下} +$ 下底周长 $\times KH + 4 \times KH \times KH$ 计算,$S_{上} = (400 + 100 \times 2.2 + 4 \times 2.2 \times 2.2)\ \text{m}^2 = 639.36\ \text{m}^2$。)

中截面相当于下底面外放 $\dfrac{1}{2}KH$ 宽所围成的平面,所以中截面面积:

$$S_0 = S_{下} + \text{下底周长} \times \frac{1}{2}KH + 4 \times \frac{1}{2}KH \times \frac{1}{2}KH$$
$$= [400 + 100 \times 0.5 \times 2.2 + 4 \times (0.5 \times 2.2) \times (0.5 \times 2.2)]\ \text{m}^2 = 514.84\ \text{m}^2$$

基坑开挖土方量为:

$$V = \frac{1}{6}H(S_{上} + 4S_0 + S_{下}) = \frac{1}{6} \times 5.5 \times (639.36 + 4 \times 514.84 + 400)\ \text{m}^3 = 2\ 840.49\ \text{m}^3$$

(2)工程量清单如表 5.13 所示。

表 5.13   土方工程分部分项工程清单与计价表

序号	项目编码	项目名称	项目特征描述	计量单位	工程量	金额	
						综合单价	合价
1	010101002001	挖一般土方	1. 土壤类别:综合。 2. 挖土深度:5.50 m。 3. 弃土运距:投标人自行考虑,结算时运距不再调整	m³	2 840.49		

5.1.2　石方工程(编码:010102)

石方工程包括挖一般石方、挖沟槽石方、挖基坑石方、挖管沟石方。挖一般石方、挖沟槽石方、挖基坑石方项目划分的规定:

(1)厚度 > ±300 mm 的竖向布置挖石或山坡凿石应按挖一般石方项目编码列项。

(2)沟槽、基坑、一般石方的划分为:底宽≤ 7 m 且底长 > 3 倍底宽为沟槽;底长≤ 3 倍底宽且底面积≤ 150 m² 为基坑;超出上述范围则为一般石方。

1.挖一般石方

按设计图示尺寸以体积计算。挖石方应按自然地面测量标高至设计地坪标高的平均厚度确定。

石方工程中项目特征应描述岩石的类别,岩石的分类应按表 5.14 确定。弃渣运距可以不描述,但应注明由投标人根据施工现场实际情况自行考虑,决定报价。石方体积应按挖掘前的天然密实体积计算。非天然密实石方应按表 5.15 折算。

表 5.14　岩石分类表

岩石分类		定性鉴定	岩石单轴饱和抗压强度 Rc/MPa	代表性岩石
软质岩	极软岩	锤击声哑,无回弹,有较深凹痕,手可捏碎;浸水后,可捏成团	< 5	1. 全风化的各种岩石; 2. 各种半成岩
	软岩	锤击声哑,无回弹,有凹痕,易击碎;浸水后,可掰开	15 ~ 5	1. 强风化的坚硬岩或较硬岩; 2. 中等风化—强风化的较软岩; 3. 未风化—微风化的页岩、泥岩、泥质岩等
	较软岩	锤击声不清脆,无回弹,较易击碎;浸水后,指甲可刻出印痕	30 ~ 15	1. 中等风化—强风化的坚硬岩或较硬岩; 2. 未风化—微风化的凝灰岩、千枚岩、泥灰岩、砂质泥岩等
硬质岩	较硬岩	锤击声较清脆,有轻微回弹,稍震手,较难击碎;浸水后,有轻微吸水反应	60 ~ 30	1. 微风化的坚硬岩; 2. 未风化—微风化的大理岩、板岩、石灰岩、白云岩、钙质砂岩等
	坚硬岩	锤击声清脆,有回弹,震手,难击碎;浸水后,大多无吸水反应	> 60	未风化—微风化的花岗岩、闪长岩、辉绿岩、玄武岩、安山岩、片麻岩、石英岩、石英砂岩、硅质砾岩、硅质石灰岩等

注:本表依据国家标准《工程岩体分级标准》GB 50218 和《岩土工程勘察规范》GB 50021—2001(2009 年版)整理。

表 5.15　石方体积折算系数表

石方类别	天然密实度体积	虚方体积	松填体积	码方
石方	1.0	1.54	1.31	
块方	1.0	1.75	1.43	1.67
砂夹石	1.0	1.07	0.94	

注:本表按建设部颁发《爆破工程消耗量定额》GYD—102—2008 整理。

2. 挖沟槽(基坑)石方

按设计图示尺寸沟槽(基坑)底面积乘以挖石深度以体积计算。

3. 挖管沟石方

按设计图示以管道中心线长度计算,或按设计图示截面积乘以长度以体积计算。有管沟设计时,平均深度以沟垫层底面标高至交付施工场地标高计算;无管沟设计时,直埋管深度应按管底外表面标高至交付施工场地标高的平均高度计算。

管沟石方项目适用于管道(给排水、工业、电力、通信)、光(电)缆沟〔包括人(手)孔、接口坑〕及连接井(检查井)等。

5.1.3 回填土(编码:010103)

1. 回填土清单项目示例

回填土清单项目示例如表 5.16 所示。

表 5.16   回填土示例表

项目编码	项目名称	项目特征描述示例	计量单位	项目特征描述提示
010103001001	基础回填方	1. 填方材料品种:一般素土,其中外购 520 m³。 2. 密实度要求:≥ 0.97,夯填。 3. 运距:现场 150 m	m³	1. 填方密实度要求,在无特殊要求情况下,项目特征可描述为满足设计和规范的要求。 2. 填方材料品种可以不描述,但应注明由投标人根据设计要求验方后方可填入,并符合相关工程的质量规范要求。有要求的应注明。如素土、2:8 灰土、3:7 灰土、砂石等。 3. 填方粒径要求,在无特殊要求情况下,项目特征可以不描述。 4. 运距可由投标人自行考虑,结算时运距不再调整。 5. 如需买方回填,应在项目特征填方来源中描述,并注明买方数量。 6. 应注意描述土石方回填的部位,如基础回填土、室内回填土、地基处理回填土等,便于计价人准确计价
010103001002	室内回填方	1. 填方材料品种:一般素土。 2. 密实度要求:按规范要求,夯填。 3. 运距:投标人自行考虑,结算时运距不再调整		
010103001003	室外花池回填方	1. 土质要求:一般素土。 2. 密实度要求:松填。 3. 运距:黄土外购,结算时运距不再调整		
010103002001	余方弃置	1. 废弃料品种:余土。 2. 运距:投标人自行考虑,结算时运距不再调整		1. 废弃料品种描述:土、石、淤泥等。 2. 运距可由投标人自行考虑,结算时运距不再调整。如业主有指定位置可具体描述(运距是指由余方堆放点装料运输至弃置点的距离)
010103002002	余方弃置	1. 废弃料品种:淤泥。 2. 运距:投标人自行考虑,结算时运距不再调整		

2. 回填土工程量计算

回填土是指建筑基础、垫层以及地下室等设计室外地坪以下需埋置的隐蔽工程完成后,取土回填的施工过程,如图 5.22 ~ 图 5.24 所示。

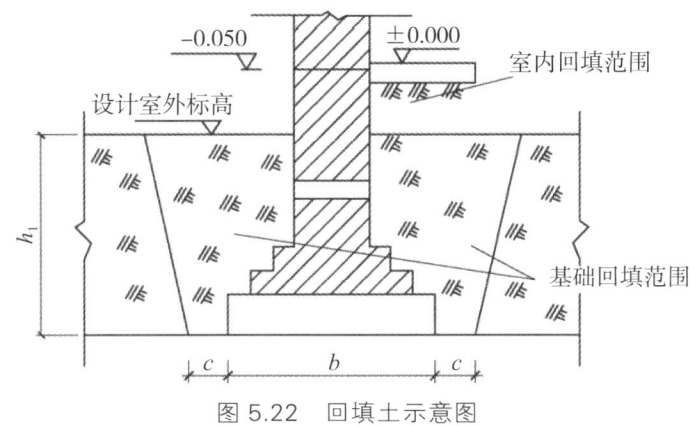

图 5.22　回填土示意图

图 5.23　基础回填

图 5.24　室内回填

回填土工程量按设计图示尺寸以体积计算。场地回填：回填面积乘以平均回填厚度。室内回填：主墙间净面积乘以回填厚度，不扣除间隔墙。基础回填：挖方清单项目工程量减去自然地坪以下埋设的基础体积（包括基础垫层及其他构筑物）。

设计密实度超过规定的，填方体积按工程设计要求执行；无设计密实度要求的，编制工程量清单时，按规范规定计算。场地范围内的土方运输费用应包含在报价内。

回填土按回填后的竣工体积计算，竣工体积属于夯填体积或松填体积，具体计算方法如下：

（1）基础回填土。

V＝挖基础土方体积－自然地坪以下埋设的基础体积（包括基础、垫层及其他构筑物）

（2）平地回填土。

$$平地回填土\ V＝回填面积 \times 平均回填厚度$$

$$室内回填土\ V＝主墙间净面积 \times 回填厚度$$

$$回填厚度＝室内外高差－地面构造层（垫层、找平层、面层等）厚度$$

主墙是指承重墙或厚度在 15 cm 以上的墙。

不扣除间隔墙、垛、附墙烟囱、垃圾道及地沟等面积。

3. 余方弃置工程量计算

按挖方清单项目工程量减利用回填方体积（折合成天然密实体积）计算。总体积为正，则为余方弃置；总体积为负，则为取土内运，取土内运包含在回填土报价中，不另列清单计算。

5.2 清单计价

背景资料：某项目(见图 5.1)土方相关的清单如表 5.17 所示。

表 5.17　土方工程分部分项工程清单与计价表

序号	项目编码	项目名称	项目特征描述	计量单位	工程量	综合单价	合价
1	010101001001	平整场地	1. 土壤类别：二类土。 2. 取弃土运距：投标人自行考虑，结算时运距不再调整	m²	222.65		
2	010101003001	挖沟槽土方	1. 土壤类别：二类土。 2. 挖土深度：1.30 m。 3. 弃土运距：投标人自行考虑，结算时运距不再调整	m³	248.20		
3	010103001001	基础回填方	1. 填方材料品种：一般素土。 2. 密实度要求：按规范要求，夯填。 3. 运距：投标人自行考虑，结算时运距不再调整	m³	204.08		
4	010103001002	房心回填方	1. 填方材料品种：一般素土。 2. 密实度要求：按规范要求，夯填。 3. 运距：投标人自行考虑，结算时运距不再调整	m³	30.02		
5	010103002001	余方弃置	1. 废弃料品种：取土内运。 2. 运距：投标人自行考虑，结算时运距不再调整	m³	21.02		

任务：按控制价要求计算综合单价并填写清单项目计价表。

▌任务实施

任务步骤 1：计价工程量计算见表 5.18。

表 5.18　计价工程量计算表

序号	编码	项目名称	计算式	合计	单位
1	010101001001	平整场地		222.65	m²
		机械场地平整			m²
2	010101003001	挖沟槽土方		248.20	m³

续表

序号	编码	项目名称	计算式	合计	单位
		人工挖一般土方,二类土,基深≤2 m,人工辅助机械挖土方,人工×1.5	《2018 湖北建筑定额》规定:机械挖土方中需人工辅助开挖,无施工组织设计的,人工挖土厚度按 30 cm 计算。混凝土垫层支模的工作面宽度为 150 mm,与清单量计算按 300 mm 不同。 放坡系数＝ 垫层宽＝ 基槽底宽＝ ①外墙中心线长＝ ②内墙基槽净长＝ 合计沟槽长度 L＝ 人工挖基槽土方量＝		m^3
		挖掘机挖沟槽(不装车)	机械挖基槽土方量＝挖基槽土方总量－人工挖基槽土方量		m^3
		基底钎探	考虑当地地质情况,考虑基底钎探		m^2
		基底夯实			m^2
3	010103001001	基础回填方		204.08	m^3
		回填土,夯填土,机械槽坑			m^3
4	010103001002	房心回填方		30.02	m^3
		回填土,夯填土,机械地坪			m^3
5	010103002001	余方弃置		21.02	m^3
		自卸汽车运土方(载重 8 t 以内),运距 1 km 以内)	余方外运＝		m^3

任务步骤 2:综合单价计算见表 5.19。

表 5.19　分部分项工程清单综合单价计算表

序号	项目编码	工程项目名称	单位	数量	综合单价／元					合价
					人工费	材料费	机械使用费	管理费＋利润(＝人机费×＿＿)	小计(人材机费＋管理费＋利润)	
1	010101001001	平整场地	m^2	222.65						
		机械场地平整	100 m^2							
2	010101003001	挖沟槽土方	m^3	248.2						
		人工挖一般土方(基深≤2 m),二类土,人工辅助机械挖土,人工×1.5	10 m^3							

续表

序号	项目编码	工程项目名称	单位	数量	综合单价/元					合价
					人工费	材料费	机械使用费	管理费＋利润(＝人机费×____)	小计(人材机费＋管理费＋利润)	
		挖掘机挖沟槽、基坑土方(不装车),一、二类土	1 000 m³							
		基底钎探	100 m²							
		基底打夯	100 m²							
3	010103 001001	基础回填方	m³	204.08						
		回填土,夯填土,机械槽坑	10 m³							
4	010103 001002	房心回填方	m³	30.02						
		回填土,夯填土,机械地坪	10 m³							
5	010103 002001	余方弃置	m³	21.02						
		自卸汽车运土方(载重8 t以内,运距1 km以内)	1 000 m³							
		购土	m³							

任务步骤3:清单计价见表5.20。

表5.20　某土方项目清单计价表

序号	项目编码	项目名称	项目特征描述	计量单位	工程量	金额	
						综合单价	合价
1	010101001001	平整场地	1. 土壤类别:二类土。 2. 取弃土运距:投标人自行考虑	m²	222.65		
2	010101003001	挖沟槽土方	1. 土壤类别:二类土。 2. 挖土深度:1.30 m。 3. 弃土运距:投标人自行考虑	m³	248.20		
3	010103001001	基础回填方	1. 填方材料品种:一般素土。 2. 密实度要求:按规范要求,夯填。 3. 运距:投标人自行考虑	m³	204.08		
4	010103001002	房心回填方	1. 填方材料品种:一般素土。 2. 密实度要求:按规范要求,夯填。 3. 运距:投标人自行考虑	m³	30.02		
5	010103002001	余方弃置	1. 废弃料品种:取土内运。 2. 运距:投标人自行考虑	m³	21.02		
			小计				

土石方项目清单计价要根据土壤(岩石)类别、施工方式、开挖深度、运输距离、场地安排及其他施工组织情况,考虑需要的费用消耗,从而确定涉及的定额子目。施工方式,指人工方式或机械方式。机械方式施工,又区分为不同的机械种类。施工方式包括开挖方式、装车方式、运输方式等。

5.2.1　平整场地

1. 平整场地清单计价指引

平整场地清单计价指引如表 5.21 所示。

表 5.21　平整场地清单计价指引

项目编码	项目名称	项目特征	计量单位	工程内容	可能组合的定额内容		
010101001	平整场地	1. 土壤类别; 2. 弃土运距; 3. 取土运距	m²	1. 土方挖填; 2. 场地找平; 3. 运输	1	建筑场地挖填高度在 ±30 cm 内的挖填找平	1.1	平整场地
							1.2	其他:如运输等

注:根据项目特征、工作内容、施工方案、项目实际情况,考虑需要组合的定额子目。

2.《2018 湖北建筑定额》项目工程量及定额应用有关说明

执行 2013 清单时,平整场地定额量与清单量一般情况下是相同的:2013 计量规范及《2018 湖北建筑定额》均规定,平整场地工程量按设计图示尺寸,以建筑物首层建筑面积计算。但《2018 湖北建筑定额》和 2018 计量规范征求意见稿增加说明:建筑物地下室结构外边线突出首层结构外边线时,其突出部分的建筑面积合并计算。

《2018 湖北建筑定额》说明:挖填土方厚度 > ±30 cm 时,全部厚度按一般土方相应规定另行计算,但仍应计算平整场地。

【例 5.4】某项目平整场地清单工程量为 37.50 m²,计算该平整场地清单综合单价。利用湖北 2018 有关定额,暂不计风险费用,暂不调整人材机单价,按一般计税法的费率标准,施工方案采用履带式推土机进行场地平整。

【解】(1)计价工程量计算。

根据施工方案,平整场地清单对应定额子目为 G1–319 "机械场地平整",定额工程量同清单工程量,均按首层建筑面积计算,则平整场地定额工程量为 37.50 m²。

(2)综合单价计算。

① 机械场地平整人材机、管理费、利润费用计算。

查 "机械场地平整" 定额子目 G1–309:人工费 = 6.44 元 /100 m²;材料费 = 44.58 元 /100 m²;机械费 = 72.59 元 /100 m²。以人工费与机械费之和为计费基础。

查一般计税法的费率标准可知,土石方工程的管理费费率为 15.42%,利润率为 9.42%,则:

$$机械场地平整定额综合单价＝[(6.44＋44.58＋72.59)＋(6.44＋72.59)$$
$$\times(15.42\%＋9.42\%)]\,元/100\,m^2$$
$$＝(123.61＋79.03\times24.84\%)\,元/100\,m^2$$
$$＝143.24\,元/100\,m^2$$

机械场地平整人材机、管理费、利润费用小计＝0.375×143.24元＝53.72元

② 清单综合单价计算。

$$清单项目人材机、管理费、利润费用合计＝53.72\,元$$
$$综合单价＝53.72\,元\div37.5\,m^2＝1.43\,元/m^2$$

5.2.2　挖土方

1.挖土方清单计价指引

挖土方清单计价指引如表5.22所示。

2.《2018 湖北建筑定额》项目工程量及定额应用有关说明

(1)定额工程量。

执行2013清单时,挖一般土方、沟槽基坑土方的清单量与对应子目的定额量基本一致(计算规则、土壤类别划分、放坡系数均一致,工作面宽度计算差异如表5.23所示)。

表 5.22　挖土方清单计价指引

项目编码	项目名称	项目特征	计量单位	工程内容	可能组合的定额内容		
0101 01002	挖一般土方	1. 土壤类别; 2. 挖土深度; 3. 弃土运距	m³	1. 排地表水; 2. 土方开挖; 3. 围护(挡土板)及拆除; 4. 基底钎探; 5. 运输	1	土方开挖	1.1　机械挖土方
							1.2　人工配合挖土
							1.3　桩间挖土
							1.4　挖湿土
							1.5　支撑下挖土
					2	围护(挡土板)及拆除	2.1　支挡土板
					3	场内运输	3.1　人工或人力车运土方
							3.2　机械运土方
							3.3　其他
					4	其他	4.1　排地表水
							4.2　基底钎探
							4.3　基底夯实等

续表

项目编码	项目名称	项目特征	计量单位	工程内容	可能组合的定额内容			
0101 01003	挖沟槽土方	1. 土壤类别；2. 挖土深度；3. 弃土运距	m³	1. 排地表水；2. 土方开挖；3. 围护（挡土板）及拆除；4. 基底钎探；5. 运输	1	土方开挖	1.1	机械挖沟槽、基坑
							1.2	人工配合挖土
							1.3	挖湿土
							1.4	挖桩间土方
							1.5	支撑下挖土
						2	围护（挡土板）及拆除	2.1 支挡土板
0101 01004	挖基坑土方				3	场内运输	3.1	人工或人力车运土方
							3.2	机械运土方
							3.3	其他
					4	其他	4.1	排地表水
							4.2	基底钎探
							4.3	坑槽底部夯实

注：根据项目特征、工作内容、施工方案、项目实际情况，考虑需要组合的定额子目。

表 5.23 基础施工单面工作面宽度计算表

基础材料	每面增加工作面宽度 /mm	
	2018 定额（2018 规范意见稿）	2013 规范
砖基础	200	200
毛石、方整石基础	250	150
混凝土基础（支模板）	400	300
混凝土基础垫层（支模板）	150（上部砼基础时，实际应计算 400－100 ＝ 300）	300
基础垂直做砂浆防潮层	400（自防潮层面）	1 000（防水层面）
基础垂直面做防水层或防腐层	1 000（自防水层或防腐层面）	1 000（防水层面）
支挡土板	100	100
基础施工需要搭设脚手架时	条形基础按 1.50 m 计算（只计算一面）独立基础按 0.45 m 计算（四面均计算）	—
基坑土方大开挖需做边坡支护时	2 000	—
基坑内施工各种桩时	2 000	—
管道施工的工作面宽度	2018 定额与 2013 清单无差别	

（2）干湿土及淤泥的划分标准：

① 首先以地质勘查资料为准，含水率≥25% 为湿土；或以地下常水位为准划分，地下常

水位以上为干土,以下为湿土。

② 含水率超过 30%,液性指数 $I_c > 1$,土和水的混合物呈流塑状态时为淤泥。

(3)挖、运湿土时,定额应考虑的系数。

土方定额项目是按干土编制的。人工挖、运湿土时,相应项目人工乘以系数 1.18;机械挖、运湿土时,相应项目人工、机械乘以系数 1.15。采取降水措施后,人工挖、运土相应项目人工乘以系数 1.09,机械挖、运土不再乘以系数。

(4)挖土中遇含碎、砾石体积为 31%~50% 的密实黏性土或黄土时,按挖四类土相应定额项目基价乘以 1.43。碎、砾石含量超过 50% 时,另行处理。

(5)桩间挖土不扣除桩体和空孔所占体积,相应项目人工、机械乘以系数 1.50。

(6)支撑下挖土时,定额应注意的问题。

在支撑下挖土(除大型支撑下挖土定额子目外),按实挖体积,人工乘以系数 1.43,机械乘以系数 1.2。先开挖后支撑的不属于支撑下挖土。

大型支撑下挖土定额适用于跨度大于 8 m 围护结构的一般土方开挖,若支撑安拆需要打拔中心稳定桩,其费用另行计算。

大型支撑下挖土由于场地狭小只能单面施工时,挖土机械按表 5.24 调整。

表 5.24　场地狭小只能单面施工时,大型支撑下挖土机械调整表

施工条件 基坑深度	两边停机		单边停机	
	深度 15 m 以内	深度 27 m 以内	深度 15 m 以内	深度 27 m 以内
≤ 15 m	15 t	60 t	25 t	不调整
> 15 m	25 t	60 t	40 t	不调整

(7)排地表水问题。

挖土方时需要排除地表水称为施工排水,其费用已在费用定额中考虑,挖土相关清单中不再计算该费用。

在地下水位线以下施工而发生的排水称结构排水,其排水费用可按施工组织设计另列清单计算,例如采用井点降水则套用井点降水的相应子目。

(8)挡土板。

挡土板项目分疏板和密板。疏板是指间隔支挡土板,且板间净空 ≤ 150 cm 的情况;密板是指满堂支挡土板或板间净空 ≤ 30 cm 的情况。挡土板内人工挖槽坑时,相应项目人工乘以系数 1.43。挡土板按设计文件(或施工组织设计)规定的支挡范围,以面积计算。一般情况,计算了放坡,就不计算挡土板,特殊情况除外。

(9)机械土方。

一般情况下,考虑采用机械挖土。

机械挖土方中需人工辅助开挖(包括切边、修整底边),人工挖土部分按批准的施工组织设计确定的厚度计算工程量,无施工组织设计的,人工挖土厚度按 30 cm 计算。人工挖土部分套用人工挖一般土方相应项目且人工乘以系数 1.50。

推土机推土或铲运机铲土土层平均厚度小于 30 cm 时,推土机台班用量乘以系数 1.25,铲运机台班用量乘以系数 1.17。

挖掘机在垫板上进行作业时,人工、机械乘以系数 1.25,定额不包括垫板铺设所需的人

工、材料及机械消耗。

满堂基础垫层底以下局部加深的槽坑,按槽坑相应规则计算工程量,相应项目人工、机械乘以系数1.25。

(10)土方运输。

若所挖土方不是就地堆放在槽边或坑边,而是要堆放在场地范围内一定距离的某处,则该场内运输费用需要包含在挖土清单中。

土石方运距,按挖土区重心至填方区(或堆放区)重心间的最短距离计算。

定额中不包括土方、石方外弃的场地占用消纳费用,发生时应另列项目计算。

汽车运土时运输道路按一、二、三类道路综合取定的,已考虑了运输过程中道路中道路清理的人工,当需要铺筑材料时,另行计算。

汽车(人力车)重车上坡降效因素,已综合在相应的运输定额项目中,不另行计算。人工、人力车、汽车的负载上坡(坡度 ≤ 15%)降效因素,已综合在相应运输项目中,不另行计算。推土机、装载机负载上坡时,其降效因素按坡道斜长乘以表 5.25 相应系数计算。

表 5.25　重车上坡降效系数表

坡度 /(%)	5 ~ 10	≤ 15	≤ 20	≤ 25
系数	1.75	2.00	2.25	2.50

装载机装松散土定额项目是指装载机将已有的松散土方装上车,如装车前系原状土(天然密实状态),则应由推土机破土,增加相应推土机推土费用。

自卸汽车运土,如系拉铲挖掘机装车,自卸汽车运土台班数量乘以系数1.2。

(11)基底钎探,以垫层(或基础)底面积计算。需要时才计算。

(12)坑槽底部夯实,以坑槽底面积计算。湖北 2018 定额土方开挖定额中均不包含底部夯实,需要夯实时需计算该费用,计入土方清单综合单价中。

【例 5.5】根据例 5.1 已知条件及所列挖沟槽土方清单,计算该清单综合单价。利用湖北 2018 有关定额,暂不计风险费用,暂不调整人材机单价,按一般计税法的费率标准。施工方案采用人工挖沟槽,挖土槽边 1 m 外自然堆放,槽底人工夯实,不需基底钎探。

【解】(1)计价工程量计算,见表 5.26。

表 5.26　计价工程量计算表

序号	编码	项目名称	计算式	合计	单位
2	010101003001	挖沟槽土方		133.77	m³
	G1-11	人工挖沟槽土方,三类土	按 2018 定额,垫层支模工作面 150,为同时满足上部为砼基础工作面 400,则砼垫层工作面实际应按 400−100 = 300 计算,与计量规范相同。放坡要求与放坡系数同计量规范。所以,此案例定额工程量与清单量相同,为 133.77 m³	133.77	m³
	G1-326	原土夯实	基底打夯按原土夯实子目套定额。工程量按基底打夯面积计算。由例 5.1 可知:基槽底宽=(1.4 + 0.3×2)m = 2 m,合计沟槽长度 L =(24 + 2.8) m = 26.8 m,则槽底打夯面积 = 26.8×2 m² = 53.6 m²	53.6	m²

(2)综合单价计算。

① 人工挖沟槽土方人材机管理费、利润费用计算。

查人工挖沟槽土方—三类土—深度 2 m 内定额子目 G1-11：人工费 = 347.21 元 /10 m³；材料费 = 0 元 /10 m³；机械费 = 0 元 /10 m³。

查一般计税法的费率标准可知，土石方工程的管理费费率为 15.42%，利润率为 9.42%，则：

$$人工挖沟槽土方定额综合单价 = [(347.21 + 0 + 0) + (347.21 + 0) \times (15.42\% + 9.42\%)] 元 /10 m³ = 433.46 元 /10 m³$$

人工挖沟槽土方人材机管理费、利润费用小计 = 13.377×433.46 元 = 5 798.39 元

② 原土夯实人材机、管理费、利润费用计算。

查"原土夯实"定额子目 G1-326：人工费 = 82.98 元 /100 m²；材料费 = 0 元 /100 m²；机械费 = 0 元 /100 m²。

$$原土夯实定额综合单价 = [(82.98 + 0 + 0) + (82.98 + 0) \times (15.42\% + 9.42\%)] 元 /100 m² = 103.59 元 /100 m²$$

原土夯实人材机、管理费、利润费用小计 = 0.536×103.59 元 = 55.52 元

③ 清单综合单价计算。

清单人材机、管理费、利润费用合计 = (5 798.39 + 55.52)元 = 5 853.91 元

综合单价 = 5 853.91 元 ÷ 133.77 m³ = 43.76 元 / m³

④ 综合单价计算过程见表 5.27。

表 5.27   分部分项工程清单综合单价计算表

序号	项目编码	工程项目名称	单位	数量	综合单价 / 元					合价 / 元
					人工费	材料费	机械使用费	管理费+利润 [=人机费 ×(15.42% + 9.42%)]	小计(人材机费+管理费+利润)	
1	010101 003001	挖沟槽土方	m³	133.77					43.76	5 798.39 + 55.52 = 5 853.91
	G1-11	人工挖沟槽土方，三类土	10 m³	13.377	347.21	0	0	(347.21 + 0) ×24.84% = 86.25	433.46	13.377×433.46 = 5 798.39
	G1-326	原土夯实	100 m²	0.536	82.98	0	0	(82.98 + 0) ×24.84% = 20.61	103.59	0.536×103.59 = 55.52

5.2.3   挖管沟土方

1. 挖管沟土方清单计价指引

挖管沟土方清单计价指引如表 5.28 所示。

表 5.28　挖管沟土方清单计价指引

项目编码	项目名称	项目特征	计量单位	工程内容	可组合的定额内容		
0101 01007	管沟土方	1.土壤类别; 2.管外径; 3.挖沟深度; 4.回填要求	m; m³	1.排地表水; 2.土方开挖; 3.围护(挡土板)、支撑; 4.运输; 5.回填	1	土方开挖	1.1	人工挖沟槽、基坑
							1.2	机械挖沟槽、基坑
							1.3	挖湿土
							1.4	挖桩间土方
							1.5	支撑下挖土
						2	挡土板支拆	2.1	支挡土板
							2.2	其他
						3	场内运输	3.1	人工或人力车运土方
							3.2	机械运土方
							3.3	其他
						4	回填	4.1	填砂、级配砂石、灰土、素土、石屑
							4.2	松填土方
							4.3	填土夯实
						5	其他	5.1	排地表水
							5.2	基底钎探
							5.3	槽底部夯实

注:根据项目特征、工作内容、施工方案、项目实际情况,考虑需要组合的定额子目。

2.《2018 湖北建筑定额》项目工程量及定额应用有关说明

(1)管沟土方开挖定额工程量与清单量不同,计算规则如下:

2013 计量规范、2018 湖北定额、2018 计量规范意见稿均可按设计图示沟槽长度乘以沟槽断面面积计算。计算沟槽断面面积的方法相同(放坡系数、工作面宽度等规定相同),但管道中心线长度计算不同:清单量中不扣除各类井的长度,井的土方并入;定额量中不扣除下口直径或边长 ≤ 1.5 m 的井池长度,下口直径或边长 > 1.5 m 的井池的土石方,另按基坑的相应规定计算。

2013 计量规范中管沟土方还可按设计图示以管道中心线长度计算。

(2)管道沟槽回填费用包含在管沟土方清单报价中。

① 管道沟槽回填定额工程量,按挖方体积减去管道基础和表 5.29 所示管道折合回填体积计算。

表 5.29　管道折合回填体积表(m³/m)

管道	公称直径/mm					
	501～600	601～800	801～1 000	1 001～1 200	1 201～1 400	1 401～1 600
混凝土管	0.33	0.60	0.92	1.15	1.35	1.55
钢管	0.21	0.44	0.71	——	——	——
铸铁管	0.24	0.49	0.77	——	——	——

管道沟槽周边回填材料时,参见基础(地下室)周边回填材料,执行"地基处理"相应定额

项目,人工、机械乘以系数 0.90。

② 直埋电缆沟槽挖填根据电缆敷设路径,除特殊要求外,按照表 5.30 的规定以"m³"为计量单位。沟槽开挖长度按照电缆敷设路径长度计算。需要单独计算余土(余石)外运工程量时按照直埋电缆沟槽挖填量 12.5% 计算。

表 5.30　直埋电缆沟槽土石方挖填计算表

项目	电缆根数	
	1～2	每增 1 根
每米沟长挖方量 /m³	0.45	0.15

注:2 根以内电缆沟,按照上口宽度 600 mm、下口宽度 400 mm、深 900 mm 计算常规土方量(深度按规范的最低标准)。每增加 1 根电缆,其宽度增加 170 mm。

(3)若所挖土方不是就地堆放在沟槽边,而是要堆放在场地范围内一定距离的某处,则该场内运输费用需要包含在管沟挖土清单中。

5.2.4　回填方及余方弃置

1. 回填方及余方弃置清单计价指引

回填方及余方弃置清单计价指引如表 5.31 所示。

表 5.31　回填方及余方弃置清单计价指引

项目编码	项目名称	项目特征	计量单位	工程内容	可组合的定额内容		
0101 03001	回填方	1. 密实度要求; 2. 填方材料品种; 3. 填方粒径要求; 4. 填方来源、运距	m³	1. 运输; 2. 回填; 3. 压实	1	回填、压实	1.1	填砂、级配砂石、灰土、素土、石屑
							1.2	松填土方
							1.3	填土夯实
							1.4	其他(装车等)
						2	场内运输	2.1	人工或人力车运土方
							2.2	机械运土方
							2.3	其他:如装车等
						3	其他	3.1	如:取土费用
0101 03002	余方弃置	1. 废弃料品种; 2. 运距	m³	余方点装料运输至弃置点	1	土石方或淤泥场外运输	1.1	人工或人力车运土石方、淤泥
							1.2	机械运土石方、淤泥
							1.3	其他(装车等)

注:根据项目特征、工作内容、施工方案、项目实际情况,考虑需要组合的定额子目。

2.《2018 湖北建筑定额》项目工程量及定额应用有关说明

(1)回填方及余方外运的清单量与定额量计算方法相同。

(2)定额应用有关说明:

一般情况下,按机械回填考虑。

基础(地下室)周边回填其他材料时,执行"地基处理"相应定额项目,人工、机械乘以系数 0.90。

场区(含地下室顶板以上)回填,相应项目人工、机械乘以系数 0.9。

原土碾压按图示碾压面积以平方米计算,填土碾压按图示碾压后的体积(夯实后体积)计算。

若所填土方要在场地范围内一定距离的某处运输回填,则该场内运输费用需要包含在回填方清单中。

回填及余土外运,若是汽车运输且需要重新装土时,还需要计算装车费用,计入回填或余土外运清单中。

定额不包括土方、石方外弃的消纳场地占用及使用费,发生时应另计算。

工作手册 6

地基处理与边坡支护计量与计价

DIJI CHULI YU BIANPO ZHIHU JILIANG YU JIJIA

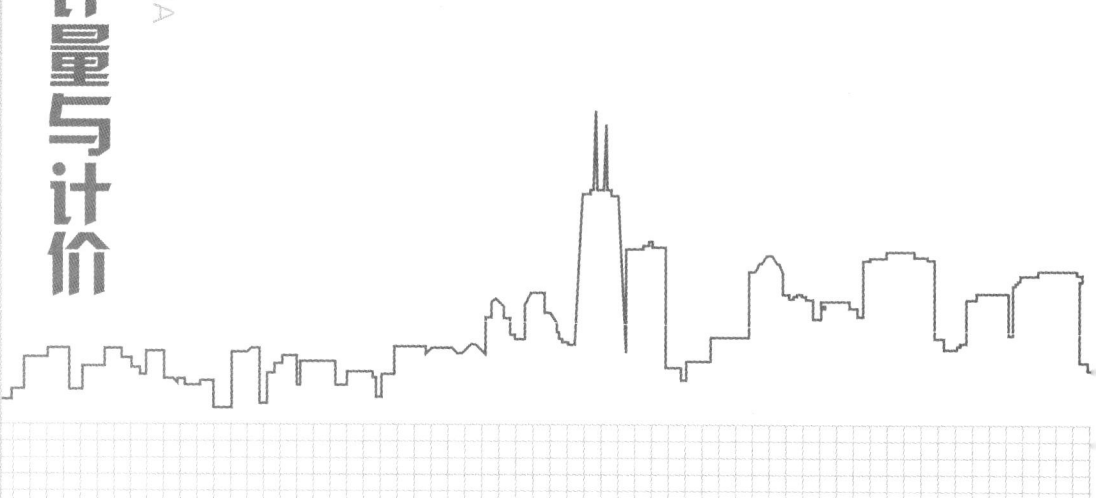

6.1　清单计量

6.1.1　地基处理(编码:010201)

任务书 6.1.1

背景资料:某工程基底为可塑黏土,不能满足设计承载力要求,采用水泥粉喷桩进行地基处理,桩径为 400 mm,水泥掺量 15%,设计桩长为 10 m,桩端进入硬塑黏土层不少于 1.5 m,桩顶在地面以下 1.5～2 m,桩顶采用 200 mm 厚人工级配砂褥垫层,如图 6.1、图 6.2 所示。

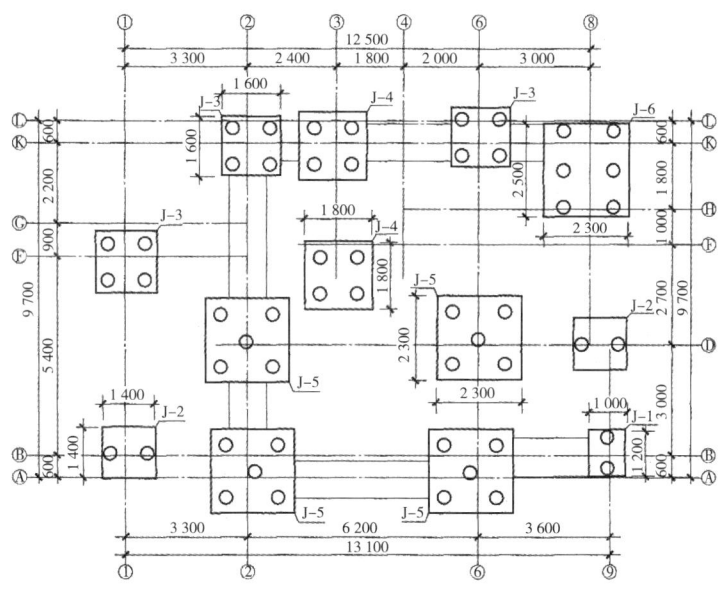

图 6.1　某别墅水泥粉喷桩平面图

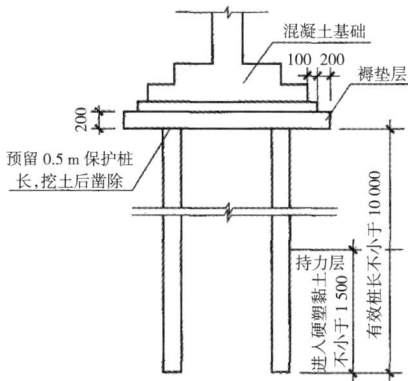

图 6.2　某别墅水泥粉喷桩详图

任务：试编制工程地基处理项目的相关工程量清单。

┃任务实施

任务步骤 1：列项计量，填表 6.1。

表 6.1　地基处理清单工程量计算表

序号	清单项目编码	清单项目名称	计算式	工程量合计	计量单位
1	010201008001	水泥粉喷桩			m
2	010201017001	褥垫层			m²
3	010301004001	截（凿）桩头			根

任务步骤 2：编制工程量清单，如表 6.2 所示。

表 6.2　某工程地基处理工程项目清单与计价表

序号	项目编码	项目名称	项目特征	计量单位	工程量	金额 综合单价	合价
1	010201008001	水泥粉喷桩	1. 地层情况： 2. 空桩长度、桩长： 3. 桩径： 4. 水泥强度： 　 水泥掺入比为：	m			
2	010201017001	褥垫层	1. 厚度： 2. 材料品种及比例：人工级配砂按设计要求	m²			
3	010301004001	截（凿）桩头	1. 桩类型： 2. 桩头截面、高度： 3. 有无钢筋：	根			

任务 6.1.1 相关知识点

地基处理包括换填垫层、铺设土工合成材料、预压地基、强夯地基、振冲密实（不填料）、振冲桩（填料）、砂石桩、水泥粉煤灰碎石桩、深层搅拌桩、粉喷桩、夯实水泥土桩、高压喷射注浆桩、石灰桩、灰土（土）挤密桩、柱锤冲扩桩、注浆地基、褥垫层等项目。

1. 换填垫层

工程量按设计图示尺寸以体积计算。换填垫层是挖除基础底面下一定范围内的软弱土层或不均匀土层，回填其他性能稳定、无侵蚀性、强度较高的材料，并夯压密实形成的垫层。项目特征应描述材料种类及配比、压实系数、掺加剂品种。

换填垫层是指挖去浅层软弱土层和不均匀土层，回填坚硬、较粗粒径的材料，并夯压密实形成的垫层；换填垫层根据换填材料不同可分为土、石垫层和土工合成材料加筋垫层，换填垫层的厚度应根据置换软弱土的深度以及下卧土层的承载力确定，厚度不宜小于 0.5 m，也不宜大于 3 m。可根据换填材料不同,区分土(灰土)垫层、石(砂石)垫层等分别编码列项;垫层加筋是指在垫层中铺设单层或多层水平向土工合成材料等加筋材料,可依据加筋材料品种及铺设方式不同分别编码列项。

2. 铺设土工合成材料

工程量按设计图示尺寸以面积计算。土工合成材料是以聚合物为原料的材料名词的总称,主要起反滤、排水、加筋、隔离等作用,可分为土工织物、土工膜、特种土工合成材料和复合型土工合成材料。

3. 预压地基、强夯地基、振冲密实(不填料)

工程量均按设计图示处理范围以面积计算,即根据每个点位所代表的范围乘以点数计算。如图 6.3 所示,在图 6.3(a)中每个点位所代表的处理范围为矩形面积,共 20 个点位,所以处理范围面积为 $20 \times A \times B$。在图 6.3(b)中,每个点位所代表的处理范围为菱形面积,共 14 个点位,所以处理范围面积为 $14 \times A \times B$。

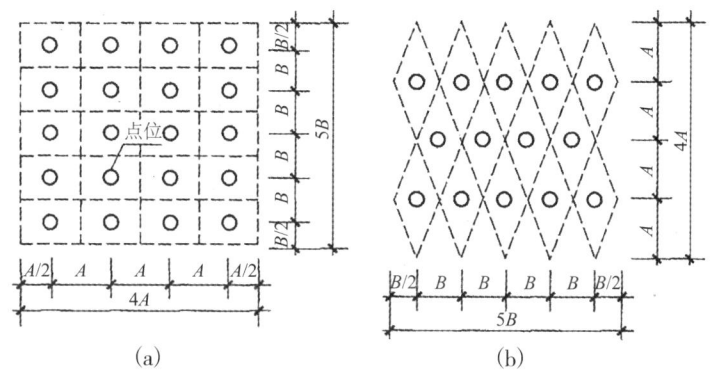

图 6.3 预压地基、强夯地基、振冲密实(不填料)工程量计算示意图

预压地基是指采取堆载预压、真空预压、堆载与真空联合预压方式对淤泥质土、淤泥、冲击填土等地基土固结压密处理后而形成的饱和黏性土地基,清单应依据预压方式不同分别编码列项。堆载预压是地基上堆加荷载使地基土固结压密的地基处理方法。真空预压是通过对覆盖于竖井地基表面的封闭薄膜内抽真空排水使地基土固结压密的地基处理方法。

强夯地基属于夯实地基,即反复将夯锤提到高处使其自由落下,给地基以冲击和振动能量,将地基土密实处理或置换形成密实墩体的地基。

挤密地基(不填料)是指利用横向挤压设备成孔或采用振冲器水平振动和高压水共同作用下,将松散土层密实的处理地基,根据挤密方式不同,考虑沉管、冲击、夯扩、振冲、振动沉管不同,分别编码列项。振冲密实是利用振动和压力水使砂层液化,砂颗粒相互挤密,重新排列,空隙减少,提高砂层的承载能力和抗液化能力,又称振冲挤密砂石桩,可分为不加填料和加填料两种。

搅拌桩复合地基
计量与计价

4. 复合地基:振冲桩(填料)、砂石桩、水泥粉煤灰碎石桩、深层搅拌桩、粉喷桩、夯实水泥土桩、高压喷射注浆桩、石灰桩、灰土(土)挤密桩、柱锤冲扩桩

工程量按设计图示尺寸以桩长计算。有桩尖的桩长还应包括桩尖,空桩长度=孔深-桩

长,孔深为自然地面至设计桩底的深度。振冲桩(填料)、砂石桩还可按体积计算。

复合地基是指部分土体被增强或被置换,形成的由地基土和增强体共同承担荷载的人工地基;根据增强体成桩方式不同可分为填料桩复合地基、搅拌桩复合地基、高压喷射桩复合地基、柱锤冲扩桩复合地基。

微型桩复合地基是指用桩工机械或其他小型设备在土中形成直径不大于 30 cm 的桩,可按桩型、施工工艺分为树根桩法、静压桩法、注浆钢管桩法,在桩基工程中编码列项。

填料桩复合地基应依据设计和岩土工程勘察报告,区分填料材料不同如振冲桩(填料)、灰土桩、砂石桩、水泥粉煤灰碎石桩等分别设列项目。

灰土挤密桩就是在基础底面形成若干个桩孔,然后将灰土填入并分层夯实,以提高地基的承载力或水稳性。

搅拌桩复合地基是以水泥等作为主要固化材料,通过深层搅拌机械将固化剂和地基土强制搅拌形成增强体的复合地基,可按单轴、双轴和三轴不同施工做法,区分浆液搅拌法(俗称湿法)和粉体搅拌法(俗称干法)设列项目。如:深层搅拌桩、粉喷桩、夯实水泥土桩、石灰桩。

高压喷射桩复合地基可根据工程需要和土质条件,按注浆方法不同,区分单管法、双管法和三管法分别编码列项;其高压喷射注浆类型包括旋喷、摆喷、定喷。如:高压喷射注浆桩。

复合地基如采用泥浆护壁成孔,工作内容包括土方、废泥浆外运;如采用沉管灌注成孔,工作内容包括桩尖制作、安装。相应费用应计算在清单项目内。复合地基的检测费用按国家相关取费标准单独计算,不在复合地基清单项目中计算。

5. 注浆地基

工程量以米计量,按设计图示尺寸以钻孔深度计算。以立方米计量,按设计图示尺寸以加固体积计算。高压喷射注浆类型包括旋喷、摆喷、定喷,高压喷射注浆方法包括单管法、双重管法、三重管法和多重管法。

6. 褥垫层

工程量以平方米计量时,按设计图示尺寸以铺设面积计算。以立方米计量时,按设计图示尺寸以体积计算。褥垫层是复合地基中解决地基不均匀的一种方法。如建筑物一边在岩石地基上,一边在黏土地基上时,采用在岩石地基上加褥垫层(级配砂石)来解决。

7. 清单项目示例

地基处理清单项目示例如表 6.3 所示。

【例 6.1】某仓库地面采用深层搅拌水泥桩复合地基,桩径 500 mm,80 根,桩底标高 −8 m,桩顶标高 −1 m,自然地坪标高 −0.3 m,42.5 水泥掺量 53 kg/m,桩顶采用人工级配砂褥垫层。试计算该深层搅拌水泥桩清单工程量并编制清单。

【解】(1)计算清单工程量:

$$深层搅拌水泥桩长度 = (8-1) \times 80 \text{ m} = 560 \text{ m}$$

$$空桩长度 = (1-0.3) \text{ m} = 0.7 \text{ m}$$

$$水泥掺入比 = 53/(0.25 \times 0.25 \times 3.14 \times 1 \times 1\,800) = 15\%$$

(2)根据计量规范,结合工程具体资料等编制清单,见表 6.4。

表 6.3 地基处理清单项目示例

项目编码	项目名称	项目特征描述示例	计量单位	项目特征描述提示
010201010001	粉喷桩	1. 地层情况:投标人根据岩土工程勘察报告自行决定报价。 2. 空桩长度 0.8 m、桩长 8.7 m。 3. 桩径:500 mm。 4. 水泥强度 42.5,水泥掺入比为 15%	m	1. 地层情况按《房屋建筑与装饰工程工程量计算规范》表 A.1-1 和表 A.2-1 的规定,并根据岩土工程勘察报告进行描述,方法如下:①按单位工程各地层所占比例(包括范围值)进行描述;②对无法准确描述的地层情况,可描述为详见地勘察报告;③也可根据不同土石类别分别列项。 2. 项目特征中的桩长应包括桩尖,空桩长度=孔深-桩长,孔深为自然地面至设计桩底的深度。 3. "空桩长度、桩长"可如下法描述:①描述范围值或所占比例及范围值;②空桩部分单独列项
010201014001	灰土挤密桩	1. 地层情况:投标人根据岩土工程勘察报告自行决定报价。 2. 桩长:5 m 以内。 3. 桩截面:桩径 400 mm。 4. 成孔方法:冲击成孔。 5. 灰土级配:2∶8 灰土		
010201014002	灰土挤密桩	1. 地层情况:一类土。 2. 桩长:6 m。 3. 桩截面:桩径 450 mm。 4. 成孔方法:振动(冲击)沉管。 5. 灰土级配:3∶7 灰土		
010201017001	褥垫层	200 mm 厚度中粗砂	m³	厚度及材料品种必须描述,材料比例可不描述,但应注明根据设计要求,并符合相关工程的质量规范要求

表 6.4 某地基处理分部分项工程和单价措施项目清单与计价表

序号	项目编码	项目名称	项目特征描述	计量单位	工程量	金额 综合单价	金额 合价
1	010201009001	深层搅拌桩	1. 地层情况:投标人根据岩土工程勘察报告自行决定报价。 2. 空桩长度 0.7 m、桩长 7 m。 3. 桩径:500 mm。 4. 水泥强度 42.5,水泥掺入比为 15%	m	560		

6.1.2 基坑与边坡支护(编码:010202)

任务书6.1.2

背景资料:某边坡工程采用土钉墙支护,如图 6.4、图 6.5 所示。根据地质报告,地层为带块石的碎石土,土钉成孔直径为 90 mm,采用 1 根 HRB400 钢筋 25 mm 作为杆体,成孔深度均为 10 m,杆筋送入钻孔后,灌注 M30 水泥砂浆。坡面布置 HRB400 钢筋网 10@200×200,喷射 120 mm 厚 C25 混凝土。

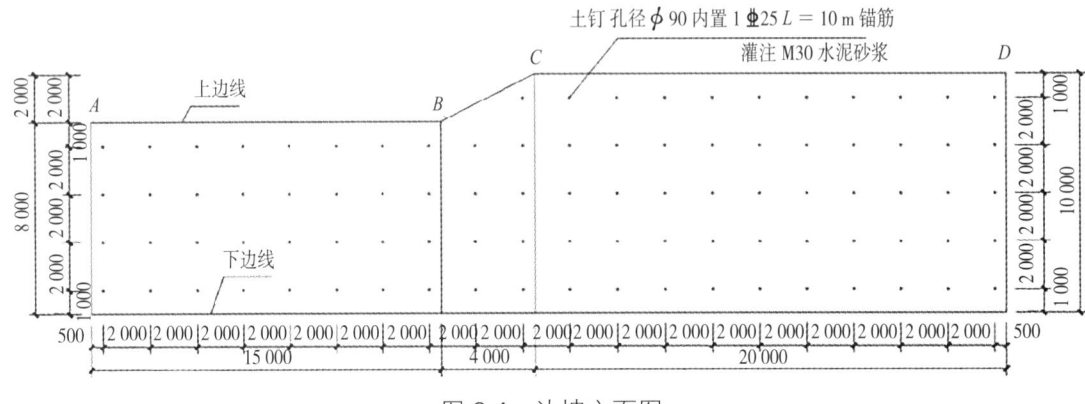

图 6.4　边坡立面图

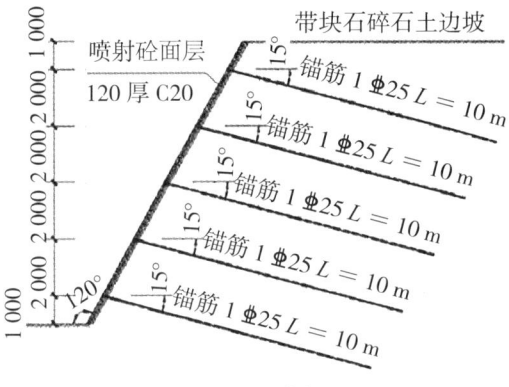

图 6.5　边坡剖面图

任务:试编制该护坡分部分项工程量清单(暂不考虑喷射平台施工等内容)。

▌任务实施

任务步骤 1:列项计量,填表 6.5。

表 6.5　某边坡工程清单工程量计算表

序号	项目编码	清单项目名称	计算式	工程量合计	计量单位
1	010202008001	土钉			m
2	010202009001	喷射混凝土			m²
3	010515003001	钢筋网片	1.水平方向钢筋长度= 2.竖向方向钢筋长度= 钢筋质量=		t

任务步骤 2:编制清单,见表 6.6。

表 6.6 某边坡工程分部分项工程和单价措施项目清单与计价表

序号	项目编码	项目名称	项目特征描述	计量单位	工程量	金额	
						综合单价	合价
1	010202008001	土钉	1. 地层情况： 2. 钻孔深度： 3. 钻孔直径： 4. 置入方法： 5. 杆体材料品种、规格、数量： 6. 浆液种类、强度等级：	m			
2	010202009001	喷射混凝土	1. 部位： 2. 厚度： 3. 材料种类： 4. 混凝土（砂浆）种类、强度等级：	m^2			
3	010515003001	钢筋网片		t			

任务 6.1.2 相关知识点

基坑与边坡支护包括地下连续墙、咬合灌注桩、圆木桩、预制钢筋混凝土板桩、型钢桩、钢板桩、锚杆（锚索）、土钉、喷射混凝土（水泥砂浆）、钢筋混凝土支撑、钢支撑等项目。

1. 地下连续墙

按设计图示墙中心线长乘以厚度乘以槽深以体积计算。

2. 咬合灌注桩

以米计量，按设计图示尺寸以桩长计算；以根计量，按设计图示数量计算。

所谓咬合桩是指在桩与桩之间形成相互咬合排列的一种基坑围护结构。桩的排列方式为一条不配筋并采用超缓凝素混凝土桩（A桩）和一条钢筋混凝土桩（B桩）间隔布置。施工时，先施工A桩，后施工B桩，在A桩混凝土初凝之前完成B桩的施工。A桩、B桩均采用全套管钻机施工，切割掉相邻A桩相交部分的混凝土，从而实现咬合。

3. 圆木桩、预制钢筋混凝土板桩

以米计量，按设计图示尺寸以桩长（包括桩尖）计算；以根计量，按设计图示数量计算。

4. 型钢桩

以吨计量，按设计图示尺寸以质量计算；以根计量，按设计图示数量计算。

5. 钢板桩

以吨计量，按设计图示尺寸以质量计算；以平方米计量，按设计图示墙中心线长乘以桩长以面积计算。

6. 锚杆（锚索）、土钉

锚杆（锚索）、土钉（见图 6.6）以米计量，按设计图示尺寸以钻孔深度计算；以根计量，按设计图示数量计算。

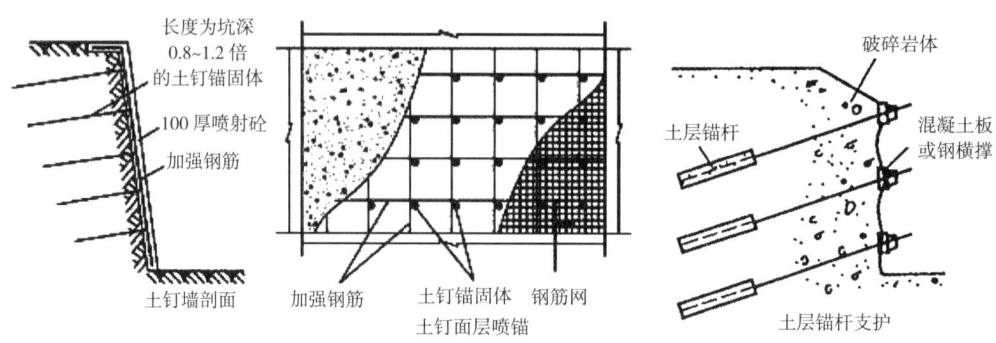

图 6.6　锚杆（土钉）示例图

　　锚杆是指由杆体(钢绞线、普通钢筋、热处理钢筋或钢管)、注浆形成的固结体、锚具、套管、连接器所组成的一端与支护结构构件连接,另一端锚固在稳定岩土体内的受拉杆件。杆体采用钢绞线时,亦可称为锚索。

　　土钉是设置在基坑侧壁土体内的承受拉力与剪力的杆件。例如,成孔后植入钢筋杆体并通过孔内注浆在杆体周围形成固结体的钢筋土钉,将设有出浆孔的钢管直接击入基坑侧壁土中并在钢管内注浆的钢管土钉。土钉置入方法包括钻孔置入、打入或射入等。

　　土钉钢筋端部通过锁定筋与面层内的加强筋及钢筋网连接时,其相互之间应可靠焊牢。当采用钢管杆体时,钢管通过锁定筋与加强筋焊接。构造做法如图 6.7 所示。在喷射面层背部应插入长度为 400 ~ 600 mm、直径不小于 40 mm 的水平排水管,其外端伸出支护面层,间距可为 1.5 ~ 2 m,以便将喷射混凝土面层后的积水排出。土钉施工图实例如图 6.8 所示。

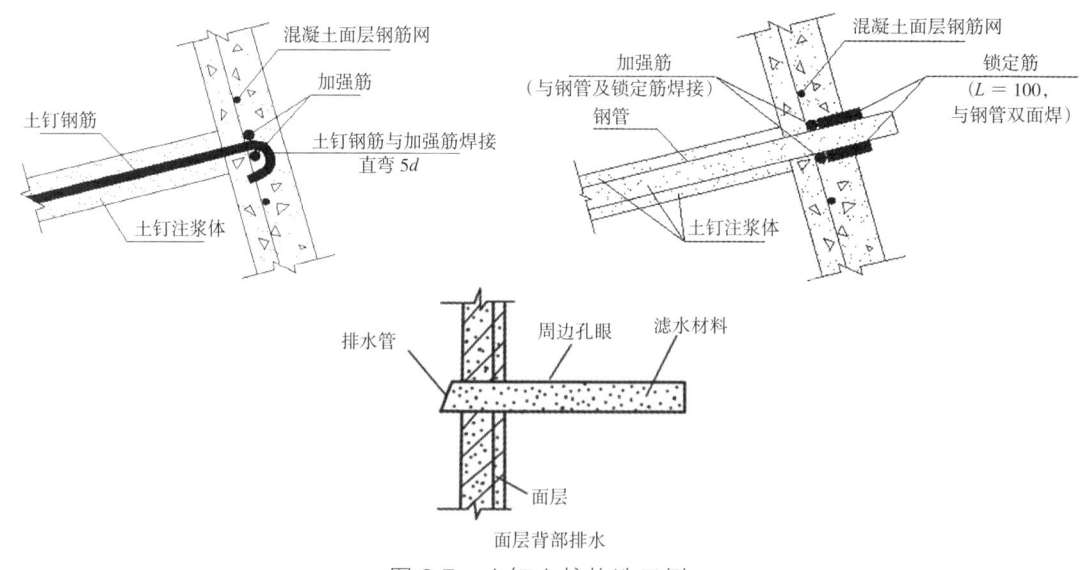

图 6.7　土钉支护构造示例

　　在清单列项时要正确区分锚杆项目和土钉项目。① 土钉是被动受力,即土体发生一定变形后,土钉才受力,从而阻止土体的继续变形;锚杆是主动受力,通过拉力杆将表层不稳定岩土体的荷载传递至岩土体深部稳定位置,从而实现被加固岩土体的稳定。② 土钉是全长受力,受力方向分为两部分,潜在滑裂面把土钉分为两部分,前半部分受力方向指向潜在滑裂面方向,后半部分受力方向背向潜在的滑裂面方向;锚杆则是前半部分为自由端,后半部分为受力段,所以有时候在锚杆的前半部分不充填砂浆。③ 锚杆一般施加预应力,而土钉一般不施加。

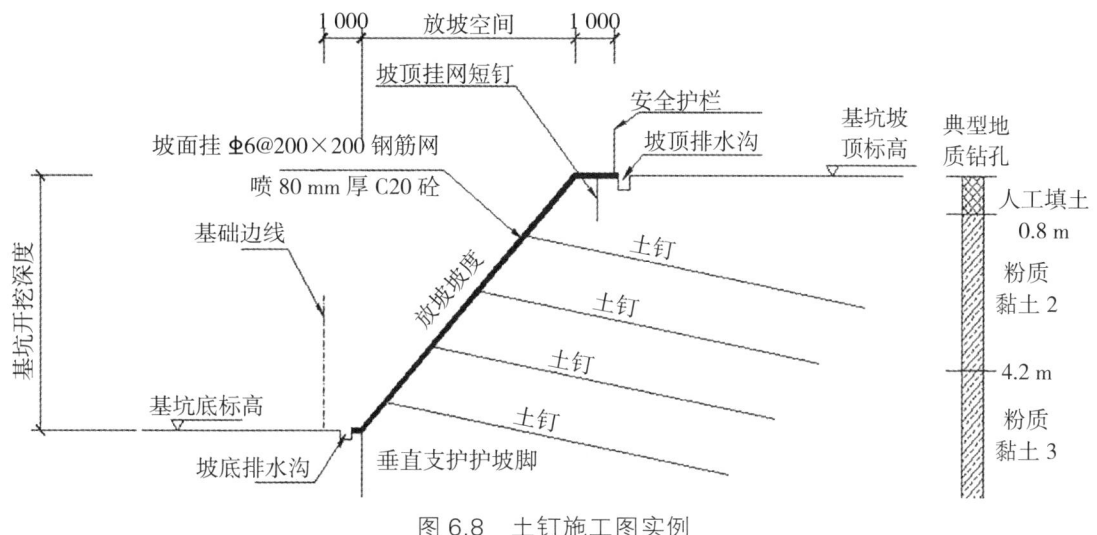

图 6.8　土钉施工图实例

7. 喷射混凝土、水泥砂浆

喷射混凝土、水泥砂浆的工程量按设计图示尺寸以面积计算。

8. 钢筋混凝土支撑、钢支撑

钢筋混凝土支撑按设计图示尺寸以体积计算。钢支撑按设计图示尺寸以质量计算,不扣除孔眼质量,焊条、铆钉、螺栓等不另增加质量。

9. 冠梁、腰梁

冠梁是指设置在挡土构件顶部的钢筋混凝土连梁,腰梁是设置在挡土构件侧面的连接锚杆或内支撑的钢筋混凝土或型钢梁式构件。应按材质不同分别补充编码列项。项目特征需要描述部位、混凝土种类及强度等级或钢材品种及规格、连接方式、探伤要求。

10. 重力水泥墙

重力水泥墙是指水泥桩相互搭接成格栅或实体的重力式支撑结构,通常采用喷浆搅拌法形成水泥土搅拌桩并相互搭接形成格栅状或实体结构。若设计要求其中内插型钢则形成型钢水泥土搅拌桩支护墙,可补充清单项目列项。

11. 其他

地下连续墙和喷射混凝土的钢筋网及咬合灌注桩的钢筋笼制作、安装,按钢筋砼工程中相关项目编码列项。

本分部未列的基坑与边坡支护的排桩按桩基工程中相关项目编码列项。水泥土墙、坑内加固按地基处理中相关项目编码列项。砖、石挡土墙、护坡按砌筑工程中相关项目编码列项。混凝土挡土墙按钢筋砼工程中相关项目编码列项。

12. 清单项目示例

基坑与边坡支护清单项目示例如表 6.7 所示。

表 6.7　基坑与边坡支护示例表

项目编码	项目名称	项目特征描述示例	计量单位	项目特征描述提示
010202007001	锚杆	1. 地层情况:一类土。 2. 锚杆(索)类型、部位:涨壳式中空灌浆锚杆,南边坡。 3. 钻孔深度:8 m。 4. 钻孔直径:130 mm。 5. 杆体材料品种、规格:金属杆体,直径 18 mm。 6. 浆液种类、强度等级:水泥砂浆 M20	m、根	1. 地层情况按《房屋建筑与装饰工程工程量计算规范》表 A.1–1 和表 A.2–1 的规定,并根据岩土工程勘察报告进行描述,方法如下:①按单位工程各地层所占比例(包括范围值)进行描述;②对无法准确描述的地层情况,可描述为详见地勘察报告;③也可根据不同土石类别分别列项。 2. 锚杆支护应描述锚孔直径、锚孔平均深度、锚固方法及浆液种类。 3. 浆液种类如采用水泥砂浆时,应描述砂浆的强度等级。 4. 以米为单位时,应描述数量;以根为单位时,应描述单根长度
010202008001	土钉	1. 地层情况:见地勘资料。 2. 钻孔深度:6 m。 3. 钻孔直径:60 mm。 4. 置入方法:钻孔注浆。 5. 杆体材料品种、规格、数量:HRB400、ϕ25。 6. 浆液种类、强度等级:水泥砂浆 M30	m、根	1. 土钉支护应描述钻孔直径、土钉平均深度、浆液种类、支护厚度及材料种类、砼(砂浆)强度等级。 2. 浆液种类如采用水泥砂浆时,应描述砂浆的强度等级

【例 6.2】某地下室工程采用地下连续墙作基坑挡土和地下室外墙。设计墙身长度纵轴线 100 m 两道、横轴线 50 m 两道围成封闭状态,墙底标高－12 m,墙顶标高－3.5 m,自然地坪标高－0.5 m,墙厚 1 000 mm,C35 混凝土浇捣;设计要求导墙采用 C30 混凝土浇筑,截面 500 mm×1 500 mm(根据地质资料已知导沟范围为三类土);现场余土及泥浆必须外运 5 km 处弃置。试计算该连续墙清单工程量及编列清单。

【解】(1)计算清单工程量:

$$连续墙长度＝(100 ＋ 50)×2 \ m ＝ 300 \ m$$
$$成槽深度＝(12－0.5) \ m ＝ 11.5 \ m$$
$$墙高＝(12－3.5) \ m ＝ 8.5 \ m$$
$$V ＝ 300×11.5×1 \ m^3 ＝ 3 \ 450 \ m^3$$

(2)根据计量规范,结合工程具体资料等编制清单,见表 6.8。

表 6.8　某边坡工程分部分项工程和单价措施项目清单与计价表

序号	项目编码	项目名称	项目特征描述	计量单位	工程量	金额	
						综合单价	合价
1	010202001001	地下连续墙	1. 地层情况:详见地勘察报告。 2. 导墙类型、截面:C30 混凝土,截面 500 mm×1 500 mm。 3. 墙体厚度:1 000 mm。 4. 成槽深度:11.5 m。 5. 混凝土类别、强度等级:C35。 6. 接头形式:锁口管接头。 7. 余土及泥浆外运 5 km	m³	3 450		

6.2 清单计价

6.2.1 地基处理(编码:010201)

任务书 6.2.1

背景资料:某工程(见任务 6.1.1)地基处理分部分项工程量清单表见表 6.2。

任务:按控制价要求计算综合单价并填写清单项目计价表。

任务实施

任务步骤 1:计价工程量计算见表 6.9。

表 6.9 某地基处理工程清单计价工程量计算表

序号	编码	项目名称	计算式	合计	单位
1	010201008001	水泥粉喷桩		520	m
		粉体喷搅法 单头			m³
		水泥搅拌桩 水泥掺量(每增减 1%)	设计水泥掺量 15%,定额取定单头深层搅拌桩按 13%		m³
		空桩	空搅部分按相应项目的人工及搅拌机械乘以系数 0.5,材料不计		m³
2	010201017001	褥垫层		79.55	m²
		砂垫层 厚度 20 cm			m²
3	010301004001	截(凿)桩头		52	根
		凿桩头 灌注混凝土桩			m³

任务步骤 2:综合单价计算见表 6.10。

表 6.10 分部分项工程清单综合单价计算表

序号	项目编码	工程项目名称	单位	数量	综合单价 / 元					合价
					人工费	材料费	机械使用费	管理费+利润(=人机费×____)	小计(人材机费+管理费+利润)	
1	010201008001	水泥粉喷桩	m	520						
		粉体喷搅法 单头	10 m³							

续表

序号	项目编码	工程项目名称	单位	数量	综合单价/元					合价
					人工费	材料费	机械使用费	管理费＋利润（＝人机费 ×＿＿）	小计(人材机费＋管理费＋利润)	
		水泥搅拌桩 水泥掺量（每增减 1%）	10 m³							
		空桩	10 m³							
2	010201017001	褥垫层	m²	79.55						
		砂垫层 厚度 20 cm	100 m²							
3	010301004001	截(凿)桩头	根	52						
		凿桩头 灌注混凝土桩	10 m³							

任务步骤 3:清单计价见表 6.11。

表 6.11 某地基处理项目清单计价表

序号	项目编码	项目名称	项目特征描述	计量单位	工程量	金额	
						综合单价	合价
1	010201008001	水泥粉喷桩	1. 地层情况:投标人根据岩土工程勘察报告自行决定报价。 2. 空桩长度 1.5 ~ 2 m,桩长 10 m。 3. 桩径:400 mm。 4. 水泥强度 42.5 ,水泥掺入比为 15%	m	520		
2	010201017001	褥垫层	1. 厚度:200 mm。 2. 材料品种及比例:人工级配砂,按设计要求	m²	79.55		
3	010301004001	截(凿)桩头	1. 桩类型:水泥粉喷桩。 2. 桩头截面、高度:400 mm、0.5 m。 3. 有无钢筋:无	根	52		
			小计				

任务 6.2.1 相关知识点

6.2.1.1 清单计价指引

地基处理清单计价指引如表 6.12 所示。

表 6.12　地基处理清单计价指引

项目编码	项目名称	项目特征	计量单位	工程内容		可组合的定额内容		
010201001	换填垫层	1. 材料种类及配比； 2. 压实系数； 3. 掺加剂品种	m³	1. 分层铺填； 2. 碾压、振密或夯实； 3. 材料运输	1	分层铺填、碾压、振密或夯实	1.1	填料加固
010201009	深层搅拌桩	1. 地层情况； 2. 空桩长度、桩长； 3. 桩截面尺寸； 4. 水泥强度等级、掺量	m	1. 预搅下钻、水泥浆制作、喷浆搅拌提升成桩； 2. 材料运输	1	水泥搅拌桩	1.1	单(双)头、三轴搅拌桩(水泥掺量可调)
					2	空搅部分	2.1	搅拌桩定额调整
					3	土方置换运输	3.1	土方运输
010201010	粉喷桩	1. 地层情况； 2. 空桩长度、桩长； 3. 桩径； 4. 粉体种类、掺量； 5. 水泥强度等级、石灰粉要求	m	1. 预搅下钻、喷粉搅拌提升成桩； 2. 材料运输	1	水泥搅拌桩	1.1	单(双)头、三轴搅拌桩(水泥掺量可调)
					2	空搅部分	2.1	搅拌桩定额调整
					3	土方置换运输	3.1	土方运输
010201012	高压喷射注浆桩	1. 地层情况； 2. 空桩长度、桩长； 3. 桩截面； 4. 注浆类型、方法； 5. 水泥强度等级	m	1. 成孔； 2. 水泥浆制作、高压喷射注浆； 3. 材料运输	1	成孔、水泥浆制作、喷射注浆	1.1	成孔
							1.2	喷浆(水泥用量可调)
					2	泥浆外运	2.1	"泥浆罐车运淤泥流砂"相应子目
010201017	褥垫层	1. 厚度； 2. 材料品种及比例	1.m²； 2.m³	材料拌和、运输、铺设、压实	1	铺设、压实	1.1	砂、石屑、炉渣等垫层

6.2.1.2　地基处理定额工程量及定额应用有关说明

单位工程打桩工程量在表 6.13 规定以内时，相应项目人工、机械乘以系数 1.25。

表 6.13　桩单位工程工程量调整界限表

桩类	工程量
水泥搅拌桩、高压旋喷桩、微型桩	100 m³

1. 填料加固

填料加固(人工或机械回填：灰土、砂、碎石、片石)定额子目对应换填垫层清单，清单量与定额量一致,均按设计图示尺寸以体积计算。

填料加固定额项目适用于软弱地基挖土后的回填材料加固工程;填料加固夯填灰土就地取土时,应扣除灰土配比中的黄土。

2. 预压地基

堆载预压、真空预压按设计图示尺寸以加固面积计算,与清单工程量(设计图示处理范围面积)一致。

堆载预压工作内容中包括了堆载四面的放坡和修筑坡道,未包括堆载材料的运输,发生时费用另行计算。

真空预压砂垫层厚度按70 cm考虑,当设计材料厚度不同时,可以调整。

3. 铺设土工合成材料

铺设土工合成材料清单对应的定额子目见湖北2018市政定额第二册第一章"路基工程"相关定额子目。铺装土工布定额工作内容中包括清理整平路基、挖填锚固沟、铺设土工布、缝合及锚固土工布。

清单和定额均按设计图示尺寸以面积计算。

4. 强夯地基

强夯分满夯、点夯,区分不同夯击能量,按设计图示尺寸的夯击范围以面积计算,设计无规定时,按每边超过基础外缘的宽度4 m计算。

强夯的夯击击数系指强夯机械就位后,夯锤在同一夯点上下起落的次数。

5. 振冲桩(填料)

振冲碎石桩以体积计算时,振冲桩(填料)清单与定额工程量一致,均为按设计桩截面积乘以桩长以体积计算。

振冲桩(填料)工作内容包括:安、拆振冲器,振冲、填碎石,疏导泥浆。定额中不包括泥浆排放处理的费用,需要时另行计算。

6. 振动砂石桩

以体积计算时,振动砂石桩清单与定额工程量一致,均为按设计桩截面积乘以桩长(包括桩尖)以体积计算。

振动砂石桩工作内容包括:准备打桩工具、安装拆卸桩架、移动打桩机及轨道、用钢管打桩孔、灌注砂石混合料、拔钢管、夯实,整平隆起土壤、按施工图放线定位,埋桩尖。

砂、石桩充盈系数为1.3,损耗为2%。设计砂石配合比及充盈系数不同时可以调整。设计要求夯扩桩夯出桩端扩大头时,费用另计。

7. 深层搅拌桩、粉喷桩、夯实水泥土桩、石灰桩

(1)LCG(低强度混凝土桩)按设计图示尺寸以桩长(包括桩尖)计算。取土外运按成孔体积计算。LCG(低强度混凝土桩)土方场外运输执行湖北定额公共册第一章"土石方工程"相应项目。

(2)水泥搅拌桩(含深层水泥搅拌法和粉体喷搅法)按设计桩长加50 cm(超灌长度)乘以

设计桩外径截面积以体积计算。若设计桩顶标高至打桩前的自然地坪标高小于 0.5 m 或已达打桩前的自然地坪标高时,超灌长度应按实际长度计算或不计。

$$水泥搅拌桩的体积＝(设计桩长＋超灌长度)×桩外径截面积$$

水泥搅拌桩分为深层搅拌法(简称湿法)和粉体喷搅法(简称干法),水泥掺量≤1% 时为空搅,空搅部分按相应项目的人工及搅拌机械乘以系数 0.5。水泥掺量 1%~7% 为弱加固,根据水泥掺量计算材料费,人工及搅拌机械消耗量执行空搅部分项目计算规则。水泥掺量＞7% 为强加固,执行水泥搅拌桩相应项目。

水泥搅拌桩工作内容:机具就位,预搅下沉,拌制水泥浆或筛水泥粉,喷水泥浆或水泥粉,并搅拌提升,重复上、下搅拌,移位。

水泥搅拌桩中深层搅拌法的单(双)头搅拌桩、三轴水泥搅拌桩定额按二搅二喷施工工艺考虑,设计不同时,每增(减)一搅一喷按相应项目的人工、机械乘以系数 0.4 进行增(减)。

单(双)头深层搅拌桩、三轴搅拌桩水泥掺量分别按加固土重(1 800 kg／m³)的 13% 和 15% 考虑,当设计与定额取定不同时,执行相应项目。

水泥搅拌桩土方置换运输执行"土石方工程"相应项目。

水泥搅拌桩项目按不掺添加剂编制,设计有要求时,费用另行计算。

(3)高压旋喷桩有钻孔和喷浆两种定额,钻孔定额工程量按原地面至设计桩底的距离以长度计算,喷浆定额工程量按设计加固桩截面面积乘以设计桩长以体积计算。高压旋喷桩喷浆分单重管法、双重管法、三重管法,水泥掺量分别按加固土重 1 800 kg／m³ 的 13%、16%、25% 考虑。高压旋喷桩设计水泥用量与定额不同时,应予以调整。泥浆外运执行"泥浆罐车运淤泥流砂"相应子目。

(4)石灰桩按设计桩长(包括桩尖)以长度计算。石灰桩是按桩径 500 mm 编制的,设计桩径每增加 50 mm,人工、机械乘以系数 1.05。当设计与定额取定的石灰用量不同时,可以换算。

(5)灰土桩按设计桩长(包括桩尖)乘以设计桩外径截面积,以体积计算。

8. 地基注浆

(1)压密注浆钻孔数量按设计图示以钻孔深度计算。

压密注浆数量按下列规定计算:

① 设计图纸明确加固土体体积的,按设计图纸注明的体积计算。

② 设计图纸以布点形式图示土体加固范围的,则按两孔间距的一半作为扩散半径,以布点边线各加扩散半径,形成计算平面,计算注浆体积。

③ 如果设计图纸注浆点在钻孔灌注桩之间,按两注浆孔的一半作为每孔的扩散半径,依此圆柱体积计算注浆体积。

(2)分层注浆钻孔数量按设计图示尺寸以钻孔深度计算。注浆数量按设计图纸注明加固土体的体积计算。

(3)地基注浆、土钉、锚杆、锚索、抗浮锚杆设计与定额取定的浆体材料用量不同时,可以调整。

注浆项目中注浆管消耗量为摊销量,若为一次性使用,可进行调整。

9. 褥垫层

按设计图示尺寸以面积计算。

【例 6.3】计算例 6.1 深层搅拌水泥桩清单的综合单价。

【解】(1)计价工程量计算,见表 6.14。

表 6.14　计价工程量计算表

序号	编码	项目名称	计算式	合计	单位
1	010201009001	深层搅拌桩		560	m
	G2-55	深层搅拌法,单头	施工方案采用单头搅拌法,二搅二喷。$(7 + 0.5)×3.14×0.25×0.25×80$ m³ $= 117.75$ m³	117.75	m³
	(G2-59)×2	水泥掺量(每增减 1 %)(子目 ×2)	G2-55 定额按二搅二喷考虑,水泥掺量按 13% 考虑。设计掺量 15%,比定额掺量多 2%	117.75	m³
	G2-55 调	空搅	空搅部分按相应项目的人工及搅拌机械乘以系数 0.5,材料扣除。实际空搅长 $=(1-0.3-0.5)$ m $= 0.2$ m。工程量 $= 0.2×3.14×0.25×0.25×80$ m³ $= 3.14$ m³	3.14	m³

(2)综合单价计算。

① 深层搅拌法(单头)人材机、管理费、利润费用计算。

查定额子目 G2-55:人工费 $= 406.78$ 元 /10 m³;材料费 $= 987.81$ 元 /10 m³;机械费 $= 304.45$ 元 /10 m³。

查建筑工程一般计税法的费率标准可知:地基处理的管理费费率为 28.27%,利润率为 19.73%。则:

$$深层搅拌法(单头)定额综合单价 = [(406.78 + 987.81 + 304.45)$$
$$+(406.78 + 304.45)×(28.27\% + 19.73\%)] 元 /10 m³$$
$$=(1\ 699.04 + 711.23×48\%) 元 /10 m³$$
$$= 2\ 040.43 元 / 10 m³$$

深层搅拌法(单头)人材机、管理费、利润费用小计 $= 11.775×2\ 040.43$ 元 $= 24\ 026.06$ 元

② 水泥掺量增 2% 人材机、管理费、利润费用计算。

查定额子目 G2-59:人工费 $= 0$;材料费 $= 74.94$ 元 /10 m³;机械费 $= 0$。则:

$$(G2-59)×2 定额综合单价 = [(0 + 74.94×2 + 0)+(0 + 0)$$
$$×(28.27\% + 19.73\%)] 元 /10 m³ = 149.88 元 /10 m³$$

水泥掺量增 2% 人材机、管理费、利润费用小计 $= 11.775×149.88$ 元 $= 1\ 764.84$ 元

③ 空搅人材机、管理费、利润费用计算。

空搅部分按相应 G2-55 子目的人工及搅拌机械乘以系数 0.5,材料扣除,则空搅定额子目人工费 $= 406.78×0.5$ 元 /10 m³ $= 203.39$ 元 /10 m³;材料费 $= 0$;机械费 $= 304.45×0.5$ 元 /10 m³ $= 152.23$ 元 /10 m³。则:

$$空搅定额综合单价 = [(203.39 + 0 + 152.23)+(203.39 + 152.23)$$
$$×(28.27\% + 19.73\%)] 元 /10 m³ = 526.32 元 /10 m³$$

空搅人材机、管理费、利润费用小计 $= 0.314×526.32$ 元 $= 165.26$ 元

④ 清单综合单价计算。

清单项目人材机、管理费、利润费用合计 $=(24\ 026.06 + 1\ 764.84 + 165.26)$ 元 $= 25\ 956.16$ 元

$$综合单价 = 25\ 956.16 元 ÷560 m = 46.35 元 / m$$

6.2.2   基坑与边坡支护

任务书 6.2.2

背景资料：结合任务 6.1.2 某边坡工程土钉墙支护清单（见表 6.5）。暂不考虑喷射平台施工等内容，单根土钉钢筋端部露出长度按 300 mm 计算。

任务：按控制价要求计算综合单价并填写清单项目计价表。

任务实施

任务步骤 1：计价工程量计算见表 6.15。

表 6.15   某边坡支护工程清单计价工程量计算表

序号	编码	项目名称	计算式	合计	单位
1	010202008001	土钉		910	m
		砂浆土钉（钻孔灌浆）土层			m
		钢筋锚杆（土钉）制作、安装			t
		砂浆土钉（钻孔灌浆）入岩增加			m
2	010202009001	喷射混凝土		411.07	m²
		喷射混凝土护坡 初喷厚 50 mm 土层（C25 换为 C20）			m²
		喷射混凝土护坡 每增减 10 mm（C25 换为 C20），单价 ×7			m²
3	010515003001	钢筋网片		2.59	t
		钢筋网片			t

任务步骤 2：综合单价计算见表 6.16。

表 6.16   分部分项工程清单综合单价计算表

序号	项目编码	工程项目名称	单位	数量	人工费	材料费	机械使用费	管理费＋利润 [＝人机费 ×(28.27%＋19.73%)]	小计(人材机费＋管理费＋利润)	合价
1	010202 008001	土钉	m	910						
	G2-104	砂浆土钉（钻孔灌浆）土层	100 m							

续表

序号	项目编码	工程项目名称	单位	数量	综合单价/元					合价
					人工费	材料费	机械使用费	管理费＋利润 [＝人机费 ×(28.27% ＋19.73%)]	小计(人材机费＋管理费＋利润)	
		钢筋锚杆(土钉)制作、安装	t							
2	010202 009001	喷射混凝土	m²	411.07						
		喷射混凝土护坡 初喷厚 50 mm 土层(C25 换为 C20)								
		喷射混凝土护坡 每增减 10 mm (C25 换为 C20)，单价 ×7								
3	010515 003001	钢筋网片	t	2.59						
		钢筋网片								

任务步骤 3：清单计价见表 6.17。

表 6.17　某边坡支护工程清单计价表

序号	项目编码	项目名称	项目特征描述	计量单位	工程量	金额	
						综合单价	合价
1	010202008001	土钉	1.地层情况:四类土。 2.钻孔深度:10 m。 3.钻孔直径:90 mm。 4.置入方法:钻孔。 5.杆体材料品种、规格、数量:1 根 HRB400、直径 25 的钢筋。 6.浆液种类、强度等级: M30 水泥砂浆	m	910		
2	010202009001	喷射混凝土	1.部位:ABCD 段边坡。 2.厚度:120 mm。 3.材料种类:喷射混凝土。 4.混凝土(砂浆)种类、强度等级:C25	m²	411.07		
3	010515003001	钢筋网片	HRB400,φ 10	t	2.59		
小计							

任务 6.2.2 相关知识点

6.2.2.1 清单计价指引

基坑与边坡支护清单计价指引如表 6.18 所示。

锚杆与土钉
计量与计价

表 6.18 基坑与边坡支护清单计价指引

项目编码	项目名称	项目特征	计量单位	工程内容	可组合的定额内容			
0102 02001	地下连续墙	1. 地层情况； 2. 导墙类型、截面； 3. 墙体厚度； 4. 成槽深度； 5. 混凝土种类、强度等级； 6. 接头形式	m³	1. 导墙挖填、制作、安装、拆除； 2. 挖土成槽、固壁、清底置换； 3. 混凝土制作、运输、灌注、养护； 4. 接头处理； 5. 土方、废泥浆外运； 6. 打桩场地硬化及泥浆池、泥浆沟	1	地下连续墙成槽、浇筑	1.1	地下连续墙成槽（含土方场内运输）
							1.2	地下连续墙 清底置换
							1.3	地下连续墙 浇筑混凝土
							1.4	凿地下连续墙超灌混凝土
						2	泥浆	2.1	泥浆池沟建造、拆除
								2.2	泥浆外运
						3	导墙	3.1	导墙开挖
								3.2	导墙混凝土
								3.3	导墙模板
						4	锁口管吊拔	4.1	锁口管或接头箱吊拔
						5	土方外运	5.1	土方外运
						6	其他	6.1	打桩场地硬化等
0102 02002	咬合灌注桩	1. 地层情况； 2. 桩长； 3. 材质； 4. 混凝土种类、强度等级； 5. 部位	1. m； 2. 根	1. 成孔、固壁； 2. 混凝土制作、运输、灌注、养护； 3. 套管压拔； 4. 土方、废泥浆外运； 5. 打桩场地硬化及泥浆池、泥浆沟	1	成孔、固壁、混凝土、套管压拔	1.1	成孔
								1.2	灌注混凝土
						2	其他	2.1	打桩场地硬化
								2.2	咬合灌注桩导墙

续表

项目编码	项目名称	项目特征	计量单位	工程内容	可组合的定额内容		
0102 02007	锚杆支护	1.地层情况； 2.锚杆(索)类型、部位； 3.钻孔深度； 4.钻孔直径； 5.杆体材料品种、规格、数量； 6.预应力； 7.浆液种类、强度等级	1.m； 2.根	1.钻孔、浆液制作、运输、压浆； 2.锚杆、锚索制作、安装； 3.张拉锚固； 4.锚杆、锚索施工平台搭设、拆除	1	钻孔、灌注	1.1　锚杆钻孔
							1.2　入岩增加费
							1.3　锚杆锚孔注浆(注：锚索和抗浮锚杆的钻孔与灌浆分别包含在一个定额中)
					2	操作平台安拆	2.1　操作平台安拆
					3	锚杆、锚索制作、安装、张拉	3.1　锚杆、锚索制作、安装、张拉
							3.2　其他(锚头制作、安装、张拉、锁定)
0102 02008	土钉支护	1.地层情况； 2.钻孔深度； 3.钻孔直径； 4.置入方法； 5.杆体材料品种、规格、数量； 6.浆液种类、强度等级	1.m； 2.根	1.钻孔、浆液制作、运输、压浆； 2.土钉制作、安装； 3.土钉施工平台搭设、拆除	1	钻孔、灌注	1.1　土钉(钻孔灌浆)
							1.2　入岩增加费
					2	土钉制作、安装	2.1　土钉制作、安装
					3	操作平台安拆	3.1　操作平台安拆
0102 02009	喷射混凝土、水泥砂浆	1.部位； 2.厚度； 3.材料种类； 4.混凝土(砂浆)类别、强度等级	m²	1.修整边坡； 2.混凝土(砂浆)制作、运输、喷射、养护； 3.钻排水孔、安装排水管； 4.喷射施工平台搭设、拆除	1	喷射混凝土、水泥砂浆	1.1　喷射混凝土、水泥砂浆及厚度调整(已包含排水管)
					2	其他	2.1　施工平台搭设、拆除
							2.2　修整边坡
0102 02011	钢支撑	1.部位； 2.钢材品种、规格； 3.探伤要求	t	1.支撑、铁件制作(摊销、租赁)； 2.支撑、铁件安装； 3.探伤； 4.刷漆； 5.拆除； 6.运输	1	钢支撑安拆	1.1　安装
							1.2　拆除
					2	除锈刷油漆	2.1　除锈刷油漆

6.2.2.2　定额工程量及定额应用有关说明

1.地下连续墙

地下连续墙成槽的护壁泥浆，是按普通泥浆编制的，若需要重晶石泥浆时，可自行调整。地下连续墙项目未包括泥浆池建造、拆除、泥浆运输。发生时另行计算。

地下连续墙清单涉及的相关定额工程量计算规则：

(1)现浇导墙混凝土按设计图示以体积计算。现浇导墙混凝土模板按混凝土与模板接触面的面积，以面积计算。导墙开挖工程量按土方工程量计算规则计算。

(2)成槽工程量按设计长度乘以墙厚及成槽深度(设计室外地坪至连续墙底)，以体积计算。

(3)锁口管以"段"为单位(段指槽壁单元槽段)，锁口管吊拔按连续墙段数计算，定额中已包括锁口管的摊销费用。

(4)清底置换以"段"为单位(段指槽壁单元槽段)。

(5)浇筑连续墙混凝土工程量按设计长度乘以墙厚及墙深加 0.5 m(超灌混凝土)，以体积计算。

(6)凿地下连续墙超灌混凝土，设计无规定时，其工程量按墙体断面面积乘以 0.5 m 以体积计算。

(7)地下连续墙及导墙土方的场外运输、回填，套用土石方工程相应定额子目。

地下连续墙及导墙钢筋不在地下连续墙清单之中，另列项目计算。地下连续墙钢筋笼、钢筋网片及护壁、导墙的钢筋制作及安装，套用混凝土及钢筋混凝土工程相应定额子目。

2.咬合灌注桩

咬合灌注桩导墙执行地下连续墙导墙相应项目。

咬合灌注桩按设计图示单桩尺寸以体积计算。

3.型钢水泥土搅拌墙

型钢水泥土搅拌墙属于重力水泥墙，可补充清单项目列项。

型钢水泥土搅拌墙定额按设计截面面积乘以设计长度计算，插、拔型钢定额工程量按设计图示型钢重量计算。

4.打、拔圆木桩

圆木桩按设计桩长 L(检尺长)和圆木桩小头直径 D(检尺径)查《木材·立木材积速算表》，计算圆木桩体积。

定额中圆木桩按疏打考虑。木桩的防腐费用等已包括在其他材料费用中。

打拔圆木桩定额中圆木桩按摊销量计算，若圆木桩打入后无法拔出时，可按实际用量加损耗计算。圆木按 5% 计算损耗量。

打、拔圆木桩时竖、拆打桩机架费用另行计算，套用竖、拆卷扬机打桩架定额。

凡打断、打弯的桩，均需拔除重打，但不重复计算工程量。

打拔工具桩均以直桩为准，如遇打斜桩(包括俯打、仰打)，按相应项目人工、机械乘以系数1.35。

5.钢板桩

定额中钢板桩按密打考虑，如钢板桩需要疏打时，执行相应定额，人工乘以系数 1.05。钢板桩的防腐费用等已包括在定额的其他材料费用中。

打拔工具桩均以直桩为准，如遇打斜桩(包括俯打、仰打)，按相应项目人工、机械乘以系数1.35。

钢板桩槽坑支护时，6 m 以内执行槽型钢板桩相应项目，超过6 m 执行拉森钢板桩相应项目。

单位工程打钢板桩工程量在 50 t 以内时，相应项目人工、机械乘以系数 1.25。

(1)打、拔槽型钢板桩工程量按设计图示槽型钢板桩的重量计算。凡打断、打弯的桩，均需拔除重打,但不重复计算工程量。

打拔槽型钢板桩定额中槽型钢板桩按摊销量计算,若槽型钢板桩打入后无法拔出时,可按实际用量加损耗计算。槽型钢板桩按 1% 计算损耗量。

(2)打、拔拉森钢板桩(SP-IV 型)按设计桩长计算。

6. 锚杆(土钉)支护

土钉、锚杆、锚索的钻孔、灌浆,按设计文件或施工组织设计规定(设计图示尺寸)以钻孔深度,按长度计算。钢筋、钢管锚杆按设计图示以质量计算。锚头制作、安装、张拉、锁定按设计图示以"套"计算。

锚杆、抗浮锚杆定额的材料用量充盈系数按 1.15 考虑。当设计不同时,可以调整项目中的砂浆用量。

抗浮锚杆钢筋制作执行锚杆制作、安装相应定额项目。

7. 喷射混凝土护坡

喷射混凝土(见图 6.9)护坡区分土层与岩层,按设计文件(或施工组织设计)规定尺寸,以面积计算。

喷射混凝土护坡中的钢筋网片制作、安装,套用混凝土及钢筋混凝土工程中相应定额子目。

图 6.9　铺钢筋网、喷射混凝土施工图

8. 挡土板

挡土板项目分疏板和密板。疏板是指间隔支挡土板,且板间净空 ≤ 150 cm 的情况;密板是指满堂支挡土板或板间净空 ≤ 30 cm 的情况。挡土板内人工挖槽坑时,相应项目人工乘以系数 1.43。

挡土板按设计文件(或施工组织设计)规定的支挡范围,以面积计算。

9. 钢支撑

钢支撑仅适用于一般土方开挖的大型支撑安装、拆除。

钢支撑按设计图示尺寸以质量计算,不扣除孔眼质量,焊条、铆钉、螺栓等也不另增加质量。

桩基工程计量与计价

ZHUANGJI GONGCHENG JILIANG YU JIA

工作手册 7

7.1　清单计量

7.1.1　打桩(编码:010301)

任务书 7.1.1

背景资料:依据图 7.1、图 7.2,桩基础采用 PHC400A95(图集 12ZG207),共 547 根,桩顶填微膨胀混凝土 1 200 mm 高,钢桩尖 24.4 kg/ 个,设计桩长预计 20 ~ 40 m(桩长暂定 30 m),单桩竖向承载力设计值是 $R = 1\ 400\ kN$,设计要求采用静压法沉桩,打入强风化岩层内不小于 1 m。

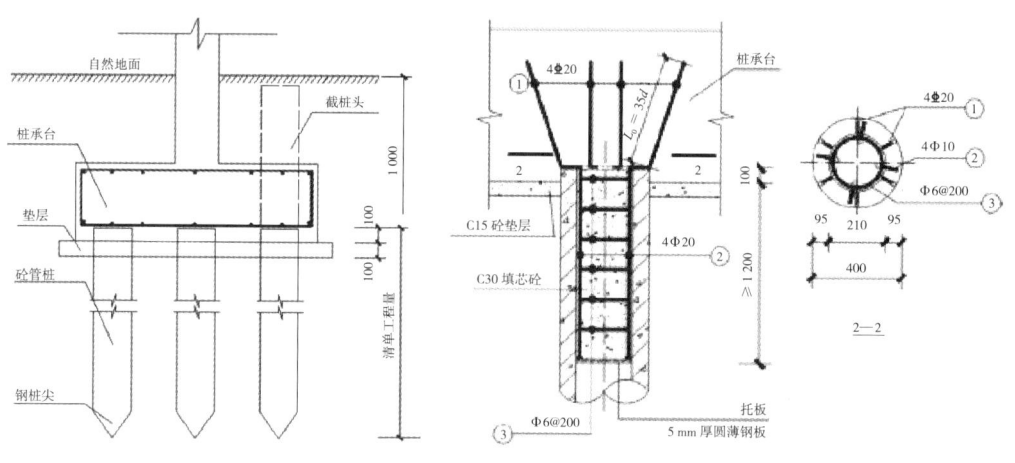

图 7.1　某桩台大样　　　　　图 7.2　预应力管桩桩顶插筋详图

任务:编制预应力钢筋混凝土桩相关工程量清单。

任务实施

任务步骤 1:本工程要求桩打入强风化岩层内,已知各桩位的桩长不等且差距较大,如果以"根"为计量单位,将会给清单报价带来一定难度,所以本工程"预制钢筋混凝土桩"清单以"m"或"m³"为计量单位为宜。

如果某工程桩是摩擦桩,设计要求以桩打入某个深度为准,那么可以"根"为计量单位,这能更便于报价和结算。

查图集知:PHC400A95 表示外径 400 mm、壁厚 95 mm 的高强预应力混凝土(C80)管桩。

依据本案例工程施工图中的桩台大样图,其中桩顶设计图示尺寸是指桩头伸入承台底面 100 mm 处,所以,承台底面 100 mm 以上截桩头部分是不能计算清单工程量的。

管桩 D400 清单工程量:＿＿＿＿＿＿＿＿＿＿＿＿＿＿＿＿m。

任务步骤 2:截桩长度可参考湖北 2018 定额规定:预制混凝土桩凿桩头长度设计无规定时,桩头长度按桩体高 40 d(d 为桩体主筋直径,主筋直径不同时取大者)计算取整;灌注混凝土桩凿桩头按设计超灌高度,设计有规定的按设计要求,设计无规定的按 0.5 m。管桩 PHC400A95 的主筋为 Φ7.1,所以截桩长度暂按 300 mm 计算。因实际长度会有不同,故暂以 "m³" 为计量单位列项。

截桩体积 = _____ m³。

送桩长度暂按桩顶至室外地面另加 500 mm 计算。本例设计桩顶至自然地面高差为 1 000 mm,则送桩长度 = _____ mm。

任务步骤 3:管桩桩顶插筋计算(暂不考虑量度差)。

Φ10:_____ t。

⚼20:_____ t。

Φ6:_____ t。

5 mm 钢托板:_____ t。

小计 = _____ t。

任务步骤 4:编制清单,见表 7.1。

表 7.1   预制钢筋混凝土桩分部分项工程和单价措施项目清单与计价表

序号	项目编码	项目名称	项目特征描述	计量单位	工程量	金额	
						综合单价	合价

1	010301002001	预制钢筋混凝土管桩	1. 地层情况:
			2. 送桩深度:
			  暂定桩长:
			  根数:
			3. 预制管桩 PHC400 A95,桩身强度:
			4. 钢桩尖,每个重量:
			5. 桩倾斜度:
			6. 沉桩方法:
			7. 接桩方式:
			8. 管桩顶 1 200 高内填充:
				m			

2	010301004001	截(凿)桩头	1. 桩头截面、高度: 2. 混凝土强度等级: 3. 有无钢筋:	m³			
3	010515004001	钢筋笼	纵筋: 锚固筋: 箍筋: 钢托板:	t			

任务 7.1.1 相关知识点

打桩包括预制钢筋混凝土方桩、预制钢筋混凝土管桩、钢管桩、截(凿)桩头等项目,示例如表 7.2 所示。

打桩项目包括成品桩购置费,如果用现场预制桩,应包括现场预制的所有费用。

打桩的工作内容中包括了接桩和送桩,不需要单独列项,应在综合单价中考虑。

预制钢筋混凝土管桩桩顶与承台的连接构造按"混凝土及钢筋混凝土工程"相关列项(如:010515004 钢筋笼)。

表 7.2　打桩项目特征描述示例表

项目编码	项目名称	项目特征描述示例	计量单位	项目特征描述提示
010301001001	预制钢筋砼方桩	1. 地层情况:二类土。 2. 送桩深度 1 m,桩长 6 m,根数 120 根。 3. 桩截面:350 mm×350 mm。 4. 桩倾斜度:小于 1∶6。 5. 沉桩方法:柴油锤。 6. 混凝土强度等级:C30 砾石砼	m^3	1. 地层情况按《房屋建筑与装饰工程工程量计算规范》表 A.1−1 和表 A.2−1 的规定,并根据岩土工程勘察报告进行描述,方法如下:①按单位工程各地层所占比例(包括范围值)进行描述;②对无法准确描述的地层情况,可描述为详见地勘察报告;③也可根据不同土石类别分别列项。 2. 项目特征中的桩长应包括桩尖。 3. 以米为单位时,应描述数量;以根为单位时,应描述单根长度;以吨为单位时,应描述数量和单根长度。 4. 桩截面、混凝土强度等级、桩类型等可直接用标准图代号或设计桩型进行描述。 5. 打试验桩和打斜桩应按相应项目编码单独列项,并应在项目特征中注明试验桩或斜桩(斜率)
010301001002	预制钢筋砼方桩	1. 地层情况:详见地勘察报告。 2. 送桩深度 0.5 m,桩长 12 m,根数 220 根。 3. 桩截面:400 mm×400 mm。 4. 桩倾斜度:垂直。 5. 沉桩方法:柴油锤。 6. 接桩方式:硫磺胶泥。 7. 混凝土强度等级:C30		
010301002001	预制钢筋砼管桩	1. 地层情况:详见地勘察报告。 2. 送桩深度 0.8 m,单桩长 18 m,根数 300 根。 3. 桩外径、壁厚:D400×95A。 4. 桩倾斜度:垂直。 5. 沉桩方法:静压。 6. 接桩方式:钢板焊接。 7. 桩身强度 C80。 8. 管桩顶 1 200 高内填充 C30 商品砼。 9. 钢桩尖,每个重量 24.4 kg		
010301003001	钢管桩	1. 地层情况:详见地勘察报告。 2. 送桩深度 0.8 m,单桩长 18 m。 3. 材质:Q345 直缝高频焊接钢管。 4. 管径、壁厚:920×30。 5. 桩倾斜度:垂直。 6. 填充材料种类:桩顶 800 高内填充 C30 商品砼。 7. 防护材料种类:钢管内壁应涂刷厚浆型环氧沥青漆。漆膜厚度:底漆 250 μm,面漆 250 μm。埋管外壁应均匀涂刷一层水泥浆	t	
010301004001	截(凿)桩头	1. 桩头截面、高度:D600×110A,500 mm 高。 2. 混凝土强度等级:C30。 3. 有无钢筋:有	根	

1. 预制钢筋混凝土桩

可以按如下三种方法计算:

① 以米计量,按设计图示尺寸以桩长(包括桩尖)计算;

② 以根计量,按设计图示数量计算;

③ 以立方米计量,按设计图示截面积乘以桩长(包括桩尖)以实体积计算。

预制方桩、管桩示意图见图 7.3。

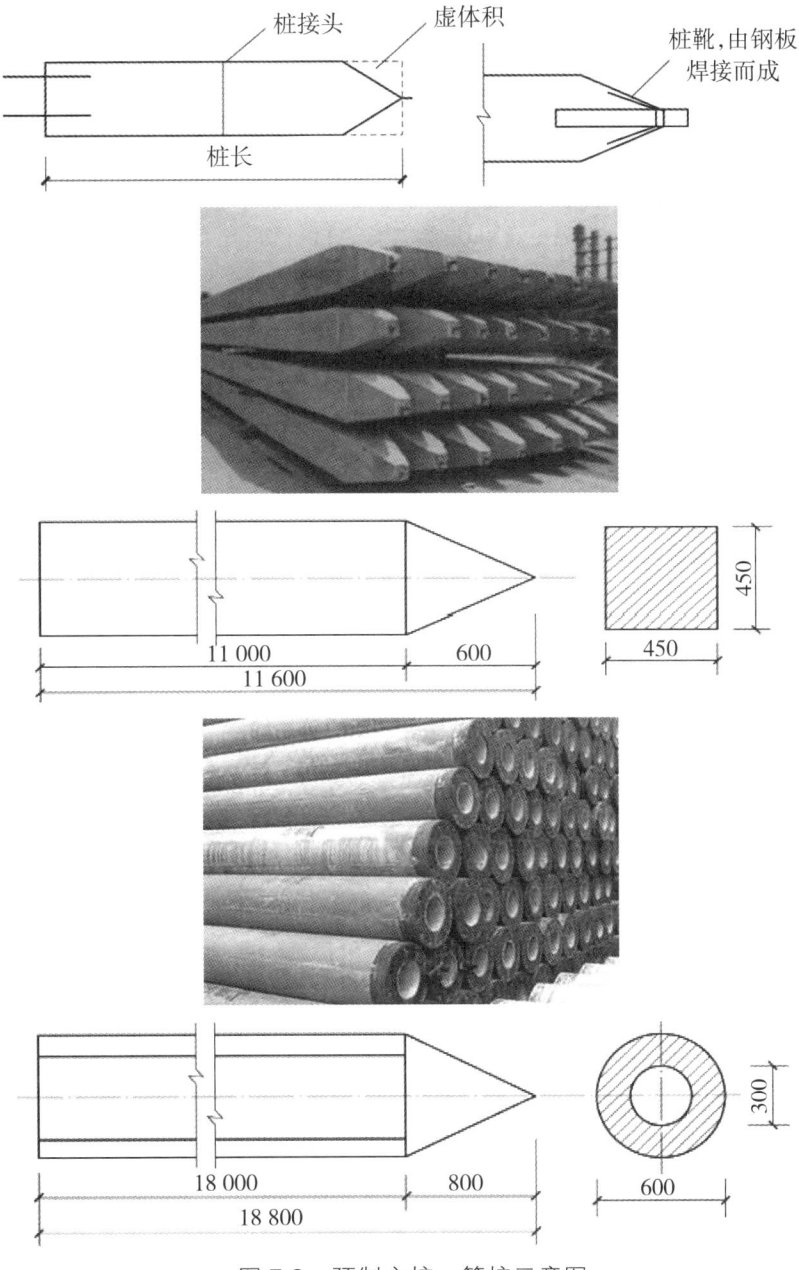

图 7.3 预制方桩、管桩示意图

注意:桩尖至桩顶长度是按"设计图示尺寸"计算的,它不同于施工实际桩长。桩长的清单工程量在编制清单阶段只能是暂定量,一般以设计图示桩的平均长度计算(注意不包括截桩头部分),结算时按打桩记录实际桩长减去截桩头部分计算(即桩顶设计图示标高至实际桩底标高之间的长度)。

2. 钢管桩

可以按如下两种方法计算:

① 以吨计量,按设计图示尺寸以质量计算;

② 以根计量,按设计图示数量计算。

3. 截(凿)桩头

截(凿)桩头项目,以"m³"计量,按设计桩截面积乘以桩头长度以体积计算;以"根"计量,按设计图示数量计算。 截(凿)桩头项目适用于"地基处理与边坡支护工程、桩基础工程"所列桩的桩头截(凿)。

【例 7.1】如图 7.4 所示,某工程用截面 600 mm×600 mm、长 9.8 m 预制钢筋砼(C30)方桩 79 根,设计桩长 17.6 m(包括桩尖),采用轨道式柴油打桩机,土壤级别为一级土,采用包钢板焊接接桩,自然地面标高-0.300 m,设计桩顶标高-2.800 m。设计要求 5% 的桩位须单独试桩,试计算该预制钢筋砼方桩清单工程量并编制清单。

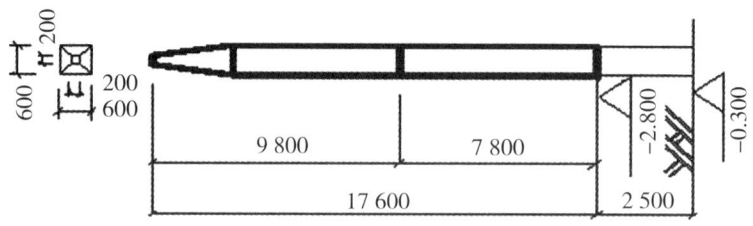

图 7.4   预制钢筋砼方桩示例

【解】(1)计算清单工程量。

打试桩: 79×5% 根 = 4 根,长度 = 17.6×4 m = 70.4 m

打方桩: (79-4)根 = 75 根,长度 = 17.6×75 m = 1 320 m

送桩深度按设计桩顶标高至打桩前的自然地坪标高另加 0.5 m 计算:

$$(2.8-0.3 + 0.5)m = 3.0 m$$

截桩头 79 根: 每根桩头长度 = (9.8×2-17.6)m = 2 m

(2)根据计量规范,结合工程具体资料等编制清单,见表 7.3。

表 7.3   某打桩分部分项工程和单价措施项目清单与计价表

序号	项目编码	项目名称	项目特征描述	计量单位	工程量	金额	
						综合单价	合价
1	010301001001	预制钢筋砼方桩(试桩)	1. 地层情况:详见地勘察报告。 2. 送桩深度 3 m,桩长 17.6 m,根数 4 根。 3. 桩截面:600 mm×600 mm。 4. 桩倾斜度:垂直。 5. 沉桩方法:锤击。 6. 接桩方式:包钢板焊接。 7. 混凝土强度等级:C30	m	70.4		
2	010301001002	预制钢筋砼方桩	1. 地层情况:详见地勘察报告。 2. 送桩深度 3 m,桩长 17.6 m,根数 75 根。 3. 桩截面:600 mm×600 mm。 4. 桩倾斜度:垂直。 5. 沉桩方法:锤击。 6. 接桩方式:包钢板焊接。 7. 混凝土强度等级:C30	m	1 320		

续表

序号	项目编码	项目名称	项目特征描述	计量单位	工程量	金额	
						综合单价	合价
3	010301004001	截(凿)桩头	1. 桩头截面 600×600,高度 2.0 m。 2. 混凝土强度等级:C30。 3. 有无钢筋:有	根	79		

7.1.2　灌注桩(编码:010302)

任务书 7.1.2

背景资料:某工程采用排桩进行基坑支护,排桩采用旋挖钻孔灌注桩进行施工。场地地面标高为 495.50～496.10,旋挖桩桩径为 1 000 mm,桩长为 20 m,采用水下商品混凝土 C30,桩顶标高为 493.50,桩数为 206 根。根据地质情况,采用 5 mm 厚钢护筒,护筒长度不小于 2 m。

地质资料和设计情况显示:一、二类土约占 25%,三类土约占 20%,四类土约占 55%。

任务:根据以上背景资料,编制该排桩分部分项工程量清单(暂不考虑钢筋)。

▍任务实施

任务步骤 1:工程量计算见表 7.4。

表 7.4　某钻孔灌注桩清单工程量计算表

序号	清单项目编码	清单项目名称	计算式	工程量	计量单位
1	010302001001	泥浆护壁成孔灌注桩(旋挖桩)			m
2	010301004001	截(凿)桩头			m³

任务步骤 2:清单编制见表 7.5。

表 7.5　某钻孔灌注桩分部分项工程和单价措施项目清单与计价表

序号	项目编码	项目名称	项目特征描述	计量单位	工程量	金额	
						综合单价	合价
1	010302001001	泥浆护壁成孔灌注桩(旋挖桩)	1. 地层情况: 2. 空桩长度: 　桩长: 3. 桩径: 4. 成孔方法: 5. 护筒类别、长度: 6. 混凝土种类、强度等级:	m			
2	010301004001	截(凿)桩头	1. 桩类型: 2. 桩头截面、高度: 3. 混凝土强度等级: 4. 有无钢筋:	m³			

任务 7.1.2 相关知识点

灌注桩计量
与计价

灌注桩包括泥浆护壁成孔灌注桩、沉管灌注桩、干作业成孔灌注桩、挖孔桩土(石)方、人工挖孔灌注桩、钻孔压浆桩、灌注桩后压浆。混凝土灌注桩的钢筋笼制作、安装按钢筋相关项目编码列项。灌注桩项目特征描述示例如表 7.6 所示。

1. 泥浆护壁成孔灌注桩、沉管灌注桩、干作业成孔灌注桩

可以按如下三种方法计算:

① 以米计量,按设计图示尺寸以桩长(包括桩尖)计算;

② 以根计量,按设计图示数量计算;

③ 以立方米计量,按设计图示截面积乘以桩长(包括桩尖)以实体积计算。

表 7.6　灌注桩项目特征描述示例表

项目编码	项目名称	项目特征描述示例	计量单位	项目特征描述提示
010302001001	泥浆护壁成孔灌注桩	1. 地层情况:一类土。 2. 空桩长度:800 mm。 3. 桩长 10 m,D1 000 mm,扩大头 D1 100 mm,C25。 4. 成孔方法:冲击钻成孔	m³	1. 地层情况按《房屋建筑与装饰工程工程量计算规范》表 A.1-1 和表 A.2-1 的规定,并根据岩土工程勘察报告进行描述,方法如下:①按单位工程各地层所占比例(包括范围值)进行描述;②对无法准确描述的地层情况,可描述为详见地勘察报告;③也可根据不同土石类别分别列项。 2. 项目特征中的桩长应包括桩尖,空桩长度=孔深-桩长,孔深为自然面至设计桩底的深度。 3. "空桩长度、桩长"可如下法描述:描述范围值或所占比例及范围值。 4. 以米为单位时,应描述数量;以根为单位时,应描述单根长度;以吨为单位时,应描述数量和单根长度。 5. 桩截面、混凝土强度等级、桩类型等可直接用标准图代号或设计桩型进行描述。 6. 打试验桩和打斜桩应按相应项目编码单独列项,并应在项目特征中注明试验桩或斜桩(斜率)。 7. 泥浆护壁成孔灌注桩成孔方法包括冲击钻成孔、冲抓锥成孔、回旋钻成孔、潜水钻成孔、旋挖成孔等。 8. 沉管灌注桩的沉管方法包括锤击沉管法、振动沉管法、振动冲击沉管法、内夯沉管法等。 9. 干作业成孔灌注桩成孔方法包括螺旋钻成孔、螺旋钻成孔扩底、干作业的旋挖成孔等
010302002001	沉管灌注桩	1. 地层情况:详见地勘察报告。 2. 空桩长度、桩长:1 000 mm、15 m。 3. 复打长度:4 m。 4. 桩径:800 mm。 5. 沉管方法:振动冲击沉管。 6. 桩尖类型:钢筋砼桩尖。 7. 混凝土类别、强度等级:C35		
010302003001	干作业成孔灌注桩	1. 地层情况:详见地勘察报告。 2. 空桩长度、桩长:1 000 mm、15 m。 3. 桩径:800 mm。 4. 扩孔直径、高度:1 000 mm、1 200 mm。 5. 成孔方法:螺旋钻成孔扩底。 6. 桩尖类型:钢筋砼桩尖。 7. 混凝土类别、强度等级:C35		

注意:桩尖至桩顶长度是按"设计图示尺寸"计算的,它不同于施工实际桩长。桩顶设计图示尺寸以上加灌长度部分是不能计算清单工程量的。桩长的清单工程量在编制清单阶段只能是暂定量,一般以设计图示桩的平均长度计算(注意不包括截桩头部分),结算时按打桩记录实际桩长减去截桩头部分计算(即桩顶设计图示标高至实际桩底标高之间的长度)。

2. 人工挖孔灌注桩

以"m³"计,按桩芯混凝土体积计算;以"根"计量,按设计图示数量计算。工作内容中包括了护壁的制作,护壁不需要单独编码列项,在综合单价中考虑。

人工挖孔灌注桩计算示意图如图 7.5 所示。

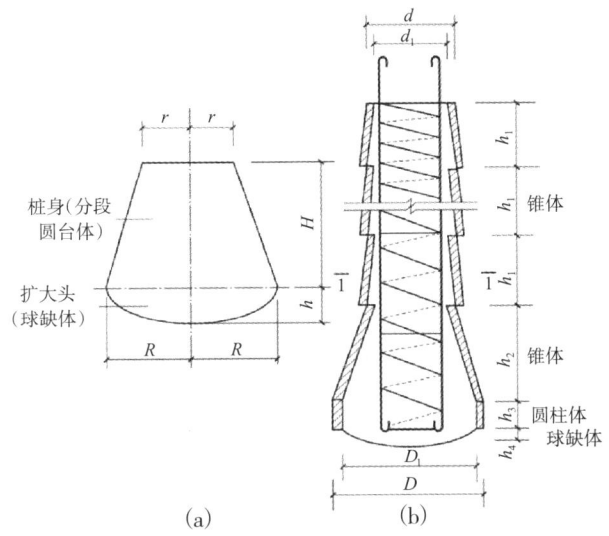

图 7.5　人工挖孔桩计算示意图

圆台体体积 $V = 1/3\ \pi H(R^2 + r^2 + R \cdot r)$

球缺体体积 $V = 1/6\ \pi h(3R^2 + h^2)$

3. 钻孔压浆桩

以"m"计量,按设计图示尺寸以桩长计算;以"根"计量,按设计图示数量计算。

4. 灌注桩后压浆

按设计图示以注浆孔数"孔"计算。

5. 桩基础检测

桩基础项目(打桩和灌注桩)均未包括承载力检测、桩身完整性检测等内容,相关的费用参考相关取费标准单独计算,不在本清单项目中。桩基础承载力检测费用问题,实际上它属于基础结构分部工程验收范畴,按现行有关规定应由发包人组织施工、勘查、设计、质检等单位,进行基础工程验收,传统做法是由发包人委托具有相关资质的部门检测并支付费用。也可采取以下三种处理方式:一是采用传统做法由发包人组织检测,费用支付办法由合同确定;二是列入工程量清单"其他项目"的招标人暂列金额项目,按实结算;三是列入工程量清单"其他项目"的投标人项目,由投标人自主报价包干。至于采用何种办法,招标人需在招标文件中约定。

6. 与桩相关的其他事项

① 桩机进退场：按计量规范规定列入措施项目内报价。

② 桩身钢筋笼：按计量规范钢筋笼具体清单项目顺序编码列项。

7.2 清单计价

7.2.1 打桩

任务书 7.2.1

背景资料：结合任务 7.1.1 某预制钢筋混凝土桩清单（见表 7.1）及有关条件。桩尖长度为 800 mm，设计桩顶至自然地面高差为 1 000 mm。

任务：按控制价要求计算综合单价并填写清单项目计价表。

任务实施

任务步骤 1：计价工程量计算见表 7.7。

表 7.7　某预制钢筋混凝土桩清单计价工程量计算表

序号	编码	项目名称	计算式	合计	单位
1	010301002001	预制钢筋混凝土管桩		16 410	m
		压预应力钢筋混凝土管桩 桩径≤400 mm			m
		压送预应力混凝土管桩 桩径≤400 mm			m
		人工挖孔桩桩芯混凝土 桩径综合换为（预拌混凝土 C30）			m³
		铁件制作、安装（钢桩尖）			t
2	010301004001	截（凿）桩头		14.93	m³
		凿桩头 预制钢筋混凝土桩			m³
3	010515004001	钢筋笼		7.309	t
		混凝土灌注桩钢筋笼 圆钢 HPB300			t
		混凝土灌注桩钢筋笼 带肋 钢筋 HRB400			t
		铁件制作、安装			t

任务步骤 2:综合单价计算见表 7.8。

表 7.8 分部分项工程清单综合单价计算表

| 序号 | 项目编码 | 工程项目名称 | 单位 | 数量 | 综合单价 / 元 | | | | | 合价 |
					人工费	材料费	机械使用费	管理费＋利润（＝人机费×＿＿）	小计(人材机费＋管理费＋利润)	
1	010301002001	预制钢筋混凝土管桩	m	16 410						
		压预应力钢筋混凝土管桩 桩径≤400 mm	100 m							
		压送预应力混凝土管桩 桩径≤400 mm	100 m							
		人工挖孔桩桩芯混凝土 桩径综合换为（预拌混凝土 C30)	10 m³							
		铁件制作、安装(钢桩尖)	t							
2	010301004001	截(凿)桩头	m³	14.93						
		凿桩头 预制钢筋混凝土桩	10 m³							
3	010515004001	钢筋笼	t	7.309						
		混凝土灌注桩钢筋笼 圆钢 HPB300	t							
		混凝土灌注桩钢筋笼 带肋钢筋 HRB400	t							
		铁件制作、安装(钢托板)	t							

任务步骤 3:清单计价见表 7.9。

表 7.9 预制钢筋混凝土桩分部分项工程和单价措施项目清单与计价表

| 序号 | 项目编码 | 项目名称 | 项目特征描述 | 计量单位 | 工程量 | 金额 | |
						综合单价	合价
1	010301002001	预制钢筋混凝土管桩	1. 地层情况:一类土。 2. 送桩深度 1.5 m,暂定桩长 30 m,共 547 根。 3. 预制管桩 PHC400 A95,桩身强度 C80。 4. 钢桩尖,每个重量 24.4 kg。 5. 桩倾斜度:垂直。 6. 沉桩方法:静压。 7. 接桩方式:钢板焊接。 8. 管桩顶 1 200 高内填充 C30 微膨胀商品砼	m	16 410		
2	010301004001	截(凿)桩头	1. 桩头截面、高度:PHC400A95。 2. 混凝土强度等级:C80。 3. 有无钢筋:有	m³	14.93		
3	010515004001	钢筋笼	纵筋 4Φ10、锚固筋 4Φ20,箍筋 Φ6@200,钢托板 5 mm 厚	t	7.309		
			小计				

任务 7.2.1 相关知识点

7.2.1.1　清单计价指引

打桩工程清单计价指引如表 7.10 所示。

表 7.10　打桩工程清单计价指引

项目编码	项目名称	项目特征	计量单位	工程内容	可能组合的定额内容	
0103 01001	预制钢筋混凝土方桩	1. 地层情况; 2. 送桩深度、桩长; 3. 桩截面; 4. 桩倾斜度; 5. 沉桩方法; 6. 接桩方式; 7. 混凝土强度等级	m; m³; 根	1. 工作平台搭拆; 2. 桩机竖拆、移位; 3. 沉桩; 4. 接桩; 5. 送桩	1	打、压方桩
					2	方桩送桩
					3	方桩接桩
					4	桩位半径超过 15 m 时的场内运输
0103 01002	预制钢筋混凝土管桩	1. 地层情况; 2. 送桩深度、桩长; 3. 桩外径、壁厚; 4. 桩倾斜度; 5. 沉桩方法; 6. 桩尖类型; 7. 混凝土强度等级; 8. 填充材料种类; 9. 防护材料种类	m; m³; 根	1. 工作平台搭拆; 2. 桩机竖拆、移位; 3. 沉桩; 4. 接桩; 5. 送桩; 6. 桩尖制作安装; 7. 填充材料、刷防护材料	1	打压管桩
					2	管桩送桩
					3	管桩填充混凝土、砂、石等或桩头灌芯
					4	钢桩尖(按铁件计)
					5	桩位半径超过 15 m 时的场内运输
0103 01003	钢管桩	1. 地层情况; 2. 送桩深度、桩长; 3. 材质; 4. 管径、壁厚; 5. 桩倾斜度; 6. 沉桩方法; 7. 填充材料种类; 8. 防护材料种类	t; 根	1. 工作平台搭拆; 2. 桩机竖拆、移位; 3. 沉桩; 4. 接桩; 5. 送桩; 6. 切割钢管、精割盖帽; 7. 管内取土; 8. 填充材料、刷防护材料	1	打钢管桩
					2	钢管桩电焊接桩
					3	切割钢管
					4	精割盖帽
					5	管内取土
					6	管内混凝土、砂、石
0103 01004	截(凿)桩头	1. 桩类型; 2. 桩头截面、高度; 3. 混凝土强度等级; 4. 有无钢筋	m³; 根	1. 截桩头; 2. 凿平; 3. 废料外运	1	截桩和(或)凿桩头
					2	桩头钢筋整理

注:根据项目特征、工作内容、施工方案、项目实际情况,考虑需要组合的定额子目。

7.2.1.2　定额工程量及定额应用有关说明

桩基施工前场地平整、压实地表、地下障碍处理等定额均未考虑,发生时另行计算,此项费用在桩基清单中也不包含,另列清单计算。

单位工程打桩工程量在表 7.11 规定以内时,相应项目人工、机械乘以系数 1.25。

表 7.11 桩单位工程工程量调整界限表

桩类	工程量
预制钢筋混凝土方桩	200 m^3
预应力钢筋混凝土管桩	1 000 m
钢板桩	50 t

预制混凝土桩截桩按设计要求截桩的数量计算。截桩长度≤1 m 时,不扣减相应桩的打桩工程量;截桩长度>1 m 时,其超过部分按实扣减打桩工程量,但桩体的价格不扣除。

单独打设计试桩、锚桩,按相应定额的打桩人工及机械乘以系数 1.5。

预制混凝土桩和灌注桩定额以打垂直桩为准,如打斜桩,斜度在 1∶6 以内时,按相应定额的人工及机械乘以系数 1.25;如斜度大于 1∶6,其相应定额的打桩人工及机械乘以系数 1.43。

打桩工程以平地(坡度≤15°)打桩为准,坡度>15°打桩时,按相应项目人工、机械乘以 1.15。如在基坑内(基坑深度>1.5 m,基坑面积≤500 m^2)打桩或在地坪上打坑槽内(坑槽深度>1 m)桩时,按相应项目人工、机械乘以系数 1.11。

在桩间补桩或在强夯后的地基上打桩时,相应项目人工、机械乘以系数 1.15。

打、压预制钢筋混凝土方桩、预应力钢筋混凝土管桩,定额按购入成品构件考虑(成品价含混凝土、钢筋、模板及运输费用),已包含桩位半径在 15 m 范围内的移动、起吊、就位;超过 15 m 时的场内运输,执行《湖北省房屋建筑与装饰工程消耗量定额及全费用基价表》第二十章"成品构件二次运输"相应项目。

1. 预制钢筋混凝土方桩

(1)打(压)预制钢筋混凝土方桩。

以体积计算时,打(压)预制钢筋混凝土方桩定额量与清单量相同:2013 计量规范、2018 计量规范意见稿及 2018 湖北定额均规定"按设计桩长(包括桩尖,不扣除桩尖虚体积)乘以桩截面面积以体积计算"。但湖北 2013 规范还可按长度或根数计算。

打压预制钢筋混凝土方桩,定额已综合了接桩所需的打桩机台班,但未包括接桩本身费用,发生时执行接桩相应项目。

打、压预制钢筋混凝土方桩,单节长度超过 20 m 时,按相应定额人工、机械乘以系数 1.2。

(2)预制钢筋混凝土方桩送桩。

打(压)桩桩架操作平台一般高于自然地面(设计室外地面)0.5 m 左右,为了将预制桩沉入自然地面以下一定深度的标高,必须用一节短桩压在桩顶上将其送入所需要的深度。

预制钢筋混凝土方桩送桩:按桩截面面积乘以送桩长度(按设计桩顶标高至打桩前的自然地坪标高另加 0.5 m)以体积计算工程量。

(3)接桩。

常用接桩方法有焊接、法兰连接或硫磺胶泥锚接等,如图 7.6 所示。前两种方法适用于各类土层,后一种适用于软土层。焊接接桩:钢板宜用低碳钢,焊条宜用 E43,先四角点焊固定,再对称焊接。法兰接桩:钢板和螺栓亦宜用低碳钢并紧固牢靠。硫磺胶泥锚接桩的硫磺胶泥配合比应通过试验确定。

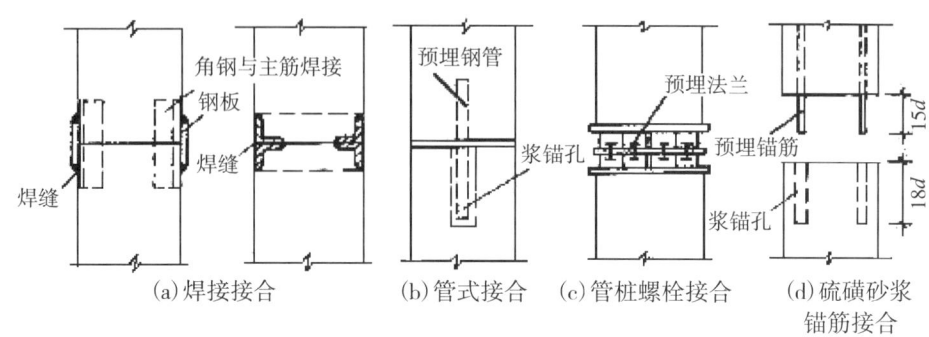

图 7.6　常用接桩方法

预制混凝土接桩按设计要求接桩头的数量计算。

电焊接头就是用角钢或钢板将上、下两节桩头的预埋钢帽对齐固定后用电焊焊牢。电焊接头定额分为包角钢和包钢板两种形式,如图 7.7 所示。

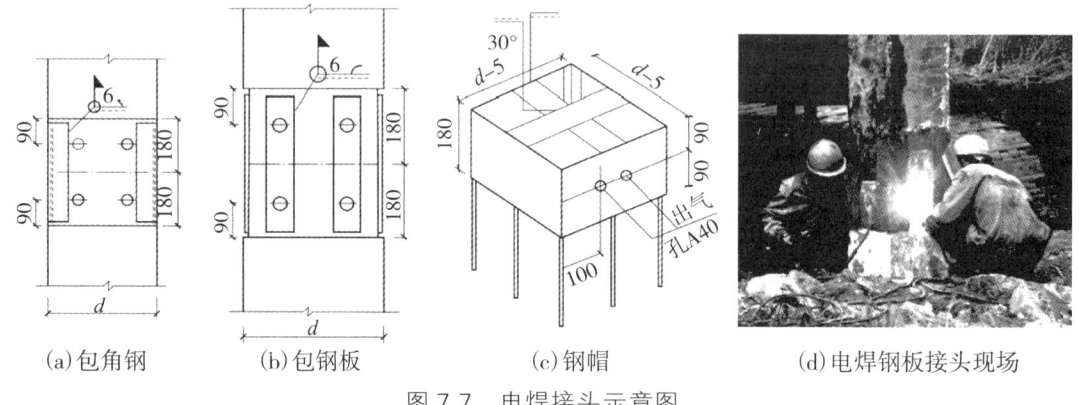

图 7.7　电焊接头示意图

2. 预制钢筋混凝土管桩

(1)打(压)预制钢筋混凝土管桩。

打(压)预制钢筋混凝土管桩定额量与清单量不相同:2018 湖北定额规定"打(压)预应力混凝土管桩按设计桩长(不包括桩尖)以长度计算"。2013 计量规范、2018 计量规范意见稿计算长度时均包括桩尖。2013 计量规范还可按体积或根数计算。2018 计量规范意见稿只按体积计算。

打、压预应力混凝土空心方桩,按打、压预应力混凝土管桩相应定额执行。

(2)管桩钢桩尖。

定额内未包括预应力钢筋混凝土管桩钢桩尖制安项目,实际发生时按《湖北省房屋建筑与装饰工程消耗量定额及全费用基价表(结构·屋面)》第二章"混凝土及钢筋混凝土工程"中的铁件项目执行。预应力钢筋混凝土管桩钢桩尖按设计图示尺寸,以质量计算。

(3)管桩填充材料。

预应力钢筋混凝土管桩桩头灌芯部分按人工挖孔桩灌芯项目执行。预应力钢筋混凝土管桩,如设计要求加注填充材料时,填充部分另按钢管桩填芯相应项目执行。

桩头灌芯按设计尺寸以灌注体积计算。

管桩中设计要求设置的钢骨架、钢托板分别按混凝土及钢筋混凝土工程中的桩钢筋笼和预埋铁件相应定额执行。

（4）接桩、送桩。

预应力混凝土管桩定额已包括接桩费用，接桩不再计算。

预应力混凝土管桩送桩按送桩长度（设计桩顶标高至打桩前的自然地坪标高另加 0.5 m）以米计算工程量。

3. 钢管桩

钢管桩按设计要求的桩体质量计算。

钢管桩内切割、精割盖帽按设计要求的数量计算。

钢管桩管内钻孔取土、填芯，按设计桩长（包括桩尖）乘以填芯截面积，以体积计算。

钢管桩电焊接桩，按设计要求接桩头的数量计算。

4. 凿桩头、桩头钢筋截断

预制混凝土桩凿桩头按设计图示桩截面积乘以凿桩头长度，以体积计算。凿桩头长度设计无规定时，桩头长度按桩体高 40 d（d 为桩体主筋直径，主筋直径不同时取大者）计算。

灌注混凝土桩凿桩头按设计超灌高度（设计有规定的按设计要求，设计无规定的按 0.5 m）乘以桩身设计截面积，以体积计算。

桩头钢筋整理，按所整理的桩的数量计算。

7.2.2   灌注桩

任务书 7.2.2

背景资料：结合任务 7.1.2 某钻孔灌注桩清单（见表 7.4）及有关条件。桩尖长度为 800 mm，设计桩顶至自然地面高差为 1 000 mm。

任务：按控制价要求计算综合单价并填写清单项目计价表。

任务实施

任务步骤 1：计价工程量计算见表 7.12。

表 7.12   某混凝土灌注桩清单计价工程量计算表

序号	编码	项目名称	计算式	合计	单位
1	010302001001	泥浆护壁成孔灌注桩（旋挖桩）		4 120	m
		旋挖钻机钻桩孔 桩径 ≤ 1 000 mm 土层	场地地面平均标高＝ 桩顶标高＝ 平均空桩长度＝		m³
		泥浆池建造和拆除			m³
		机械成孔桩灌注混凝土 旋挖钻孔			m³

续表

序号	编码	项目名称	计算式	合计	单位
		泥浆运输 运距 5 km 以内			m³
		回填土 松填土 桩孔空钻部分回填 人工 ×0.7,机械 ×0.7			m³
2	010301004001	截(凿)桩头		80.86	m³
		凿桩头 灌注混凝土桩			m³
		桩头钢筋整理			根

任务步骤 2:综合单价计算见表 7.13。

表 7.13　分部分项工程清单综合单价计算表

序号	项目编码	工程项目名称	单位	数量	综合单价/元					合价
					人工费	材料费	机械使用费	管理费＋利润（＝人机费×_____）	小计(人材机费＋管理费＋利润)	
1	010302001001	泥浆护壁成孔灌注桩(旋挖桩)	m	4 120						
		旋挖钻机钻桩孔 桩径≤1 000 mm 土层	10 m³							
		泥浆池建造和拆除	10 m³							
		机械成孔桩灌注混凝土 旋挖钻孔	10 m³							
		泥浆运输 运距 5 km 以内	10 m³							
		回填土 松填土 桩孔空钻部分回填 人工 ×0.7,机械 ×0.7	10 m³							
2	010301004001	截(凿)桩头	m³	80.86						
		凿桩头 灌注混凝土桩	10 m³							
		桩头钢筋整理	10 根							

任务步骤 3:清单计价见表 7.14。

表 7.14　混凝土灌注桩分部分项工程和单价措施项目清单与计价表

序号	项目编码	项目名称	项目特征描述	计量单位	工程量	金额	
						综合单价	合价
1	010302001001	泥浆护壁成孔灌注桩（旋挖桩）	1. 地层情况：一、二类土约占 25%，三类土约占 20%，四类土约占 55%。 2. 空桩长度 2 ~ 2.6 m，桩长 20 m。 3. 桩径：1 000 mm。 4. 成孔方法：旋挖钻孔。 5. 护筒类别、长度：5 mm 厚钢护筒，不小于 2 m。 6. 混凝土种类、强度等级：水下商品混凝土 C30	m	4 120		
2	010301004001	截（凿）桩头	1. 桩类型：旋挖桩。 2. 桩头截面、高度：1 000 mm、不小于 1 m。 3. 混凝土强度等级：C30。 4. 有无钢筋：有	m³	80.86		
小计							

任务 7.2.2 相关知识点

7.2.2.1　清单计价指引

灌注桩工程清单计价指引如表 7.15 所示。

表 7.15　灌注桩工程清单计价指引

项目编码	项目名称	项目特征	计量单位	工程内容	可能组合的定额内容	
010302001	泥浆护壁成孔灌注桩	1. 地层情况； 2. 空桩长度、桩长； 3. 桩径； 4. 成孔方法； 5. 护筒类型； 6. 混凝土种类、强度等级	1. m； 2. m³； 3. 根	1. 护筒埋设； 2. 成孔、固壁； 3. 混凝土制作、运输、灌注、养护； 4. 土方、废泥浆外运； 5. 打桩场地硬化及泥浆池、泥浆沟	1	成孔（含护筒）
					2	灌注混凝土
					3	泥浆池建造和拆除
					4	泥浆运输
					5	桩孔空钻部分回填
					6	其他，如打桩场地硬化、障碍清除等
010302002	沉管灌注桩	1. 地层情况； 2. 空桩长度、桩长； 3. 复打长度； 4. 桩径； 5. 沉管方法； 6. 桩尖类型； 7. 混凝土类别、强度等级	1. m； 2. m³； 3. 根	1. 打（沉）拔钢管； 2. 桩尖制作、安装； 3. 混凝土制作、运输、灌注、养护	1	成孔
					2	灌注混凝土
					3	桩孔部分回填
					4	其他，如打桩场地硬化、障碍清除等

续表

项目编码	项目名称	项目特征	计量单位	工程内容	可能组合的定额内容	
0103 02003	干作业成孔灌注桩	1. 地层情况； 2. 空桩长度、桩长； 3. 桩径； 4. 扩孔直径、高度； 5. 成孔方法； 6. 混凝土种类、强度等级	1. m； 2. m³； 3. 根	1. 成孔、扩孔； 2. 混凝土制作、运输、灌注、养护	1	成孔
					2	灌注混凝土
					3	土方外运
					4	桩孔空钻部分回填
					5	其他，如打桩场地硬化、障碍清除等
0103 02006	钻孔压浆桩	1. 地层情况； 2. 空钻长度、桩长； 3. 钻孔直径； 4. 水泥强度等级	1. m； 2. 根	钻孔、下注浆管、投放骨料、浆液制作、运输、压浆	1	钻孔、压浆、投料
0103 02007	灌注桩后压浆	1. 注浆导管材料、规格； 2. 注浆导管长度； 3. 单孔注浆量； 4. 水泥强度等级	孔	1. 注浆导管制作、安装； 2. 浆液制作、运输、压浆	1	注浆管埋设
					2	压浆

注：根据项目特征、工作内容、施工方案、项目实际情况，考虑需要组合的定额子目。

7.2.2.2　定额项目工程量及定额应用有关说明

桩基施工前场地平整、压实地表、地下障碍处理等定额均未考虑，发生时另行计算，此项费用在桩基清单中也不包含，另列清单计算。

灌注桩定额中，未包括钻机场外运输，发生时按相应清单及定额项目执行。

定额中不包括在钻孔中遇到障碍必须清除的工作，发生时另行计算费用，此费用应计入桩基清单中。

单位工程打桩工程量在表 7.16 规定以内时，相应项目人工、机械乘以系数 1.25。灌注桩单位工程的桩基工程量指灌注混凝土量。

表 7.16　桩单位工程工程量调整界限表

桩类	工程量
钻孔、旋挖成孔灌注桩	150 m³
沉管灌注桩、冲孔灌注桩、水泥搅拌桩、高压旋喷桩、微型桩	100 m³

灌注桩中灌注的材料用量，均已包括表 7.17 规定的充盈系数和材料损耗，实际施工中充盈系数与定额规定不同时，可以调整。

表 7.17　定额中灌注桩的充盈系数和材料损耗率表

项目	充盈系数	损耗率 /(%)	消耗量系数
旋挖、冲击钻机成孔灌注混凝土桩	1.25	1	$1.25 \times (1 + 1\%) = 1.262\ 5$
回旋、螺旋钻机钻孔灌注混凝土桩	1.2	1	$1.2 \times (1 + 1\%) = 1.212\ 0$
沉管桩机成孔灌注混凝土桩	1.15	1	$1.15 \times (1 + 1\%) = 1.161\ 5$

灌注桩的充盈系数是指桩实际灌注的材料体积与按桩外径计算的理论体积之比($V_{实}/V_{理论}$)。若充盈系数小于 1,则说明实际灌入混凝土量小于理论计算量,说明桩身质量存在一定的缺陷。

钻孔、冲孔、旋挖成孔等灌注桩设计要求进入岩石层时执行入岩子目,较硬岩、坚硬岩按入岩计算,各类岩石的划分标准,详见"土石方工程"岩石分类表。入岩定量指标:岩石单轴饱和抗压强度 $RC > 30$ MPa。

定额内未包括桩钢筋笼、铁件制安项目,实际发生时执行《湖北省房屋建筑与装饰工程消耗量定额及全费用基价表》《湖北省市政工程消耗量定额及全费用基价表》相应项目。

定额中金属周转材料包括钢护筒、桩帽、送桩器、桩帽盖、活瓣桩尖、钢管、料斗等。

1. 泥浆护壁成孔灌注桩(回旋钻机、旋挖钻机、冲击成孔机、转盘钻孔机)

(1)成孔。

成孔工程量按成孔长度乘以设计桩径截面积以体积计算。成孔长度为打桩前的自然地坪标高至设计桩底的长度。入岩增加费工程量按设计入岩部分的体积计算,竣工时按实调整。设计要求扩底,其扩底工程量按设计尺寸计算,并入相应的成孔工程量内。

回旋钻机成孔定额区分土、砂砾、砾石、软岩项目。冲击成孔成孔定额区分砂(黏土)、砾石、卵石、软岩、入岩增加项目。旋挖钻机定额分土层、软岩、入岩增加项目。转盘钻孔定额分成孔、入岩增加项目。定额区分不同土质列项时,按进入对应土质范围的成孔工程量计算,成孔定额中同一孔内的不同土质,不论其所在深度如何,均执行总孔深定额。入岩工程量并入相邻土质成孔计算,还需另计入岩增加费。

(2)灌注混凝土。

灌注混凝土工程量按设计桩径截面积乘以设计桩长(包括桩尖)另加加灌长度,以体积计算。加灌长度设计有规定者,按设计要求计算,无规定者,按 0.5 m 计算。清单中灌注桩工程量不考虑加灌长度。

机械成孔桩灌注混凝土定额工程量 =［设计长度(含桩尖)+ 加灌长度 0.5 m］
× 设计桩径截面积

设计要求扩底时,其扩底工程量按设计尺寸,以体积计算,并入相应的工程量内。

(3)泥浆池建造和拆除、泥浆运输。

泥浆池建造和拆除、泥浆运输工程量,按成孔工程量以体积计算。定额中泥浆制作按普通泥浆考虑,若设计不同时,材料可调整。

泥浆运输执行"泥浆罐车运淤泥流砂"相应项目。

(4)钢护筒。

钢护筒已按每只 2 m 综合考虑摊销量计算在金属周转材料中。钢护筒无法拔出时,按批准的施工组织设计,将钢护筒实际用量(或参考表 7.18 重量)减去定额数量一次增列计算(执行《湖北省市政工程消耗量定额及全费用基价表》第三册"桥涵工程"说明)。

表 7.18　钢护筒参考重量表

桩径 /mm	800	1 000	1 200	1 500	2 000
每米护筒重量 /kg	155.06	184.87	285.93	345.09	554.60

灌注桩在杂填土或松软土层中钻孔时,应在桩位处埋设钢护筒,以起定位、保护孔口、维持水头等作用。其内径应比钻头大 100 mm,埋入土中不少于 1 m。

·

金属周转材料中包括钢护筒、桩帽、送桩器、桩帽盖、活瓣桩尖、钢管、料斗等。

(5)桩孔空钻部分回填。

桩孔回填工程量按打桩前自然地坪标高至桩加灌长度的顶面乘以桩孔截面积,以体积计算。

桩孔空钻部分回填应根据施工组织设计要求执行相应项目,填土执行"土石方工程"松填土方项目,填碎石执行"地基处理与边坡支护工程"换填碎石项目,人工、机械乘以系数0.7。

2. 沉管灌注桩

(1)沉管。

沉管工程量不分沉管方法均按钢管外径截面积(不包括桩箍)乘以沉管深度以体积计算。沉管深度按打桩前的自然地坪标高至设计桩底标高(不包括预制桩尖)的长度计算。

$$沉管工程量 = 沉管深度 \times 钢管外径截面积$$

(2)灌注混凝土。

沉管桩灌注混凝土工程量按钢管外径截面积乘以设计桩长(不包括预制桩尖)另加加灌长度,以体积计算。加灌长度设计有规定者,按设计要求计算,无规定者,按0.5 m计算。

$$沉管桩灌注混凝土定额工程量 = [设计长度(不含桩尖) + 加灌长度0.5 m]$$
$$\times 钢管外径截面积$$

3. 干作业成孔灌注桩

干作业成孔灌注桩的成孔、灌注混凝土、桩孔空钻回填等工程量计算方法同泥浆护壁成孔灌注桩。

螺旋钻机钻桩灌注桩按干作业成孔考虑,定额工作内容包括:准备打桩机具,移动打桩机,钻孔,测量,校正,清理钻孔泥土,就地弃土5 m以内。

旋挖桩、回旋钻孔桩、冲击成孔桩等灌注桩按泥浆护壁作业成孔考虑,如采用干作业成孔工艺时,则扣除定额材料中的黏土、水和机械中的泥浆泵。回旋钻、旋挖钻软岩成孔包括极软岩、软岩。

螺旋桩、人工挖孔桩等干作业成孔的土石方场外运输,执行"土石方工程"相应项目。

4. 人工挖孔灌注桩

(1)成孔。

人工挖孔桩成孔工程量按进入土层、岩石层的成孔长度乘以设计护壁外围截面积,以体积计算。

人工挖孔桩挖孔定额工作内容包括:人工挖土、提土、场内运土于50 m以内,场内简易排水沟修造、修整桩底;安装护壁模具,浇筑护壁混凝土;孔内抽水、通风、照明,孔口安全设施搭拆。其中:安全设施包括上落梯、井盖、井口栏杆、井下栏板、防漏电装置。

(2)灌注混凝土。

人工挖孔桩灌注混凝土按设计图示截面积乘以设计桩长另加加灌长度,以体积计算。加灌长度设计有规定者,按设计要求计算,无规定者,按0.5 m计算。清单中人工挖孔灌注桩工程量按桩芯混凝土计算,不考虑加灌长度。

(3)成孔的土石方场外运输。

螺旋桩、人工挖孔桩等干作业成孔的土石方场外运输,执行"土石方工程"相应项目。

5. 钻孔压浆桩

钻孔压浆桩定额量与清单量相同:按设计图示尺寸以桩长计算。

钻孔压浆桩工作内容包括:准备机具,移动桩机,定位,钻孔,校测,浆液配制,压浆,投放石子骨料。

6. 灌注桩后压浆

(1)注浆管、声测管。

注浆管、声测管埋设工程量按打桩前的自然地坪标高至设计桩底标高另加0.5 m,以长度计算。

灌注桩后压浆注浆管、声测管埋设,注浆管、声测管如遇材质、规格不同时,可以换算,其余不变。注浆管埋设定额按桩底注浆考虑,如设计采用侧向注浆,则人工、机械乘以系数1.2。

注浆管定额工作内容包括注浆管制作、焊接、埋设安装、清洗管道等全部过程。

(2)桩底(侧)后压浆。

桩底(侧)后压浆工程量按设计注入水泥用量,以质量计算。如水泥用量差别大,允许换算。

桩底(侧)后压浆定额工作内容包括准备机具、浆液配置、压注浆等全部过程。

工作手册8

混凝土及钢筋混凝土工程计量与计价

HUNNINGTU JI GANGJIN HUNNINGTU GONGCHENG JILIANG YU JIJIA

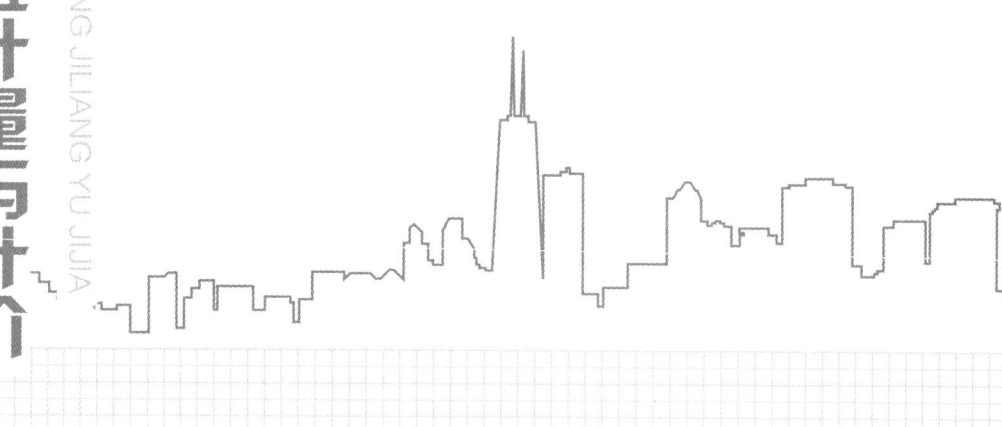

8.1　清单计量

任务书 8.1

背景资料：某门房工程有关施工图如图 8.1 ~ 图 8.8 所示。四级抗震,垫层混凝土强度等级为 C15,其他构件混凝土强度等级为 C30。基础平面图中梁顶与承台顶面平齐;GZ 顶标高 4.5 m;屋面板厚 120 mm,板顶标高 4.62 m。

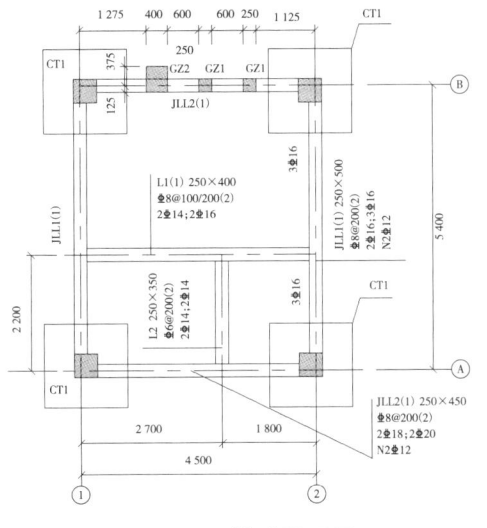

图 8.1　基础平面图

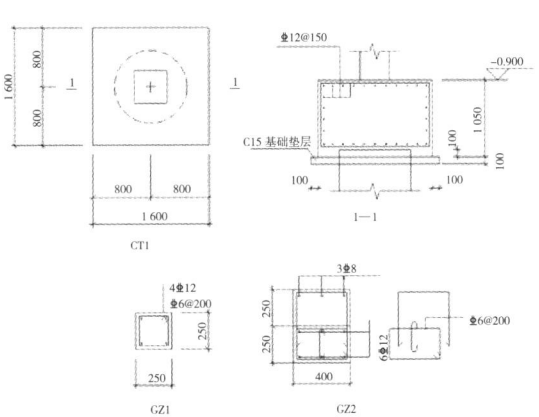

图 8.2　CT 和 GZ 大样图

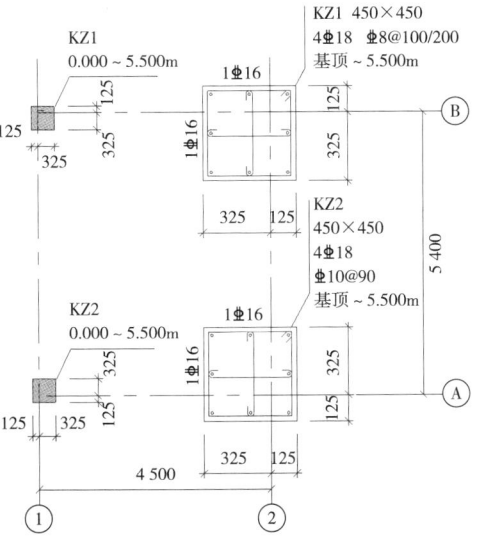

图 8.3　基顶 ~ 5.5 柱定位图

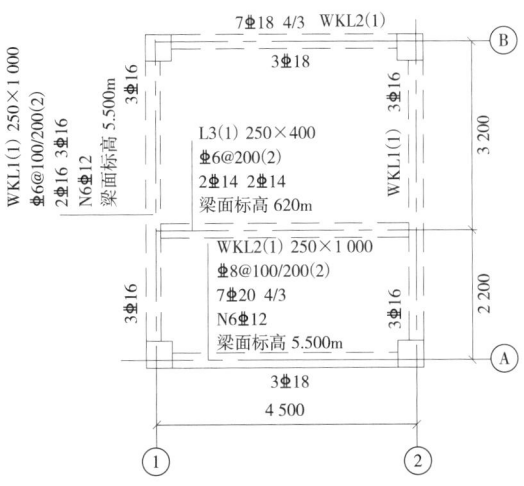

图 8.4　梁平面图（标高 3.62 m）

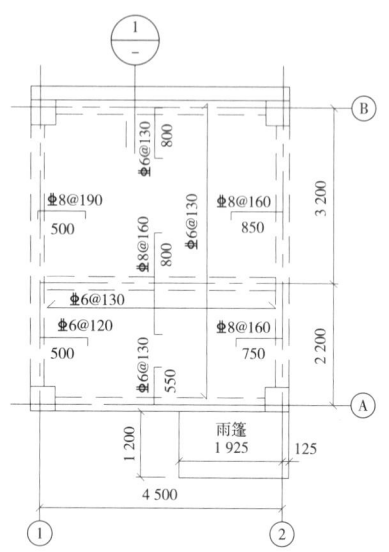

图 8.5 屋面板平面图（标高 3.62 m）

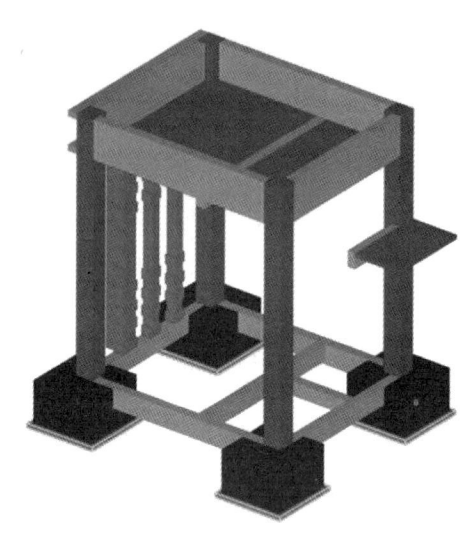

图 8.6 主体结构三维图

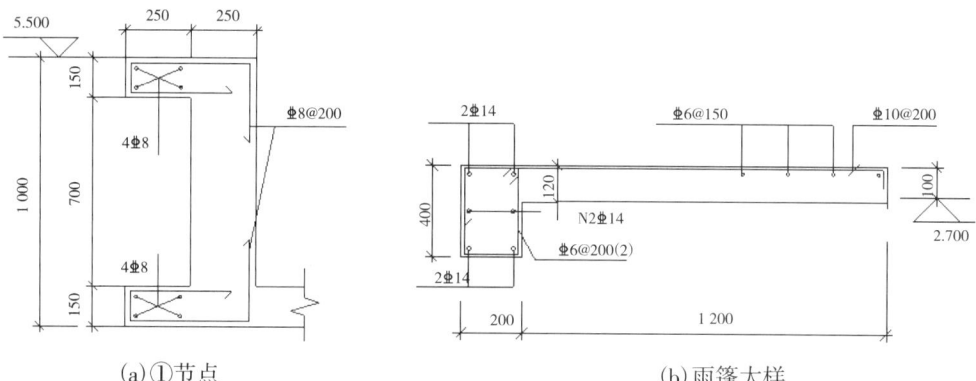

(a)①节点 (b)雨篷大样

图 8.7 ①节点和雨篷大样图

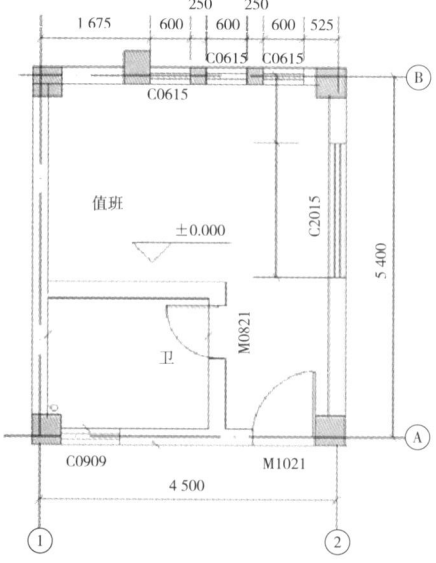

图 8.8 一层平面图

柱钢筋采用直螺纹套筒连接。板负筋标注长度均为从支座边算起,板负筋分布筋为HRB400Φ6@150,上部钢筋未拉通处均设 HRB400Φ6@200 温度筋;主次梁相交处一律在次梁两侧各附加四道密箍,间距 @50,其直径及肢数同主梁箍筋。各构件钢筋计算结果如表 8.1所示(砌体加筋、桩钢筋暂未计算)。

表 8.1　钢筋工程量统计表

级别	类型	6	8	10	12	14	16	18	20
HPB300	箍筋(t)	0.01	0.002						
HRB400	直筋(t)	0.134	0.066	0.011	0.174	0.063	0.454	0.528	0.053
	箍筋(t)	0.092	0.291	0.285					
	小计(t)	0.226	0.357	0.296	0.174	0.063	0.454	0.528	0.053
措施筋 HPB300		0.002							
直螺纹接头(个)						16	16		

门窗洞口处过梁宽度同墙厚,洞口宽度 ≤ 1.2 m 时过梁厚度为 120 mm,洞口宽度 ≤ 2.1 m时过梁厚度为 180 mm,过梁混凝土强度等级 C20。

任务:试编制钢筋混凝土工程相关的工程量清单。

▎任务实施

任务步骤 1:列项计量,填表 8.2。

表 8.2　钢筋混凝土工程清单工程量计算表

序号	项目编码	项目名称	计算式	工程量合计	计量单位
1	010501001001	垫层			m³
2		桩承台基础			m³
3		矩形柱			m³
4		构造柱			
5		基础梁			m³
6		矩形梁			m³
7	010503005001	过梁			
8		有梁板			m³
9		雨篷			m³
10		现浇构件钢筋	HPB300、直径 10 mm 以内:		t
11		现浇构件钢筋	HRB400、直径 10 mm 以内:		
12		现浇构件钢筋	HRB400、直径 18 mm 以内:		
13		现浇构件钢筋	HRB400、直径 20 mm 以内:		
14		措施钢筋			
15		机械连接			个

任务步骤 2:编制工程量清单,如表 8.3 所示。

表 8.3   某钢筋混凝土工程项目清单与计价表

序号	项目编码	项目名称	项目特征描述	计量单位	工程量	金额	
						综合单价	合价
1		垫层	1. 混凝土类别： 2. 混凝土强度等级：	m³			
2		桩承台基础	1. 混凝土类别： 2. 混凝土强度等级：	m³			
3		矩形柱	1. 混凝土类别： 2. 混凝土强度等级：	m³			
4		构造柱	1. 混凝土类别： 2. 混凝土强度等级：				
5		基础梁	1. 混凝土类别： 2. 混凝土强度等级：				
6		矩形梁	1. 混凝土类别： 2. 混凝土强度等级：				
7	010503 005001	过梁	1. 混凝土类别： 2. 混凝土强度等级：				
8		有梁板	1. 混凝土类别： 2. 混凝土强度等级：	m³			
9		雨篷	1. 混凝土类别： 2. 混凝土强度等级：				
10		现浇构件钢筋	钢筋种类、规格：HPB300、直径 10 mm 以内	t			
11		现浇构件钢筋	钢筋种类、规格：HRB400、直径 10 mm 以内	t			
12		现浇构件钢筋	钢筋种类、规格：HRB400、直径 18 mm 以内	t			
13		现浇构件钢筋	钢筋种类、规格：HRB400、直径 20 mm 以内	t			
14		措施钢筋	钢筋种类、规格：	t			
15		机械连接	1. 连接方式： 2. 螺纹套筒种类： 3. 规格：	个			

任务 8.1 相关知识点

混凝土与钢筋混凝土工程包括现浇混凝土、预制混凝土、钢筋工程、螺栓和铁件等部分。现浇混凝土包括基础、柱、梁、墙、板、楼梯、后浇带及其他构件等。预制混凝土包括柱、梁、屋架、板、楼梯及其他构件等。

在计算现浇或预制混凝土和钢筋混凝土构件工程量时，不扣除构件内钢筋、螺栓和预埋铁件张拉孔道所占体积，但应扣除劲性骨架的型钢所占体积。

8.1.1　现浇混凝土基础(编码:010501)

1. 现浇混凝土基础相关清单项目

现浇混凝土基础包括垫层、带形基础、独立基础、满堂基础、桩承台基础、设备基础等项目。

(1)垫层项目适用于所有现浇混凝土垫层,不仅仅适用现浇混凝土基础垫层。

(2)独立基础分普通、杯口独立承台基础;带形基础有板式、梁板式带形基础;满堂基础有平板式、梁板式满堂基础。基础截面形式分为坡形、阶形等。桩承台基础有带式和独立式。

箱式满堂基础及框架式设备基础中柱、梁、墙、板按现浇混凝土柱、梁、墙、板分别编码列项;箱式满堂基础底板按满堂基础项目列项,框架设备基础的基础部分按设备基础列项。

(3)若模板项目不单列清单,在特征中注明。

(4)项目特征描述注意事项:

混凝土种类指预拌(商品)混凝土、现拌混凝土,清水混凝土、彩色混凝土,防水混凝土、耐酸混凝土,毛石混凝土、轻骨料混凝土等设计和施工需明确的混凝土种类。如工程项目对砼拌和料有特殊要求应注明。

带形基础和满堂基础还应在基础类型中描述有梁式、无梁式,有梁式基础要注明梁高。如为毛石混凝土基础,项目特征应描述毛石所占比例。设备基础灌浆强度等级应在特征中注明。

2. 工程量计算规则

现浇混凝土基础按设计图示尺寸以体积“m³”计算。不扣除构件内钢筋、预埋铁件和伸入承台基础的桩头所占体积。

3. 工程量计算

(1)独立基础(见图 8.9)。

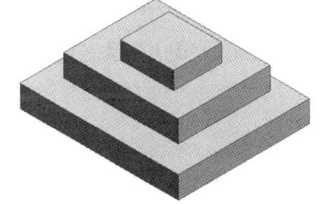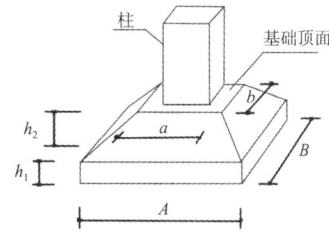

图 8.9　独立基础示意图

阶梯形独立基础是几个柱体的组合,坡形独立基础是长方体与棱台或梯形体的组合。体积计算公式如下:

$$V_{柱体} = S_{底} \times h$$

$$V_{台体} = \frac{1}{6} \times 高 \times (S_{上底} + 4S_{中截面} + S_{下底})$$

梯形体也可表示为:

$$V_{梯形体} = \frac{1}{6} h [ab + (a + A)(b + B) + AB]$$

【例 8.1】如图 8.10 所示独立基础,计算该独立基础混凝土工程量。

【解】

$$V = V_{柱体} + V_{台体}$$

$$= 2.5 \times 2 \times 0.5 \text{ m}^3 + \frac{1}{6} \times 0.5 \times [0.5 \times 0.4 + (0.5 + 2.5) \times (0.4 + 2) + 2.5 \times 2] \text{ m}^3$$

$$= 2.5 \text{ m}^3 + 1.03 \text{ m}^3 = 3.53 \text{ m}^3$$

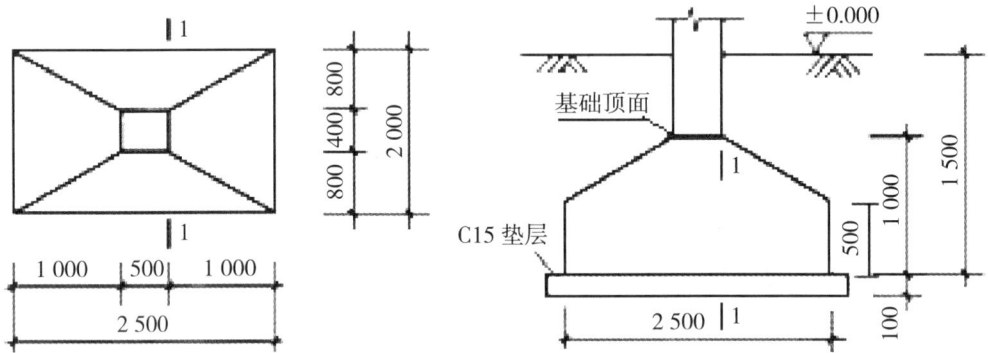

图 8.10　独立基础图

(2)杯形基础(见图 8.11),其杯口部分扣除空孔部分后和基础合并按杯形基础计算。

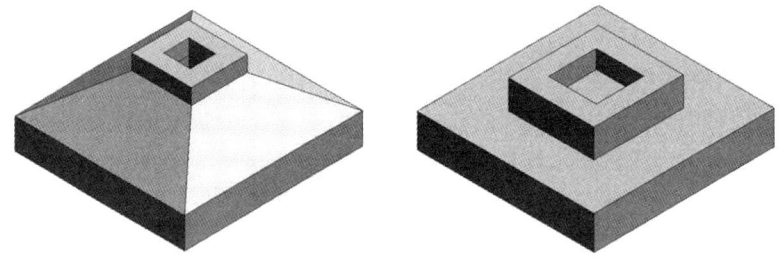

图 8.11　杯形基础示意图

(3)带形基础(见图 8.12),分有肋式(有梁式)与无肋式(无梁式)。

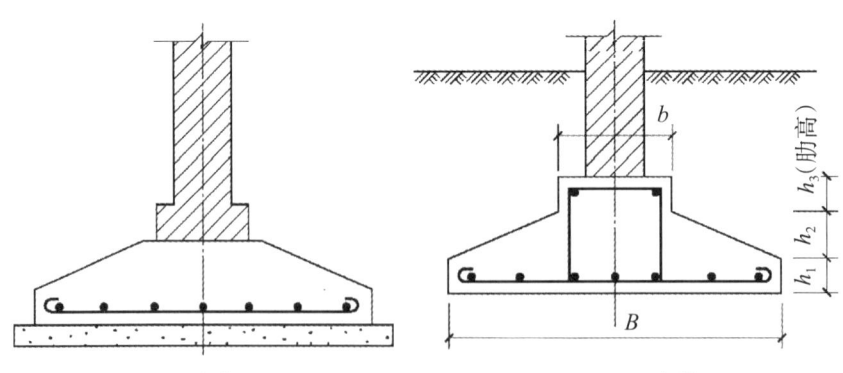

(a)无梁式带形基础　　　　　　(b)有梁式带形基础

图 8.12　带形混凝土基础示意图

① 有肋式(有梁式)带形基础,计算公式如下:

$$V = \left(Bh_1 + \frac{B+b}{2}h_2 + bh_3\right) \times (L_{中} + L_{内}) + V_{搭}$$

$L_{搭}$ 的计算如图 8.13 所示。

条形基础体积
计算

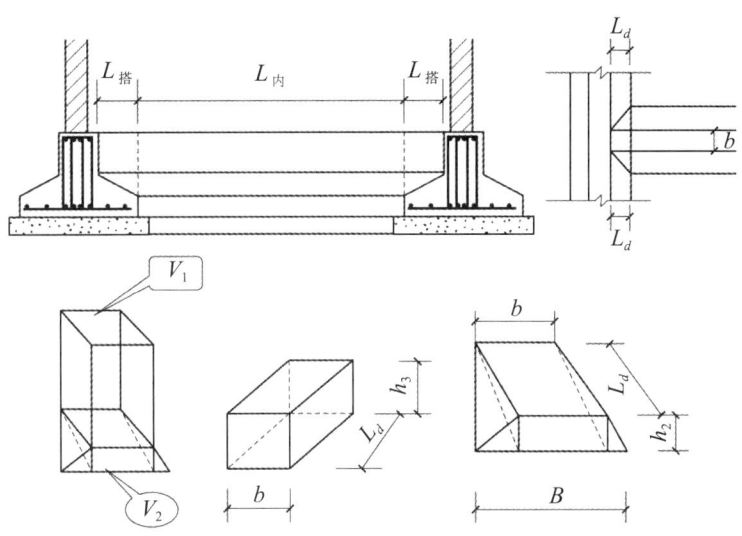

图 8.13　带形混凝土基础 T 形相交处示意图

$h_3 = 0$ 时(即无梁式带形基础),$V_{搭}$ 计算公式如下:

$$V_{搭} = L_d \frac{B + 2b}{6} h_2$$

$h_3 \neq 0$ 时(即有梁式带形基础),$V_{搭}$ 计算公式如下:

$$V_{搭} = L_d \frac{B + 2b}{6} h_2 + L_d b h_3$$

② 无肋式(无梁式)带形基础是指基础底板不带梁或者梁为顶面不凸出底板的暗梁。

无肋式带形基础体积计算公式如下:

$$V = \left(Bh_1 + \frac{B + b}{2} h_2\right) \times (L_{中} + L_{内}) + V_{搭}$$

(4)满堂基础。

无梁式满堂基础有扩大或角锥形柱墩时,并入无梁式满堂基础内计算。有梁式满堂,基础和梁合并计算。基础内的集水井并入相应基础工程量计算。

【例 8.2】如图 8.14 所示有梁式条形基础,计算其混凝土工程量。

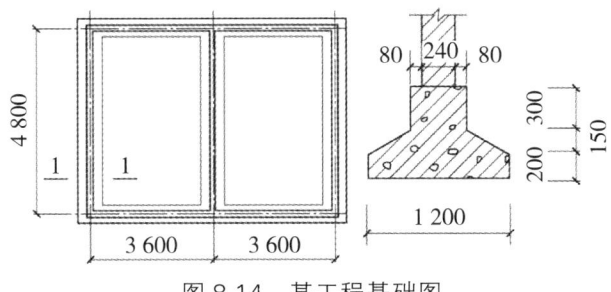

图 8.14　某工程基础图

【解】(1)外墙下基础。

由图可以看出,该基础的中心线与外墙中心线(也是定位轴线)重合,故外墙基的计算长度可取 $L_{中}$。

外墙基础混凝土工程量=基础截面面积 $\times L_{中}$

$$= [0.4 \times 0.3 + (0.4 + 1.2)/2 \times 0.15 + 1.2 \times 0.2]$$

$$\times (3.6\times 2 + 4.8)\times 2 \ m^3$$
$$= 0.48\times 24 \ m^3 = 11.52 \ m^3$$

(2)内墙基础。

方法一:按斜坡中心线长度计算(见图 8.15)。

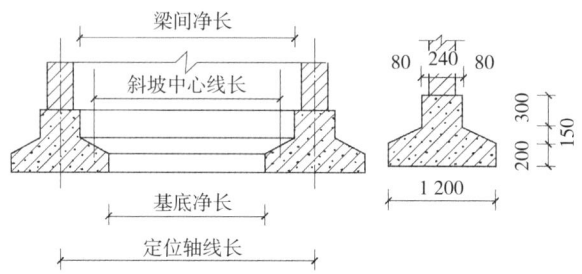

图 8.15　某工程内墙基础长度示意图

$$梁间净长度 = (4.8 - 0.2\times 2) \ m = 4.4 \ m$$
$$斜坡中心线长度 = (4.8 - 0.4\times 2) \ m = 4.0 \ m$$
$$基底净长度 = (4.8 - 0.6\times 2) \ m = 3.6 \ m$$

内墙基础混凝土工程量 = 内墙基础各部分截面面积 × 相应净长度
$$= [0.4\times 0.3\times 4.4 + (0.4 + 1.2)/2\times 0.15\times 4.0 + 1.2\times 0.2\times 3.6] \ m^3$$
$$= (0.528 + 0.48 + 0.864) \ m^3$$
$$= 1.872 \ m^3$$

方法二:考虑搭接体积。

$$内墙基础净长度 = (4.8 - 0.6\times 2) \ m = 3.6 \ m$$

内墙基础混凝土工程量 = 内墙基础截面积 × 内墙基础净长度 $+ \sum V_{搭}$
$$= 0.48\times 3.6 + 2V_{搭}$$

$$V_{搭} = L_d\frac{B + 2b}{6}h_2 + L_d bh_3$$
$$= [0.4\times 0.4\times 0.3 + 0.4\times (1.2 + 2\times 0.4)\div 6\times 0.15] \ m^3 = 0.068 \ m^3$$

内墙基础混凝土工程量 $= (0.48\times 3.6 + 0.068\times 2) \ m^3 = 1.864 \ m^3$

方法一与方法二比:$(1.872 - 1.864) \ m^3 = 0.008 \ m^3$,误差率 $+ 0.4\%$,误差小。

8.1.2　现浇混凝土柱(编码:010502)

1. 现浇混凝土柱相关清单项目

现浇混凝土柱包括矩形柱、构造柱、异形柱等项目。

异形柱截面形式系指 T、L、Z、十字、梯形等形式,异形柱各方向上截面高度与厚度之比的最小值大于 4 时,不再按异形柱列项,需按短肢剪力墙项目编码列项。异形柱应在名称或特征中注明形状。

2. 工程量计算规则

现浇混凝土柱按设计图示尺寸以体积"m³"计算。构造柱嵌接墙体部分并入柱身体积。依附柱上的牛腿和升板的柱帽,并入柱身体积计算,如图 8.16 所示。

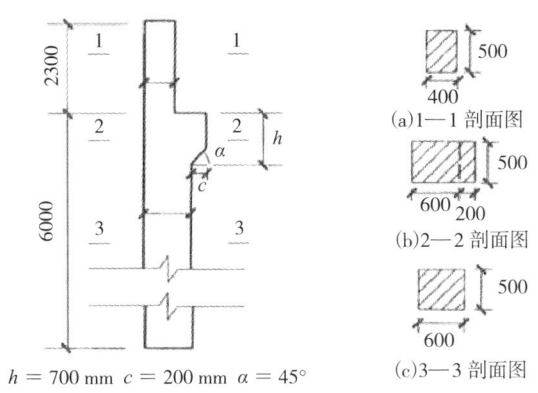

$h = 700 \text{ mm} \quad c = 200 \text{ mm} \quad \alpha = 45°$

图 8.16 某带牛腿的现浇混凝土柱

3. 工程量计算

柱混凝土工程量＝图示断面面积 × 柱高

依附柱上的牛腿的体积,并入柱身体积内计算。依附柱上的悬臂梁按单梁有关规定计算。柱高按表 8.4 规定确定(见图 8.17)。

表 8.4 柱高度确定表

项目名称	计算高度
有梁板中的柱	底层应自柱基上表面至楼板上表面计算,楼层柱高由楼板顶面算至上一层楼板顶面。柱与梁板相交的部分算至柱里面。
无梁板中的柱	底层应自柱基上表面算至柱帽下边沿,楼层柱高由楼板顶面算至柱帽下边沿
无梁或板相交的柱	自柱基上表面(或楼板上表面)至柱顶高度计算
构造柱	砖混结构的构造柱高度,由基础顶面或地圈梁顶面(直接在砖基础中起柱时从柱底开始)算至柱顶;框架结构中的构造柱高度,按框架梁之间的净高计算

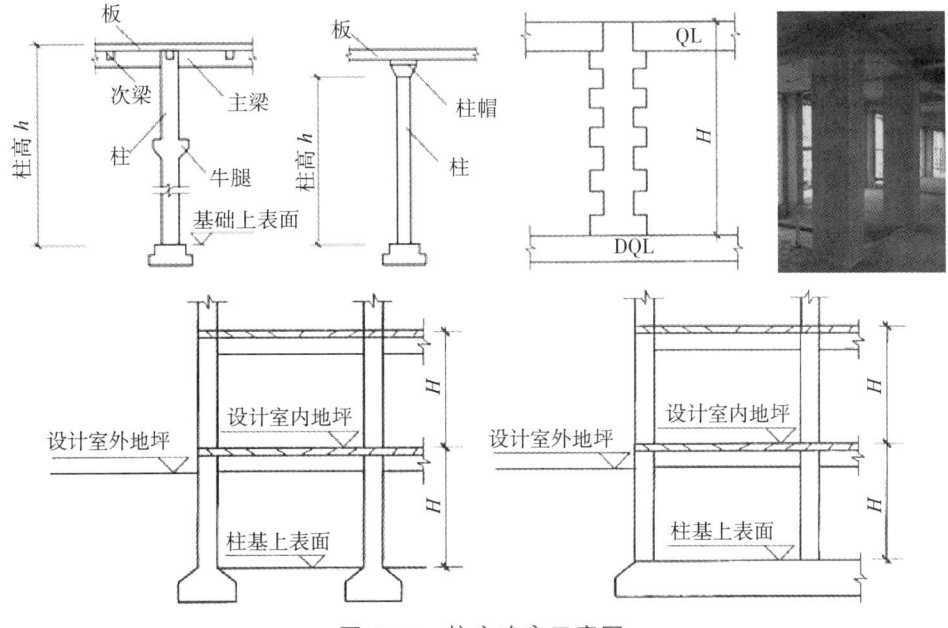

图 8.17 柱高确定示意图

4. 构造柱

构造柱(见图 8.18)只适用先砌墙后浇柱的情况,如构造柱为先浇柱后砌墙者,按矩形柱、异形柱等项目列项。

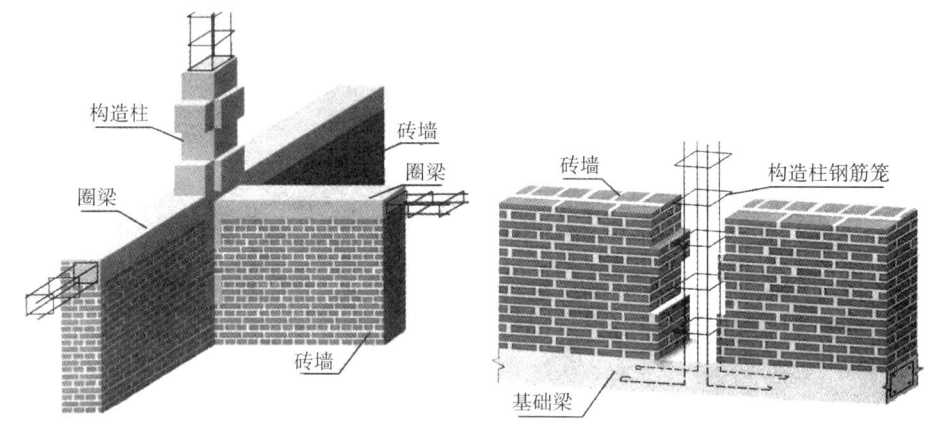

图 8.18 构造柱示意图

构造柱嵌接墙体部分(马牙槎)一般简化为按马牙槎厚度的一半计算(见图 8.19)。

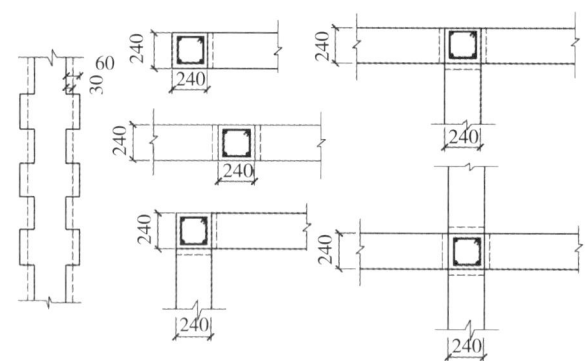

图 8.19 带马牙槎构造柱计算断面示意图

常用构造柱平面布置形式一般有门窗边构造柱、一字形、L 形、T 形、十字形等。

马牙槎咬接边数情况一般有:① 一边咬接——一字墙端部;② 两边咬接——L 形、一字墙中;③ 三边咬接——T 形;④ 四边咬接——十字形;⑤ 特殊情况——门窗边构造柱在门窗高度范围内仅一边咬接(见图 8.20)。

【例 8.3】某工程在如图 8.19 所示位置上设置了构造柱,已知构造柱断面尺寸为 240 mm×240 mm,柱高度 3 m,墙厚 240 mm,试计算构造柱砼工程量。

【解】(1)90°转角处:

$$GZ \text{砼工程量} = (0.24 \times 0.24 + 0.03 \times 0.24 \times 2) \times 3 \text{ m}^3 = 0.216 \text{ m}^3$$

(2)T 形接头处:

$$GZ \text{砼工程量} = (0.24 \times 0.24 + 0.03 \times 0.24 \times 3) \times 3 \text{ m}^3 = 0.238 \text{ m}^3$$

(3)十字接头处:

$$GZ \text{砼工程量} = (0.24 \times 0.24 + 0.03 \times 0.24 \times 4) \times 3 \text{ m}^3 = 0.259 \text{ m}^3$$

(4)一字接头处:

$$GZ \text{砼工程量} = (0.24 \times 0.24 + 0.03 \times 0.24 \times 2) \times 3 \text{ m}^3 = 0.216 \text{ m}^3$$

(5)一字端头处:

$$GZ 砼工程量 = (0.24 \times 0.24 + 0.03 \times 0.24) \times 3\ \text{m}^3 = 0.194\ \text{m}^3$$

$$构造柱砼工程量合计 = (0.216 + 0.238 + 0.259 + 0.216 + 0.194)\ \text{m}^3 = 1.123\ \text{m}^3$$

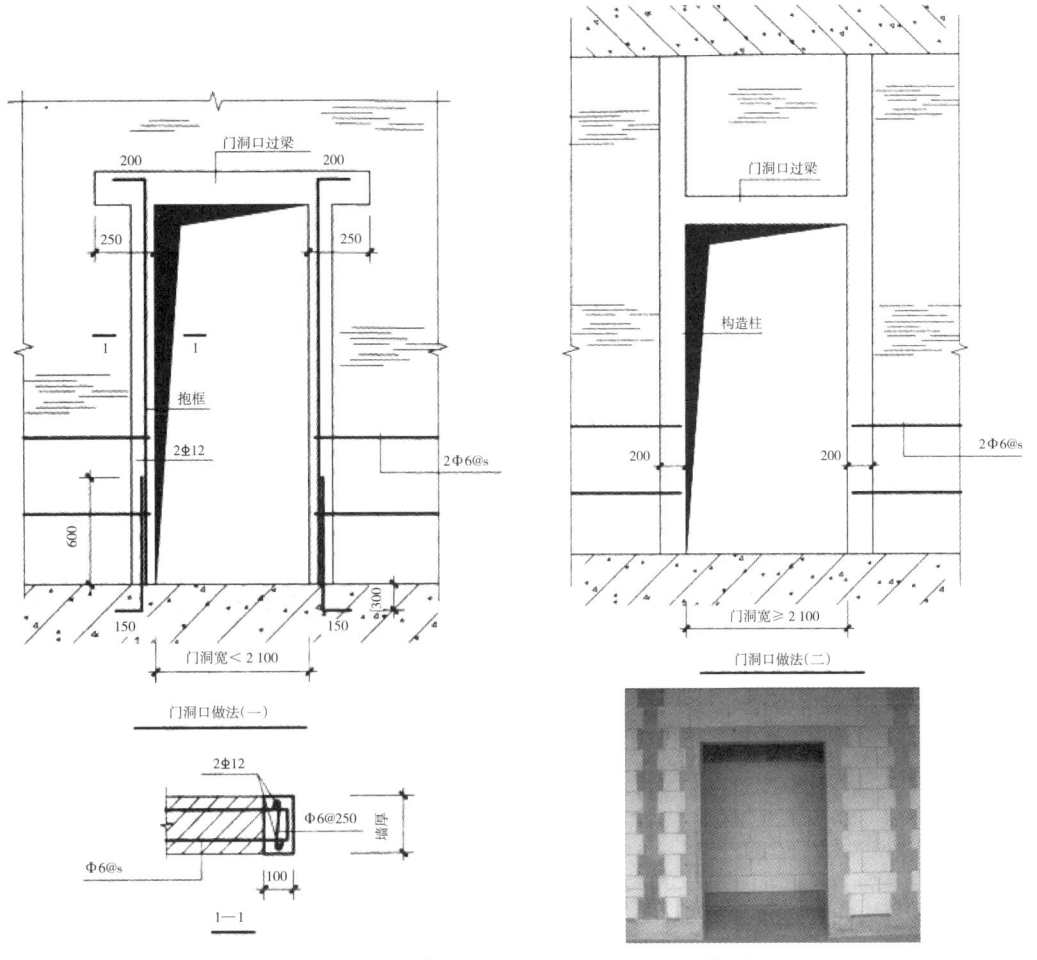

图 8.20　图集 12G614-1P17 门洞口做法

8.1.3　现浇混凝土梁(编码:010503)

1. 现浇混凝土梁相关清单项目

现浇混凝土梁包括基础梁、矩形梁、异形梁、圈梁、过梁、弧形梁(拱形梁)等项目。

(1)异形梁系指截面形状为非矩形的梁,如花篮形、T 形等。加腋梁等矩形变截面梁,不属于异形梁,仍为矩形梁。异形梁应在名称或特征中注明形状。

(2)基础圈梁按圈梁项目编码列项。基础层的架空梁按现浇矩形梁项目编码列项。圈梁与过梁相连时,应分别列项。卫生间、厨房等砌体墙底混凝土防水反沿按圈梁列项。

(3)基础梁系指位于地基或垫层上,连接独立基础、条形基础或桩承台的梁。

(4)若模板项目不单列,可在特征中注明含模板,且支撑高度超过 3.6 m 时也应注明支撑高度。

(5)斜梁应注明其坡度。

2. 工程量计算规则

现浇混凝土梁按设计图示尺寸以体积"m³"计算,不扣除构件内钢筋、预埋铁件所占体积。伸入墙内的梁头、梁垫并入梁体积内。

3. 工程量计算

主、次梁与柱连接时,梁长算至柱侧面(见图8.21);次梁与柱子或主梁连接时,次梁长度算至柱侧面或主梁侧面(见图8.22);当梁与混凝土墙连接时,梁的长度应算至混凝土墙边。即:梁与支座相交的部分计入支座。

伸入砌体墙内的梁头应计算在梁长度内,梁头有捣制梁垫者,其体积并入梁内计算。

悬臂梁与柱或圈梁连接时,按悬挑部分计算工程量;独立的悬臂梁按整个体积计算工程量。

4. 圈梁

按图示断面尺寸乘以梁长以立方米计算。梁长按下列规定确定:外墙按中心线长度计算,内墙按内墙净长计算。

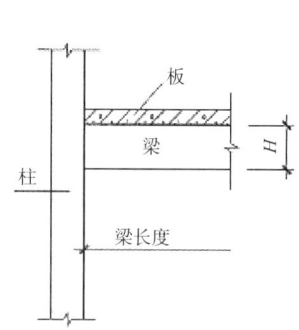

图 8.21 梁与柱连接示意图

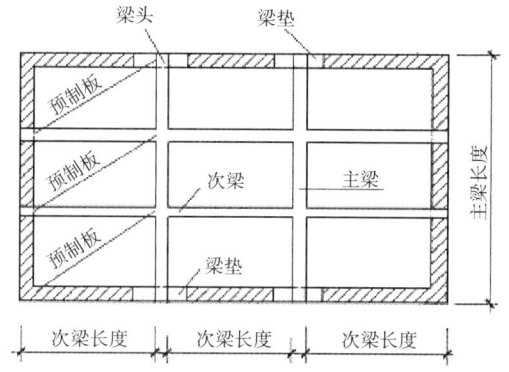

图 8.22 主梁与次梁连接示意图

圈梁与过梁连接者,分别套用圈梁、过梁定额;圈梁与过梁不易划分时,其过梁长度按门窗洞口外围两端共加 500 mm 计算,其他按圈梁计算,即:

(1)当圈梁与过梁相互独立时:

$$V_{QL} = S_断 \times (L_中 + L_内 = \sum L_{GZ})$$

(2)当圈梁与过梁合一时:

$$V_{QL} = S_断 \times (L_中 + L_内 = \sum L_{GZ} - \sum L_{GL})$$

圈梁与柱(或构造柱)连接时,圈梁长度算至柱(或构造柱)侧面。构造柱有马牙槎时,圈梁长度算至构造柱主断面(不包括马牙槎)的侧面。

(3)当圈梁与梁连接时。

圈梁体积应扣除伸入圈梁内的梁体积,如图8.23所示。

5. 过梁

按图示断面尺寸乘以过梁长以立方米计算。过梁高按有关图集计算,过梁宽一般同墙厚。过梁长度设计未规定时,按洞口宽度每边各加 250 mm 计算。过梁与柱(或构造柱)连接时,过梁长度算至柱(或构造柱)侧面。过梁示例如图 8.24 所示。

圈梁与过梁合一的过梁:过梁体积单独计算,此时过梁高同圈梁高。

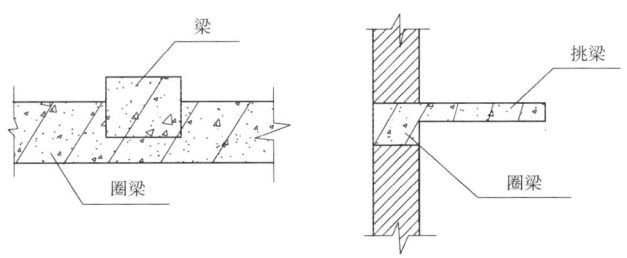

图 8.23　圈梁与梁连接示意图

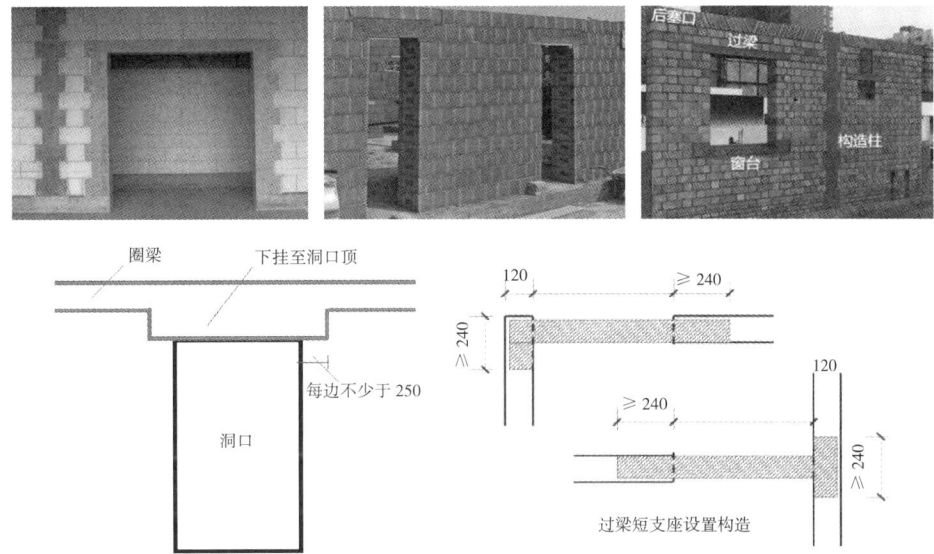

图 8.24　过梁有关图片

8.1.4　现浇混凝土墙(编码:010504)

1. 现浇混凝土墙相关清单项目

现浇混凝土墙包括直形墙、弧形墙、短肢剪力墙、挡土墙等项目。若模板项目不单列,可在特征中注明含模板,且支撑高度超过 3.6 m 时也应注明支撑高度。

短肢剪力墙是指截面厚度不大于 300 mm、各肢截面高度与厚度之比的最大值大于 4 但不大于 8 的剪力墙;各肢截面高度与厚度之比的最大值不大于 4 的剪力墙按柱项目编码列项,如图 8.25 所示。注:各肢截面厚度不一致时取小值,"各肢截面高度"是指各墙肢净长之和。

$$剪力墙砼 \begin{cases} 高/厚 \leqslant 4 \Rightarrow 柱 \\ 厚度 \leqslant 300 \text{ mm 且 } 4 < 高/厚 \leqslant 8 \Rightarrow 短肢剪力墙 \\ 高/厚 > 8 \Rightarrow 墙 \end{cases} 厚度取较窄肢的墙厚$$

图 8.25　短肢剪力墙判断

在图 8.26(a)中,各肢截面高度与厚度之比为(500 + 300)/200 = 4,所以按异形柱列项;在图 8.26(b)中,各肢截面高度与厚度之比为(600 + 300)/200 = 4.5,大于 4 不大于 8,按短肢

剪力墙列项。

（百度百科定义：墙垛是指在平面中凸出墙面的柱状构造，主要起加强墙体稳定性的作用，同时也可作局部承重构件，如门洞侧边的门垛构造。分为单面墙垛和双面墙垛。）

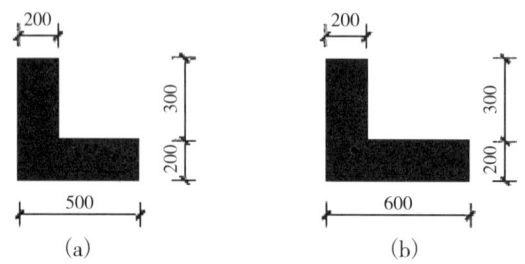

图 8.26　短肢剪力墙与柱判断

【拓展】CL 建筑结构体系(composite light-weight building system)，也称为复合保温钢筋焊接网架混凝土剪力墙，CL 复合剪力墙是由 CL 网架板(一种钢筋焊接聚苯乙烯夹心板)两侧浇筑混凝土后形成的，如图 8.27 所示。

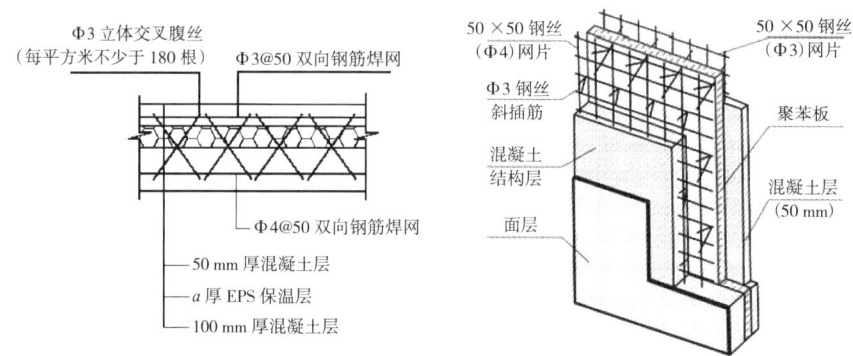

图 8.27　CL 复合剪力墙构造示意图

2. 工程量计算规则

现浇混凝土墙按设计图示尺寸以体积"m³"计算。不扣除构件内钢筋、预埋铁件所占体积，扣除门窗洞口及单个面积大于 0.3 m² 的孔洞所占体积，墙垛及突出墙面部分并入墙体体积内计算。墙与板相交，墙高算至板的底面。

【例 8.4】剪力墙如图 8.28 所示，列项计量。

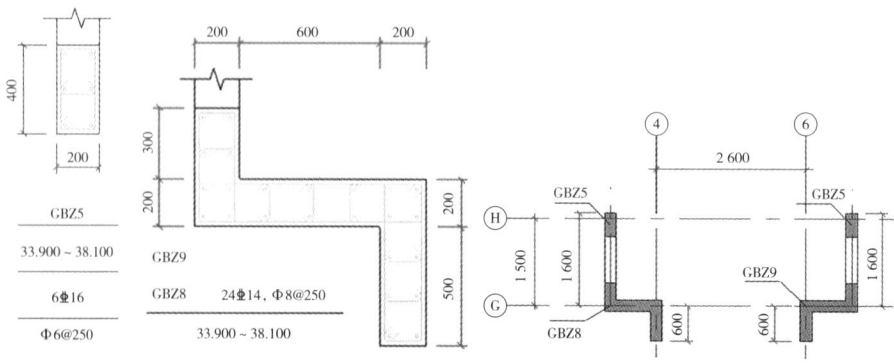

图 8.28　某混凝土墙施工图

【解】单根墙长＝(1.6＋0.8＋0.6)m＝3.0 m,高厚比＝3.0/0.2＝15＞8,按墙列项:

$$剪力墙工程量＝3.0×0.2×(38.1－33.9)×2 \text{ m}^3＝5.04 \text{ m}^3$$

8.1.5　现浇混凝土板(编码:010505)

1.现浇混凝土板相关清单项目

现浇混凝土板包括有梁板、无梁板、平板、拱板、薄壳板、栏板、天沟(檐沟)及挑檐板、雨篷、悬挑板及阳台板、空心板、其他板等项目。

若模板项目不单列,可在特征中注明含模板,且支撑高度超过 3.6 m 时也应注明支撑高度。

其他板是指计价规范中没有列项的其他板类构件,如飘窗板、空调板、遮阳板等。描述时可注明板的名称、部位和板的厚度。

(1)平板。

平板系指无柱、梁,直接用墙支承的板,即四边直接搁置在圈梁或承重墙上,或不与板整浇的独立梁上的板。斜板项目特征应注明其坡度。

(2)有梁板(见图 8.29)。

与现浇的梁(不含圈梁)整浇的板,均按有梁板计算。斜板项目特征应注明其坡度。

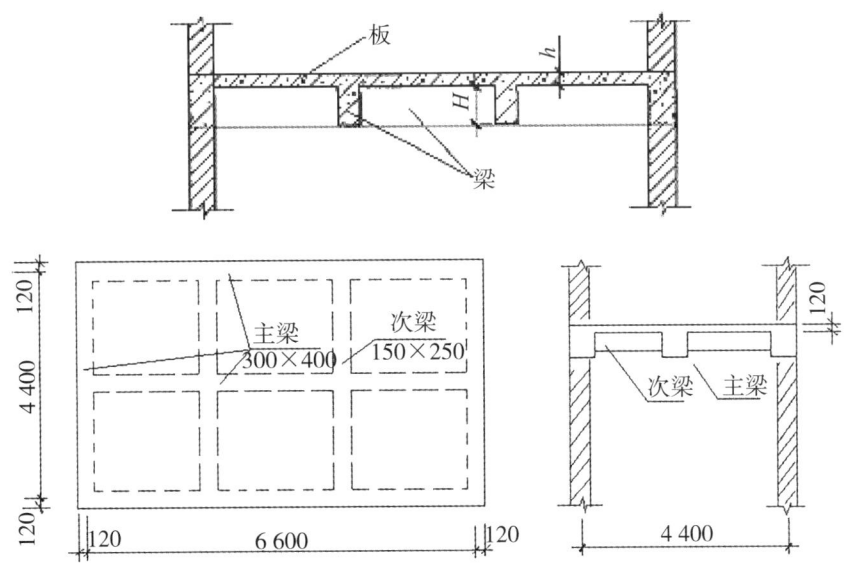

图 8.29　有梁板(包括主、次梁与板)

(3)无梁板(见图 8.30)。

无梁板系指不带梁直接用柱头支承的板。斜板项目特征应注明其坡度。

(4)压型钢板混凝土楼板按现浇平板项目编码列项。

(5)空心板内置筒芯、箱体(系指为形成现浇空心楼盖,在混凝土浇筑前安装放置的玻纤增强复合筒芯、叠合箱、蜂巢芯等,以形成混凝土内部空腔的工作)补充编码列项。

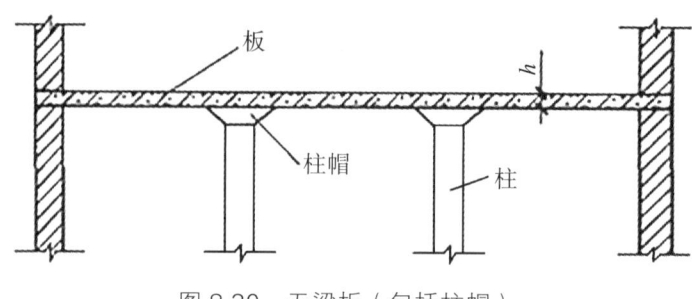

图 8.30　无梁板（包括柱帽）

（6）现浇挑檐、天沟板、雨篷、阳台与板（包括屋面板、楼板）连接时，以外墙外边线为分界线；与圈梁（包括其他梁）连接时，以梁外边线为分界线。外边线以外为挑檐、天沟、雨篷或阳台，如图 8.31 所示。

挑檐与雨篷高度≤ 400 mm 的栏板并入雨篷内，此时应在项目特征中注明包含栏板；栏板高度＞ 400 mm 时，栏板单独列项，此时挑檐与雨篷项目特征中可注明不包含栏板（参照湖北定额）。

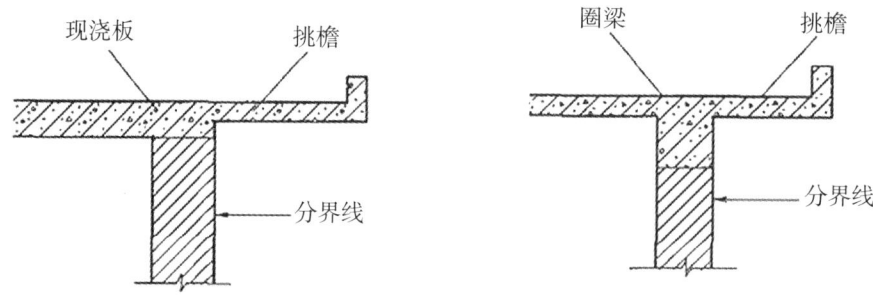

图 8.31　现浇混凝土挑檐板分界线示意图

2. 工程量计算规则

（1）有梁板、无梁板、平板、拱板、薄壳板、栏板，按设计图示尺寸以体积"m^3"计算。不扣除构件内钢筋、预埋铁件及单个面积小于或等于 0.3 m^2 的柱、垛以及孔洞所占体积，压型钢板混凝土楼板应扣除压型钢板以及因其板面凹凸嵌入板内的凹槽所占的体积。

有梁板（包括主、次梁与板）按梁、板体积之和计算，无梁板按板和柱帽体积之和计算，各类板伸入墙内的板头并入板体积内计算，薄壳板的肋、基梁并入薄壳板体积内计算。与圈梁相连的平板算至圈梁侧边，墙与板相交，墙高算至板的底面。

（2）天沟（檐沟）、挑檐板，按设计图示尺寸以体积"m^3"计算。

（3）雨篷、悬挑板、阳台板，按设计图示尺寸以墙外部分体积"m^3"计算。包括伸出墙外的牛腿和雨篷反挑檐的体积。特别说明：挑檐与雨篷栏板高度＞ 400 mm 时，可参照定额的办法把栏板单独列项，此时挑檐与雨篷项目特征中可注明不包含栏板。

（4）空心板，按设计图示尺寸以体积计算。空心板（GBF 高强薄壁蜂巢芯板等）应扣除空心部分（GBF 管）体积。

GBF 高强薄壁管现浇空心楼盖是在楼板内按一定方向埋置 GBF 高强薄壁管内模并浇注混凝土而形成的一种空心楼板结构体系，如图 8.32、图 8.33 所示。"内模"即为埋置在现浇混凝土空心楼盖中用以形成空腔且不取出的物体。

图 8.32 现浇空心楼盖中安装完成的 GBF 高强复合薄壁管图片

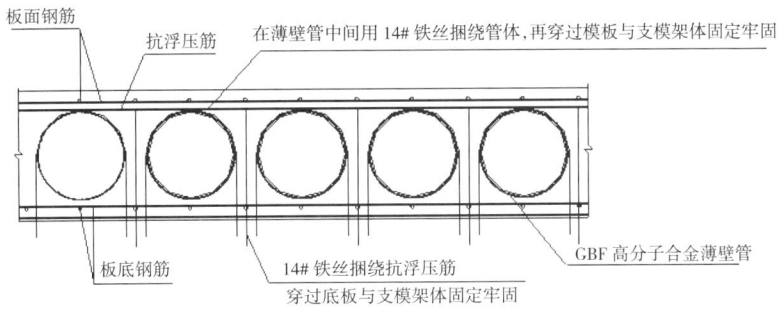

图 8.33 现浇空心楼盖构造示意图

【例 8.5】某 C30 有梁板如图 8.34、图 8.35 所示,板厚 100 mm。试计算有梁板清单工程量。

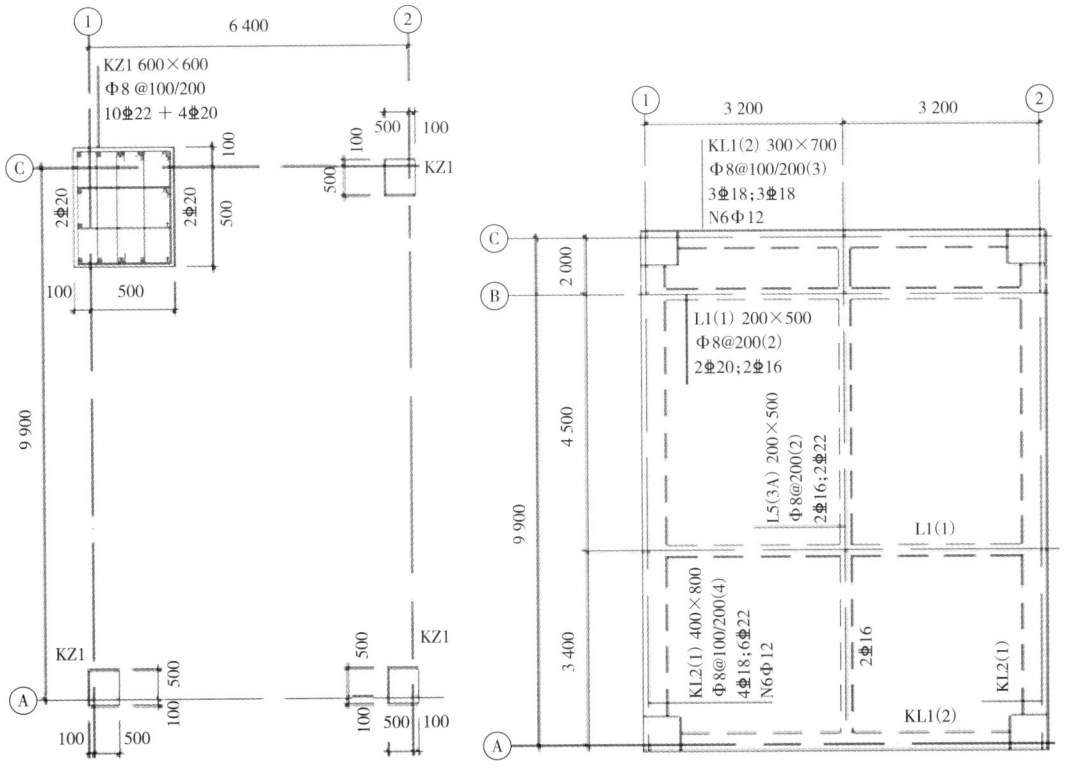

图 8.34 柱定位图

图 8.35 结构平面图

【解】 板水平面积 $= [(6.4 + 0.1 \times 2) \times (9.9 + 0.1 \times 2) - 0.3 \times 0.3 \times 4]\ \text{m}^2$

$= (6.6 \times 10.1 - 0.36)\ \text{m}^2 = (66.66 - 0.36)\ \text{m}^2 = 66.30\ \text{m}^2$

板体积 $= 66.3 \times 0.1\ \text{m}^3 = 6.63\ \text{m}^3$

板下梁体积 $= [(6.4 - 0.5 \times 2) \times 0.3 \times (0.7 - 0.1) \times 2 + (6.4 - 0.3 \times 2)$

$\times 0.2 \times (0.5 - 0.1) \times 2 + (9.9 - 0.5 \times 2) \times 0.4 \times (0.8 - 0.1)$

$\times 2 + (9.9 - 0.2 \times 4) \times 0.2 \times (0.5 - 0.1)]\ \text{m}^3$

$= (1.944 + 0.928 + 4.984 + 0.728)\ \text{m}^3 = 8.584\ \text{m}^3$

有梁板体积合计 $= (6.63 + 8.584)\ \text{m}^3 = 15.214\ \text{m}^3$

【例 8.6】某屋面平面及剖面如图 8.36 所示。试计算挑檐砼工程量。

【解】 底板中心线长 $= [(30 + 1.2 - 0.6) + (15 + 1.2 - 0.6)] \times 2\ \text{m} = 92.4\ \text{m}$

底板体积 $= 92.4 \times 0.6 \times 0.08\ \text{m}^3 = 4.44\ \text{m}^3$

挑檐立板中心线长 $= [(30 + 1.2 - 0.06) + (15 + 1.2 - 0.06)] \times 2\ \text{m} = 94.56\ \text{m}$

立板体积 $= 94.56 \times 0.06 \times 0.32\ \text{m}^3 = 1.82\ \text{m}^3$

挑檐砼工程量合计 $= 6.26\ \text{m}^3$

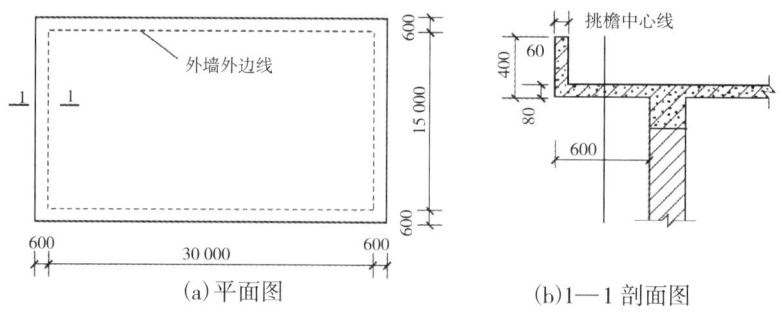

图 8.36 挑檐示意图

8.1.6 现浇混凝土楼梯(编码:010506)

1.现浇混凝土楼梯相关清单项目

现浇混凝土楼梯包括直形楼梯、弧形楼梯。架空式混凝土台阶,按现浇楼梯列项。

楼梯项目特征应描述楼梯形式。楼梯形式系指直形、弧形、螺旋;板式、梁式;单跑、双跑、三跑等。弧形楼梯是指一个自然层旋转弧度小于180°的楼梯,螺旋楼梯是指一个自然层旋转弧度大于180°的楼梯。

整体楼梯(包括直形楼梯、弧形楼梯、螺旋楼梯)水平投影面积包括休息平台、平台梁、斜梁和楼梯的连接梁。当整体楼梯与现浇楼板无梯梁连接时,以楼梯的最后一个踏步边缘加300 mm为界,如图8.37所示。

特别说明:连接梁又叫梯口梁;楼层平台不是休息平台,其工程量计入板中。

2.工程量计算规则

以"m²"计量,按设计图示尺寸以水平投影面积计算,不扣除宽度≤500 mm的楼梯井,伸入墙内部分不计算;以"m³"计量,按设计图示尺寸以体积计算。

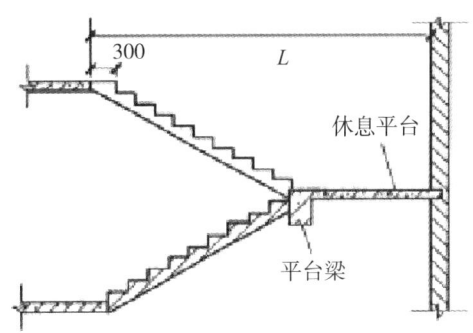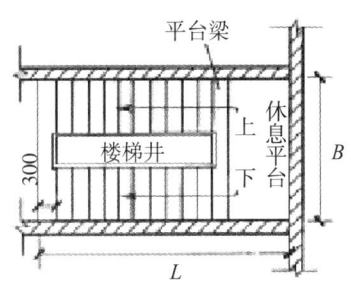

(a)整体楼梯与现浇楼板无梯梁连接

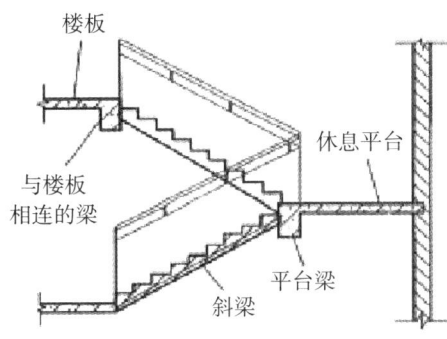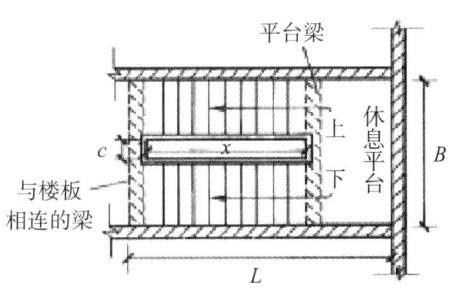

(b)整体楼梯与现浇楼板有梯梁连接

图 8.37　现浇混凝土楼梯示意图

【例 8.7】计算如图 8.38 所示(平台梁宽 300 mm)的现浇钢筋混凝土楼梯的混凝土工程量。若图中楼梯井宽为 700 mm,工程量是多少?

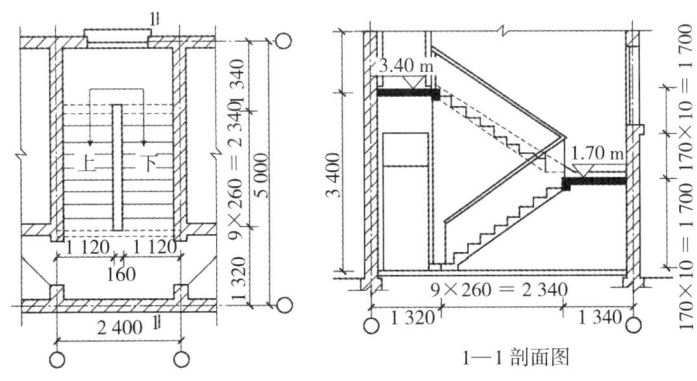

1—1 剖面图

图 8.38　钢筋混凝土楼梯示例

【解】(1)根据计算规则,现浇钢筋混凝土楼梯混凝土工程以图示水平投影面积计算,不扣除宽度小于 500 mm 的楼梯井。

楼梯混凝土工程量 $= (2.4 - 0.24) \times (2.34 + 1.34 - 0.12 + 0.3)\, \text{m}^2 = 8.34\, \text{m}^2$

(2)楼梯井宽为 700 mm 时,工程量要扣除超出 500 mm 的部分。

楼梯混凝土工程量 $= [8.34 - 2.34 \times (0.7 - 0.5)]\, \text{m}^2 = 7.872\, \text{m}^2$

【例 8.8】计算如图 8.39 所示螺旋楼梯的混凝土工程量。

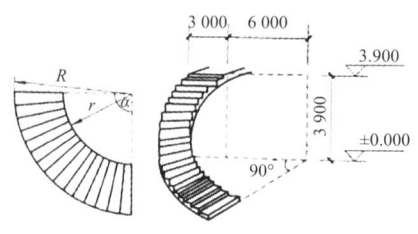

图 8.39　螺旋楼梯示例

【解】　螺旋楼梯混凝土工程量 $= \pi(9^2-6^2)\times 90°/360°$ m$^2 = 35.33$ m^2

8.1.7　现浇混凝土其他构件(编码:010507)及后浇带(编码:010508)

1.现浇混凝土其他构件相关清单项目示例

现浇混凝土其他构件包括散水与坡道、室外地坪、电缆沟与地沟、台阶、扶手、压顶、化粪池和检查井、其他构件,如表 8.5 所示。

表 8.5　现浇混凝土其他构件及后浇带项目特征描述示例表

项目编码	项目名称	项目特征描述示例	计量单位	项目特征描述提示
010507001001	散水	1. 垫层 150 厚 3:7 灰土; 2. 面层 60 mm 厚 C15 砼; 3. 沥青麻丝填塞缝	m²	1. 项目特征描述:混凝土种类、混凝土的强度等级,其中混凝土的种类指预拌(商品)混凝土、现拌混凝土;清水混凝土、彩色混凝土;防水混凝土、耐酸混凝土;毛石混凝土、轻骨料混凝土等设计和施工需明确的混凝土种类。如工程项目对砼拌和料有特殊要求应注明。 2. 若模板项目不单列,可在特征中注明含模板。 3. 电缆沟、地沟应描述沟截面净空尺寸及做法。 4. 如果设计采用的是标准图集做法,项目特征的描述可直接引用标准图集号及工程做法。 5. 化粪池或检查井也可综合底壁顶为一项,以座为单位。此时应描述规格大小。 6. 现浇混凝土小型池槽、垫块、门框等,应按其他构件项目编码列项,并描述部位与规格。 7. 后浇带应描述适用部位(梁、墙、板等)
010507001002	坡道	做法见 11 ZJ001 坡 10	m²	
010507002001	室外地坪	C30 商品砼 150 mm 厚	m²	
010507003001	电缆沟、地沟	做法见 ×× 图 ×× 节点	m	
010507004001	台阶(含台阶平台)	做法见 11 ZJ001	m²/m³	
010507005001	扶手、压顶	C30 商品砼	m/m³	
010507006001	化粪池底	C30 商品砼 S8	m³	
010507006002	化粪池壁	C30 商品砼 S8		
010507006003	化粪池顶	C30 商品砼 S8		
010507006004	检查井底	C30 商品砼 S6		
010507006005	检查井壁	C30 商品砼 S6		
010507006006	检查井顶	C30 商品砼 S6		
010507007001	其他构件	门框,截面 60×150,C30 商品砼	m³	
010508001001	后浇带	C30 微膨胀商品砼	m³	

现浇混凝土小型池槽、垫块、门框等,应按其他构件项目编码列项。

架空式混凝土台阶,按现浇楼梯计算。

台阶项目应注明是否包含台阶平台。台阶平台混凝土可单独按混凝土垫层编码列项。

2. 工程量计算规则

(1)散水、坡道、室外地坪,按设计图示尺寸以水平投影面积"m²"计算。不扣除单个面积小于或等于 0.3 m² 的孔洞所占面积。

(2)电缆沟、地沟,按设计图示以中心线长度"m"计算。

(3)台阶,以"m²"按设计图示尺寸水平投影面积计算;以"m³"计量,按设计图示尺寸以体积计算。

(4)扶手、压顶,以"m"按设计图示的中心线延长米计算;以"m³"计量按设计图示尺寸以体积计算。

(5)化粪池、检查井及其他构件,以"m³"计量,按设计图示尺寸以体积计算;以"座"计量,按设计图示数量计算。

(6)后浇带工程量按设计图示尺寸以体积"m³"计算。后浇带项目适用于梁、墙、板的后浇带。

【例 8.9】某台阶平面如图 8.40 所示,试计算其砼工程量。

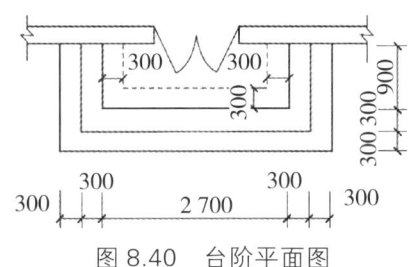

图 8.40 台阶平面图

【解】台阶与平台相连,则台阶应算到最上一层踏步外沿加 300 mm。

台阶模板工程量 = 台阶水平投影面积

$$= [(2.7 + 0.3 \times 4) \times (0.9 + 0.3 \times 2) - (2.7 - 0.3 \times 2) \times (0.9 - 0.3)] \text{ m}^2$$

$$= 4.59 \text{ m}^2$$

台阶砼工程量 = 台阶水平投影面积 = 4.59 m²

8.1.8 预制混凝土

非装配式规范标准设计的厂库房中的预制混凝土构件、现浇混凝土结构中的局部预制混凝土构件按"预制混凝土构件"中的相关项目编码列项。

预制混凝土构件按现场制作编制项目,"工作内容"中包括模板工程,模板不再另列项目。若采用成品预制混凝土构件,构件成品价(包括模板、钢筋、混凝土等所有费用)应计入综合单价。

1. 列项相关说明

(1)预制混凝土屋架形式系指折线形、三角形、锯齿形等,预制混凝土天窗架组成系指天窗架、端壁板、侧板、上下档、支撑及檩条等。

（2）预制混凝土板的形式系指平板、槽形板、双 T 板等，部位系指楼板、墙板、屋面板、挑檐板、雨篷板、栏板等。

不带肋的预制遮阳板、雨篷板、挑檐板、栏板等，应按平板项目编码列项。预制 F 形板、双 T 形板、单肋板和带反挑檐的雨篷板、挑檐板、遮阳板等，应按带肋板项目编码列项。预制大型墙板、大型楼板、大型屋面板等，按中大型板项目编码列项。

（3）预制钢筋混凝土小型池槽、压顶、扶手、垫块、墩块、隔热板、花格等，按其他构件项目编码列项。

（4）预制混凝土构件或预制钢筋混凝土构件，如施工图设计标注做法见标准图集时，项目特征注明标准图集的编码、页号及节点大样即可。

（5）一般预制混凝土构件项目中，除"混凝土构件现场预制"项目外，其余工作内容均不包括构件制作，仅为成品构件的现场安装、灌缝、灌浆等。

（6）以"块、套、根、榀"计量的项目，项目特征必须描述单件体积。

2. 工程量计算规则

（1）预制混凝土柱（编码：010509）。

预制混凝土柱包括矩形柱、异形柱。

以"m³"计量时，按设计图示尺寸以体积计算；以"根"计量时，按设计图示尺寸以数量计算。

项目特征描述：图代号、单件体积、安装高度、混凝土强度等级、砂浆（细石混凝土）强度等级及配合比。

（2）预制混凝土梁（编码：010510）。

预制混凝土梁包括矩形梁、异形梁、过梁、拱形梁、鱼腹式吊车梁和其他梁。

以"m³"计量时，按设计图示尺寸以体积计算；以"根"计量时，按设计图示尺寸以数量计算。

项目特征描述要求与预制混凝土柱相同。

（3）预制混凝土屋架（编码：010511）。

预制混凝土屋架包括折线形屋架、组合屋架、薄腹屋架。门式刚架屋架、天窗架屋架。三角形屋架按折线形屋架项目编码列项。

以"m³"计量时，按设计图示尺寸以体积计算；以"榀"计量时，按设计图示尺寸以数量计算。

（4）预制混凝土板（编码：010512）。

预制混凝土板包括平板、空心板、槽形板、网架板、折线板、带肋板、大型板、沟盖板（井盖板）和井圈。

① 平板、空心板、槽形板、网架板、折线板、带肋板。

大型板，以"m³"计量时，按设计图示尺寸以体积计算，不扣除单个面积≤ 300 mm × 300 mm 的孔洞所占体积，扣除空心板空洞体积；以"块"计量时，按设计图示尺寸以数量计算。

② 沟盖板、井盖板、井圈。

以"m³"计量时，按设计图示尺寸以体积计算；以"块"计量时，按设计图示尺寸以数量计算。

（5）预制混凝土楼梯（编码：010513）。

以"m³"计量时，按设计图示尺寸以体积计算，扣除空心踏步板空洞体积；以"段"计量时，按设计图示数量计算。

(6)其他预制构件(编码:010514)。

其他预制构件包括烟道、垃圾道、通风道及其他构件。预制钢筋混凝土小型池槽、压顶、扶手、垫块、隔热板、花格等,按其他构件项目编码列项。

工程量计算以"m³"计量时,按设计图示尺寸以体积计算,不扣除单个面积≤300 mm×300 mm的孔洞所占体积。扣除烟道、垃圾道、通风道的孔洞所占体积;以"m²"计量时,按设计图示尺寸以面积计算,不扣除单个面积≤300 mm×300 mm的孔洞所占面积;以"根"计量时,按设计图示尺寸以数量计算。

8.1.9　装配式混凝土(编码:010503)及后浇混凝土(编码:010504)2018计量规范意见稿

2013计量规范中暂无装配式混凝土构件清单,执行2013计量规范时可按预制构件列项,也可补充清单。以下是2018计量规范意见稿中有关内容。

1. 装配式预制混凝土构件

工程量按成品构件设计图示尺寸以体积计算。不扣除构件内钢筋、预埋铁件、配管、套管、线盒及单个面积≤0.3 m²的孔洞、线箱等所占体积,构件外露钢筋体积亦不再增加。

① 装配式混凝土与装配整体式混凝土结构中的预制混凝土构件按"0503 装配式预制混凝土构件"中的相关项目编码列项。

② 装配式预制板的类型系指桁架板、网架板、PK板等。

③ 装配式预制剪力墙墙板的部位系指内墙、外墙。

④ 单独预制的凸(飘)窗按凸(飘)窗项目编码列项,依附于外墙板制作的凸(飘)窗,按相应墙板项目编码列项。

⑤ 柱梁板墙项目特征中安装高度可以不描述。

⑥ 装配式构件安装包括构件固定所需临时支撑的搭设及拆除,支撑(含支撑用预埋铁件)种类及搭设方式如采用特殊工艺需注明,可在项目特征中额外说明。

装配式构件吊装机械及场内运距也可在项目特征中描述;场内运距可描述为:投标人自行考虑,结算时运距不再调整。

2. 后浇混凝土

后浇混凝土分后浇带、叠合梁板、叠合剪力墙、装配构件梁柱连接、装配构件墙柱连接等列项。工程量均按设计图示尺寸以体积计算。

① 现浇混凝土结构中的后浇带、装配整体式混凝土结构中的现场后浇混凝土按"0504 后浇混凝土"中的相关项目编码列项。

② 墙板或柱等预制垂直构件之间设计采用现浇混凝土墙连接的,当连接墙的长度在2 m以内时,按连接墙、柱项目编码列项,长度超过2 m的,按0501 现浇混凝土构件中的短肢剪力墙项目编码列项。

③ 叠合楼板或整体楼板之间设计采用现浇混凝土板带拼缝的,板带混凝土浇捣工程量并入"叠合梁板"工程量内。

8.1.10 钢筋工程(编码:010515)及螺栓、铁件(编码:010516)

1.钢筋工程及螺栓、铁件相关清单项目

钢筋工程包括现浇构件钢筋、预制构件钢筋、钢筋网片、钢筋笼、先张法预应力钢筋、后张法预应力钢筋、预应力钢丝、预应力钢绞线、支撑钢筋(铁马)、声测管。螺栓、铁件包括螺栓、预埋铁件和机械连接。植筋项目清单缺项,可补充编制。

现浇(预制)构件钢筋、钢筋网片、钢筋笼项目特征描述:钢筋种类、规格,钢筋作用等。钢筋作用系指受力钢筋(直筋)、箍筋、构造筋、砌体拉结筋等。

钢筋网片适用于土钉墙、锚钉墙支护等,钢筋笼适用于砼灌注桩。

预应力钢筋项目特征描述:钢筋种类、规格,钢丝种类、规格,钢绞线种类、规格,锚具种类,张拉方式,砂浆强度等级。

钢筋机械连接项目特征描述:连接方式,螺纹套筒种类、规格。钢筋机械连接的连接方式系指直螺纹套筒、锥螺纹套筒、冷挤压等。

螺栓项目特征描述:螺栓种类、规格、使用部位、端头处理方式。

预埋铁件项目特征描述:钢材种类、规格,铁件尺寸。

砌体拉结筋须单独列项。

马镫筋、斜撑筋、抗浮筋、垫铁等非设计结构配筋,按支撑钢筋项目编码列项,按设计及施工规范要求或实际施工方案计算工程量。

现浇混凝土中的预埋螺栓、锚入混凝土结构的化学螺栓、因特殊需要留置在混凝土内不周转使用的对拉螺栓(2018定额地下室外墙胶合板模板子目中已包含不周转使用的止水螺杆)按螺栓项目编码列项,钢结构及装配式木结构使用的螺栓应按其相应要求编码列项。

钢筋压力焊连接暂按机械连接编码列项,植筋、砌体加筋暂按现浇构件钢筋编码列项。钢筋连接、植筋在编制工程量清单时,如果设计未明确,可按相关设计因素初步设定施工方案计算工程量,并在项目特征中进行基本描述。

2.工程量计算规则

(1)现浇构件钢筋、预制构件钢筋、钢筋网片、钢筋笼,按设计图示钢筋(网)长度(面积)乘以单位理论质量以"t"计算。

现浇构件中伸出构件的锚固钢筋应并入钢筋工程量内,除设计(包括规范规定)标明的搭接外,其他施工搭接不计算工程量(即:设计图示及规范要求未标明搭接长度的,不另计算搭接长度)。

钢筋的工作内容中包括了焊接(或绑扎)连接,不需要计量,在综合单价中考虑,但机械连接需要单独列项计算机械连接工程量。

(2)先张法预应力钢筋,按设计图示钢筋长度乘以单位理论质量以"t"计算。

(3)后张法预应力钢筋、预应力钢丝、预应力钢绞线,按设计图示钢筋(丝束、绞线)长度乘以单位理论质量以"t"计算。其长度应按以下规定计算:

① 低合金钢筋两端均采用螺杆锚具时,钢筋长度按孔道长度减0.35 m计算,螺杆另行计算。

② 低合金钢筋一端采用镦头插片,另一端采用螺杆锚具时,钢筋长度按孔道长度计算,螺杆另行计算。

③ 低合金钢筋一端采用镦头插片,另一端采用帮条锚具时,钢筋增加 0.15 m 计算;两端均采用帮条锚具时,钢筋长度按孔道长度增加 0.3 m 计算。

④ 低合金钢筋采用后张混凝土自锚时,钢筋长度按孔道长度增加 0.35 m 计算。

⑤ 低合金钢筋(钢绞线)采用 JM、XM、QM 型锚具,孔道长度 ≤ 20 m 时,钢筋长度增加 1 m 计算,孔道长度 > 20 m 时,钢筋长度增加 1.8 m 计算。

⑥ 碳素钢丝采用锥形锚具,孔道长度小于或等于 20 m,钢丝束长度按孔道长度增加 1 m 计算,孔道长度大于 20 m 时,钢丝束长度按孔道长度增加 1.8 m 计算。

⑦ 碳素钢丝采用镦头锚具时,钢丝束长度按孔道长度增加 0.35 m 计算。

(4) 支撑钢筋(铁马),按钢筋长度乘以单位理论质量以“t”计算。在编制工程量清单时,如果设计未明确,其工程数量可为暂估量,结算时按现场签证数量计算。

(5) 声测管,按设计图示尺寸以质量“t”计算。

(6) 螺栓、预埋铁件,按设计图示尺寸以质量“t”计算。

(7) 机械连接,按数量“个”计算。钢筋连接的数量可参考《房屋建筑与装饰工程消耗量定额》TY 01-31-2015 中的规定确定。即钢筋连接的数量按设计图示及规范要求计算,设计图示及规范要求未标明的,按以下规定计算:

① Φ10 以内的长钢筋按每 12 m 计算一个钢筋搭接(接头);

② Φ10 以上的长钢筋按每 9 m 计算一个搭接(接头)。

3. 钢筋工程量计算方法

$$现浇构件钢筋工程量 = 钢筋长度 \times 钢筋每米理论重量$$
$$钢筋每米理论重量(kg/m) = 0.006\,165 \times D^2$$

式中:D——钢筋直径,计量单位为 mm。

现浇构件钢筋长度计算与抗震等级、混凝土强度等级、钢筋直径(d)、钢筋级别、搭接形式、锚固要求、保护层厚度(h_c)等有关。

钢筋长度按钢筋中心线计算,要考虑混凝土保护层厚度、弯起钢筋增加长度、锚固长度、搭接长度、钢筋的弯钩增加长度和弯曲调整值(量度差)等因素的影响。

4. 钢筋弯钩增加长度

钢筋的弯钩和弯折的规定及构造要求,参见《混凝土结构工程施工规范》(GB 50666—2011)、平法系列图集 22 G101、钢筋排布图集 18G901 和《混凝土结构设计规范(2015 版)》GB 50010—2010 等。

KZ 箍筋工程量计算

钢筋弯钩增加长度如表 8.6、表 8.7 所示。

表 8.6　纵向钢筋弯钩增加长度计算表

弯钩形式	180°	90°		
弯弧内直径 D 取值	HPB300 钢筋 $D = 2.5d$	400 MPa 钢筋 $D = 4d$	500 MPa 钢筋 $d \leq 25$ 时 $D = 6d$	500 MPa 钢筋 $d > 25$ 时 $D = 7d$
公式	$1.071D + 0.57d + L_p$	$0.285D - 0.215d + L_p$		

续表

弯钩形式		180°	90°		
纵筋弯钩增加长度	HPB300 无直钩的受力筋($L_p = 3d$)	6.25d	—	—	—
	非框架梁下部纵筋伸入边支座长度不满足直锚时($L_p = 5d$)	—	5.93d	6.50d	6.78d
	楼层框架上下纵筋、非框架梁上部纵筋、屋面框架梁下部纵筋、剪力墙水平筋、板端负筋弯锚;柱纵筋、墙竖筋基础中弯锚($L_p = 12d$)	—	12.93d(此时弯折长为15d)	13.50d(此时弯折长为16d)	13.78d(此时弯折长为16.5d)
	顶层中柱、剪力墙竖向筋顶部弯锚($L_p = 9d$)	—	9.93d(此时弯折长为12d)	10.50d(此时弯折长为13d)	10.78d(此时弯折长为13.5d)
	柱纵筋、墙竖筋基础中直锚($L_p = 3d$)	—	3.93d(此时弯折长为6d)	4.50d(此时弯折长为7d)	4.78d(此时弯折长为7.5d)

表 8.7　箍筋弯钩增加长度计算表

弯钩形式			135°			
弯弧内直径 D 取值			HPB300 钢筋	400 MPa 钢筋	500MPa 钢筋	
			$D = 2.5d$	$D = 4d$ (16G101/18G901 /22G101)	$D = 6d$ $d \leqslant 25$ 时	$D = 7d$ $d > 25$ 时
弯钩增加长度计算公式			$0.678D + 0.178d + L_p$			
箍筋和拉筋	非抗震砌体等结构的砼构件	$L_p = 5d$	6.87d	7.89d	9.25d	9.92d
	非框架梁、不考虑地震作用的悬挑梁、剪力墙	$L_p = 5d$	6.87d	7.89d	9.25d	9.92d
	抗震构件、框架、基础等结构构件,考虑受扭的构件	$d \geqslant 8$ 时 $L_p = 10d$	11.87d	12.89d	14.25d	14.92d
		$d \leqslant 6$ 时 $L_p = 75$	1.87d + 75	2.89d + 75	4.25d + 75	4.92d + 75

5. 弯曲调整值(量度差)

钢筋弯曲时外侧伸长,内侧缩短,轴线长度不变。因弯曲处形成圆弧而量尺寸又是沿直线外,量外包尺寸,因此弯曲钢筋的量度尺寸大于下料尺寸(轴线尺寸、中心线尺寸),两者之间的差值就是弯曲调整值(又名量度差)。

钢筋一次弯折弯曲调整值如表 8.8 所示。

表 8.8　钢筋一次弯折弯曲调整值

钢筋弯曲角度		90°
弯曲调整值公式		$0.215D + 1.215d$
一般情况下	HPB300 级钢筋 $D = 2.5d$	$1.75d$
	400 MPa 钢筋 $D = 4d$(16G101/22G101)	$2.08d$
	500 MPa 级钢筋 $d < 28$ 时 $D = 6d$	$2.51d$
	500 MPa 级钢筋 $d \geqslant 28$ 时 $D = 7d$	$2.72d$
平法梁柱	顶层框架梁柱 $d \leqslant 25$ 时 $D = 12d$	$3.80d$
	顶层节点 $d > 25$ 时 $D = 16d$	$4.66d$

【例 8.10】某培训中心钢筋工程量如表 8.9 所示。请对钢筋进行清单列项并计量。

表 8.9　钢筋工程量统计表

级别	类型	6	8	10	12	14	16	18	20	22	25	28	32	小计
HPB 300	直筋	4.841												4.841
	箍筋	3.918	0.002											3.920
	砌体通长筋	12.156												12.156
	措施筋		1.156											1.156
	小计 / t	20.915	1.158											22.073
HRB 400	直筋	1.605	63.666	46.432	15.380	60.894	21.976	31.165	31.731	38.106	48.703	7.462	3.849	370.969
	箍筋	10.978	55.517	21.760	0.132									88.387
	砌体通长筋													0.000
	措施筋										1.189			1.189
	小计 / t	12.583	119.183	68.192	15.512	60.894	21.976	31.165	31.731	38.106	49.892	7.462	3.849	460.545
直螺纹接头数量 / 个						2 472	778	149	189	218	76			3 882

【解】计算见表 8.10。

表 8.10　钢筋工程清单工程量计算表

序号	项目编码	项目名称	项目特征	计算式	工程量合计	计量单位
1	010515001001	现浇构件钢筋	HPB300、ϕ6	直 4.841 ＋ 箍 3.918 ＝ 8.759	8.759	t
	010515001002	现浇构件钢筋	砌体加固筋，HPB300，ϕ6	12.156	12.156	t
2	010515001003	现浇构件钢筋	HPB300、ϕ8	箍 0.002	0.002	t
3	010515001004	现浇构件钢筋	HRB400、ϕ6	直 1.605 ＋ 箍 10.978 ＝ 12.583	12.583	t
4	010515001005	现浇构件钢筋	HRB400、ϕ8	直 63.666 ＋ 箍 55.517 ＝ 119.183	119.183	t
5	010515001006	现浇构件钢筋	HRB400、ϕ10	直 46.432 ＋ 箍 21.760 ＝ 68.192	68.192	t
6	010515001007	现浇构件钢筋	HRB400、ϕ12	直 15.380 ＋ 箍 0.132 ＝ 15.512	15.512	t
7	010515001008	现浇构件钢筋	HRB400、ϕ14	直 60.894	60.894	t
8	010515001009	现浇构件钢筋	HRB400、ϕ16	直 21.976	21.976	t
9	010515001010	现浇构件钢筋	HRB400、ϕ18	直 31.165	31.165	t
10	010515001011	现浇构件钢筋	HRB400、ϕ20	直 31.731	31.731	t
11	010515001012	现浇构件钢筋	HRB400、ϕ22	直 38.106	38.106	t
12	010515001013	现浇构件钢筋	HRB400、ϕ25	直 48.703	48.703	t
	010515001014	现浇构件钢筋	HRB400、ϕ28	直 7.462	7.462	t
	010515001015	现浇构件钢筋	HRB400、ϕ32	直 3.849	3.849	t
13	010515009001	支撑钢筋	HPB300、ϕ8，HRB400、ϕ25	1.156 ＋ 1.189 ＝ 2.345	2.345	t
14	010516003001	机械连接	1.直螺纹连接 2.滚压套筒 3.规格：≤ϕ16	2472	2472	个
	010516003002	机械连接	1.直螺纹连接 2.滚压套筒 3.规格：≤ϕ20	778 ＋ 149 ＝ 927	927	个
	010516003003	机械连接	1.直螺纹连接 2.滚压套筒 3.规格：≤ϕ25	189 ＋ 218 ＝ 407	407	个
	010516003004	机械连接	1.直螺纹连接 2.滚压套筒 3.规格：≤ϕ32	76	76	个

8.1.11　混凝土模板及支架(撑)(编码:011702)

现浇混凝土构件模板及支架(撑)可以不单独列清单项,而是包含于现浇混凝土清单项目中,此时其综合单价应包含模板及支撑(架)。

现浇混凝土构件模板及支架(撑)也可以单独列清单项,其清单项目包括基础,矩形柱、构造柱、异形柱,基础梁、矩形梁、异形梁、圈梁、过梁、弧形及拱形梁,直形墙、弧形墙、短肢剪力墙及电梯井壁,有梁板、无梁板、平板、拱板、薄壳板、空心板、其他板、栏板,天沟及檐沟,雨篷、悬挑板、阳台板,楼梯,其他现浇构件,电缆沟、地沟,台阶、扶手、散水、后浇带、化粪池、检查井。

预制混凝土构件不另列模板清单,因为预制混凝土构件清单综合单价中包括模板、钢筋、混凝土等所有费用。

1. 工程量计算规则

现浇混凝土构件模板及支架(撑)需单独列清单项时,其工程量以"m^2"计量,按模板与混凝土构件的接触面积计算。按接触面积计算的规则与方法如下:

(1)现浇混凝土基础、柱、梁、墙板等主要构件模板及支架工程量按模板与现浇混凝土构件的接触面积以"m^2"计算。

① 现浇钢筋混凝土墙、板单孔面积小于或等于 $0.3\ m^2$ 的孔洞不予扣除,洞侧壁模板亦不增加,单孔面积大于 $0.3\ m^2$ 时应予扣除,洞侧壁模板面积并入墙、板工程量内计算。

② 现浇框架分别按梁、板、柱有关规定计算,附墙柱、暗梁、暗柱并入墙内工程量内计算。

③ 柱、梁、墙、板相互连接的重叠部分,均不计算模板面积。

④ 构造柱按图示外露部分计算模板面积。

(2)天沟、檐沟、电缆沟、地沟,散水、扶手、后浇带、化粪池、检查井,按模板与现浇混凝土构件的接触面积以"m^2"计算。

(3)雨篷、悬挑板、阳台板,按图示外挑部分尺寸的水平投影面积以"m^2"计算,挑出墙外的悬臂梁及板边不另计算。

(4)楼梯,按楼梯(包括休息平台、平台梁、斜梁和楼层板的连接梁)的水平投影面积以"m^2"计算,不扣除宽度小于或等于 500 mm 的楼梯井所占面积,楼梯踏步、踏步板、平台梁等侧面模板不另计算,伸入墙内部分亦不增加。

2. 相关说明

(1)原槽浇灌的混凝土基础、垫层不计算模板工程量。

(2)若现浇混凝土梁、板支撑高度超过 3.6 m 时,项目特征应描述支撑高度。

(3)采用清水模板时,应在特征中注明。

(4)有梁板计算模板与支架(撑)。不另计算脚手架的工程量。

(5)模板一般按支撑在坚实的地基上考虑。如属于软弱地基、湿陷性黄土地基、冻胀性土等所发生的地基处理费用,补充清单。

【例 8.11】某工程在如图 8.41 所示位置上设置了构造柱,已知构造柱断面尺寸为 240 mm×240 mm,柱高度 3 m,墙厚 240 mm,试计算构造柱模板工程量。

【解】(1)90°转角处:

$$GZ\ 模板工程量 = [(0.24 + 0.06) \times 2 + 0.06 \times 2)] \times 3\ m^2 = 2.16\ m^2$$

(2)T 形接头处:

$$GZ 模板工程量 = (0.24 + 0.06 + 0.06×4)×3 \ m^2 = 1.62 \ m^2$$

（3）十字接头处：

$$GZ 模板工程量 = 0.06×8×3 \ m^2 = 1.44 \ m^2$$

（4）一字接头处：

$$GZ 模板工程量 = (0.24 + 0.06×2)×2×3 \ m^2 = 2.16 \ m^2$$

（5）构造柱模板工程量合计：

$$(2.16 + 1.62 + 1.44 + 2.16) \ m^2 = 7.38 \ m^2$$

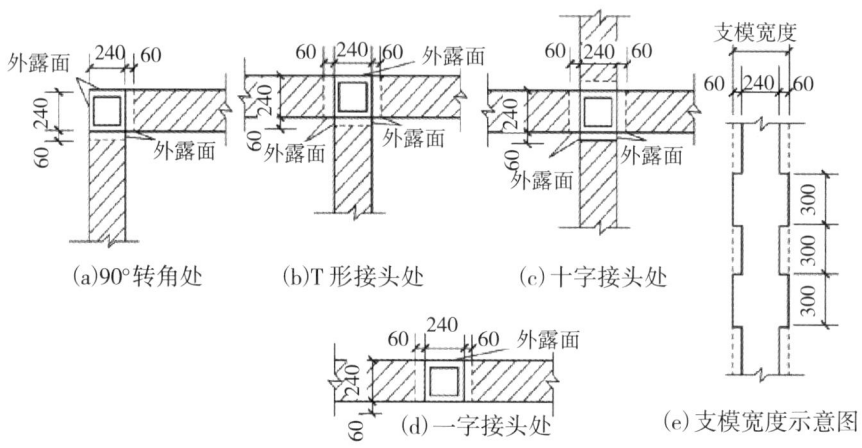

图 8.41　构造柱设置示意图

【例 8.12】某框架结构局部如图 8.42 所示。基础、柱、梁混凝土强度等级均为 C30，独立基础基底标高−1.8 m，室外地面标高−0.45 m，框架柱 KZ1 起止段为基础顶面至 6.27 m 处，柱的截面尺寸为 400 mm×400 mm，轴线与柱中心线重合。请计算图中楼层框架梁、独立基础和框架柱混凝土以及模板工程量并编制清单。KL1 按矩形梁计算，不考虑板的因素。

【解】（1）计算结果如表 8.11 所示。

表 8.11　工程量计算表

序号	项目编码	项目名称	计算式	工程量合计	计量单位
1	010501003001	独立基础	$1.5×1.5×0.45×3 = 3.04$	3.04	m^3
2	010502001001	矩形柱	$0.4×0.4×(1.8−0.45 + 6.27)×3 = 3.66$	3.66	m^3
3	010503002001	矩形梁	$0.3×0.65×(3.6−0.4 + 6.9−0.4) = 1.89$	1.89	m^3
4	011702001001	基础模板	$1.5×4×0.45×3 = 8.10$	8.1	m^2
5	011702002001	柱模板	$0.4×4×7.62×3 − 0.3×0.65×4 = 35.80$ 其中 3.6 m 以上模板面积 $= 35.8 − 0.4×4×3.6×3 = 18.52$	35.80	m^2
6	011702006001	矩形梁模板	$(0.3 + 0.65×2)×(3.6−0.4 + 6.9−0.4) = 15.52$	15.52	m^2

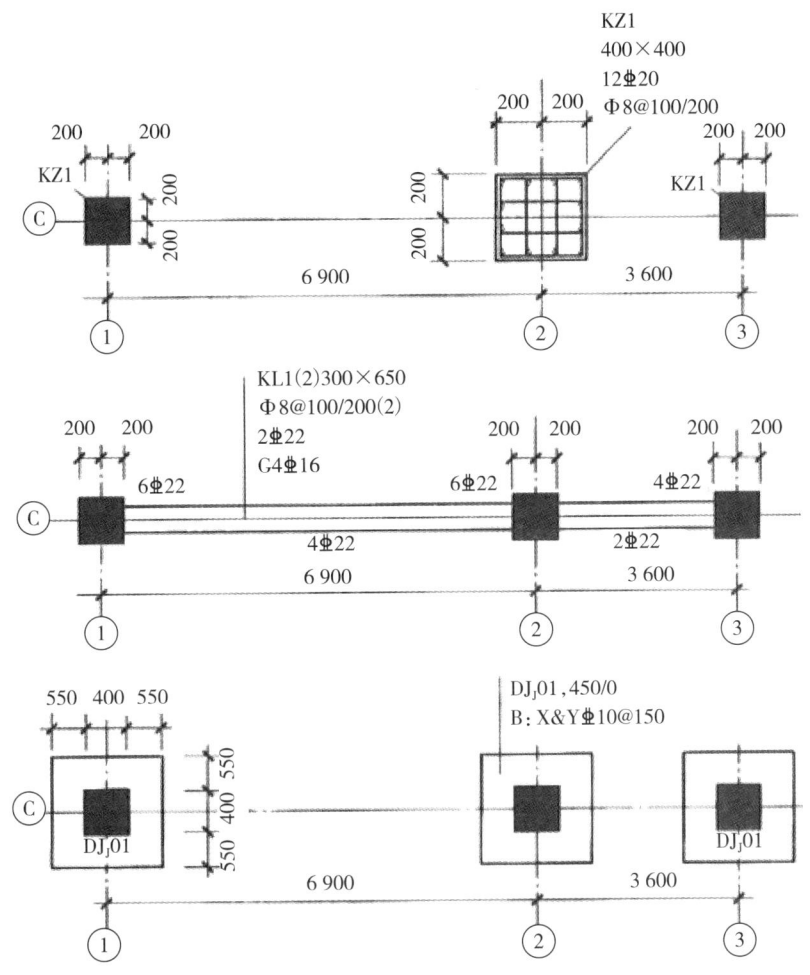

图 8.42 某框架结构局部结构施工图

(2)编制工程量清单,如表 8.12 所示。

表 8.12 分部分项工程和单价措施项目清单与计价表

序号	项目编码	项目名称	项目特征描述	计量单位	工程量	金额	
						综合单价	合价
1	010501003001	独立基础	1. 混凝土类别:商品砼。 2. 混凝土强度等级:C30	m³	3.04		
2	010502001001	矩形柱	1. 混凝土类别:商品砼。 2. 混凝土强度等级:C30	m³	3.66		
3	010503002001	矩形梁	1. 混凝土类别:商品砼。 2. 混凝土强度等级:C30	m³	1.89		
4	011702001001	基础模板	独立基础模板	m²	8.1		
5	011702002001	柱模板	模板支撑高度 7.62 m	m²	35.80		
6	011702006001	矩形梁模板	模板支撑高度 7.62 m	m²	15.52		

8.2　清单计价

任务书 8.2

背景资料：结合任务 8.1 钢筋混凝土工程项目清单与计价表（见表 8.3）及有关条件。

任务：按控制价要求计算综合单价并填写清单项目计价表。

任务实施

任务步骤 1：计价工程量计算见表 8.13。

表 8.13　某钢筋混凝土工程项目清单计价工程量计算表

序号	编码	项目名称	计算式	合计	单位
1	010501001001	垫层			m³
		砼			
		模板			
2	010501005001	桩承台基础			
		砼			
		模板			
3	010502001001	矩形柱			
		砼			
		模板			
4		构造柱			
		砼			
		模板			
5		基础梁			
		砼			
		模板			
6		矩形梁			
		砼			
		模板			
7	010503005001	过梁			
		砼			
		模板			
8	010505001001	有梁板			m³
		砼			
		模板			
9		雨篷板			
		砼			

续表

序号	编码	项目名称	计算式	合计	单位
		模板			
10	010515001001	HPB300，ϕ10 以内			
11	010515001002	HRB400，ϕ10 以内			t
12	010515001003	HRB400，ϕ18 以内			
13	010515001004	HRB400，ϕ20 以内			
14		措施钢筋			
15	010516003001	机械连接			

任务步骤 2: 综合单价计算见表 8.14。

表 8.14　分部分项工程清单综合单价计算表

序号	项目编码	工程项目名称	单位	数量	综合单价／元					合价
					人工费	材料费	机械使用费	管理费＋利润（＝人机费×＿＿＿）	小计（人材机费＋管理费＋利润）	
1	010501001001	垫层	m³							
2		桩承台基础	m³							
3	010502001001	矩形柱	m³							
4		构造柱								
5		基础梁								

续表

序号	项目编码	工程项目名称	单位	数量	综合单价/元					合价
					人工费	材料费	机械使用费	管理费＋利润(＝人机费×_____)	小计(人材机费＋管理费＋利润)	
6		矩形梁	m³							
7	010503005001	过梁	m³							
8	010505001001	有梁板	m³							
9		雨篷板	m³							
10	010515001001	HPB300，φ10以内	t							
11	010515001002	HRB400，φ10以内	t							
12	010515001003	HRB400，φ18以内	t							
13	010515001004	HRB400，φ20以内	t							
14		措施钢筋	t							
15	010516003001	机械连接	个							

续表

序号	项目编码	工程项目名称	单位	数量	综合单价 / 元					合价
					人工费	材料费	机械使用费	管理费＋利润(＝人机费×_____)	小计(人材机费＋管理费＋利润)	

任务步骤 3：清单计价见表 8.15。

表 8.15　钢筋混凝土工程分部分项工程和单价措施项目清单与计价表

序号	项目编码	项目名称	项目特征描述	计量单位	工程量	金额	
						综合单价	合价
1		垫层	商品砼，C15	m^3			
2		桩承台基础	商品砼，C30	m^3			
3		矩形柱	商品砼，C30	m^3			
4		构造柱	商品砼，C30	m^3			
5		基础梁	商品砼，C30	m^3			
6		矩形梁	商品砼，C30	m^3			
7	010503005001	过梁	商品砼，C30	m^3			
8		有梁板	商品砼，C30	m^3			
9		雨篷	商品砼，C30	m^3			
10		现浇构件钢筋	HPB300，ϕ 10 以内	t			
11		现浇构件钢筋	HRB400，ϕ 10 以内	t			
12		现浇构件钢筋	HRB400，ϕ 18 以内	t			
13		现浇构件钢筋	HRB400，ϕ 20 以内	t			
14		措施钢筋	HPB300，ϕ 6	t			
15		机械连接	1. 连接方式：直螺纹。 2. 螺纹套筒种类：直接滚压。 3. 规格：ϕ 16、ϕ 18	个			

任务 8.2　相关知识点

若招标人在措施项目清单中未编列现浇混凝土模板项目清单，即表示现浇混凝土模板项目不单列，现浇混凝土工程项目的综合单价中应包括模板工程费用。

预制混凝土构件不另列模板清单，因为预制混凝土构件清单综合单价中包括模板、钢筋、混凝土等所有费用。

8.2.1　现浇混凝土部分

(1)现浇混凝土构件的工程量:定额量与清单量基本一致。除另有规定者外,均按设计图示尺寸以体积计算。不扣除构件内钢筋、预埋铁件及墙、板中 0.3 m² 以内的孔洞所占体积。型钢混凝土中型钢骨架所占体积按实体扣除。但:

① 有梁板:2018 湖北定额和 2013 计量规范中,有梁板均"不扣除单个面积 0.3 m² 以内的柱、垛及孔洞所占体积",但 2018 湖北定额另说明"与柱头重合部分体积应扣除"。

② 混凝土墙:见图 8.43。

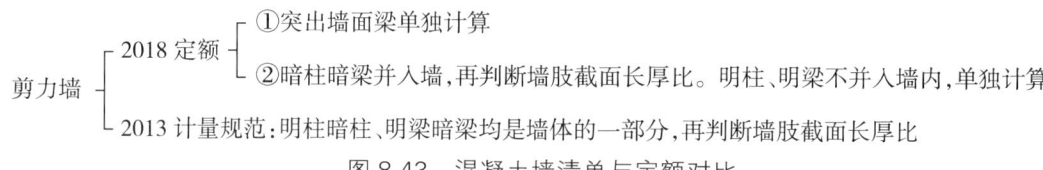

图 8.43　混凝土墙清单与定额对比

③ 台阶:2018 湖北定额和 2013 计量规范中台阶均按设计图示尺寸,以水平投影面积计算。但 2018 湖北定额另说明:"台阶与平台连接时其投影面积应以最上层踏步外沿加 300 mm 计算。"台阶清单中若包含台阶平台,在计算台阶清单综合单价时既要计算台阶子目,也要计算平台,平台部分按垫层子目计算。

④ 空心楼板筒芯、箱体安装,均按体积计算。费用计入空心板中。

⑤ 场馆看台按设计图示尺寸以体积计算。

⑥ 地沟:2013 计量规范按长度计算,2018 湖北定额按设计图示尺寸以体积计算。

⑦ 二次灌浆、空心砖内灌注混凝土,按照实际灌注混凝土体积计算。

(2)混凝土按预拌混凝土编制,采用现场搅拌时,执行相应的预拌混凝土定额项目(预拌混凝土换算为现浇混凝土),再执行现场搅拌混凝土调整费项目。

(3)预拌混凝土是指在混凝土厂集中搅拌、运输、泵送到施工现场并入模的混凝土。圈梁、过梁及构造柱、设备基础项目,综合考虑了因施工条件限制不能直接入模的因素。

(4)混凝土定额按自然养护制定,如发生蒸汽养护,可另增加蒸汽养护费。

(5)混凝土按常用强度等级考虑,设计强度等级不同时可以换算;混凝土各种外加剂统一在配合比中考虑;图纸设计要求增加的外加剂另行计算。

(6)毛石混凝土,按毛石占混凝土体积的 20% 计算,如设计要求不同时,可以换算。

(7)大体积混凝土(指基础底板厚度大于 1 m 的地下室底板或满堂基础)养护期保温按相应定额子目每 10 m³ 增加人工 0.01 日,土工布增加 0.469 m²;大体积混凝土温度控制费用按照经批准的专项施工方案另行计算。

(8)独立桩承台执行独立基础项目;带形桩承台执行带形基础项目;与满堂基础相连的桩承台执行满堂基础项目。

(9)二次灌浆、空心砖内灌注混凝土,按照实际灌注混凝土体积计算。二次灌浆,如灌注材料与设计不同时,可以换算;空心砖内灌注混凝土,执行小型构件项目。

(10)现浇钢筋混凝土柱、墙项目,均综合了每层底部灌注水泥砂浆的消耗量。

(11)钢管柱制作、安装执行"金属结构工程"相应项目;钢管柱浇筑混凝土使用反顶升浇筑法施工时,增加的材料、机械另行计算。

(12)斜梁(板)按坡度大于 10°且小于或等于 30°综合考虑的。斜梁(板)坡度在 10°以内的执行梁、板项目;坡度在 30°以上、45°以内时人工乘以系数 1.05;坡度在 45°以上、60°以内时人工乘以系数 1.10;坡度在 60°以上时人工乘以系数 1.20。车库车道板按斜梁(板)项目执行。

(13)压型钢板上浇捣混凝土,执行平板项目,人工乘以系数 1.10。

(14)型钢组合混凝土构件,执行普通混凝土相应构件项目,人工、机械乘以系数 1.20。

(15)挑檐、天沟壁高度 ≤ 400 mm,执行挑檐项目;挑檐、天沟壁高度 > 400 mm,按全高执行栏板项目;单体体积 0.1 m³ 以内,执行小型构件项目。与清单对比见图 8.44。

挑檐、天沟、雨篷、砼 ── 定额:伸出墙外体积计算,但翻边 ── ①高 ≤ 400 mm 时,并入雨篷
② 高 > 400 mm 时,按栏板
清单:体积,翻边并入雨篷(翻边可参照定额处理原则)

图 8.44　挑檐、天沟、雨篷清单与定额对比

(16)雨篷梁、板工程量合并,按雨篷以体积计算,高度 ≤ 400 mm 的栏板并入雨篷体积内计算,栏板高度 > 400 mm 时,按栏板计算。

(17)阳台不包括阳台栏板及压顶内容。凸阳台(凸出外墙外侧用悬挑梁悬挑的阳台)按阳台项目计算;凹进墙内的阳台,按梁、板分别计算,阳台栏板、压顶分别按栏板、压顶项目计算。

(18)预制板间补现浇板缝,适用于板缝小于预制板的模数,但需支模才能浇筑的混凝土板缝。

(19)楼梯是按建筑物一个自然层双跑楼梯考虑,如单坡直行楼梯(即一个自然层无休息平台)按相应项目定额乘以系数 1.2;三跑楼梯(即一个自然层两个休息平台)按相应项目定额乘以系数 0.9;四跑楼梯(即一个自然层三个休息平台)按相应项目定额乘以系数 0.75。

当图纸设计板式楼梯梯段底板(不含踏步三角部分)厚度大于 150 mm、梁式楼梯梯段底板(不含踏步三角部分)厚度大于 80 mm 时,混凝土消耗量按实调整,人工按相应比例调整。

(20)弧形楼梯是指一个自然层旋转弧度小于 180°的楼梯,螺旋楼梯是指一个自然层旋转弧度大于 180°的楼梯。

(21)散水混凝土按厚度 60 mm 编制,如设计厚度不同时,可以调整;散水包括了混凝土浇筑、表面压实抹光及嵌缝内容,未包括基础夯实、垫层内容。

(22)台阶混凝土含量是按 1.22 m³ / 10 m² 综合编制的,如设计含量不同时,可以换算;台阶包括了混凝土浇筑及养护内容,未包括基础夯实、垫层及面层装饰内容,发生时执行其他相应项目。

(23)与主体结构不同时浇捣的厨房、卫生间等处墙体下部的现浇混凝土翻边执行圈梁相应项目。

(24)独立现浇门框按构造柱项目执行。

(25)凸出混凝土柱、梁的线条,并入相应柱、梁构件内;凸出混凝土外墙面、阳台梁、栏板外侧 ≤ 300 mm 的装饰线条,执行扶手、压顶项目;凸出混凝土外墙、梁外侧 > 300 mm 的板,按伸出外墙的梁、板体积合并计算,执行悬挑板项目。

(26)外形尺寸体积在 1 m³ 以内的独立池槽执行小型构件项目,1 m³ 以上的独立池槽及与建筑物相连的梁、板、墙结构式水池,分别执行梁、板、墙相应项目。

(27)小型构件是指单件体积 0.1 m³ 以内且未列项目的小型构件。

(28)后浇带包括了与原混凝土接缝处的钢丝网用量。

8.2.2　钢筋

(1)现浇构件钢筋、装配式后浇混凝土钢筋工程量。

① 钢筋定额量与清单量一致。均按设计图示钢筋长度(钢筋中心线)乘以单位理论质量计算。钢筋搭接长度应按设计图示及规范要求计算;设计图示及规范要求未标明搭接长度的,不另计算搭接长度。

② 钢筋机械连接(A2-114~125)、焊接接头(A2-110~113),按个计算。钢筋的搭接(接头)数量应按设计图示及规范要求计算;设计图示及规范要求未标明的,按以下规定计算。

a.ϕ10以内的长钢筋按每12 m计算一个钢筋搭接(接头);

b.ϕ10以上的长钢筋按每9 m计算一个搭接(接头)。

③ 装配式后浇混凝土钢筋工程量还应包括双层及多层钢筋的"铁马"数量。不包括预制构件外露钢筋的数量。

④ 混凝土构件预埋铁件(A2-131)、螺栓(A2-132),按设计图示尺寸,以质量计算。固定预埋铁件(螺栓)所消耗的材料按实计算,执行相应项目。工作内容:材料运输、铁件(螺栓)定位、预埋、安装、电焊固定等。

(2)钢筋工程按钢筋的不同品种和规格以现浇构件钢筋(直筋)、预应力构件钢筋(直筋)、箍筋、混凝土灌注桩钢筋笼、钻(冲)孔混凝土灌注桩接头钢筋笼吊焊、钢筋网片、砌体加固钢筋、地下连续墙钢筋笼安放、成型钢筋、成型箍筋分别列项,钢筋的品种、规格比例按常规工程设计综合考虑。砌体加固筋需补充清单单独应用砌体加固筋定额(A2-87)计价。

(3)除定额规定单独列项计算以外,各类钢筋、铁件的制作成型、运输、绑扎、安装、接头、固定所用人工、材料、机械消耗均已综合在相应项目内;设计另有规定者,按设计要求计算。

(4)现浇构件中固定位置的支撑、双层钢筋用的"铁马"(钢筋、型钢)按设计图示(或审定的施工组织设计)要求计算,按品种、规格执行相应项目,如采用其他材料时,另行计算。

(5)现浇构件冷拔钢丝、冷轧带肋钢筋执行现浇构件钢筋相应项目。

(6)型钢组合混凝土构件中,型钢骨架执行"金属结构工程"相应项目;钢筋执行现浇构件钢筋相应项目,人工乘以系数1.50、机械乘以系数1.15。

(7)弧形构件钢筋执行钢筋相应项目,人工乘以系数1.05。

(8)坡度大于等于26度34分的斜板屋面,钢筋制安人工乘以系数1.25。

(9)混凝土空心楼板(ADS空心板)中钢筋网片,执行现浇构件钢筋相应项目,人工乘以系数1.30、机械乘以系数1.15。

(10)预应力混凝土构件中的非预应力钢筋按钢筋相应项目执行。

(11)非预应力钢筋未包括冷加工,如设计要求冷加工时,应另行计算。

(12)预应力钢筋如设计要求人工时效处理时,应另行计算。

(13)后张法钢筋(A2-97~101)的锚固是按钢筋帮条焊、U型插垫编制的,如采用其他方法锚固时,应另行计算。工作内容:制作、运输、穿筋、张拉、孔道灌浆、锚固、放张、切断等。

先张法预应力钢筋(A2-92~96)工作内容:制作、运输、张拉、放张、切断等。

(14)预应力钢丝束(A2-102~103)、钢绞线(A2-104~105)综合考虑了一端、两端张拉;锚具按单锚(A2-107)、群锚(A2-108)分别列项,单锚按单孔锚具列入,群锚按3孔列入。预应力钢丝束、钢绞线长度大于50米时,应采用分段张拉(A2-106);用于地面预制构件时,应扣除项目中张拉平台摊销费。

预埋管孔道铺设灌浆(A2-109)按孔道长度计算。

(15)植筋项目(A2-126~130)不包括植入的钢筋,钢筋另按钢筋制安相应项目执行,化学螺栓另行计算;使用化学螺栓,应扣除植筋胶的消耗量。植筋项目工作内容:材料运输、孔点测定、钻孔、矫正、清灰、钢筋打磨、灌胶、养护等。植筋清单涉及定额如图 8.45 所示。

植筋清单 ┬ ①植筋定额(不含钢筋)(A2-126~130)
　　　　└ ②植筋用的钢筋套现浇构件钢筋子目

图 8.45　植筋清单涉及定额

(16)地下连续墙钢筋笼安放工作内容:绑扎泡沫塑料板并试拼装、吊运入模、校正对接、就位固定等。不包括钢筋笼制作,钢筋笼制作按现浇钢筋制安相应项目执行。地下连续墙钢筋笼清单涉及定额子目如下:① 钢筋制作(分直筋和箍筋,分品种和规格);② 地下连续墙钢筋笼安放;③ 焊接或机械连接接头。

(17)现浇混凝土小型构件,执行现浇构件钢筋相应项目,人工、机械乘以系数 2。

(18)装配式构件后浇混凝土钢筋制作、安装定额按钢筋品种、型号、规格结合连接方法及用途划分(带肋钢筋 A2-232~239、圆钢 A2-240~243、箍筋 A2-244~247),相应定额内的钢筋型号以及比例已综合考虑,各类钢筋的制作成型、绑扎、安装、接头、固定以及与预制构件外露钢筋的绑扎、焊接等所用人工、材料、机械消耗已综合考虑在相应定额内。钢筋接头按混凝土及钢筋混凝土工程的相应项目及规定执行。

8.2.3　预制混凝土构件安装

(1)预制混凝土构件的工程量:按体积计算时,定额量与清单量基本一致;清单还可按数量计算。

预制混凝土构件定额采用成品形式,成品构件按外购列入预制混凝土构件安装项目。

定额含量包含了构件安装损耗。成品构件的定额取定价包括混凝土构件制作及运输、钢筋制作及运输、预制混凝土模板五项内容。

(2)构件安装不分履带式起重机或轮胎式起重机,以综合考虑编制。构件安装是按单机作业考虑的,如因构件超重(以起重机械起重量为限)须双机台吊时,按相应项目人工、机械乘以系数 1.20。

(3)构件安装是按机械起吊点中心回转半径 15 m 以内距离计算。如超过 15 m 时,构件须用起重机移运就位,且运距在 50 m 以内的,起重机械乘以系数 1.25;运距超过 50 m 的,应另按构件运输项目计算。

(4)小型构件安装是指单体构件体积小于 0.1 m³ 的构件安装。

(5)构件安装不包括运输、安装过程中起重机械、运输机械场内行驶道路的加固、铺垫工作的人工、材料、机械消耗,发生该费用时另行计算。

(6)构件安装高度以 20 m 以内为准,安装高度(除塔吊施工外)超过 20 m 并小于 30 m 时,按相应项目人工、机械乘以系数 1.20。安装高度(除塔吊施工外)超过 30 m 时,另行计算。

(7)构件安装需另行搭设的脚手架,按批准的施工组织设计要求,执行"措施项目脚手架工程"相应项目。

(8)塔式起重机的机械台班均已包括在垂直运输机械费项目中。单层房屋屋盖系统预制混凝土构件,必须在跨外安装的,按相应项目的人工、机械乘以系数1.18;但使用塔式起重机施工时,不乘系数。

(9)预制烟道、通风道安装定额未包含进气口、支管以及接口件安装的相关消耗,发生时另行计算。

(10)预制烟道、通风道安装定额按照构件断面外包周长划分项目。如设计烟道、通风道规格与定额不同时,可按设计要求调整,其他不变。

(11)风帽按照材质划分为混凝土及钢制,定额中未包含风帽表面抹灰及烟道底座的相关工艺内容。

(12)预制混凝土构件接头灌缝费用计入预制混凝土构件清单,定额中预制混凝土构件接头灌缝均按预制混凝土构件体积计算。

8.2.4　装配式混凝土结构工程

(1)定额包括装配式混凝土构件安装、装配式后浇混凝土浇捣两节,共49个定额子目。

(2)定额所称的装配式混凝土结构工程,指预制混凝土构件通过可靠的连接方式装配而成的混凝土结构,包括装配整体式混凝土结构、全装配混凝土结构。

(3)装配式混凝土构件安装。

① 装配式混凝土构件安装工程量按成品构件设计图示尺寸的实体积以"m^3"计算,依附于构件制作的各类保温层、饰面层的体积并入相应构件安装中计算,不扣除构件内钢筋、预埋铁件、配管、套管、线盒及单个面积≤0.3 m^2的孔洞、线箱等所占体积,构件外露钢筋体积亦不再增加。

② 构件安装不分构件外形尺寸、截面类型以及是否带有保温,除另有规定者外,均按构件种类套用相应定额。

③ 构件安装定额已包括构件固定所需临时支撑的搭设及拆除,支撑(含支撑用预埋铁件)种类、数量及搭设方式综合考虑。

④ 柱、墙板、女儿墙等构件安装定额中,构件底部座浆按砌筑砂浆铺筑考虑,遇设计采用灌浆料的,除灌浆材料单价换算以及扣除干混砂浆罐式搅拌机台班外,每10 m^3构件安装定额另行增加人工0.7工日,其余不变。

⑤ 外挂墙板、女儿墙构件安装设计要求接缝处填充保温板时,相应保温板消耗量按设计要求增加计算,其余不变。

⑥ 墙板安装定额不分是否带有门窗洞口,均按相应定额执行。凸(飘)窗安装定额适用于单独预制的凸(飘)窗安装,依附于外墙板制作的凸(飘)窗,并入外墙板内计算,相应定额人工和机械用量乘以系数1.2。

⑦ 外挂墙板安装定额已综合考虑了不同的连接方式,以构件类型及厚度套用相应定额。

⑧ 楼梯休息平台安装按平台板结构类型不同,分别套用整体楼板或叠合楼板相应定额,相应定额人工、机械,以及除预制混凝土楼板外的材料用量乘以系数1.3。

⑨ 阳台板安装不分式或梁式,均套用同一定额。空调板安装定额适用于单独预制的空调板安装,依附于阳台板制作的栏板、翻沿、空调板,并入阳台板内计算。非悬挑的阳台板安装,分别按梁、板安装有关规则计算并套用相应定额。

⑩ 女儿墙安装按构件净高以 0.6 m 以内和 1.4 m 以内分别编制,1.4 m 以上时套用外墙板安装定额。压顶安装定额适用于单独预制的压顶安装,依附于女儿墙制作的压顶,并入女儿墙计算。

⑪ 套筒注浆按设计数量以"个"计算。套筒注浆不分部位、方向,按锚入套筒内的钢筋直径不同,以 ϕ18 以内及 ϕ18 以上分别编制。

⑫ 预制墙体底部密封灌浆,按预制墙体灌浆长度以延长米计算。预制墙体底部密封灌浆为预制墙体底部采用专用灌浆料材料进行墙体底部通缝灌浆,包含密封保温条、座浆料缝边、套筒内灌浆,套取了预制墙体底部密封灌浆子目的不再套用套筒注浆子目。

⑬ 外墙嵌缝、打胶按构件外墙接缝的设计图示尺寸的长度以"m"计算。外墙嵌缝、打胶定额中注胶缝的断面按 20 mm×15 mm 编制,若设计断面与定额不同时,密封胶用量按比例调整,其余不变。定额中的密封胶按硅酮耐候胶考虑,遇设计采用的种类与定额不同时,材料单价进行换算。

(4)装配式后浇混凝土浇捣。

① 后浇混凝土浇捣工程量按设计图示尺寸以实体积计算,不扣除混凝土内钢筋、预埋铁件及单个面积≤ 0.3 m² 的孔洞等所占体积。

后浇混凝土指装配整体式结构中,用于与预制混凝土构件连接形成整体构件的现场浇筑混凝土。

② 叠合构件指由预制构件部分和后浇混凝土部分组合而成的预制现浇整体式构件,叠合构件应按预制构件与叠合后浇混凝土两部分,分别套用定额。

③ 叠合楼板或整体楼板之间设计采用现浇混凝土板带拼缝的,板带混凝土浇捣并入后浇混凝土叠合梁、板内计算。

④ 墙板或柱等预制垂直构件之间设计采用现浇混凝土墙连接的,当连接墙的长度在 2 m 以内时,套用后浇混凝土连接墙、柱定额,长度超过 2 m 的,仍按混凝土及钢筋混凝土工程的相应项目及规定执行。

8.2.5 模板及支撑

模板分组合钢模板、胶合板模板、木模板、大钢模板、铝合金模板。

8.2.5.1 现浇混凝土构件模板

(1)模板工程量共性问题。

除另有说明外,现浇混凝土构件模板定额工程量计算规则与清单工程量计算规则一致:除另有规定外,均应区别模板的不同材质,按砼与模板的接触面积,以"m²"计算。

(2)基础。

① 有肋式带形基础,肋高(指基础扩大顶面至梁顶面的高)≤ 1.2 m 时,合并计算;肋高> 1.2 m 时,基础底板模板按无肋带形基础子目计算。扩大顶面以上部分模板按混凝土墙子目计算。

圆弧带形基础模板执行带形基础相应项目,人工、材料、机械乘以系数 1.15。

② 独立桩承台执行独立基础子目;带形桩承台执行带形基础项目;与满堂基础相连的桩承台执行满堂基础项目。高杯基础杯口高度大于杯口大边长度 3 倍以上时,杯口高度部分执

行柱项目,杯形基础执行独立基础项目。

③ 满堂基础:无梁式满堂基础有扩大或角锥形柱墩时,并入无梁式满堂基础内计算。有梁式满堂基础梁高(从板面或板底计算,梁高不含板厚)≤1.2 m时,基础和梁合并计算;梁高>1.2 m时,底板按无梁式满堂基础模板项目计算,梁按混凝土墙模板项目计算。箱式满堂基础应分别按无梁式满堂基础、柱、墙、梁、板的有关规定计算;地下室底板按无梁式满堂基础模板项目计算;基础内的集水井模板并入相应基础模板工程量计算。

④ 设备基础:块体设备基础按不同体积,分别计算模板工程量。框架设备基础应分别按基础、柱以及墙的相应子目计算;楼层面上的设备基础并入梁、板子目计算,如在同一设备基础中部分为块体,部分为框架时,应分别计算。框架设备基础的柱模板高度应由底板或柱基的上表面算至板的下表面;梁的长度按净长计算,梁的悬臂部分应并入梁内计算。

⑤ 设备基础地脚螺栓套孔以不同深度以数量计算。

⑥ 基础使用砖胎模时,砌体执行"砌筑工程"砖基础相应项目;抹灰执行"墙、柱面工程"抹灰的相应项目。

(3)柱。

① 柱牛腿的模板面积并入柱模板工程量内。

② 柱高从柱基或板上表面算至上一层楼板下表面,无梁板算至柱帽底部标高。

如遇斜板面结构时,柱分别按各柱的中心高度为准;墙按分段墙的平均高度为准;框架梁按每跨两端的支座平均高度为准;板(含梁板合计的梁)按高点与低点的平均高度为准。

异形柱、梁是指柱、梁的断面形状为 L 形、十字形、T 形的柱、梁。

柱模板如遇弧形和异形组合时,执行圆柱项目。

(4)墙(见图 8.46)。

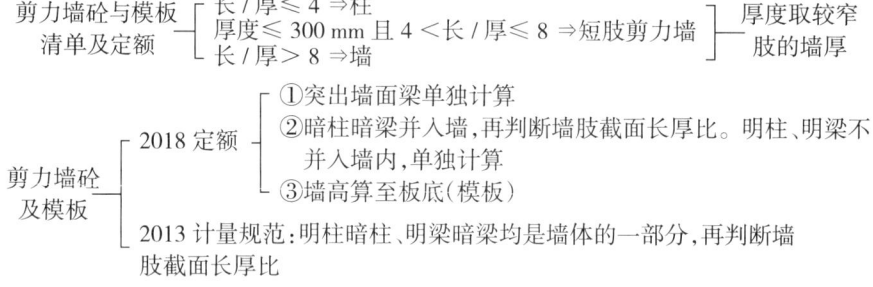

图 8.46   混凝土墙模板清单与定额对比

(5)梁。

① 梁与墙连接时,梁长算至墙侧面。如为砌块墙时,伸入墙内的梁头和梁垫的模板面积并入梁的工程量内。

② 圈梁与过梁连接时,过梁长度按门窗洞口宽度共加 500 mm 计算。

与主体结构不同时浇捣的厨房、卫生间等墙体下部现浇混凝土翻边的模板执行圈梁相应项目。

③ 现浇挑梁的悬挑部分按单梁计算,嵌入墙身部分分别按圈梁、过梁计算。

(6)板。

① 有梁板包括主梁、次梁与板,梁板工程量合并计算。无梁板的柱帽并入板内计算。

② 板或拱形结构按板顶平均高度确定支模高度,电梯井壁按建筑物自然层层高确定支模

高度。

③斜梁（板）按坡度大于 10°且小于或等于 30°综合考虑的。斜梁（板）混凝土、模板、钢筋定额应用如图 8.47 所示。

斜梁（板）
- 坡度≤ 10°时，执行梁（板）砼与模板定额
- 10°＜坡度≤ 30°时，执行斜梁（板）砼与模板定额
- 30°＜坡度≤ 45°时，执行斜梁（板）砼与模板定额时，人工 ×1.05
- 45°＜坡度≤ 60°时，执行斜梁（板）砼与模板定额时，人工 ×1.10
- 坡度＞ 60°时，执行斜梁（板）砼与模板定额时，人工 ×1.20
- 坡度＞ 26° 34′时，执行钢筋定额时，人工 ×1.25

图 8.47　斜梁（板）定额应用

④车库车道板按斜板项目执行；弧形车道板按斜板项目执行外，再按弧形梁的模板接触面积计算工程量，执行弧形有梁板增加费项目。

⑤混凝土板适用于截面厚度≤ 250 mm；如板支模需使用承重模板支撑系统，可按施工组织设计方案调整模板支撑系统（包括人工）消耗量。

⑥板中暗梁并入板内计算；墙、梁弧形且半径≤ 9 m 时，执行弧形墙、梁子目。现浇空心板执行平板项目，内模安装另行计算。

⑦薄壳板模板不分筒式、球形、双曲形等，均执行同一项目。

⑧梁中间距≤ 1 m 或井字（梁中）面积≤ 5 m^2 时，套用密肋梁、井字板定额，如图 8.48 所示。

图 8.48　密肋板示意图

⑨梁板结构的弧形有梁板按有梁板计算外，再按弧形梁的模板接触面积计算工程量。执行弧形有梁板增加费项目。

⑩预制板间补现浇板缝执行平板项目。

（7）挑檐、天沟。

清单与定额计算规则相同。挑檐、天沟与板（包括屋面板、楼板）连接时，以外墙外边线为分界线；与梁（包括圈梁等）连接时，以梁外边线为分界线；外墙外边线以外或梁外边线以外为挑檐、天沟。

挑檐、天沟壁高度≤ 400 mm，执行挑檐项目；挑檐、天沟壁高度＞ 400 mm 时，按全高执行栏板项目。单件体积 0.1 m^3 以内，执行小型构件项目。

（8）现浇混凝土悬挑板、雨篷、阳台模板。

清单与定额工程量计算规则相同，均按图示外挑部分尺寸的水平投影面积计算。挑出墙外的悬臂梁及板边不另计算。雨篷反沿参照挑檐处理。

现浇混凝土阳台板、雨篷板按三面悬挑形式编制,如一面为弧形栏板且半径≤9 m时,执行圆弧形阳台板、雨篷板项目;如非三面悬挑形式的阳、雨篷,则执行梁、板相应项目。

现浇飘窗板、空调板执行悬挑板项目。

(9)现浇混凝土楼梯模板。

清单与定额工程量计算规则相同:按水平投影面积计算。

楼梯是按建筑物一个自然层双跑楼梯考虑,如单坡直行楼梯(即一个自然层无休息平台)按相应项目人工、材料、机械乘以系数1.2;三跑楼梯(即一个自然层两个休息平台)按相应项目人工、材料、机械乘以系数0.9;四跑楼梯(即一个自然层三个休息平台)按相应项目人工、材料、机械乘以系数0.75。剪刀楼梯执行单坡直行楼梯相应系数。楼梯混凝土定额应用系数同模板定额。

(10)混凝土台阶模板。

清单与定额工程量计算规则相同:按图示台阶尺寸的水平投影面积计算,台阶端头两侧不另计算模板面积。台阶模板清单中若包含台阶平台,在计算台阶模板清单综合单价时,台阶平台部分按垫层模板子目计算。

架空式混凝土台阶按现浇楼梯计算;场馆看台按设计图示尺寸,以水平投影面积计算。

(11)凸出的线条模板增加费。

清单缺项,定额以凸出棱线的道数分别按长度计算,两条及多条线条相互之间净距小于100 mm的,每两条按一条计算。

凸出混凝土柱、梁、墙面的线条,并入相应构件内计算。再按凸出的线条道数执行模板增加费项目;但单独窗台板、栏板扶手、墙上压顶的单阶挑檐不另计算模板增加费;其他单阶线条凸出宽度>200 mm的执行挑檐项目。

(12)后浇带按模板与后浇带的接触面积计算。

(13)模板支模高度超高。

支模高度按室外设计地坪或板面至上一层板底之间的高度。无地下室时,底层独立柱的支模高度取定:当基础上表面至室外地坪的高度≤1 m时,为基础上表面至二层板底的高度;当基础上表面至室外地坪的高度>1 m时,为室外设计地坪至二层板底的高度。

模板支撑超高定额应用表如表8.16所示。

支撑超高增加工程量=超高米数(含不足1 m,小数进位取整)×超高部分的模板接触面积

柱模支撑超高子目适用于矩形柱、异形柱、圆形柱、构造柱等。

梁模支撑超高子目适用于单梁、连续梁、拱形梁、弧形梁、异形梁,不适用于圈梁、过梁。

板模支撑超高子目适用于有梁板、无梁板、平板、拱形板、阳台板、雨篷板等。

墙支撑超高子目适用于直形墙、电梯井壁、短肢剪力墙、圆弧形墙等。

表8.16　模板支撑超高定额应用表

序号	支模高度	梁、板、柱、墙模板套项	梁、板、柱、墙模板工程量
1	≤3.6 m	支模高度3.6 m以内	全部
2	>3.6 m,≤8 m	支模高度3.6 m以内	全部
		高度超过3.6 m,每增加1 m	超过部分工程量×超高米数

续表

序号	支模高度	梁、板、柱、墙模板套项	梁、板、柱、墙模板工程量
3	> 8 m，≤ 20 m	支模高度 8 m 以内	全部
		高度超过 8 m，每增加 1 m	超过部分工程量 × 超高米数
4	> 20 m，≤ 30 m	支模高度 20 m 以内	全部
		高度超过 20 m，每增加 1 m	超过部分工程量 × 超高米数
5	> 30 m	施工方案	

备注：支模高度超高米数不足 1 m 的按 1 m 考虑。

8.2.5.2　装配式工程现浇部分模板

（1）后浇混凝土模板工程量按后浇混凝土与模板接触面的面积以"m²"计算，伸出后浇混凝土与预制构件抱合部分的模板面积不增加计算。不扣除后浇混凝土墙、板上单孔面积≤ 0.3 m² 的孔洞，洞侧壁模板亦不增加；应扣除单孔面积 > 0.3 m² 的孔洞，孔洞侧壁模板面积并入相应的墙、板模板工程量内计算。

（2）铝合金模板工程量按混凝土与模板接触面的面积以"m²"计算。

（3）现浇钢筋混凝土墙、板上单孔面积≤ 0.3 m² 的孔洞不予扣除，洞侧壁模板亦不增加，单孔面积 > 0.3 m² 时应予扣除，洞侧壁模板面积并入墙、板模板工程量内计算。

（4）柱与梁、柱与墙、梁与梁等连接重叠部分以及伸入墙内的梁头、板头与砖接触部分，均不计算模板面积。

（5）楼梯模板工程量按水平投影面积计算。

8.2.5.3　有关说明

（1）模板定额按企业自有编制。组合钢模板、铝合金模板包括装箱及回库维修耗量。

（2）胶合板模板取定规格为 1 830 mm×915 mm×12 mm，周转次数按 5 次考虑。实际施工选用的模板厚度不同时，模板厚度和周转次数不得调整，均按定额执行。模板材料价差，无论实际采用何种厚度，均按定额取定的模板厚度计取。

（3）模板定额捣制构件均按支撑在坚实的地基上考虑。如属于软弱地基、湿陷性黄土地基、冻胀性土等所发生的地基处理费用，按实结算。

（4）对拉螺栓。柱、梁面对拉螺栓堵眼增加费，执行墙面螺栓堵眼增加费子目。柱面螺栓堵眼人工、机械乘以系数 0.3，梁面螺栓堵眼人工、机械乘以系数 0.35。

（5）型钢组合混凝土构件模板，按构件相应项目执行。

（6）屋面混凝土女儿墙、混凝土栏板高度（含压顶扶手及翻沿）> 1.2 m 时执行相应墙项目，高度≤ 1.2 m 时执行相应栏板项目。

（7）散水模板执行垫层相应项目。

（8）外形尺寸体积在 1 m³ 以内的独立池槽执行小型构件子目，1 m³ 以上的独立池槽及与建筑物相连的梁、板、墙结构式水池，分别执行梁、板、墙相应项目。

（9）小型构件是指单件体积 0.1 m³ 以内且未列项目的小型构件。

(10)当设计要求为清水混凝土模板时,执行相应模板项目,并做如下调整:胶合板模板材料换算为镜面胶合板,机械不变,其人工按表 8.17 增加工日。

表 8.17 清水混凝土模板增加工日表   单位:100 m²

| 项目 | 柱 | | | 梁 | | | 墙 | | 有梁板、无梁板、平板 |
	矩形柱	圆形柱	异形柱	矩形梁	异形梁	弧形、拱形梁	直形墙、弧形墙、电梯井壁墙	短肢剪力墙	
工日	4	5.2	6.2	5	5.2	5.8	3	2.4	4

(11)后浇混凝土模板定额消耗量中已包含了伸出后浇混凝土与预制构件抱合部分模板的用量。

(12)铝合金模板项目中的铝模板材料包含铝模板及背楞的摊销。

【例 8.13】根据湖北 2018 定额,计算表 8.18 所列清单综合单价。其中 C30 预拌混凝土除税单价为 371.07 元 /m³。

表 8.18 分部分项工程和单价措施项目清单与计价表

| 序号 | 项目编码 | 项目名称 | 项目特征描述 | 计量单位 | 工程量 | 金额 | |
						综合单价	合价
1	010502001001	矩形柱	1. 混凝土类别:商品砼。 2. 混凝土强度等级:C30	m³	3.66		
2	011702002001	柱模板	模板支撑高度 7.62 m,其中 3.6 m 以上模板面积 18.52 m²	m²	35.8		
3	010515001001	现浇构件钢筋	HRB400,ϕ 6,其中箍筋 3.918 t	t	8.759		

【解】综合单价计算见表 8.19。

表 8.19 分部分项工程清单综合单价计算表

| 序号 | 项目编码 | 工程项目名称 | 单位 | 数量 | 综合单价 / 元 | | | | | 合价 |
					人工费	材料费	机械使用费	管理费+利润〔=人机费×(28.27% + 19.73%)〕	小计(人材机费+管理费+利润)	
1	010502 001001	矩形柱	m³	3.66					1 773.77/3.66 = 484.64	1 773.77
	A2—11 换	矩形柱	10 m³	0.366	742.99	3 461.34 + 9.797×(371.07 − 341.94) = 3 746.73	0	(742.99 + 0) ×48% = 356.64	4 846.36	0.366× 4 846.36 = 1 773.77

续表

序号	项目编码	工程项目名称	单位	数量	综合单价/元					合价
					人工费	材料费	机械使用费	管理费+利润［＝人机费×(28.27%＋19.73%)］	小计(人材机费＋管理费＋利润)	
2	011702 002001	柱模板	m²	35.8					2 809.71/35.8＝78.48	2 402.86＋406.85＝2 809.71
	A16-50	胶合板模板,钢支撑 3.6 m 以内	100 m²	0.358	2 824.24	2 529.57	1.65	(2 824.24＋1.65)×48%＝1 356.43	6 711.89	0.358×6 711.89＝2 402.86
	A16-58 ×5	柱支撑,高度超过 3.6 m 每增加 1 m,增加 4.02 m	100 m²	0.185 2	51.8×5＝259.00	362.7×5＝1 813.50	0	(259＋0)×48%＝124.32	2 196.82	0.185 2×2 196.82＝406.85
3	010515 001001	现浇构件钢筋	t	8.759					45 565.38/8.759＝5 202.12	22 237.76＋23 327.62＝45 565.38
	A2-68	带肋钢筋 HRB400,ϕ10 以内	t	4.841	886.67	3 255.7	17.34	(886.67＋17.34)×48%＝433.92	4 593.63	4.841×4 593.63＝22 237.76
	A2-79	箍筋,带肋钢筋 HRB400,ϕ10 以内	t	3.918	1 763.93	3 287.12	37.99	(1 763.93＋37.99)×48%＝864.92	5 953.96	3.918×5 953.96＝23 327.62

任务步骤 3:清单计价见表 8.20。

表 8.20　分部分项工程和单价措施项目清单与计价表

序号	项目编码	项目名称	项目特征描述	计量单位	工程量	金额	
						综合单价	合价
1	010502 001001	矩形柱	1. 混凝土类别:商品砼。 2. 混凝土强度等级 : C30	m³	3.66	484.64	1 773.77
2	011702 002001	柱模板	模板支撑高度 7.62 m,其中 3.6 m 以上模板面积 18.52 m²	m²	35.8	78.48	2 809.71
3	010515 001001	现浇构件钢筋	HRB400,ϕ6 其中箍筋 3.918 t	t	8.759	5 202.12	45 565.38

工作手册9

砌筑工程计量与计价

QIZHU GONGCHENG JILIANG YU JIJIA

9.1 清单计量

任务书 9.1

背景资料:某门房工程结构施工图见任务 8.1 相关图纸及说明,建筑施工图如图 9.1、图 9.2 所示。

室内地坪以下的砌体采用 MU20 混凝土实心砖 240×115×53,M10 水泥砂浆砌筑。室内地坪以上填充墙体采用加气混凝土砌块(强度等级不低于 A3.5,干容重 ≤ 6.0 kN/m³),M10 专用砂浆砌筑。墙体在室内地坪垫层处设 20 mm 厚水泥防水砂浆做水平防潮层。

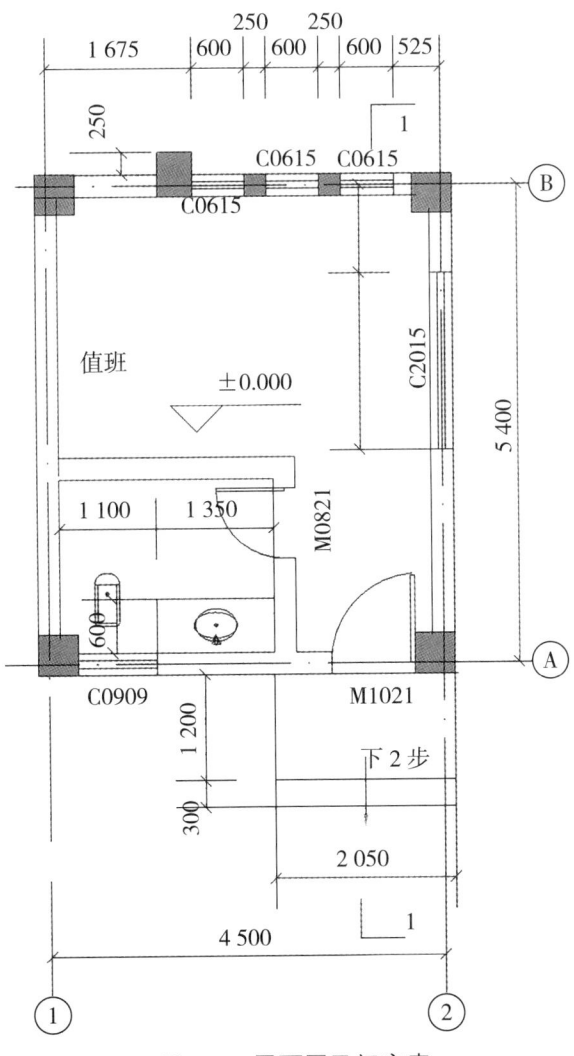

图 9.1　平面图及门窗表

类别	设计编号	洞口尺寸(mm)	
		宽	高
门	M0821	800	2 100
	M1021	1 000	2 100
窗	C0615	600	1 500
	C0909	900	900
	C2015	2 000	1 500

续图 9.1

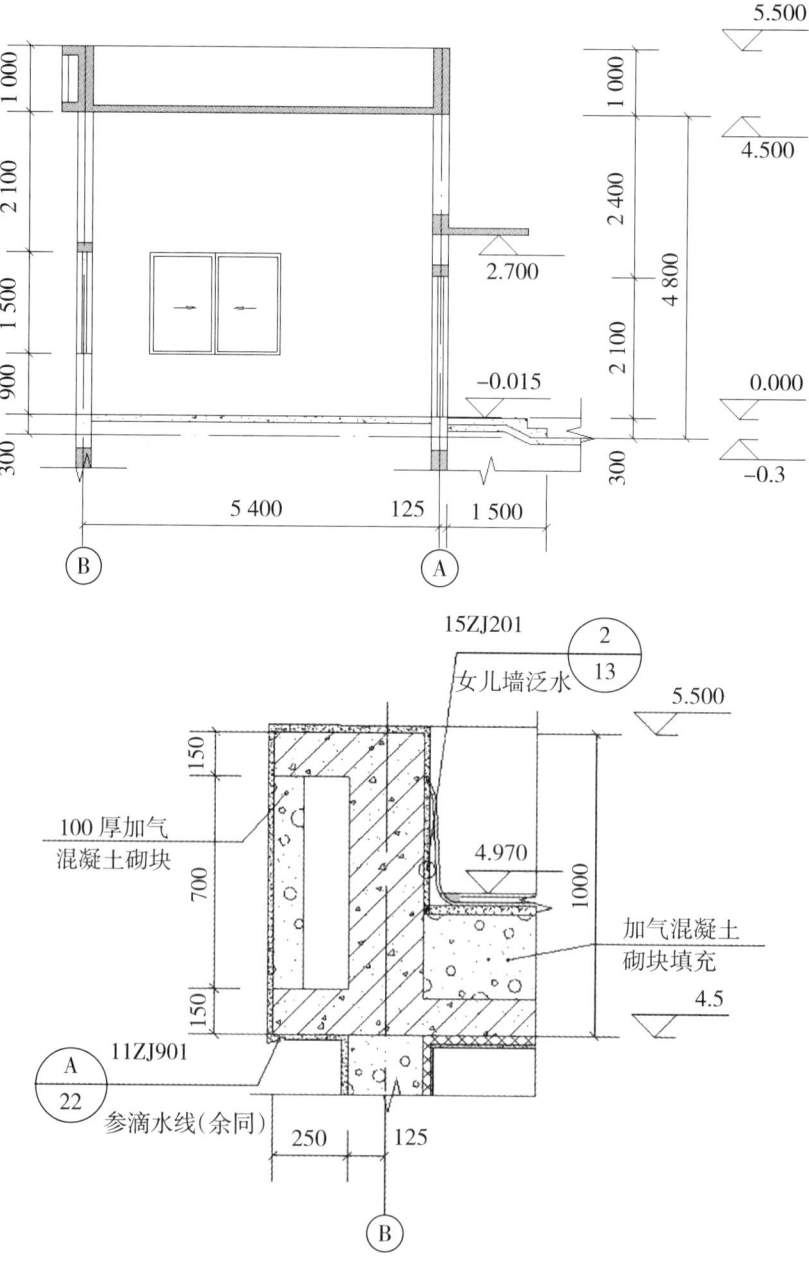

图 9.2　剖面图及节点大样

任务:试编制砌筑工程相关的工程量清单。

任务实施

任务步骤1:列项计量,填表9.1。

表9.1　砌筑工程清单工程量计算表

序号	项目编码	项目名称	计算式	工程量合计	计量单位
1	010401001001	砖基础	砖基础工程量＝基础断面积 × 基础长度 –GZ 体积 砖基础工程量＝		m³
2		砌块墙 (250厚)	1. 外墙: ①外墙门窗洞口面积＝ ②外墙钢筋砼 GL 体积＝ ③外墙 GZ 体积＝ ④外墙雨篷梁体积＝ ⑤外墙体积＝ 2. 内墙: ①内墙门窗洞口面积＝ ②内墙钢筋砼 GL 体积＝ ③内墙体积＝ 3. 合计体积＝		m³
3		砌块墙 (100厚)			m³

任务步骤2:编制工程量清单,如表9.2所示。

表9.2　某砌筑工程项目清单与计价表

序号	项目编码	项目名称	项目特征	计量单位	工程量	金额	
						综合单价	合价
1	010401001001	砖基础	1. 砖品种、规格、强度等级: 2. 基础类型: 3. 砂浆强度等级: 4. 防潮层材料种类:	m³			
2		砌块墙 (250厚)	1. 砌块品种、规格、强度等级: 2. 墙体类型: 3. 砂浆强度等级:	m³			
3		砌块墙 (100厚)	1. 砌块品种、规格、强度等级: 2. 墙体类型: 3. 砂浆强度等级:	m³			

任务 9.1 相关知识点

9.1.1 砖砌体(编码:010401)

砖砌体包括砖基础、砖砌挖孔桩护壁、实心砖墙、多孔砖墙、空心砖墙、空斗墙、空花墙、填充墙、实心柱、多孔砖柱、砖检查井、零星砌砖、砖散水(地坪)、砖地沟(明沟)。

9.1.1.1 砖基础

"砖基础"项目适用于各种类型砖基础:柱基础、墙基础、管道基础等。

1. 砖基础相关清单项目示例

砖基础相关清单项目示例如表 9.3 所示。

表 9.3 砖基础清单项目特征描述示例表

项目编码	项目名称	项目特征描述示例	计量单位	项目特征描述提示
010401001001	砖基础	1.砖品种、规格、强度等级:MU10标准水泥砖。 2.基础类型:墙下条形砖基础。 3.砂浆强度等级:M10水泥砂浆。 4.防潮层材料种类:20厚1:2.5水泥砂浆加防水剂	m³	1.基础类型有墙下条形基础、砖柱基础、设备基础、管道基础、烟囱基础、水塔基础等构筑物基础。 2.如设计有防潮层,清单项目特征中应描述厚度和材料的种类。 3.如施工图设计标注做法见标准图集时,应注明标准图集的编码、页号及节点大样
010401001002	砖基础	1.砖品种、规格、强度等级:MU10标准水泥砖。 2.基础类型:管道基础。 3.砂浆强度等级:M10水泥砂浆。 4.防潮层材料种类:无		

2. 基础与墙(柱)身的划分

(1)基础与墙(柱)身使用同一种材料时,以设计室内地面为界(有地下室者,以地下室室内设计地面为界),以下为基础,以上为墙(柱)身,如图 9.3 所示。

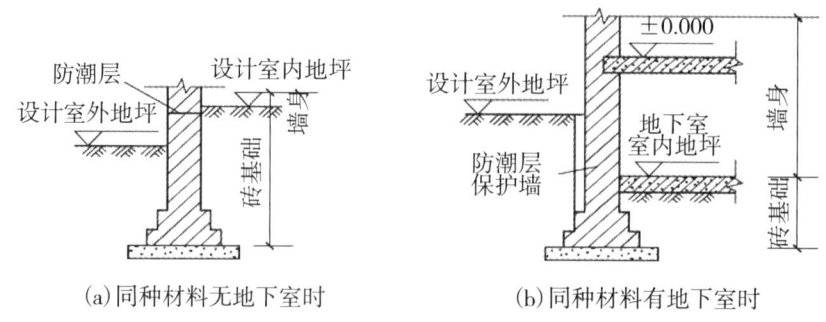

(a)同种材料无地下室时   (b)同种材料有地下室时

图 9.3 同一种材料基础与墙身的划分

(2)基础与墙身使用不同材料时,位于设计室内地面高度≤ ±300 mm 时,以不同材料为分界线,高度＞ ±300 mm 时,以设计室内地面为分界线,如图 9.4 所示。

(3) 砖、石围墙,以设计室外地坪为界,以下为基础,以上为墙身。

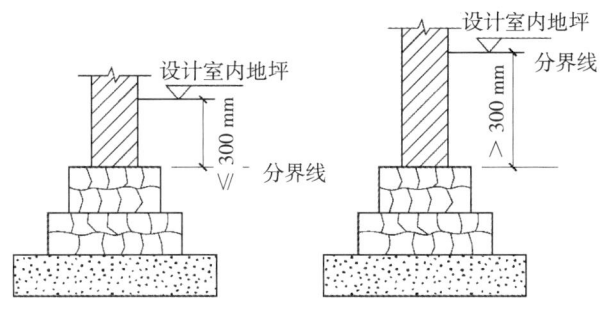

图 9.4 不同材料基础与墙身的划分

3. 砖基础工程量

砖基础工程量按设计图示尺寸以体积计算。

$$条形基础的工程量＝基础断面积 \times 基础的长度$$

基础长度:外墙基础按外墙中心线长度计算,内墙基础按内墙基础墙净长计算。

扣除:地梁(圈梁)、构造柱所占体积。

不予扣除:基础大放脚 T 形接头处的重叠部分(见图 9.5)以及嵌入基础的钢筋、铁件、管道、基础防潮层及单个面积≤ 0.3 m^2 的孔洞所占体积。

不增加:靠墙暖气沟的挑檐。

增加:附墙垛基础宽出部分(见图 9.6)体积。

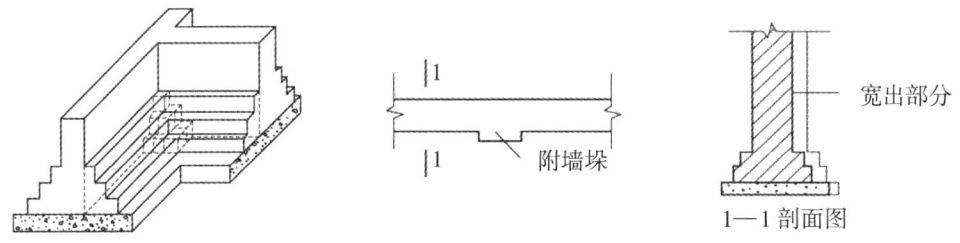

图 9.5　T 形接头重叠部分　　　　图 9.6　附墙垛基础宽出部分

$$基础断面积＝基础墙墙厚 \times 基础高度＋大放脚增加面积$$

大放脚增加面积(见图 9.7)可查表 9.4。

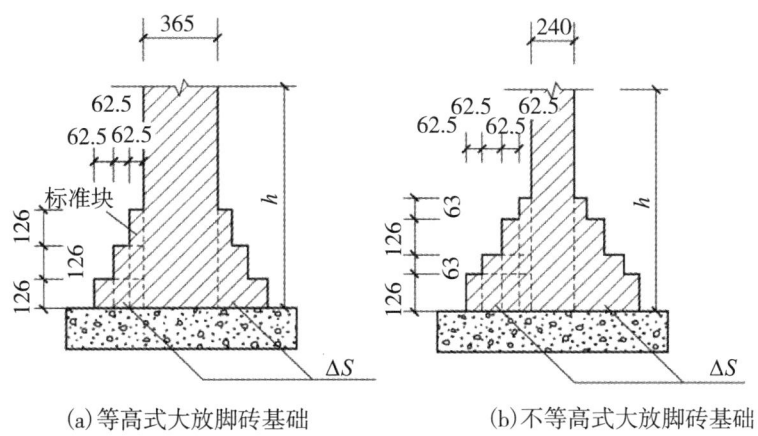

(a)等高式大放脚砖基础　　　　(b)不等高式大放脚砖基础

图 9.7　大放脚砖基础示意图

表 9.4　等高、不等高砖基础大放脚增加断面积表

放脚层数	增加断面积 /m²	
	等高	不等高
1	0.015 8	0.015 8
2	0.047 3	0.039 4
3	0.094 5	0.078 8
4	0.157 5	0.126 0
5	0.236 3	0.189 0
6	0.330 8	0.259 9
7	0.441 0	0.346 5
8	0.567 0	0.441 1
9	0.708 8	0.551 3
10	0.866 3	0.669 4

9.1.1.2　实心砖墙、多孔砖墙、空心砖墙

1. 砖墙相关清单项目示例

砖墙相关清单项目示例如表 9.5 所示。

表 9.5　砖墙清单项目特征描述示例表

项目编码	项目名称	项目特征描述示例	计量单位	项目特征描述提示
010401003001	实心砖墙	1. 砖品种、规格、强度等级：MU10 标准水泥砖。 2. 墙体类型：240 mm 厚内墙，混水墙。 3. 砂浆强度等级、配合比：M7.5 混合砂浆	m³	1. 墙体类型是指内墙、外墙、围墙、女儿墙、弧形墙、混水墙、清水墙等，也可根据施工图描述为承重墙或非承重墙。 2. 砖砌体勾缝按墙面抹灰中"墙面勾缝"项目编码列项。 3 实心砖墙、多孔砖墙、空心砖墙等项目工作内容中不包括勾缝，但包括刮缝。 4. 墙体厚度和高度应根据施工图设计描述，厚度和高度也可以不予描述。 5. 对于多孔砖墙，墙体类型也可根据施工图描述为位置＋承重墙或位置＋非承重墙，如承重多孔砖外墙
010401003002	实心砖墙	1. 砖品种、规格、强度等级：MU10 标准页岩砖。 2. 墙体类型：120 mm 厚外墙，单面清水墙。 3. 砂浆强度等级、配合比：M10 水泥砂浆		
010401003003	实心砖墙	1. 砖品种、规格、强度等级：MU10 标准粉煤灰砖。 2. 墙体类型：240 mm 厚女儿墙，单面清水墙。 3. 砂浆强度等级、配合比：M10 水泥砂浆		
010401003004	实心砖墙	1. 砖品种、规格、强度等级：MU10 标准水泥砖。 2. 墙体类型：240 mm 厚围墙，双面清水墙。 3. 砂浆强度等级、配合比：M7.5 混合砂浆		
010401004001	多孔砖墙	1. 砖品种、规格、强度等级：承重多孔砖 240×115×90。 2. 墙体类型：240 mm 厚外墙。 3. 砂浆强度等级、配合比：M7.5 混合砂浆		

2. 清单工程量

砖墙工程量按设计图示尺寸以体积计算。多孔砖墙、空心砖墙(见图 9.8)不扣除其本身空孔、空心部分体积。

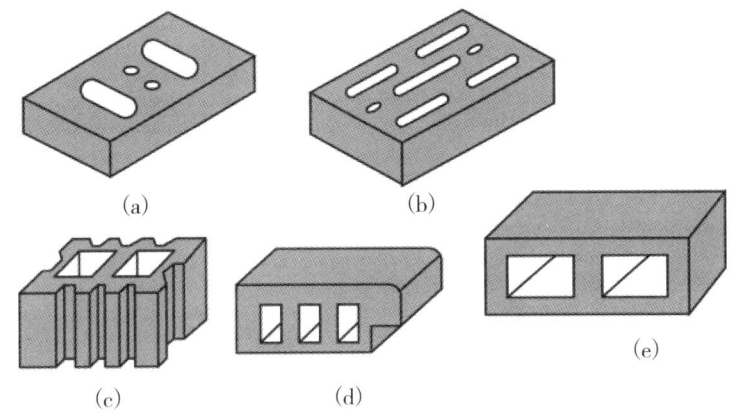

图 9.8 黏土空心砖示意图

墙体工程量＝(墙体的长度 × 墙体的高度－门窗洞口所占的面积)× 墙体的厚度
－嵌入墙身的应扣减构件体积＋突出墙面的应增加的砌体体积

例如:框架间墙砌体,以框架间的净空面积乘以墙厚计算,扣除应扣减构件所占体积。

(1)墙的长度。

① 砖混结构中:外墙长度按外墙中心线长度计算;内墙长度按内墙净长计算。

② 钢筋混凝土框架结构中:内外墙长度按框架之间的净长计算。

(2)墙身高度按下列规定计算:

① 外墙墙身高度:斜(坡)屋面无檐口天棚者算至屋面板底;有屋架,且室内外均有天棚者,算至屋架下弦底面另加 200 mm;无天棚者算至屋架下弦底加 300 mm,出檐宽度超过 600 mm 时,应按实砌高度计算;与钢筋混凝土楼板隔层者算至板顶。平屋顶算至钢筋混凝土板底,如图 9.9 所示。有框架梁时算至梁底面。

② 内墙墙身高度:位于屋架下弦者,其高度算至屋架下弦底;无屋架者算至天棚底另加 100 mm;有钢筋混凝土楼板隔层者算至板面;有框架梁时算至梁底面。

③ 内、外山墙墙身高度:按其平均高度计算。

④ 女儿墙高度:从屋面板上表面算至女儿墙顶面(如有混凝土压顶时算至压顶下面),然后分别按不同墙厚并入外墙计算。

⑤ 围墙高度:算至压顶上表面(如有混凝土压顶时算至压顶下表面),围墙柱并入围墙体积内,如图 9.10 所示。

(3)砌体厚度。

标准砖(混凝土实心砖、蒸压灰砂砖等)以 240 mm×115 mm×53 mm 为准,其砌体计算厚度,按表 9.6 计算。使用非标准砖时,其砌体厚度应按砖实际规格和设计厚度计算。

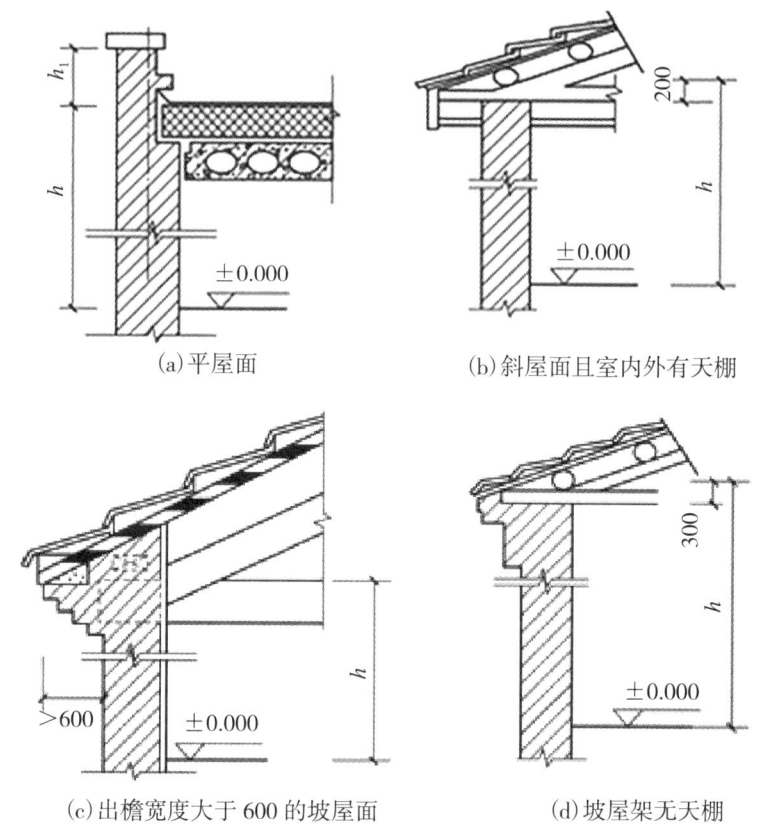

(a)平屋面   (b)斜屋面且室内外有天棚

(c)出檐宽度大于 600 的坡屋面   (d)坡屋架无天棚

图 9.9   不同情况下的外墙高度

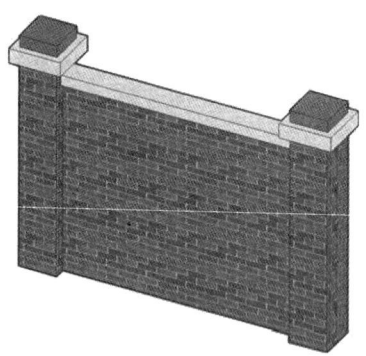

图 9.10   围墙示意图

表 9.6   标准砖砌体计算厚度

砖数(厚度)	1/4	1/2	3/4	1.00	1.5	2	2.5	3
计算厚度 /mm	53	115	180	240	365	490	615	740

(4)扣减与增加的相关规定。

应扣除:门窗洞口、过人洞、空圈、嵌入墙身的钢筋混凝土柱、梁(包括过梁、圈梁、挑梁)、砖平(弧)拱、钢筋砖过梁和凹进墙内的壁龛、管槽、暖气槽、消火栓箱所占体积。

不扣除:梁头、内外墙板头(见图 9.11)、檩头、垫木、木楞头、沿椽木、木砖、门窗走头(见图 9.12)、砖墙内的加固钢筋、木筋、铁件、钢管及单个面积在 0.3 m² 以内的孔洞等所占的体积。

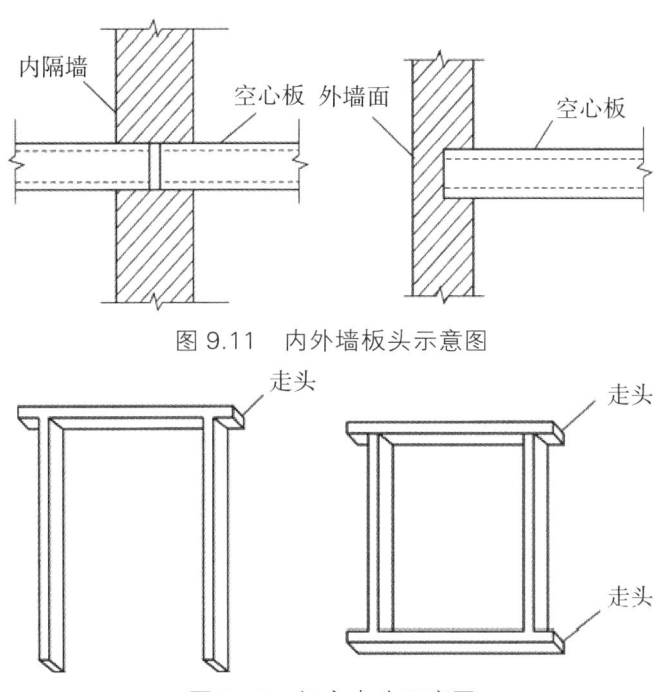

图 9.11　内外墙板头示意图

图 9.12　门窗走头示意图

不增加：凸出墙面的窗台虎头砖(见图 9.13)、窗台线、压顶(见图 9.14)、山墙泛水(见图 9.15)、烟囱根(见图 9.16)、门窗套(见图 9.17)、腰线和挑檐(见图 9.18)等体积。

图 9.13　窗台虎头砖　　　图 9.14　砖压顶示意图　　　图 9.15　山墙泛水示意图

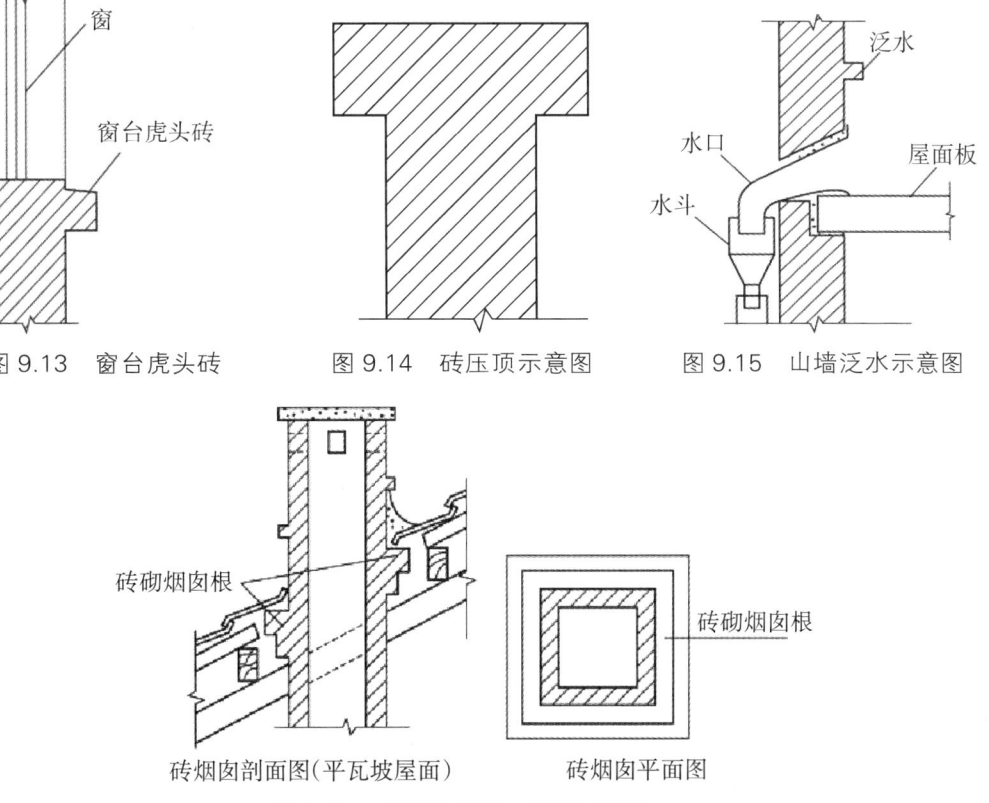

砖烟囱剖面图(平瓦坡屋面)　　　砖烟囱平面图

图 9.16　砖烟囱平面、剖面示意图

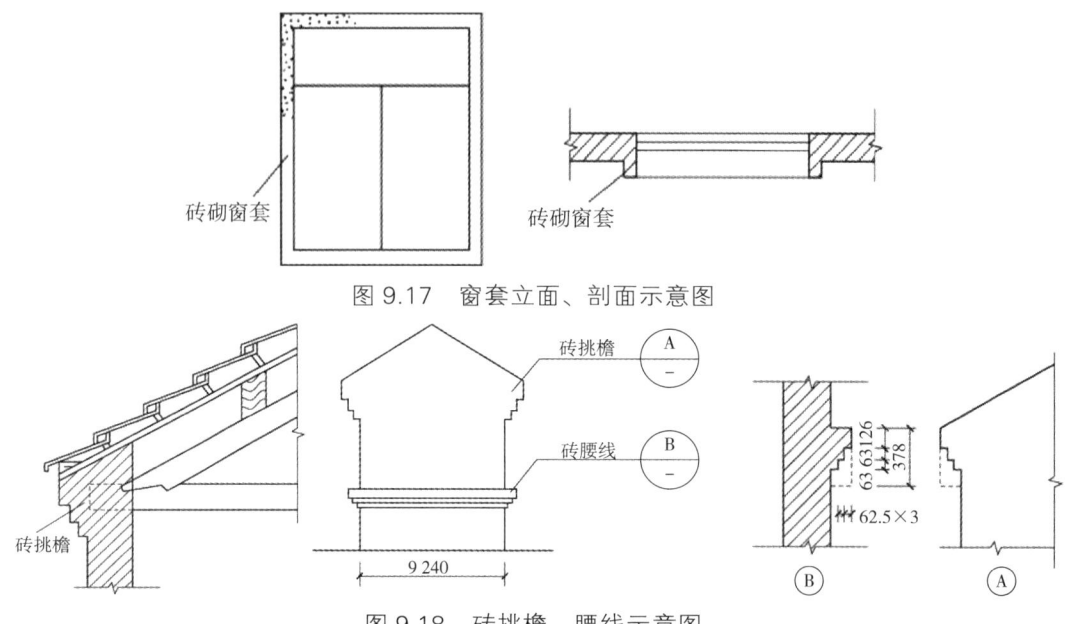

图 9.17　窗套立面、剖面示意图

图 9.18　砖挑檐、腰线示意图

增加:凸出墙面的砖垛、附墙烟囱、通风道、垃圾道应按设计图示尺寸以体积(扣除孔洞所占体积)计算并入所依附的墙体体积内。

9.1.1.3　空斗墙、空花墙、填充墙

1.空斗墙、空花墙相关清单项目示例

空斗墙、空花墙相关清单项目示例如表 9.7 所示。

表 9.7　空斗墙、空花墙清单项目特征描述示例表

项目编码	项目名称	项目特征描述示例	计量单位	项目特征描述提示
010401006001	空斗墙	1.砖品种、规格、强度等级:MU10 页岩砖、240 mm×115 mm×53 mm。 2.墙体类型:一斗一卧。 3.砂浆强度等级、配合比:M2.5 混合砂浆	m³	1.墙体厚度可不描述。 2.墙体类型可根据施工图设计描述为详见某某图集的编码、页号及节点大样或某某图纸的页号及节点大样等
010401006002	空斗墙	1.砖品种、规格、强度等级:MU10 页岩砖、240 mm×115 mm×53 mm。 2.墙体类型:单顶全斗墙。 3.砂浆强度等级、配合比:M5 混合砂浆		
010401007001	空花墙	1.砖品种、规格、强度等级:MU15 粉煤灰砖、240 mm×115 mm×53 mm。 2.墙体类型:花式围墙(平砌)。 3.砂浆强度等级、配合比:M5 混合砂浆		
010401007002	空花墙	1.砖品种、规格、强度等级:MU10 粉煤灰砖、240 mm×115 mm×53 mm。 2.墙体类型:花式隔墙(侧砌、斜墙)。 3.砂浆强度等级、配合比:M7.5 混合砂浆		

2. 工程量

(1) 空斗墙。

按设计图示尺寸以空斗墙外形体积计算。墙角、内外墙交接处、门窗洞口立边、窗台砖及屋檐处的实砌部分(见图 9.19)体积并入空斗墙体积内。但空斗墙的窗间墙、窗台下、楼板下、梁头下等的实砌部分,按零星砌砖项目编码列项。

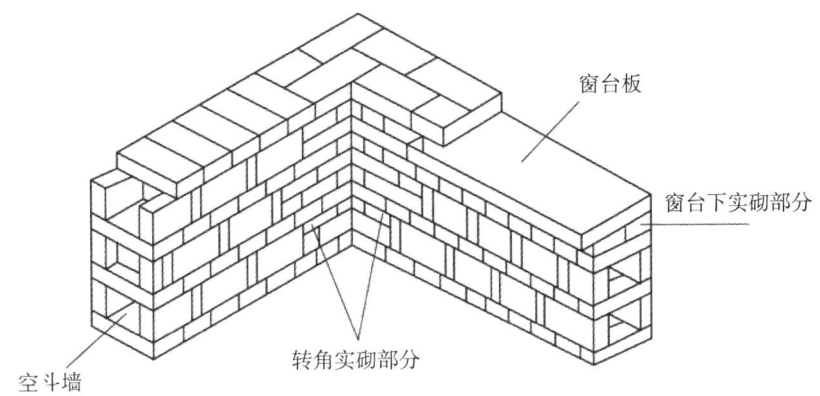

图 9.19　空斗墙转角及窗台下实砌部分示意图

(2) 空花墙。

空花墙按设计图示尺寸以空花部分外形体积计算,不扣除空洞部分体积,其中实砌体部分体积另行计算(见图 9.20)。

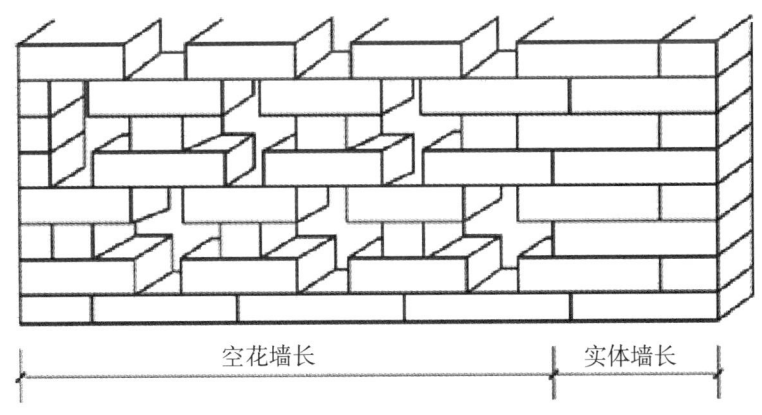

图 9.20　空花墙与实体墙划分示意图

"空花墙"项目适用于各种类型的空花墙,使用混凝土花格砌筑的空花墙,实砌墙体与混凝土花格应分别计算,混凝土花格按混凝土及钢筋混凝土中预制构件相关项目编码列项。

(3) 填充墙。

填充墙按设计图示尺寸以填充墙外形体积计算。其中实砌部分并入填充墙体积内,不另计算。

9.1.1.4　砖柱、砖检查井、零星砌砖及其他

1. 砖检查井、零星砌砖等清单项目示例

砖检查井、零星砌砖等清单项目示例如表 9.8 所示。

表 9.8　砖检查井、零星砌砖等清单项目特征描述示例表

项目编码	项目名称	项目特征描述示例	计量单位	项目特征描述提示
010401011001	砖检查井	1. 井截面、深度:井直径 ϕ 1 000 mm,井口 D = 200~600 mm,1.2 m 深。 2. 砖品种、规格、强度等级:MU10 标准水泥砖。 3. 垫层材料种类、厚度:C10 混凝土,厚 100 mm。 4. 底板厚度:厚 200 mm。 5. 井盖安装:铸铁盖板。 6. 混凝土强度等级:C20。 7. 砂浆强度等级:砌筑 M7.5 水泥砂浆,抹灰 1∶2 水泥砂浆。 8. 防潮层材料种类:1∶2 水泥砂浆(内掺占水泥重量 5% 的防水剂)	座	1. 检查井应增加描述井池底、壁抹灰砂浆配合比。 2. 检查井应增加描述井盖材质。 3. 如施工图设计标注做法见标准图集时,应注明标准图集的编码、页号及节点大样
010401011002	砖检查井	1. 井口直径:800~2 000 mm。 2. 做法:详见国家建筑标准设计《给水排水标准图集合订本 S_2 (下)》,P58,02 S515 扇形砖砌雨水检查井(90°~150°)		
010401012001	零星砌砖	1. 名称、部位:蹲台(卫生间),形状截面见施工图。 2. 砖品种、规格、强度等级:MU10 页岩砖、240 mm×115 mm×53 mm。 3. 砂浆强度等级:M5 水泥砂浆	m³	1. 砖砌锅台与炉灶以个计算时,应描述外形尺寸。 2. 砖砌台阶按水平投影面积以平方米计算时,应描述形状、外形尺寸等。 3. 小便槽、地垄墙按长度计算时,应描述截面尺寸及部位。 4. 如施工图设计标注做法见标准图集时,应在项目特征描述中注明标准图集的编码、页号及节点大样
010401012002	零星砌砖	1. 名称、部位:地垄墙(讲台)。 2. 砖品种、规格、强度等级:MU10 页岩砖、240 mm×115 mm×53 mm。 3. 砂浆强度等级:M5 水泥砂浆		
010401012003	零星砌砖	1. 名称、部位:拖布池(厨房)。 2. 做法:详见《西南地区建筑标准设计通用图》,厨房、卫生间、浴室设施,P50,西南 04 J517(4-4)		
010401012004	零星砌砖	1. 名称、部位:花池(室外),形状截面见施工图。 2. 砖品种、规格、强度等级:MU10 页岩砖、240 mm×115 mm×53 mm。 3. 砂浆强度等级:M5 混合砂浆		
010401012005	零星砌砖	1. 名称、部位:台阶,形状截面见施工图。 2. 砖品种、规格、强度等级:MU10 页岩砖、240 mm×115 mm×53 mm。 3. 砂浆强度等级:M5 混合砂浆	m²	

续表

项目编码	项目名称	项目特征描述示例	计量单位	项目特征描述提示
010401 013001	砖散水	1. 砖品种、规格、强度等级:标准 MU10 页岩砖。 2. 垫层材料种类、厚度:中砂、厚 30 mm。 3. 散水、地坪厚度:60 mm。 4. 面层种类、厚度:1∶2 水泥砂浆抹面划线防滑,厚 20 mm。 5. 砂浆强度等级:M5 混合砂浆	m²	1. 砖散水地坪、砖地沟明沟项目包括土方挖、运、填,项目特征描述可以适当说明。 2. 砌砖散水、地坪应描述抹砂浆面层砂浆配合比。 3. 砖地沟、明沟应描述沟壁抹面砂浆配合比。 4. 项目特征可以描述做法为某某图集的编码、页号及节点大样
010401 013002	砖散水	1. 散水宽度:800 mm。 2. 做法:详见《西南地区建筑标准设计通用图》,P4,04 J812 ③	m²	
010401 013003	砖地坪	1. 垫层材料种类、厚度:碎砖(石、卵石),厚 100 mm。 2. 做法:详见《西南地区建筑标准设计通用图》,P14,04 J812 ④	m²	
010401 014001	砖地沟	1. 砖品种、规格、强度等级:MU10 烧结页岩砖、240 mm×115 mm×53 mm。 2. 沟截面尺寸:净空 640 mm×500 mm;壁厚为 120 mm;沟平均深度为 600 mm。 3. 垫层材料种类、厚度:100 mm 厚 C10 混凝土。 4. 砂浆强度等级、配合比:M5 水泥砂浆、1∶2 水泥砂浆	m	
010401 014002	砖地沟	1. 沟截面尺寸:600 mm×480 mm。 2. 做法:详见《西南地区建筑标准设计通用图》,P3,04 J812 ③	m	
010401 014003	砖明沟	1. 砖品种、规格、强度等级:MU10 烧结页岩砖、240 mm×115 mm×53 mm。 2. 沟截面尺寸:净空 260 mm×800 mm;壁厚为 120 mm;沟平均深度为 600 mm。 3. 垫层材料种类、厚度:C10 混凝土、厚 200 mm。 4. 砂浆强度等级、配合比:M5 水泥砂浆、1∶2 水泥砂浆	m	
010401 014004	砖明沟	1. 沟截面尺寸:300 mm×650 mm。 2. 做法:详见《西南地区建筑标准设计通用图》,P3,04 J812 ①	m	

2. 清单工程量

(1)砖柱。

按设计图示尺寸以体积计算。扣除混凝土及钢筋混凝土梁垫、梁头、板头所占体积。柱基按基础列项。

(2)砖检查井、散水、地坪、地沟、明沟。

砖检查井按设计图示数量以"座"计算。

检查井内的爬梯按混凝土及钢筋混凝土中相关项目编码列项;除地板和井盖之外,井、池

内的混凝土构件按混凝土及钢筋混凝土预制构件编码列项。涉及的土方按土方工程中相关项目编码列项,脚手架等措施项目在措施项目中编码列项。

砖散水、地坪按设计图示尺寸以面积"m²"计算。

砖地沟、明沟按设计图示以中心线长度"m"计算。

(3)零星砌体。

① 列项。

台阶、台阶挡墙(见图9.21)、梯带、锅台、炉灶、蹲台(见图9.22)、池槽、池槽腿(见图9.23)、砖胎模、花台、花池、楼梯栏板、阳台栏板、地垄墙(见图9.24)、小于或等于0.3 m²的孔洞填塞等,应按零星砌砖项目编码列项。框架外表面的镶贴砖部分,按零星项目编码列项。空斗墙的窗间墙、窗台下、楼板下、梁头下等的实砌部分,按零星砌砖项目编码列项。

② 计量。

零星砌砖以"m³"计量,按设计图示尺寸截面积乘以长度计算;以"m²"计量,按设计图示尺寸水平投影面积计算;以"m"计量,按设计图示尺寸长度计算;以个计量,按设计图示数量计算。

砖砌锅台与炉灶可按外形尺寸以"个"计算,砖砌台阶可按水平投影面积以"m²"计算,小便槽、地垄墙可按长度计算,其他工程以"m"计算。

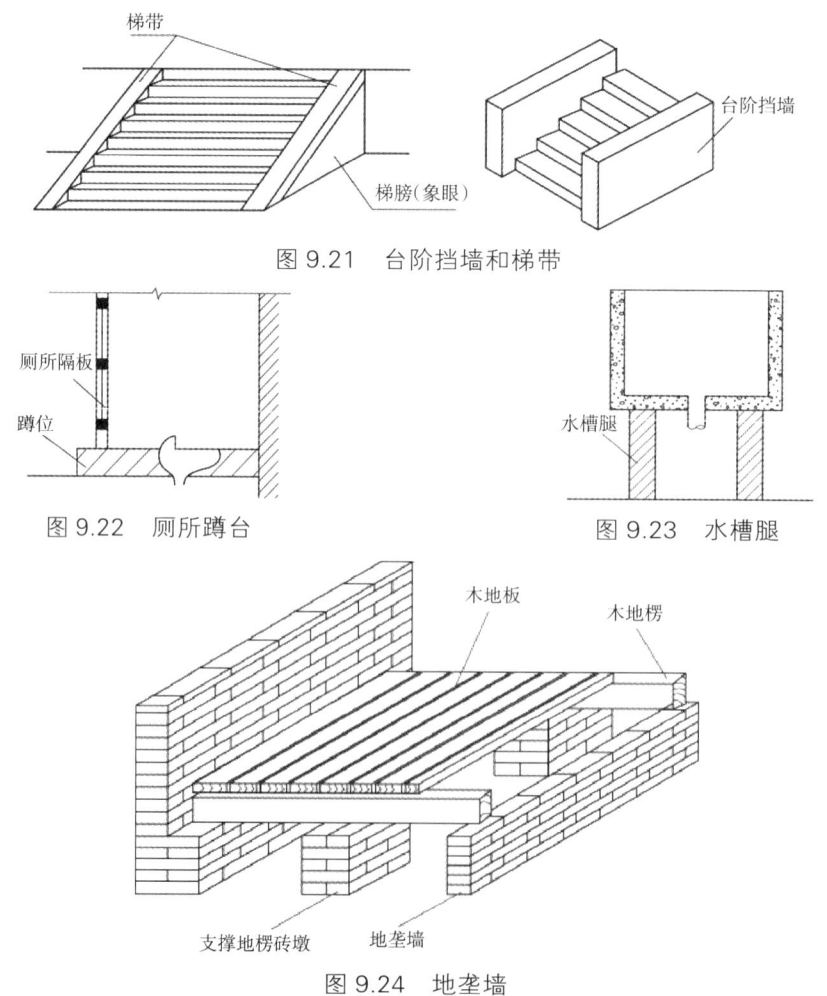

图 9.21　台阶挡墙和梯带

图 9.22　厕所蹲台

图 9.23　水槽腿

图 9.24　地垄墙

9.1.2 砌块砌体(编码:010402)

砌块砌体包括砌块墙、砌块柱等项目。

1.砌块墙相关清单项目示例

砌块墙相关清单项目示例如表9.9所示。

表9.9 砌块墙清单项目特征描述示例表

项目编码	项目名称	项目特征描述示例	计量单位	项目特征描述提示
010402001001	砌块墙	1.砌块品种、规格、强度等级:A5.0蒸压加气混凝土砌块,600×200×100。 2.墙体类型:200 mm厚内墙,混水墙。 3.砂浆强度等级、配合比:M5.0混合砂浆	m³	1.墙体类型是指内墙、外墙、围墙、女儿墙、弧形墙、混水墙、清水墙等,也可根据施工图描述为承重墙或非承重墙。 2.砖砌体勾缝按墙面抹灰中"墙面勾缝"项目编码列项。 3墙体厚度和高度应根据施工图设计描述,厚度和高度也可以不予描述
010402001002	砌块墙	1.砌块品种、规格、强度等级:A10蒸压加气混凝土砌块,600×300×150。 2.墙体类型:300 mm厚外墙。 3.砂浆强度等级、配合比:M10水泥砂浆		

2.工程量计算规则

(1)砌块墙,同实心砖墙的工程量计算规则。项目特征描述:砌块品种、规格、强度等级;墙体类型;砂浆强度等级。

墙体工程量=(墙体的长度 × 墙体的高度-门窗洞口所占的面积)× 墙体的厚度
-嵌入墙身的应扣减构件体积+突出墙面的应增加的砌体体积

例如:框架间墙砌体,以框架间的净空面积乘以墙厚计算,扣除应扣减构件所占体积。

(2)砌块柱,按设计图示尺寸以体积"m³"计算,扣除混凝土及钢筋混凝土梁垫、梁头、板头所占体积。

3.相关说明

(1)砌体内加筋、墙体拉结的制作、安装,应按"混凝土及钢筋混凝土工程"中相关项目编码列项。

(2)砌块排列应上、下错缝搭砌,如果搭错缝,长度满足不了规定的压搭要求,应采取压砌钢筋网片的措施,具体构造要求按设计规定。若设计无规定时,应注明由投标人根据工程实际情况自行考虑;钢筋网片按"混凝土及钢筋混凝土工程"中相应项目编码列项。

(3)砌块砌体中工作内容包括了勾缝。

(4)砌体垂直灰缝宽大于30 mm时,采用C20细石混凝土灌实。灌注的混凝土应按"混凝土及钢筋混凝土工程"相关项目编码列项。

9.1.3 垫层(编码:010404)

1. 工程量计算规则

垫层工程量按设计图示尺寸以体积"m^3"计算。

2. 相关说明

除混凝土垫层外,没有包括垫层要求的清单项目应按该垫层项目编码列项,如灰土垫层、碎石垫层、毛石垫层等。

【例9.1】某工程基础施工图如图9.25所示。平面图中尺寸标注线均位于墙体中心线。

室内地坪以下的砌体采用MU20混凝土实心砖240×115×53,M10水泥砂浆砌筑。室内地坪以上采用MU15蒸压灰砂砖240×115×53,M5混合砂浆砌筑。墙体在室内地坪垫层处设沥青防潮层。基础垫层为三七灰土。

试编制砌筑工程相关的工程量清单。

【解】(1)列项计量,填表9.10。

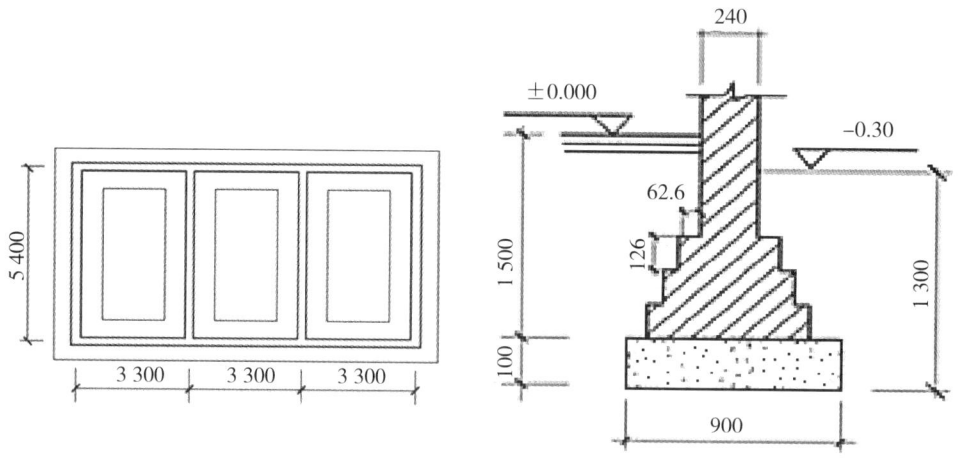

图9.25 基础施工图

表9.10 清单工程量计算表

序号	项目编码	项目名称	计算式	工程量合计	计量单位
1	010401001001	砖基础	外墙基础长度=(3.3×3 + 5.4)×2 m = 30.6 m; 内墙基础长度=(5.4−0.24)×2 m = 10.32 m; 砖基础工程量 = 基础断面积 × 基础长度 =(1.5×0.24 + 0.062 6×4×0.126×3)×(30.6 + 10.32)m^3 =(0.36 + 0.094 7)×40.92 m^3 = 18.61 m^3	18.61	m^3
2	010404001001	垫层	外墙基础垫层长度=(3.3×3 + 5.4)×2 m = 30.6 m; 内墙基础垫层长度=(5.4−0.9)×2 m = 9.00 m; 垫层体积 = 垫层断面积 × 垫层长度 = 0.9×0.1×(30.6 + 9.0)m^3 = 3.56 m^3	3.56	m^3

(2)编制工程量清单,如表9.11所示。

表 9.11　某砌筑工程项目清单与计价表

序号	项目编码	项目名称	项目特征	计量单位	工程量	金额	
						综合单价	合价
1	010401001001	砖基础	1.砖品种、规格、强度等级:MU20混凝土实心砖,240×115×53。 2.基础类型:条形基础。 3.砂浆强度等级:M10水泥砂浆。 4.防潮层材料种类:沥青防潮层	m³	18.61		
2	010404001001	垫层	垫层材料种类、配合比、厚度:三七灰土,100 mm厚	m³	3.56		

9.2　清单计价

任务书 9.2

背景资料:图纸及已知条件见任务 9.1。工程量清单与计价表见表 9.2。

任务:按控制价要求计算综合单价并填写清单项目计价表。

┃任务实施

任务步骤 1:计价工程量计算见表 9.12。

表 9.12　清单计价工程量计算表

序号	编码	项目名称	计算式	合计	单位
1	010401001001	砖基础			m³
2	010402001001	砌块墙（250厚）			m³
			3.6 m 以下墙体工程量:		
			3.6 m 以上墙体工程量:		
3	010402001002	砌块墙（100厚）			m³

任务步骤 2:综合单价计算见表 9.13。

表 9.13　分部分项工程清单综合单价计算表

序号	项目编码	工程项目名称	单位	数量	综合单价/元					合价
					人工费	材料费	机械使用费	管理费＋利润（＝人机费×＿＿＿＿）	小计（人材机费＋管理费＋利润）	
1	010401001001	砖基础	m³							
	A1–1									
	A6–119									
2	010402001001	砌块墙	m³							
	A1–32									
	A1–32, R×1.3									
3	010402001002	砌块墙	m³							
	A1–31									

任务步骤 3:清单计价见表 9.14。

表 9.14　分部分项工程和单价措施项目清单与计价表

序号	项目编码	项目名称	项目特征	计量单位	工程量	金额	
						综合单价	合价
1	010401001001	砖基础	1. 砖品种、规格、强度等级:MU20 蒸压灰砂砖。 2. 基础类型:条形砖基础。 3. 砂浆强度等级:M10 水泥砂浆。 4. 防潮层材料种类:20 mm 厚防水砂浆	m³			
2	010402001001	砌块墙（250 厚）	1. 砌块品种、规格、强度等级:加气混凝土砌块(强度等级不低于 A3.5,干容重≤6.0 kN/m³)。 2. 墙体类型:内墙、外墙,250 mm 厚。 3. 砂浆强度等级:M10 专用砂浆	m³			
3	010402001002	砌块墙（100 厚）	1. 砌块品种、规格、强度等级:加气混凝土砌块(强度等级不低于 A3.5,干容重≤6.0 kN/m³)。 2. 墙体类型:女儿墙线脚砌体,100 mm 厚。 3. 砂浆强度等级:M10 专用砂浆	m³			
小计							

任务 9.2 相关知识点

9.2.1　清单计价指引

(1)砖基础(见表 9.15)。

表 9.15　砖基础清单计价指引

项目编码	项目名称	项目特征	计量单位	工程内容	可组合的定额内容	
0104 01001	砖基础	1.砖品种、规格、强度等级; 2.基础类型; 3.砂浆强度等级; 4.防潮层材料种类	m³	1.砂浆制作、运输; 2.砌砖; 3.防潮层铺设; 4.材料运输	1	砖基础(分直形、圆弧形)
					2	防水(潮)层

(2)实心砖墙(见表 9.16)。

表 9.16　实心砖墙清单计价指引

项目编码	项目名称	项目特征	计量单位	工程内容	可组合的定额内容		
0104 01003	实心砖墙	1.砖品种、规格、强度等级; 2.墙体类型; 3.砂浆强度等级、配合比	m³	1.砂浆制作、运输; 2.砌砖; 3.刮缝; 4.砖压顶砌筑; 5.材料运输	1	砖墙	1.1	混水砖墙(区分厚度,还要区分高度3.6 m 以内、以外)
							1.2	清水砖墙(区分厚度,还要区分高度3.6 m 以内、以外)

(3)砌块墙(见表 9.17)。

表 9.17　砌块墙清单计价指引

项目编码	项目名称	项目特征	计量单位	工程内容	可组合的定额内容		
0104 02001	砌块墙	1.砌块品种、规格、强度等级; 2.墙体类型; 3.砂浆强度等级	m³	1.砂浆制作、运输; 2.砌砖、砌块; 3.勾缝; 4.材料运输	1	砌砖块墙	1.1	砌块墙(区分厚度,还要区分高度3.6 m 以内、以外)
							1.2	加气混凝土砌块L形专用连接件

注:砌块墙中按设计规定需要镶嵌砖砌体部分,已包括在定额内,不另计算。

(4)检查井(见表 9.18)。

表 9.18　检查井清单计价指引

项目编码	项目名称	项目特征	计量单位	工程内容	可组合的定额内容			
0104 01011	检查井	1. 井截面、深度； 2. 砖品种、规格、强度等级； 3. 垫层材料种类、厚度； 4. 底板厚度； 5. 井盖安装； 6. 混凝土强度等级； 7. 砂浆强度等级； 8. 防潮层材料种类	座	1. 砂浆制作、运输； 2. 铺设垫层； 3. 底板混凝土制作、运输、浇筑、振捣、养护； 4. 砌砖； 5. 刮缝； 6. 井池底、壁抹灰； 7. 抹防潮层； 8. 材料运输	1	砌体	1.1	砖基础
							1.2	砖砌体(区分厚度,还要区分高度 3.6 m 以内、以外)
					2	底板混凝土	2.1	混凝土
							2.2	模板
					3	盖板	3.1	预制或现浇
							3.2	现浇构件模板(预制不计)
							3.3	其他
					4	垫层	4.1	混凝土
							4.2	其他
					5	抹灰	5.1	水泥砂浆
							5.2	其他
					6	防潮	6.1	防潮

(5)砖散水、地坪(见表 9.19)。

表 9.19　砖散水、地坪清单计价指引

项目编码	项目名称	项目特征	计量单位	工程内容	可组合的定额内容			
0104 01013	砖散水、地坪	1. 砖品种、规格、强度等级； 2. 垫层材料种类、厚度； 3. 散水、地坪厚度； 4. 面层种类、厚度； 5. 砂浆强度等级	m²	1. 土方挖、运、填； 2. 地基找平、夯实； 3. 铺设垫层； 4. 砌砖散水、地坪； 5. 抹砂浆面层	1	找平、夯实	1.1	原土夯实
					2	垫层	2.1	垫层
					3	砖散水、地坪	3.1	砖散水、地坪
					4	抹灰	4.1	抹砂浆面层

(6)砖地沟、明沟(见表 9.20)。

表 9.20　砖地沟、明沟清单计价指引

项目编码	项目名称	项目特征	计量单位	工程内容	可组合的定额内容				
0104 01014	砖地沟、明沟	1. 砖品种、规格、强度等级； 2. 沟截面尺寸； 3. 垫层材料种类、厚度； 4. 混凝土强度等级； 5. 砂浆强度等级	m	1. 土方挖、运、填； 2. 铺设垫层； 3. 底板混凝土制作、运输、浇筑、振捣、养护； 4. 砌砖； 5. 刮缝抹灰； 6. 材料运输	1	挖土方	1.1	人工挖沟槽	
					2	运土方	2.1	人工或人力车运土方	
							2.2	其他	
					3	回填土	3.1	夯填土	
					4	垫层	4.1	垫层（区分材质）	
					5	砌筑	5.1	砖地沟	
					6	抹灰	6.1	抹砂浆（分材质）	

（7）垫层（见表 9.21）。

表 9.21　非混凝土垫层清单计价指引

项目编码	项目名称	项目特征	计量单位	工程内容	可组合的定额内容		
010404001	垫层	垫层材料种类、配合比、厚度	m³	1. 垫层材料的拌制； 2. 垫层铺设； 3. 材料运输	1	垫层	1.1　垫层（分材质）

9.2.2　定额工程量及定额应用有关说明

（1）砖砌体、砌块砌体定额工程量与清单工程量是一致的。 但有钢筋混凝土楼板隔层的内墙高度计算，2013 规范是"算至板顶"，2018 定额是"算至楼板底"。

（2）基础与墙（柱）身的划分，定额与清单是一致的。

（3）定额中砖、砌块和石料按标准或常用规格编制，设计规格与定额规格相差不大时，砌体材料和砌筑（黏结）材料用量应做调整，砌筑砂浆按干混预拌砌筑砂浆编制。材料用量计算方法：用被换的多孔砖、空心砖、砌块的模数加上灰缝，求出每立方米砌体中包含的块数并加上损耗。

如实际采用的多孔砖、空心砖和砌块仅材料类型不同时，仍按定额执行，定额含量不可调整，只换算相应的材料价格。

定额所列砌筑砂浆种类和强度等级、砌块专用砌筑黏结剂品种，如设计与定额不同时，应做换算。

(4)墙体砌筑高度超过 3.6 m 时,其超过部分工程量的定额人工乘以系数 1.3。

(5)砖基础不分砌筑宽度及有否大放脚,均执行对应品种及规格砖的同一项目。地下混凝土构件所用砖模及砖砌挡土墙套用砖基础项目。

(6)砖砌体和砌块砌体不分内、外墙,均执行对应品种的砖和砌块项目,其中:

① 定额中均已包括了立门窗框的调直以及腰线、窗台线、挑檐等一般出线用工。

② 清水砖墙原浆勾缝按相应混水砖砌体定额子目人工用量乘以系数 1.15 计算,清水砖柱原浆勾缝按相应混水砖柱定额子目人工用量乘以系数 1.06 计算,设计需加浆勾缝时,应另行计算。

③ 小型空心砌块墙定额已包含门窗洞口及墙底部等处的同类实心砖砌体,该部分不单独另行计算。

④ 加气混凝土类砌块墙项目已包括砌块零星切割改锯的损耗及费用,且包含了墙底部(≥ 200 mm 高)的砖砌体部分。

⑤ 空斗墙的窗间墙、窗台下、楼板下、梁头下等的实砌部分,应另行计算,套用零星砌体项目。

⑥ 空花墙中的实砌体部分另行计算。

(7)填充墙以填炉渣、炉渣混凝土为准,如设计与定额不同时应做换算,其他不变。填充墙实砌部分已包括在定额内,不另计算。

(8)零星砌体按设计图示尺寸以体积计算。2013 规范与 2018 定额相同。

但 2013 规范另外规定:砖砌锅台与炉灶还可按外形尺寸以个计算;砖砌台阶还可按水平投影面积以平方米计算;小便槽、地垄墙还可按长度计算。

地沟、明沟:2018 定额按设计图示尺寸以体积计算(砖砌地沟不分墙基和墙身,按不同材质合并工程量套用相应项目);2013 规范按设计图示以中心线长度计算。

(9)贴砌砖项目适用于地下室外墙保护墙部位的贴砌砖;框架外表面的镶贴砖部分,套用零星砌体项目。

(10)围墙套用墙相关定额项目。设计需加浆勾缝时,应另行计算。

(11)石砌体项目中粗、细料石(砌体)墙按 400 mm×220 mm×200 mm 规格编制。

(12)毛料石护坡高度超过 4 m 时,其超过部分工程量的定额人工乘以系数 1.15。

(13)定额中各类砖、砌块及石砌体的砌筑均按直形砌筑编制,如为圆弧形砌筑者,按相应定额人工用量乘以系数 1.10,砖、砌块、石砌体及砂浆(黏结剂)用量乘以系数 1.03 计算。

(14)砖砌体内灌注混凝土,以及墙基、墙身的防潮、防水、抹灰等按 2018 定额其他相关章节的项目及规定计算(空心砖内灌注混凝土,执行小型构件项目)。

(15)砌体加固,常见施工方法有砌体专用连接件、预埋铁件、预留钢筋及植筋等几种,依据实际情况选择相应项目。砌体专用连接件按砌筑相关项目执行,预埋铁件、预留钢筋及植筋按钢筋混凝土相关项目执行。

(16)人工级配砂石垫层是按中(粗)砂 15%(不含填充石子空隙)、砾石 85%(含填充砂)的级配比例编制的。

(17)检查井、化粪池按实计算相应定额项目(拆分计算需要计算的定额项目)。可能涉及子目:挖运填土、垫层、板、墙、顶、粉刷、砼、模板、脚手架、抽排水、护坡、井盖(座)、进排水套管、支架、铁件等。

【例 9.2】已知条件见例 9.1 及所编清单,根据湖北 2018 定额计算清单综合单价。

【解】(1)计价工程量计算见表 9.22。

表 9.22　计价工程量计算表

序号	编码	项目名称	计算式	合计	单位
1	010401001001	砖基础		18.61	m³
	A1-1	砖基础	同清单量	18.61	m³
	A6-67	沥青防潮层	基础长度 × 防潮层宽度 = 40.92 ×0.24 m² = 9.82 m²	9.82	m²
2	010404001001	垫层		3.56	m³
	A1-70	垫层灰土	同清单量	3.56	m³

(2)综合单价计算见表 9.23。

表 9.23　分部分项工程清单综合单价计算表

序号	项目编码	工程项目名称	单位	数量	综合单价 / 元					合价
					人工费	材料费	机械使用费	管理费+利润(=人机费×48%)	小计(人材机费+管理费+利润)	
1	010401 001001	砖基础	m³	18.61					9 145.48/18.61 = 491.43	9 067.95 + 77.53 = 9 145.48
	A1-1	砖基础	10 m³	1.861	1 476.33	2 621.11	44.96	(1 476.33 + 44.96)×48% = 730.22	4 872.62	1.861 ×4 872.62 = 9 067.95
	A6-67	沥青防潮层	100 m²	0.098 2	211.53	476.50	0	(211.53 + 0) ×48% = 101.53	789.56	0.098 2 ×789.56 = 77.53
2	010404 001001	垫层	m³	3.56					657.24/3.56 = 184.62	657.24
	A1-70	垫层灰土	10 m³	0.356	549.86	1 022.83	6.45	(549.86 + 6.45) ×48% = 267.03	1 846.17	0.356 ×1 846.17 = 657.24

(3)清单计价见表 9.24。

表 9.24　分部分项工程和单价措施项目清单与计价表

序号	项目编码	项目名称	项目特征	计量单位	工程量	金额	
						综合单价	合价
1	010401 001001	砖基础	1.砖品种、规格、强度等级:MU20 混凝土实心砖,240×115×53。2.基础类型:条形基础。3.砂浆强度等级:M10 水泥砂浆。4.防潮层材料种类:沥青防潮层	m³	18.61	491.43	9 145.48
2	010404 001001	垫层	垫层材料种类、配合比、厚度:三七灰土,100 mm 厚	m³	3.56	184.62	657.24

工作手册10

钢结构工程计量与计价

GANGJIEGOU GONGCHENG JILIANG YU JIJIA

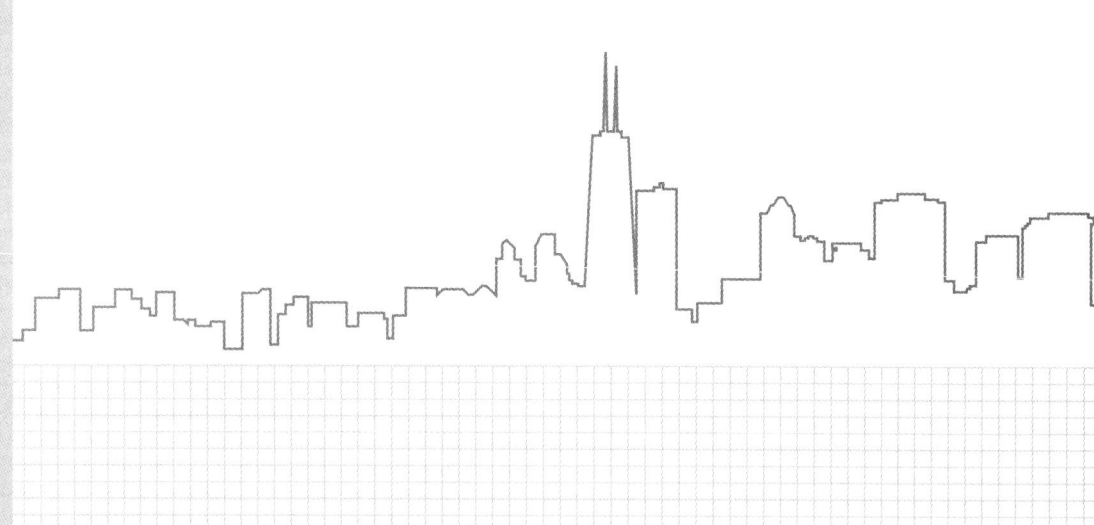

10.1　清单计量

任务书 10.1

背景资料：某门式刚架结构如图 10.1 ~ 图 10.6 所示，钢材均采用 Q345B 钢。屋面采用 0.476–HV820 型彩钢板 + 50 mm 厚保温棉、铝箔、不锈钢丝网，墙面采用 0.476–V900 型彩钢板，天沟采用 3.0 mm 厚钢板，天沟落水管采用 ∅110 PVC–U 塑管，高强度螺栓除注明者外均为 M20。屋面结构材料：SC 为 Φ20 圆钢、XG 为 Φ89×3.0、ZC 为 Φ20 圆钢。结构检测采用超声波探伤。厂房耐火等级为二级，构件耐火极限分别为：钢柱 2.5 小时、钢梁 1.5 小时、屋顶承重构件 1.0 小时。柱间支撑的设计耐火极限与柱相同，楼盖支撑的设计耐火极限与梁相同，屋盖支撑和系杆的耐火极限与屋顶承重构件相同。

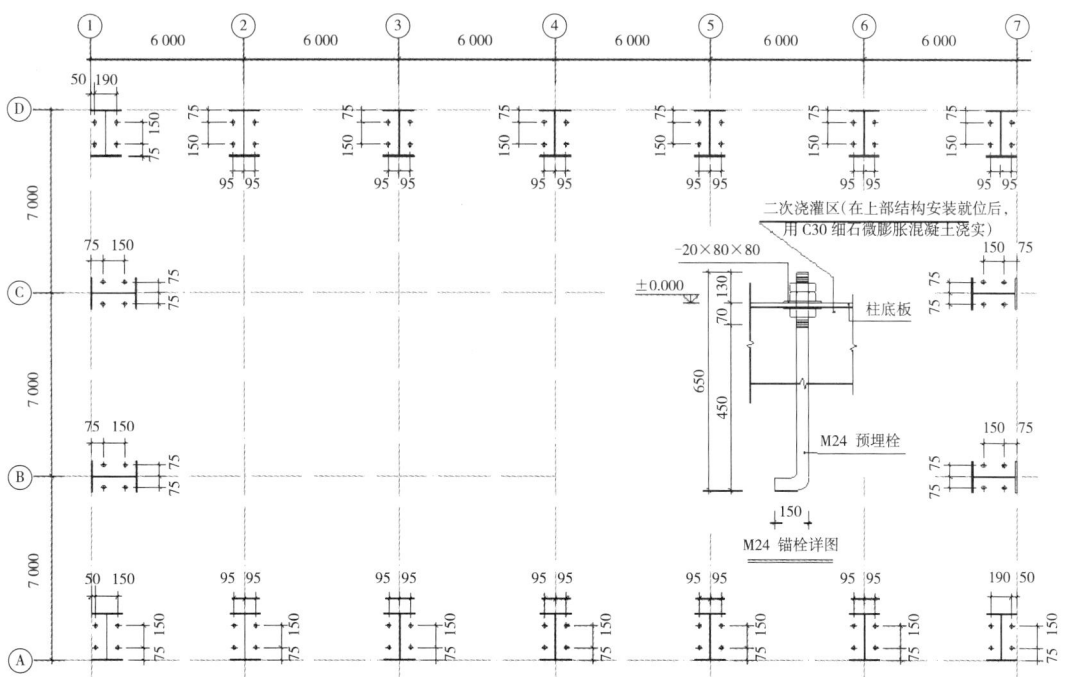

图 10.1　预埋螺栓布置图

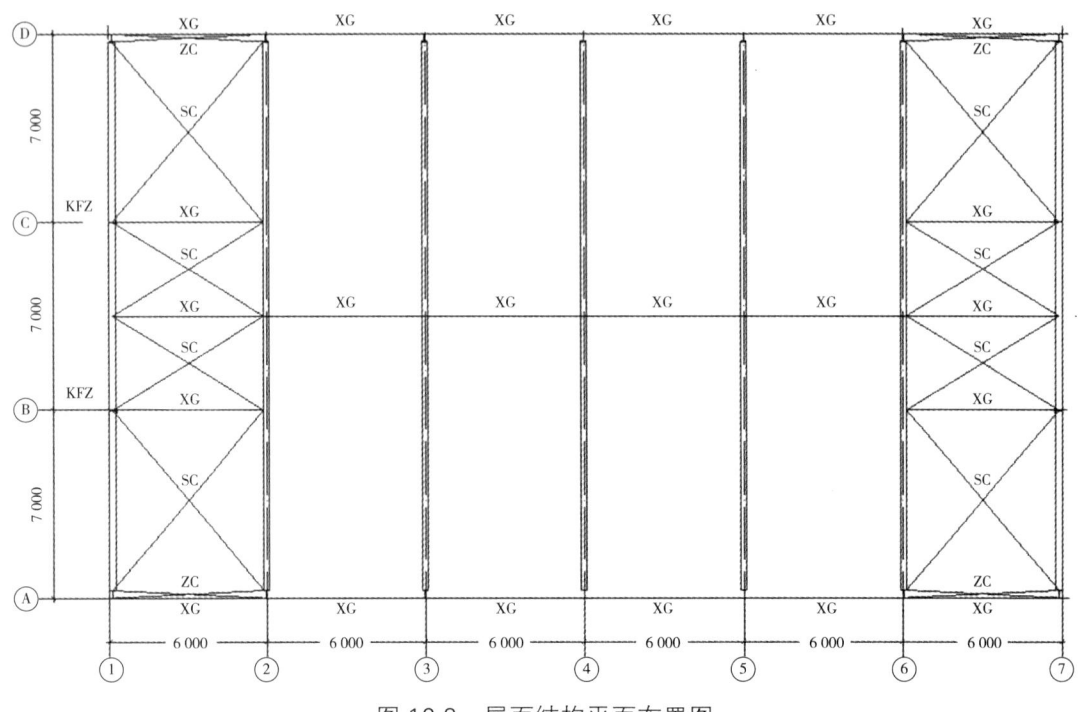

图 10.2　屋面结构平面布置图

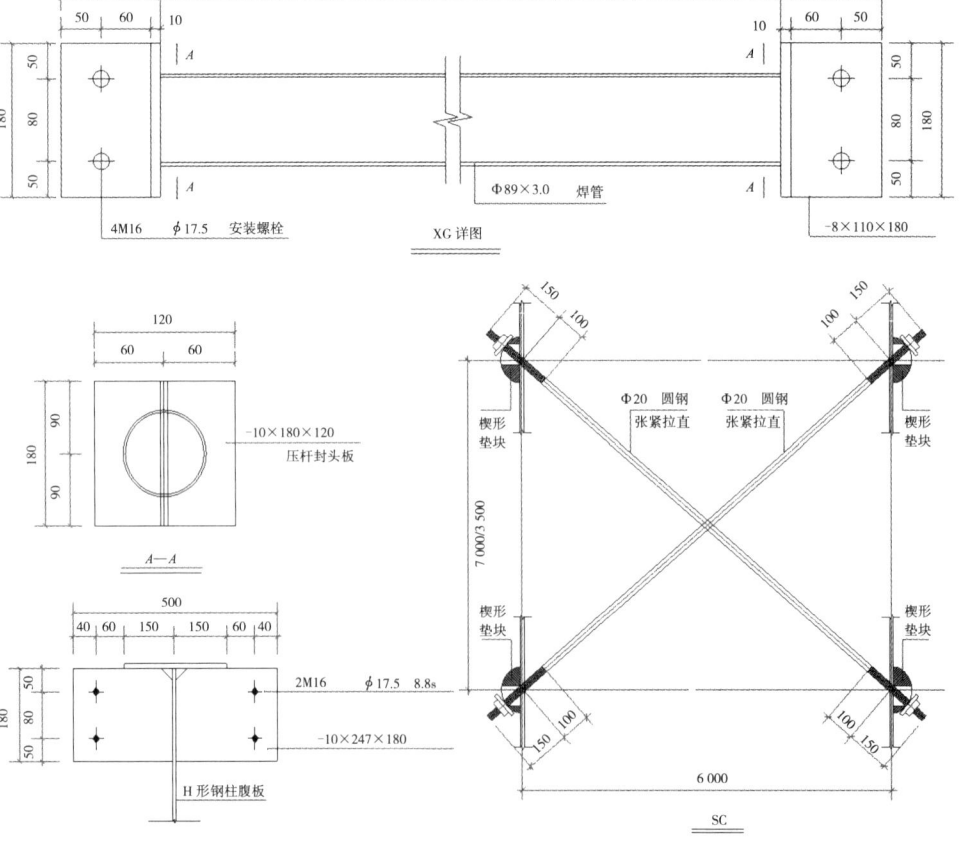

图 10.3　屋面结构大样图

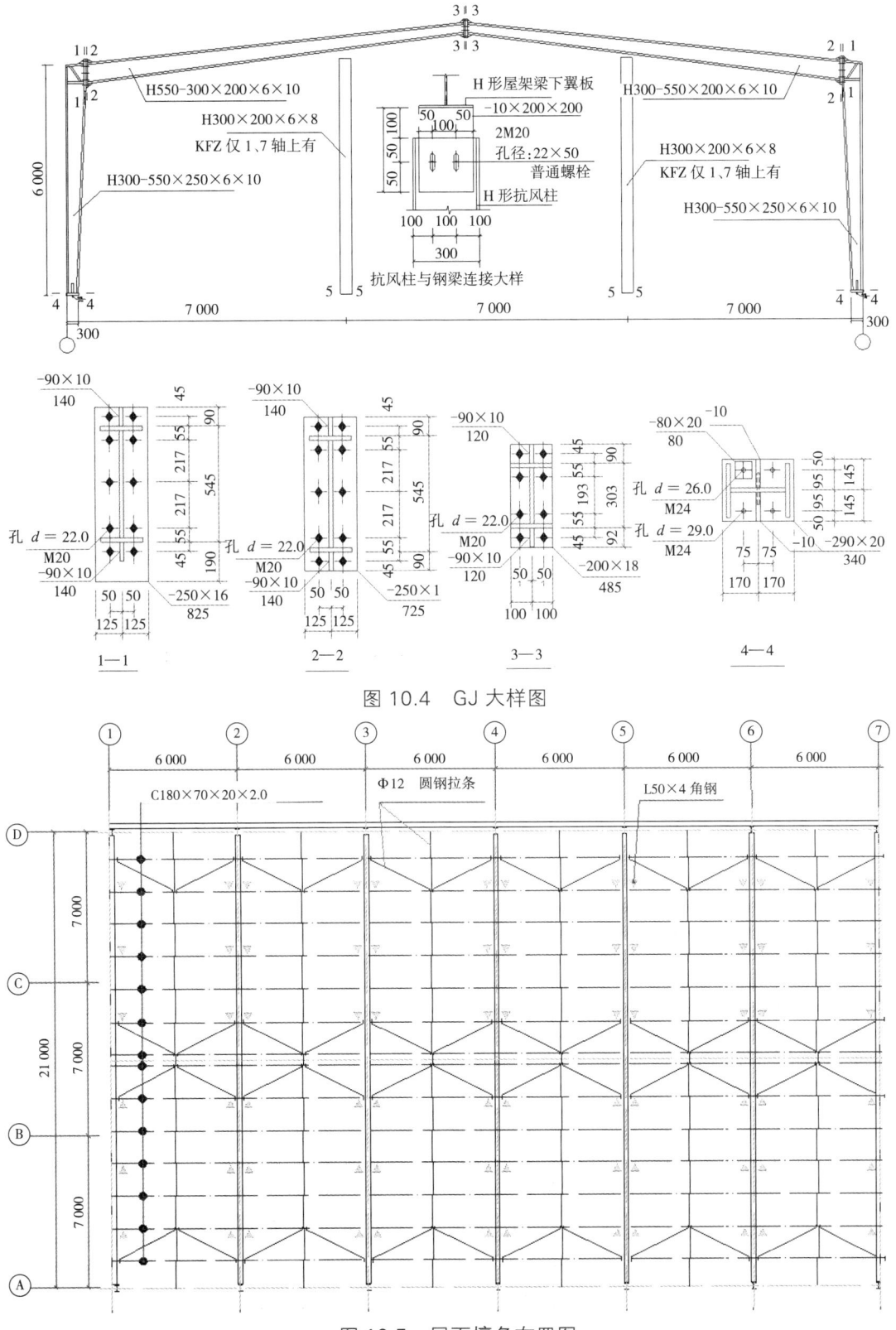

图 10.4　GJ 大样图

图 10.5　屋面檩条布置图

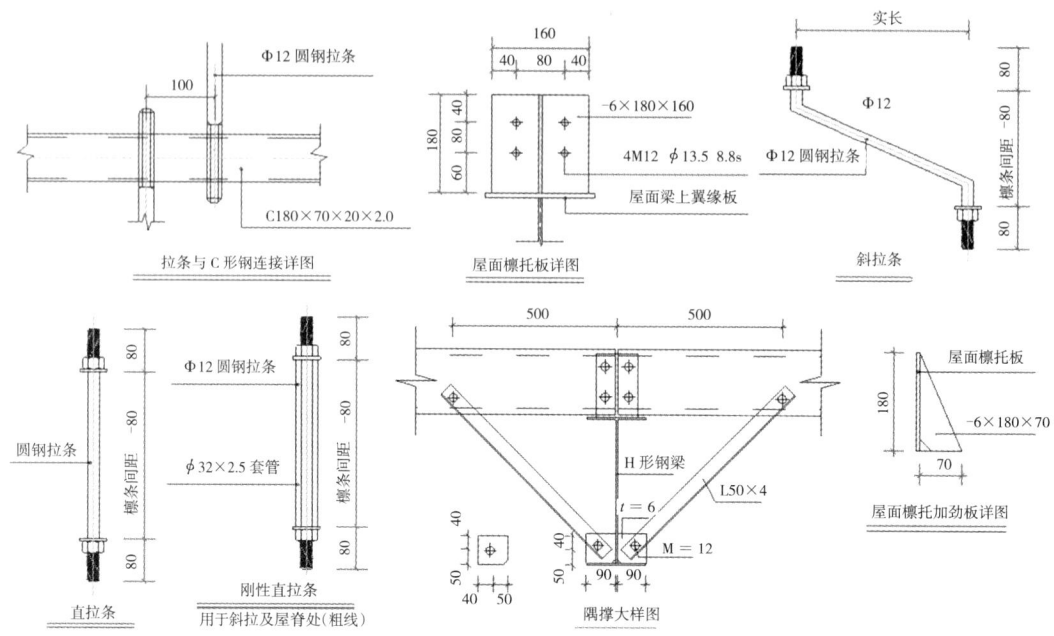

图 10.6　屋面檩条详图

任务:试编制钢结构工程相关的工程量清单。

任务实施

任务步骤 1:列项计量,填表 10.1。

表 10.1　钢结构工程清单工程量计算表

序号	项目编码	项目名称	计算式	工程量合计	计量单位
1	010603001001	实腹钢柱			t
2	010604001001	钢梁			t
3	010606001001	钢支撑、钢拉条			t
4	010606002001	钢檩条			t

任务步骤 2:编制工程量清单,如表 10.2 所示。

表 10.2　某钢结构工程项目清单与计价表

序号	项目编码	项目名称	项目特征	计量单位	工程量	金额	
						综合单价	合价
1	010603001001	实腹钢柱	1. 柱类型: 2. 钢材品种、规格: 3. 单根柱质量: 4. 螺栓种类: 5. 探伤要求: 6. 防火要求:	t			

续表

序号	项目编码	项目名称	项目特征	计量单位	工程量	金额	
						综合单价	合价
2	010604001001	钢梁	1. 梁类型： 2. 钢材品种、规格： 3. 单根质量： 4. 螺栓种类： 5. 安装高度： 6. 探伤要求： 7. 防火要求：	t			
3	010606001001	钢支撑、钢拉条	1. 钢材品种、规格： 2. 构件类型： 3. 安装高度： 4. 螺栓种类： 5. 探伤要求： 6. 防火要求：	t			
4	010606002001	钢檩条	1. 钢材品种、规格： 2. 构件类型： 3. 单根质量： 4. 安装高度： 5. 螺栓种类： 6. 探伤要求： 7. 防火要求：	t			

任务 10.1 相关知识点

　　钢结构主要应用于大跨结构、重型厂房结构、承受动力荷载及强大地震作用的结构、高层建筑、高耸结构、容器和其他构筑物（如海上采油平台钢结构等）、可拆卸结构、活动结构、轻型钢结构、钢—混凝土组合结构等。

　　在钢结构工程中，根据结构形式不同，可划分成多种类型，如门式刚架结构（见图 10.7）、框架结构、网架结构、钢管结构、索膜结构、钢平台等。

　　计量规范中，金属结构工程列项如下：钢网架，钢屋架、钢托架、钢桁架、钢架桥、钢柱，钢梁，钢板楼板、墙板，钢构件，金属制品。

　　金属结构构件按成品编制项目，购置费应计入综合单价中，若采用现场制作，包括制作的所有费用。

　　金属构件成品安装工程量，一般情况下按设计图示尺寸以质量计算。不扣除孔眼的质量，焊条、铆钉、螺栓等不另增加质量。不规则或多边形钢板或其他异形钢板均按实际尺寸计算，不再以其最大对角线乘最大宽度的矩形面积计算，如图 10.8 所示。

　　金属构件的切边，不规则及多边形钢板发生的损耗在综合单价中考虑。工作内容中综合了补刷油漆，但不包括刷防火涂料，金属构件刷防火涂料单独列项计算工程量。

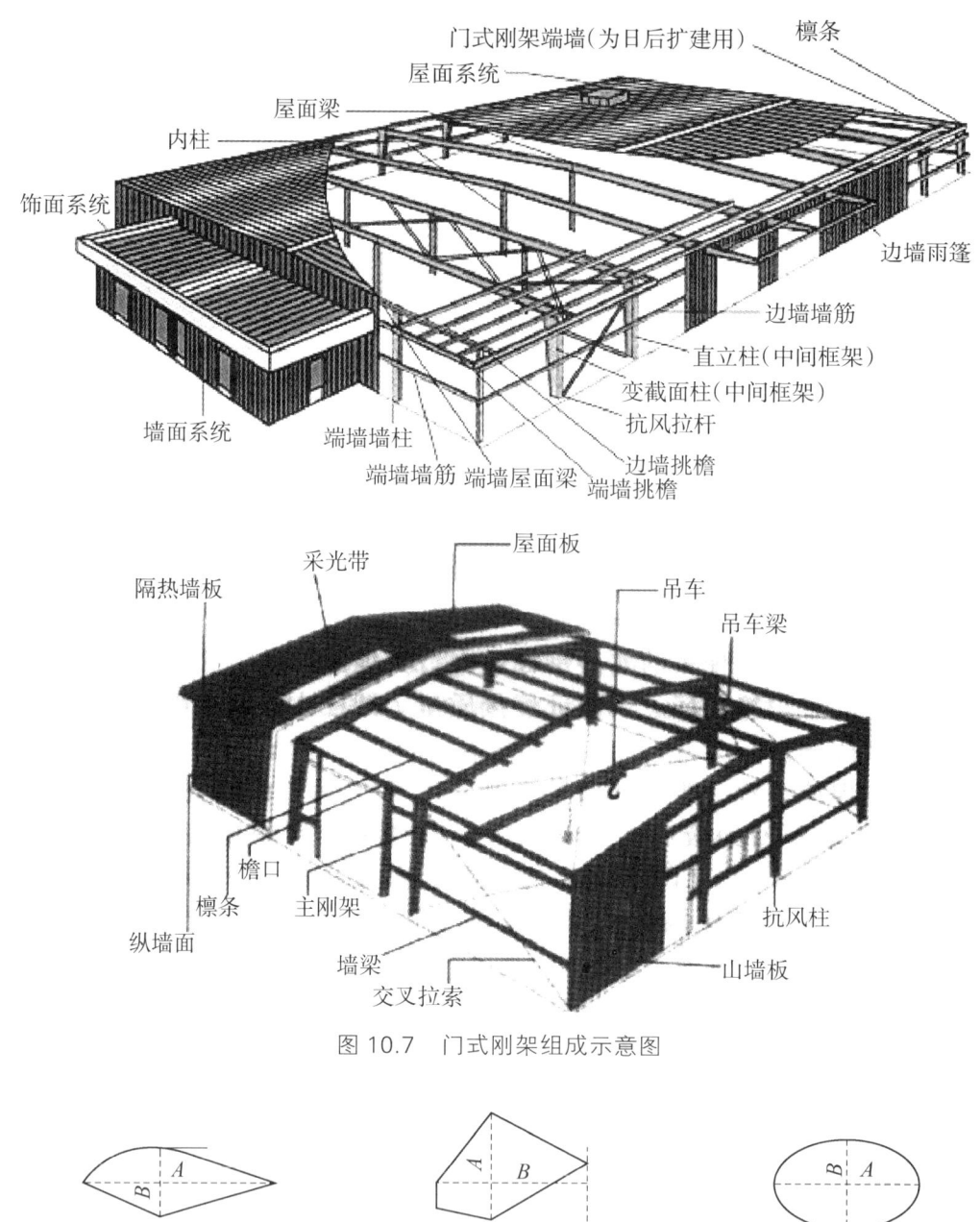

图 10.7 门式刚架组成示意图

图 10.8 不规则或多边形钢板不按矩形计算

10.1.1 钢网架(编码:010601)

钢网架项目适用于一般钢网架和不锈钢网架。不论节点形式(球形节点、板式节点等)和节点连接方式(焊接、丝接)等均使用该项目。

钢网架项目特征描述示例见表 10.3。

表 10.3　钢网架项目特征描述示例表

项目编码	项目名称	项目特征描述示例	计量单位	项目特征描述提示
010601001001	钢网架（大堂）	1. 钢材品种、规格:钢材牌号 Q345 B,规格 Φ299×76 高频直焊缝焊管,详见结施 C-××及钢结构设计说明。 2. 连接形式:焊接空心球。 3. 跨度及安装高度:主拱跨度 28 m,拱平面内矢高 4 m。 4. 探伤要求:100% 超声探伤。 5. 防火要求:耐火等级二级,耐火极限 2.0 小时	t	1. 钢网架项目特征描述:钢材品种、规格;网架节点形式、连接方式;网架跨度、安装高度;探伤要求;防火要求等。其中防火要求指耐火极限。若防火涂料单独列项,则不需描述防火要求。若金属构件成品已包含防火处理,防火涂料不单独列项,则需描述防火要求。 2. 吊装机械及场内运距也可在项目特征中描述;均可描述为:投标人自行考虑,结算不调整。 3. 钢网架还应描述类型:平面网架、单曲面网架、双曲面网架

注意:钢网架工程量计算不另增加焊条、铆钉等质量,但螺栓质量要计算,与钢屋架、钢柱、钢梁、钢构件等不同(焊条、铆钉、螺栓等不另增加)。

10.1.2　钢屋架、钢托架、钢桁架、钢架桥(编码:010602)

1. 项目特征描述示例

钢屋架等项目特征描述示例见表 10.4。

2. 相关说明

(1) 钢托架(见图 10.9)是指在工业厂房中,由于工业或者交通需要而在大开间位置设置的承托屋架的钢构件。

钢屋架工程量计算

表 10.4　钢屋架等项目特征描述示例表

项目编码	项目名称	项目特征描述示例	计量单位	项目特征描述提示
010602001001	钢屋架	1. 钢材品种、规格:钢材牌号 Q345 B、Q345,规格 Φ750×140 无缝钢管,详见结施 ××及钢结构设计说明。 2. 单榀质量:14 t。 3. 屋架跨度、安装高度:跨度 14.4 m,拱平面内矢高 1.5 m。 4. 螺栓种类:相贯焊连接、10.9 级高强螺栓连接。 5. 探伤要求:100% 超声探伤	t	1. 钢屋架、钢托架、钢桁架、钢架桥项目特征描述:钢材品种、规格;单榀质量(以榀为单位时描述);安装高度(屋架还需描述跨度);螺栓种类;探伤要求;防火要求等。其中防火要求指耐火极限。若防火涂料单独列项,则不需描述防火要求。若金属构件成品已包含防火处理,防火涂料不单独列项,则需描述防火要求。 2. 吊装机械及场内运距也可在项目特征中描述;均可描述为:投标人自行考虑,结算不调整。 3. 按标准图设计的应注明标准图代号,按非标准图设计的项目特征必须描述单榀的质量。 4. 项目特征中螺栓的种类指普通螺栓或高强螺栓

续表

项目编码	项目名称	项目特征描述示例	计量单位	项目特征描述提示
011407005001	金属构件刷防火涂料	1.喷刷防火涂料构件名称:钢桁架。 2.防火等级要求:耐火等级二级,耐火极限见钢结构设计说明(二)表5。 3.涂料品种、喷刷遍数:水性富锌底漆2道,喷厚型防火涂料,干膜厚度≥240 μm		此例金属构件刷防火涂料单独列项

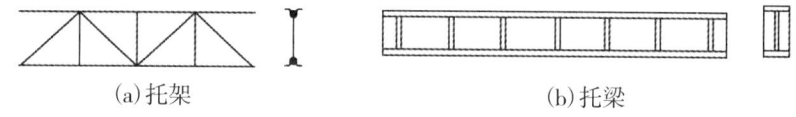

(a)托架　　　　　　　　　(b)托梁

图10.9　常用托架形式

(2)以"榀"计量,按标准图设计的应注明标准图代号,按非标准图设计的项目特征必须描述单榀屋架的质量。

(3)项目特征中螺栓的种类指普通螺栓或高强螺栓。

【例10.1】某钢屋架如图10.10所示,共10榀。所用钢材牌号Q345,耐火等级二级,焊接连接,100%超声探伤要求。屋架安装高度6 m。计算工程量并编制清单。

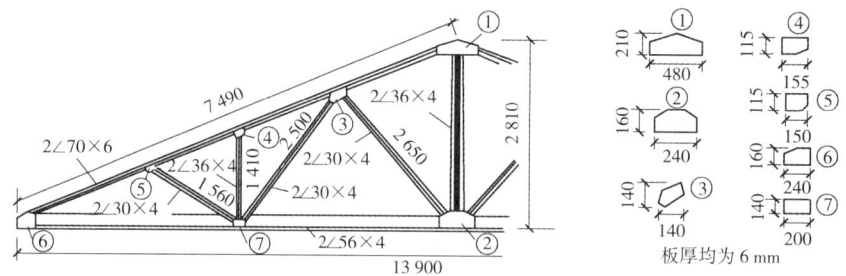

图10.10　某钢屋架施工图

【解】(1)列项计量,填表10.5。

表10.5　钢结构工程清单工程量计算表

序号	项目编码	项目名称	计算式	工程量合计	计量单位
1	010602001001	钢屋架	上弦＝7.49×6.406×2×2 kg ＝191.92 kg; 下弦＝13.9×3.446×2 kg ＝95.80 kg; 直腹杆＝(2.81 ＋ 1.41×2)×2.163×2 kg ＝24.36 kg; 斜腹杆＝(2.65 ＋ 2.5 ＋ 1.56)×1.786×2×2 kg ＝47.94 kg; ①②节点板＝(0.21×0.48 ＋ 0.16×0.24)×0.006×2×7 850 kg ＝13.11 kg(近似,应按实际尺寸计算); ③④⑤⑥⑦节点板＝(0.14×0.14 ＋ 0.115×0.155 ＋ 0.115×0.15 ＋ 0.16×0.24 ＋ 0.14×0.2)×0.006×2×2×7 850 kg ＝22.81 kg(近似,应按实际尺寸计算); 该榀屋架工程量＝(191.92 ＋ 95.80 ＋ 24.36 ＋ 47.94 ＋ 13.11 ＋ 22.81)kg ＝395.94 kg; 总重 395.94×10/1 000 t ＝3.959 t	3.959	t

(2)编制工程量清单,如表 10.6 所示。

表 10.6　某钢结构工程项目清单与计价表

序号	项目编码	项目名称	项目特征	计量单位	工程量	金额	
						综合单价	合价
1	010602 001001	钢屋架	1. 钢材品种、规格:钢材牌号 Q345,上弦∠70×6,下弦∠56×4,直腹杆∠36×4,斜腹杆∠30×4。 2. 单榀质量:0.4 t 以内。 3. 屋架跨度、安装高度:跨度 13.9 m,安装高度 6 m。 4. 螺栓种类:节点板焊接连接。 5. 探伤要求:100% 超声探伤。 6. 防火等级要求:耐火等级二级	t	3.959		

10.1.3　钢柱(编码:010603)

钢柱包括实腹钢柱、空腹钢柱、钢管柱等项目。

1. 项目特征描述示例

钢柱项目特征描述示例见表 10.7。

表 10.7　钢柱项目特征描述示例表

项目编码	项目名称	项目特征描述示例	计量单位	项目特征描述提示
010603001001	实腹钢柱(H 形钢)	1. 柱类型:H 形钢。 2. 钢材品种、规格:Q335。 3. 单根柱质量:675 kg。 4. 螺栓种类:M24 高强螺栓。 5. 探伤要求:超声探伤检测。 6. 防火要求:耐火极限 2.5 小时	t	1. 钢柱项目特征描述:柱类型(钢管柱不需描述);钢材品种、规格;单根柱质量;螺栓种类;探伤要求;防火要求等。其中防火要求指耐火极限。若防火涂料单独列项,则不需描述防火要求。若金属构件成品已包含防火处理,防火涂料不单独列项,则需描述防火要求。 2. 吊装机械及场内运距也可在项目特征中描述;均可描述为:投标人自行考虑,结算不调整
010603002001	空腹钢柱(箱形)	1. 柱类型:箱形。 2. 钢材品种、规格:Q335。 3. 单根柱质量:755 kg。 4. 螺栓种类:M24 高强螺栓。 5. 探伤要求:超声探伤检测。 6. 防火要求:耐火极限 2.5 小时		
010603003001	钢管柱	1. 钢材品种、规格:Q345 B,规格 Φ299×76。 2. 单根柱质量:1 560 kg。 3. 螺栓种类:M24 高强螺栓。 4. 探伤要求:超声探伤检测。 5. 防火要求:耐火极限 2.0 小时		

2. 相关说明

(1)型钢混凝土柱浇筑钢筋混凝土,其混凝土和钢筋应按“混凝土及钢筋混凝土工程”中相关项目编码列项。

(2)实腹钢柱类型指十字形、T 形、L 形、H 形等;空腹钢柱类型指箱形、格构式等。

实腹钢柱是指钢柱截面的中心腹部，为钢连接构件所焊接而成的立柱，如图 10.11 所示。图 10.11(a) 为直接用工字钢(也可用钢板焊接成工字形)所做成的钢柱，多用作平台柱和墙架柱；图 10.11(b) 为用钢板焊接两根槽钢而成，常用作厂房等截面柱；图 10.11(c) 为用钢板焊接两根工字钢而成的钢柱，多用作阶形柱。

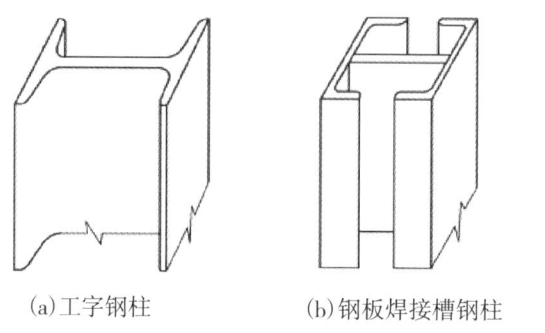

（a）工字钢柱　　　　　（b）钢板焊接槽钢柱　　　　　（c）钢板焊接工字钢柱

图 10.11　实腹钢柱常用形式

空腹钢柱是指钢柱截面的中心腹部为空洞形，如图 10.12 所示。图 10.12(a) 为用钢板焊接两根槽钢而成的钢柱，常用作无吊车或起重量较小的厂房柱；图 10.12(b) 为用钢板焊接两根工字钢而成的钢柱，一般用于起重量小于 50 吨的厂房柱；图 10.12(c) 为全用厚钢板焊接而成的钢柱，多用于起重量大于 50 吨的厂房柱。

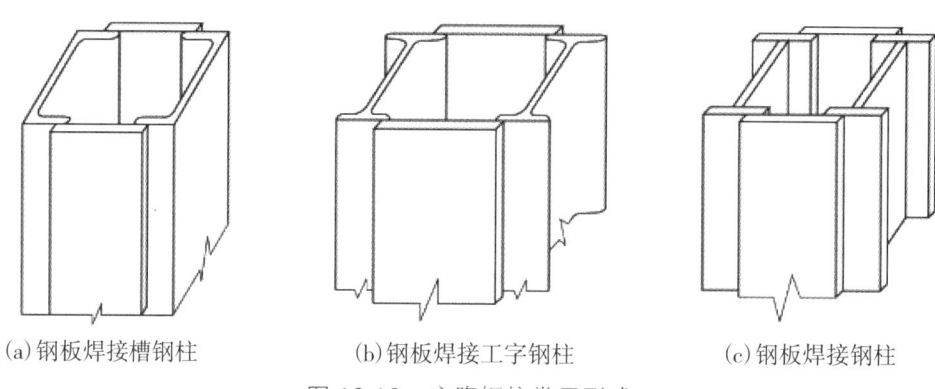

（a）钢板焊接槽钢柱　　　　　（b）钢板焊接工字钢柱　　　　　（c）钢板焊接钢柱

图 10.12　空腹钢柱常用形式

管形钢柱分为钢管柱和钢管混凝土柱。钢管柱可用钢板卷焊或采用无缝钢管制作而成，钢管混凝土柱是在钢管内灌注混凝土而成，如图 10.13 所示。

图 10.13　钢管柱

10.1.4　钢梁(编码:010604)

钢梁包括钢梁、钢吊车梁等项目。

1. 项目特征描述示例

钢梁项目特征描述示例见表 10.8。

表 10.8 钢梁项目特征描述示例表

项目编码	项目名称	项目特征描述示例	计量单位	项目特征描述提示
010604001001	钢梁	1. 梁类型:H 形钢。 2. 钢材品种、规格:Q345B。 3. 单根质量:1.675 t。 4. 螺栓种类:高强螺栓/焊接。 5. 安装高度:8 m。 6. 探伤要求:超声探伤检测。 7. 防火要求:耐火极限2.5 小时。 8. 油漆涂料(水性富锌底漆 2 道,喷厚型防火涂料)另计	t	1. 钢梁项目特征描述:梁类型(钢吊车梁不需描述);钢材品种、规格;单根质量;螺栓种类;安装高度;探伤要求;防火要求等。其中防火要求指耐火极限。若防火涂料单独列项,则不需描述防火要求。若金属构件成品已包含防火处理,防火涂料不单独列项,则需描述防火要求。 2. 吊装机械及场内运距也可在项目特征中描述;均可描述为:投标人自行考虑,结算不调整

2. 相关说明

(1)项目特征中梁类型指 H 形、L 形、T 形、箱形、格构式等。

(2)型钢混凝土梁浇筑钢筋混凝土,其混凝土和钢筋应按"混凝土及钢筋混凝土工程"中相关项目编码列项。

(3)钢吊车梁。

钢吊车梁是用型钢钢材制作,承托车间行走吊车的钢梁,依其截面形式分为型钢梁、组合工形梁、箱形梁、撑杆式梁、桁架式梁等,如图 10.14 所示。一般吊车梁是安装在厂房的边(中)柱上,然后吊车横跨厂房,将轮子落在两边对称的吊车梁轨道上进行滑行。

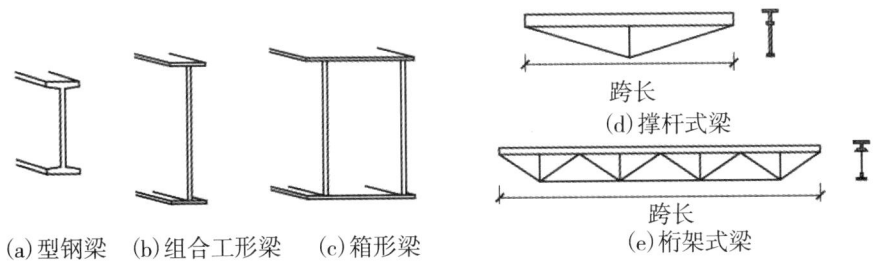

(a)型钢梁　(b)组合工形梁　(c)箱形梁

(d)撑杆式梁

(e)桁架式梁

图 10.14 常用吊车梁截面形式

(4)单轨吊车梁。

单轨吊车梁是悬挂在屋架杆或屋架梁上,一般不需柱。单轨吊车梁常采用普通轧制工字钢制作,起吊质量在 5 t 以下。

(5)制动梁。

当吊车在行驶中和行走小车制动时,会产生横向水平力而使吊车梁产生侧向弯曲,制动梁就是安置在吊车梁侧边抵抗侧向弯曲的辅助梁,如图 10.15 所示。

一般吊车梁的跨度超过 12 m 或吊车为重级工作制时,均应设置制动结构。制动梁有桁架式和板式。跨度较大时采用桁架式制动梁,跨度较小时一般采用制动板。

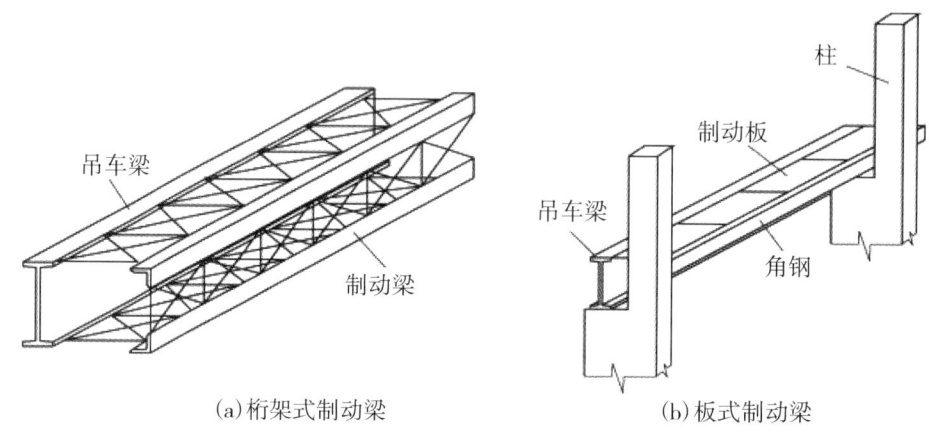

(a)桁架式制动梁　　　　　(b)板式制动梁

图 10.15　制动梁

(6)钢吊车轨道。

钢吊车轨道是供吊车滑行的铁轨,常用的轨道分为铁路钢轨(重轨)、专用吊车钢轨、方钢轨等三类,如图 10.16 所示。

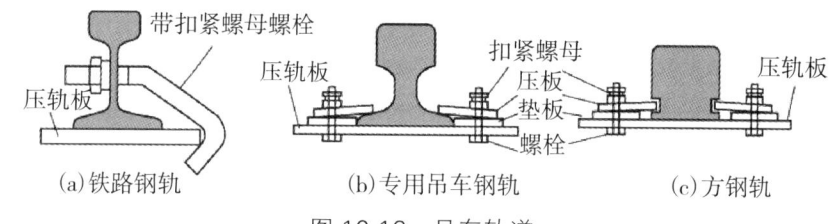

(a)铁路钢轨　　　　(b)专用吊车钢轨　　　　(c)方钢轨

图 10.16　吊车轨道

(7)车挡。

为了操作吊车行驶安全,一般应在每条轨道端头设置阻挡构件,即"车挡",如图 10.17 所示。车挡设置在吊车轨道端头的吊车梁上,用钢板制作焊接而成。其工程量按不同尺寸车挡的钢板量计算。

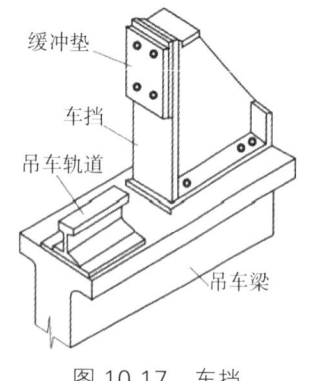

图 10.17　车挡

10.1.5　钢板楼板、墙板(编码:010605)

1.项目特征描述示例

钢板楼板、墙板项目特征描述示例见表 10.9。

2.工程量计算规则

(1)压型钢板楼板,按设计图示尺寸以铺设水平投影面积"m^2"计算。不扣除单个面积 ≤ 0.3 m^2 的柱、垛及孔洞所占面积。

(2)压型钢板墙板,按设计图示尺寸以铺挂面积"m²"计算。不扣除单个面积小于或等于0.3 m²的梁、孔洞所占面积,包角、包边、窗台泛水等不另加面积。

表 10.9　钢板楼板、墙板项目特征描述示例表

项目编码	项目名称	项目特征描述示例	计量单位	项目特征描述提示
010605001001	钢板楼板	1. 钢材品种、规格:镀锌压型钢板YX-35-125-750。 2. 钢板厚度:0.8 mm。 3. 螺栓种类: 4. 防火要求:	m²	1. 钢板楼板、墙板项目特征描述:钢材品种、规格;钢板厚度;螺栓种类;墙板复合板夹芯材料种类、层数、型号、规格;防火要求等。其中防火要求指耐火极限。若防火涂料单独列项,则不需描述防火要求。若金属构件成品已包含防火处理,防火涂料不单独列项,则需描述防火要求。 2. 吊装机械及场内运距也可在项目特征中描述;均可描述为:投标人自行考虑,结算不调整
010605002001	钢板墙板	压型钢板墙板(含雨篷板)安装在C形檩条上。 1. 钢材品种、规格:彩色涂层压型钢板。 2. 钢板厚度、复合板厚度:外板、内板均为 0.425 mm 厚。 3. 螺栓种类: 4. 复合板夹芯材料种类、层数、型号、规格:75 mm 厚的 EPS 夹芯板。 5. 防火要求:		

3. 相关说明

(1)钢板楼板上浇筑钢筋混凝土,其混凝土和钢筋应按"混凝土及钢筋混凝土工程"中相关项目编码列项。

(2)压型钢楼板按钢板楼板项目编码列项。

10.1.6　钢构件(编码:010606)

钢构件包括钢支撑、钢拉条、钢檩条、钢天窗架、钢挡风架、钢墙架、钢平台、钢走道、钢梯、钢护栏、钢漏斗、钢板天沟、钢支架、零星钢构件。

1. 项目特征描述示例

钢构件项目特征描述示例见表 10.10。

2. 相关说明

(1)钢支撑(见图 10.18、图 10.19)、钢拉条类型指单式、复式;钢檩条类型指型钢式、格构式;钢漏斗形式指方形、圆形;天沟形式指矩形沟或半圆形沟。加工铁件等小型构件,按零星钢构件项目编码列项。

(2)钢墙架(见图 10.20)项目包括墙架柱、墙架梁和连接杆件。

表 10.10　钢构件项目特征描述示例表

项目编码	项目名称	项目特征描述示例	计量单位	项目特征描述提示
010606001001	钢支撑、钢拉条	1. 钢材品种、规格：$\phi20-\phi22$ 钢筋、钢板 10 mm、角钢 140 mm×140 mm×12 mm，详见结施 26。 2. 构件类型：单式。 3. 安装高度：3.6 m。 4. 螺栓种类：普通。 5. 探伤要求：超声波探伤。 6. 防火要求：	t	1. 螺栓种类指普通或高强螺栓。 2. 若防火涂料单独列项，则不需描述防火要求。若金属构件成品已包含防火处理，防火涂料不单独列项，则需描述防火要求。 3. 吊装机械及场内运距也可在项目特征中描述；均可描述为：投标人自行考虑，结算不调整。 4. 型材屋面的钢檩条包含在屋面清单中，不需单独列项
010606002001	钢檩条	包括屋面檩条和墙面檩条。 1. 钢材品种、规格：C160×50×20×2.5。 2. 构件类型：型钢式。 3. 单根质量：1.06 t。 4. 安装高度：4.5 m。 5. 螺栓种类：普通。 6. 探伤要求：超声波探伤。 7. 防火要求：		
010606005001	钢墙架	详见结构施工图 08—09。 1. 钢材品种、规格：圆钢 16 mm、角钢 90 mm×90 mm×6 mm，详见结施 10—12。 2. 单榀质量：0.38 t。 3. 螺栓种类：高强。 4. 探伤要求：射线探伤。 5. 防火要求：		
010606008001	钢梯	1. 钢梯形式：踏步式。 2. 钢材品种、规格：角钢 200×125×16，扁钢 200×5，扁钢 180×6，具体做法详见建施图 ×× 页 ×× 节点。 3. 螺栓种类：高强。 4. 防火要求：		
010606013001	零星钢构件	1. 构件名称：晒衣架。 2. 钢材品种、规格：圆钢 Φ18		

图 10.18　钢支撑示意图

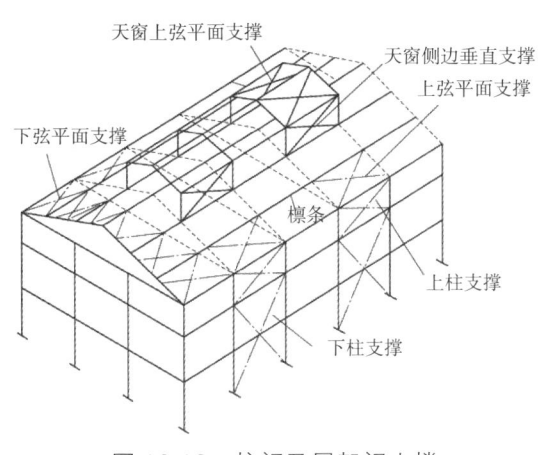
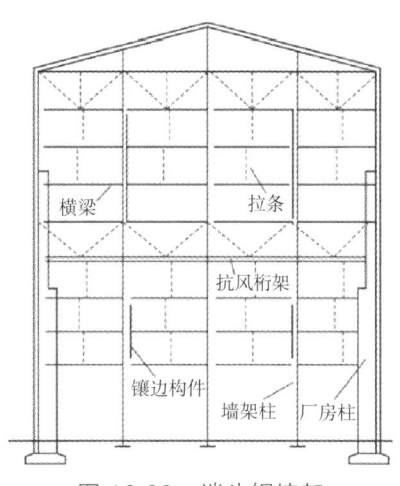

图 10.19　柱间及屋架间支撑　　　　　　　图 10.20　端头钢墙架

（3）钢平台（见图 10.21）根据使用荷载不同分为一般平台、普通操作平台、重型操作平台。其中，一般平台是指荷载在 200 kg/ m² 以下的平台，如人行走道平台、单轨吊车检修平台等，一般用三角架、支撑托等直接支撑在厂房及其他结构上。普通操作平台是指荷载在 400～800 kg/m² 的平台，如一般设备检修平台、堆料操作平台等，多用型钢做主梁、小梁来承托铺板。重型操作平台是指荷载在 1 000 kg/m² 以上的平台，如高炉炉顶平台、炼钢车间操作平台、铸锭平台等。平台结构通常由铺板、主次梁、柱、柱间支撑，以及梯子、栏杆等组成。对受有较大动力荷载或有重量很大设备的平台，宜与厂房柱分开设计，直接支承于独立柱上。

钢平台的工程量包括钢平台的柱、梁、板、斜撑等的质量，依附于钢平台上的钢扶梯及平台栏杆，并入钢平台的工程量内。

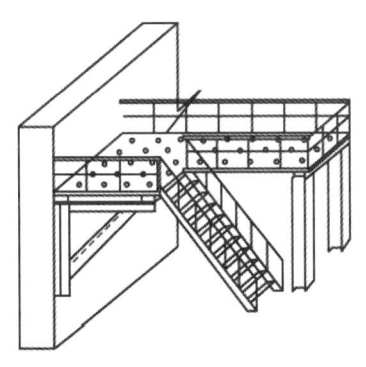

图 10.21　钢平台示意图

10.1.7　金属制品（编码：010607）

金属制品包括成品空调金属百叶护栏、成品栅栏、成品雨篷、金属网栏、砌块墙钢丝网加固、后浇带金属网。

1. 项目特征描述示例

金属制品项目特征描述示例见表 10.11。

表 10.11　金属制品项目特征描述示例表

项目编码	项目名称	项目特征描述示例	计量单位	项目特征描述提示
010607001001	成品空调金属百叶护栏	1. 材料品种、规格:铝合金百叶。 2. 边框材质:角钢 50×50×5	m²	抹灰钢丝网按砌块墙钢丝网加固列项
010607005001	砌块墙钢丝网加固	1. 材料品种、规格:热镀锌钢丝网 10×10×0.6,丝径 0.6~0.7。 2. 加固方式:塑料膨胀螺栓固定		

2. 工程量计算规则

(1)成品空调金属百叶护栏、成品栅栏、金属网栏,按设计图示尺寸以面积"m²"计算。

(2)成品雨篷,以"m"计量时,按设计图示接触边以长度计算;以"m²"计量时,按设计图示尺寸以展开面积计算。

(3)砌块墙钢丝网加固、后浇带金属网,按设计图示尺寸以面积"m²"计算。

10.2 清单计价

任务书 10.2

背景资料:结合任务 10.1 及图 10.1～图 10.6 和所编制的工程量清单(见表 10.2)。

任务:按控制价要求计算综合单价并填写清单项目计价表。

┃任务实施

任务步骤 1:计价工程量计算见表 10.12。

表 10.12　计价工程量计算表

序号	编码	项目名称	计算式	合计	单位
1	010603001001	实腹钢柱			
2	010604001001	钢梁			
3	010606001001	钢支撑、钢拉条			
4	010606002001	钢檩条			

任务步骤 2:综合单价计算见表 10.13。

表 10.13　分部分项工程清单综合单价计算表

序号	项目编码	工程项目名称	单位	数量	综合单价 / 元					合价
					人工费	材料费	机械使用费	管理费＋利润(＝人机费×＿＿＿)	小计(人材机费＋管理费＋利润)	
1	010603001001	实腹钢柱	t							
2	010604001001	钢梁	t							
3	010606001001	钢支撑、钢拉条	t							
4	010606002001	钢檩条	t							

任务步骤 3:清单计价见表 10.14。

表 10.14　分部分项工程和单价措施项目清单与计价表

序号	项目编码	项目名称	项目特征	计量单位	工程量	金额	
						综合单价	合价
1	010603001001	实腹钢柱	1. 柱类型: 2. 钢材品种、规格: 3. 单根柱质量: 4. 螺栓种类: 5. 探伤要求: 6. 防火要求:	t			
2	010604001001	钢梁	1. 梁类型: 2. 钢材品种、规格: 3. 单根质量: 4. 螺栓种类: 5. 安装高度: 6. 探伤要求: 7. 防火要求:	t			

续表

序号	项目编码	项目名称	项目特征	计量单位	工程量	金额	
						综合单价	合价
3	010606001001	钢支撑、钢拉条	1. 钢材品种、规格： 2. 构件类型： 3. 安装高度： 4. 螺栓种类： 5. 探伤要求： 6. 防火要求：	t			
4	010606002001	钢檩条	1. 钢材品种、规格： 2. 构件类型： 3. 单根质量： 4. 安装高度： 5. 螺栓种类： 6. 探伤要求： 7. 防火要求：	t			

任务 10.2 相关知识点

10.2.1　清单计价指引

（1）每个金属结构构件清单项目均综合制作、安装、运输、油漆、螺栓、防火、探伤等内容。若成品已含防火，防火涂料不单独列清单项，但金属构件清单项目特征需描述防火要求。否则防火涂料单独列清单项，金属构件清单项目特征不再描述防火要求。油漆同理。

（2）金属结构构件安装定额中预制钢构件以外购成品编制，不考虑施工损耗。定额已包括了施工企业按照质量验收规范要求，针对安装工作自检所发生的磁粉探伤、超声波探伤等常规检测费用。金属结构定额相应项目所含油漆，仅指构件安装时节点焊接或因切割引起补漆。预制钢构件的除锈、油漆的费用应在成品价格内包含；若成品价格未包含除锈、油漆费用的，另按定额其他章节相应项目及规定执行。

钢构件安装定额项目中已考虑现场拼装费用，但未考虑分块或整体吊装的钢网架、钢桁架地面平台拼装摊销，如发生套用现场拼装平台摊销定额项目。

（3）一般情况下，计算金属结构构件清单项目综合单价时，每个金属结构构件清单项目对应一个结构构件定额子目，若有高强螺栓（花篮螺栓）则还需要高强螺栓（花篮螺栓）定额子目。

钢网架、钢桁架清单项目还需套用现场拼装平台摊销定额项目；钢网架安装单独成品支座时，还需套用钢支座相关定额项目。

若预制钢构件的成品价格未包含除锈、油漆（防火涂料）费用的，还需另按定额其他章节相应项目及规定执行。

10.2.2　金属结构工程定额工程量及定额应用一般说明

(1)金属结构构件的工程量:无特别说明的,定额量与清单量一致。

特例:钢屋架清单量计算螺栓,定额量不计螺栓。

钢柱上的柱脚板、加劲板、柱顶板、隔板和肋板并入钢柱工程量内。

钢平台的工程量包括钢平台的柱、梁、板、斜撑等的质量,依附于钢平台上的钢扶梯及平台栏杆,并入钢平台的工程量内。

钢楼梯的工程量包括楼梯平台、楼梯梁、楼梯踏步等的质量,钢楼梯上的扶手、栏杆并入钢楼梯的工程量内。

(2)预制钢构件安装定额分为钢网架安装、厂(库)房钢结构安装、住宅钢结构安装、装配式钢结构安装等内容。

大卖场、物流中心等钢结构安装工程,可参照厂(库)房钢结构安装的相应定额;高层商务楼、商住楼等钢结构安装工程,可参照住宅钢结构安装相应定额。

10.2.3　预制钢构件安装定额工程量及定额应用有关说明

(1)构件安装定额中预制钢构件以外购成品编制,不考虑施工损耗。

(2)预制钢结构构件安装,按构件种类及重量不同套用定额。

(3)本定额已包括了施工企业按照质量验收规范要求,针对安装工作自检所发生的磁粉探伤、超声波探伤等常规检测费用。

(4)网架。

① 焊接空心球网架质量包括连接钢管杆件、连接球、支托和网架支座等零件的质量。

螺栓球节点网架质量包括连接钢管杆件(含高强螺栓、销子、套筒、锥头或封板)、螺栓球、支托和网架支座等零件的质量。钢支座已包含在网架工程量内,一般不单独计算。

② 不锈钢螺栓球网架安装套用螺栓球节点网架安装定额,同时取消定额中油漆及稀释剂含量,人工消耗量乘以系数 0.95。厂(库)房、住宅钢结构中含有钢网架或钢桁架的,其相应部分套用网架、桁架钢结构部分定额子目。

钢支座定额适用于单独成品支座安装,按套计量。

③ 钢网架安装定额工作内容:卸料、检验、基础线测定、找正、找平、分块拼装、翻身加固、吊装上位、就位、校正、焊接、固定、补漆、清理等。

钢支座定额工作内容包括安装、定位、固定、焊接等。

(5)钢桁架、钢屋架、钢柱、钢梁、钢支撑、钢楼梯、零星钢构件等预制钢构件(除钢网架外的其他预制钢构件)安装定额工作内容包括放线、卸料、检验、划线、构件拼装、加固、翻身就位、绑扎吊装、校正、焊接、固定、补漆、清理等。

(6)钢柱上的柱脚板、加劲板、柱顶板、隔板和肋板并入钢柱工程量内。

H 形、箱形梁间(屋面)支撑套用钢梁安装定额。厂(库)房钢结构制动梁、制动板、制动桁架、车挡套用钢吊车梁相应定额子目。

(7)厂(库)房钢结构的柱间支撑、屋面支撑、系杆、撑杆、隔撑、墙梁、檩条、钢天窗架、钢通风气楼、钢风机架等安装套用钢支撑(钢檩条)安装定额,钢走道安装套用钢平台安装定额。

(8)厂(库)房钢结构中:① 所有构件单个重量超过 0.2 t 的,套用相应屋架梁或柱定额;

② 钢支撑包括柱间支撑、屋面支撑、系杆、拉条、撑杆、隔撑等；③ 钢墙架包括钢天窗架、钢通风气楼、钢风机架,其中钢天窗及钢通风气楼上 C、Z 型钢套用钢檩条子目,一次性成型通风架另行定价。

(9)厂(库)房钢结构安装的垂直运输已包括在相应定额内,不另行计算。

住宅钢结构安装定额内的汽车式起重机台班用量为钢构件现场转运消耗量,住宅钢结构另行计算垂直运输。

(10)装配式钢结构是指采用钢框架或钢框架支撑结构为主体承重结构,集成装配式楼板、屋面板和集成装配式墙板为围护结构的建筑。本定额中设有集成装配式内墙板和外墙板子目,其主体钢结构承重结构、楼板、屋面板可套用其他章节相应定额子目。

10.2.4　围护体系安装定额工程量及定额应用有关说明

(1)钢楼层板混凝土浇捣所需收边板的用量,均已包括在相应定额的消耗量中,不另单独计算。

楼板栓钉另行套用定额计算。固定压型钢板楼板的支架费用另行套用定额计算。自承式楼层板上钢筋桁架列入钢筋子目计算。

钢楼层板定额工作内容:场内运输、选料、放线、配板、切割、拼装、安装。

(2)墙面板包角、包边、窗台泛水等所需增加的用量,均已包括在相应定额的消耗量中,不另单独计算。

金属墙面板定额工作内容:放料、下料、切割断料、开门窗洞口、周边塞口、清扫、弹线、安装。

(3)硅酸钙板墙面板按设计图示尺寸的铺设面积以"m^2"计算,不扣除单个面积 0.3 m^2 以内孔洞所占面积。

硅酸钙板灌浆墙面板项目中双面隔墙定额墙体厚度按 180 mm 考虑,其中镀锌钢龙骨用量按 15 kg/m^2 编制,设计与定额不同时应进行调整换算。

硅酸钙板双面隔墙定额工作内容:放线、卸料、检验、划线、构件加固、构件拼装、翻身就位、绑扎吊装、校正、焊接、龙骨固定、补漆、清理等。

(4)保温岩棉铺设,EPS 混凝土浇灌按设计图示尺寸的铺设或浇灌体积以"m^3"计算,不扣除单个面积 0.3 m^2 以内孔洞所占体积。

保温岩棉铺设定额工作内容:清理基层、保温岩棉铺设、双面胶纸固定。

EPS 砼浇灌定额工作内容:墙面开孔、上料、搅拌、泵送、灌浆、敲击振捣、灌浆口抹平清理。

(5)硅酸钙板包柱、包梁按钢构件设计断面尺寸以"m^2"计算。

硅酸钙板包柱包梁定额工作内容:① 选料、抹砂浆、贴砌块、擦缝;② 放线、卸料、检验、划线、构件加固、翻身就位、绑扎吊装、校正、焊接、固定、补漆、清理等。

(6)钢板天沟按设计图示尺寸以质量计算,依附天沟的型钢并入天沟的质量内计算;不锈钢天沟、彩钢板天沟按设计图示尺寸以长度计算。

不锈钢天沟、彩钢板天沟展开宽度为 600 mm,若实际展开宽度与定额不同时,板材按比例调整,其他不变。天沟支架制作、安装套用相应定额。

天沟定额、混凝土浇捣收边板定额工作内容:放样、划线、裁料、平整、拼装、焊接、成品校正。

（7）金属结构屋面板部分的安装相应定额子目包含在屋面及防水工程章节中。

10.2.5 其他金属构件安装

（1）零星钢结构安装定额，适用于未列项目且单件质量在 25 kg 以内的小型钢构件安装。住宅钢结构的零星钢构件安装应扣除定额中汽车式起重机消耗量。

（2）钢构件安装项目中已考虑现场拼装费用，但未考虑分块或整体吊装的钢网架、钢桁架地面平台拼装摊销，如发生套用现场拼装平台摊销定额项目。

钢构件现场拼装平台摊销工程量按实施拼装构件的工程量计算。

现场拼装平台摊销定额工作内容：划线、切割、组装、就位、焊接、翻身、校正、调平、清理、拆除、整理等。

（3）螺栓按套计量。定额工作内容包括栓钉、划线、定位、清理场地、焊接固定等。

【例 10.2】已知某网架清单如表 10.15 所示，根据湖北 2018 定额对网架进行报价。

表 10.15 分部分项工程和单价措施项目清单与计价表

序号	项目编码	项目名称	项目特征	计量单位	工程量	金额	
						综合单价	合价
1	010601001001	钢网架	1. 钢材品种、规格：钢管钢板采用钢材牌号 Q345 B。 2. 连接形式：螺栓球节点正四角锥钢网架结构。 3. 跨度及安装高度：网架平面尺寸 132.2 m×77.6 m，高度 1.8～4.5 m。 4. 探伤要求：100% 超声探伤。 5. 钢构件表面除锈，底漆两道，中间漆环氧云铁一道，面漆白色氧化橡胶二道（漆膜厚不小于 250 μm）。 6. 防火要求：耐火等级二级，耐火极限 2.0 小时	t	224.500		

【解】（1）本地钢构产品成品供应时均包含油漆，但防火漆需要现场施工，经计算油漆面积为 8 956 m²。网架需高空散装法拼装。假设湖北 2018 定额中人材机单价同现行市场单价。

计价工程量计算见表 10.16。

表 10.16 计价工程量计算表

序号	编码	项目名称	计算式	合计	单位
1	010601001001	钢网架		224.500	t
	A3-2	平板网架 螺栓球节点	同清单量	224.500	t
	A3-73	现场拼装平台摊销	同清单量	224.500	t
	A13-186	金属面厚型防火涂料（耐火时间、涂层厚度）2 h、20 mm		8 956.00	m²

(2)综合单价计算见表 10.17。(注意,装饰工程管理费率＋利润率＝ 14.19%＋14.64%＝28.83%)

表 10.17 分部分项工程清单综合单价计算表

序号	项目编码	工程项目名称	单位	数量	综合单价／元					合价
					人工费	材料费	机械使用费	管理费＋利润(＝人机费×48%)	小计(人材机费＋管理费＋利润)	
1	010601001001	钢网架	t	224.5					2 698 323.76/224.5＝12 019.26	2 100 891.21＋127 908.88＋469 523.67＝2 698 323.76
	A3-2	平板网架 螺栓球节点	t	224.5	781.8	7 815.13	260.74	(781.8＋260.74)×48%＝500.42	9 358.09	224.5×9 358.09＝2 100 891.21
	A3-73	现场拼装平台摊销	t	224.5	180.57	222.29	54.2	(180.57＋54.2)×48%＝112.69	569.75	224.5×569.75＝127 908.88
2	A13-186	防火涂料	100 m²	89.56	778.75	3 184.4	818.83	(778.75＋818.83)×28.83%＝460.58	5 242.56	89.56×5 242.56＝469 523.67

(3)清单计价见表 10.18。

表 10.18 分部分项工程和单价措施项目清单与计价表

序号	项目编码	项目名称	项目特征	计量单位	工程量	金额	
						综合单价	合价
1	010601001001	钢网架	1. 钢材品种、规格:钢管钢板采用钢材牌号 Q345B。 2. 连接形式:螺栓球节点正四角锥钢网架结构。 3. 跨度及安装高度:网架平面尺寸 132.2 m×77.6 m,高度 1.8～4.5 m。 4. 探伤要求:100% 超声探伤。 5. 钢构件表面除锈,底漆两道,中间漆环氧云铁一道,面漆白色氧化橡胶二道(漆膜厚不小于 250 μm)。 6. 防火要求:耐火等级二级,耐火极限 2.0 小时	t	224.500	12 019.26	2 698 323.76

门窗工程计量与计价

MENCHUANG GONGCHENG JILIANG YU JIJIA

11.1 清单计量

任务书 11.1

背景资料：某工程门窗位置见平面图 11.1 所示，具体尺寸及做法见表 11.1，M-2 及窗 C1、C2、C3 的室内一侧均安装成品仿柚木复合材质门套，窗套展开宽度为 150 mm，M-2 门套展开宽度为 200 mm，门窗套厚度 20 mm；所有窗为成品塑钢窗。

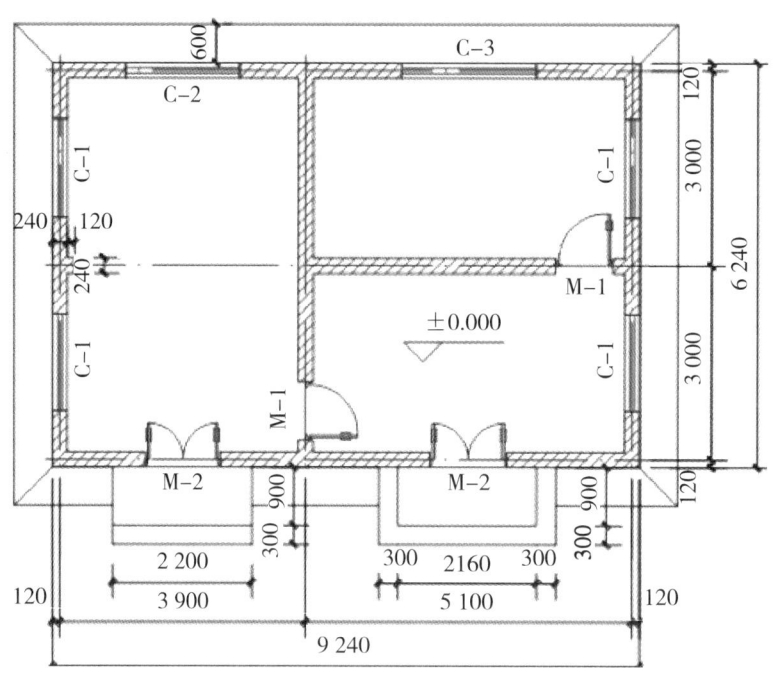

图 11.1　某建筑平面布置图

表 11.1　某居室门窗表

名称	代号	洞口尺寸 /mm	备注
成品实木门带套	M-1	900×2 100	含球形执手锁、铜合页、门碰珠等五金
成品彩色涂层钢质防盗门	M-2	1 500×2 100	含指纹锁、闭门器等五金
断桥铝合金平开窗	C-1	1 500×1 500	90 系列断桥铝型材、中空玻璃(6 + 5 + 6)，不锈钢五金
	C-2	1 200×1 500	
	C-3	1 800×1 500	

任务：试编制门窗工程相关的工程量清单。

任务实施

任务步骤 1：列项计量，填表 11.2。

表 11.2　某居室门窗清单工程量计算表

序号	清单项目编码	清单项目名称	计算式	工程量合计	计量单位
1	010801002001	成品实木门带套	$S = 0.9 \times 2.1 \times 2\ \text{m}^2 = 3.78\ \text{m}^2$	3.78	m²
2	010802004001	成品钢质防盗门	$S = 1.5 \times 2.1 \times 2\ \text{m}^2 = 6.3\ \text{m}^2$	6.3	m²
3	010807001001	断桥铝合金平开窗	$S = (1.5 \times 1.5 \times 4 + 1.2 \times 1.5 + 1.8 \times 1.5)\ \text{m}^2 = 13.5\ \text{m}^2$	13.5	m²
4	010808007001	成品门套	$n = 2$ 樘	2	樘
5	010808007002	成品窗套	$C-1, n = 4$ 樘	4	樘
6	010808007003	成品窗套	$C-2, n = 1$ 樘	1	樘
7	010808007004	成品窗套	$C-3, n = 1$ 樘	1	樘

任务步骤 2：编制工程量清单，如表 11.3 所示。

表 11.3　某门窗分项工程和单价措施项目清单与计价表

序号	项目编码	项目名称	项目特征	计量单位	工程量	金额	
						综合单价	合价
1	010801002001	木质门带套	成品实木门带套 M-1,900 mm×2 100 mm；含球形执手锁、铜合页、门碰珠等五金	m²	3.78		
2	010802004001	防盗门	成品彩色涂层钢质防盗门，含指纹锁、闭门器等五金；M-2,1 500 mm×2 100 mm	m²	6.3		
3	010807001001	金属（塑钢、断桥）窗	1. 平开窗：C-1(1 500 mm×1 500 mm)；C-2(1 200 mm×1 500 mm)；C-3(1 800 mm×1 500 mm)。2.90 系列断桥铝型材。3. 中空玻璃(6＋5＋6)。4. 不锈钢五金	m²	13.5		
4	010808007001	成品门套	1. 门代号及洞口尺寸：M-2(1 500 mm×2 100 mm)。2. 门窗套展开宽度：门套展开宽度为 200 mm。3. 门窗套材料品种、规格：成品仿柚木复合材质门套，门套厚度 20 mm	樘	2		

续表

序号	项目编码	项目名称	项目特征	计量单位	工程量	金额	
						综合单价	合价
5	010808007002	成品窗套	1. 窗代号及洞口尺寸：C-1(1 500 mm×1 500 mm)。 2. 门窗套展开宽度：窗套展开宽度为150 mm。 3. 门窗套材料品种、规格：成品仿柚木复合材质门套，窗套厚度20 mm	樘	4		
6	010808007003	成品窗套	1. 窗代号及洞口尺寸：C-2(1 200 mm×1 500 mm)。 2. 门窗套展开宽度：窗套展开宽度为150 mm。 3. 门窗套材料品种、规格：成品仿柚木复合材质门套，窗套厚度20 mm	樘	1		
7	010808007004	成品窗套	1. 窗代号及洞口尺寸：C-3(1 800 mm×1 500 mm)。 2. 门窗套展开宽度：窗套展开宽度为150 mm。 3. 门窗套材料品种、规格：成品仿柚木复合材质门套，窗套厚度20 mm	樘	1		

任务 11.1 相关知识点

门窗工程包括木门、金属门、金属卷帘门、厂库房大门及特种门、其他门、木窗、金属窗、门窗套、窗台板、窗帘盒、窗帘杆(轨)等。

11.1.1 木门(编码:010801)

木门包括木质门、木质门带套、木质连窗门、木质防火门、木门框、门锁安装。

1. 项目特征描述示例

木门项目特征描述示例见表11.4。

2. 工程量计算规则及相关说明

(1)木质门、木质门带套、木质连窗门、木质防火门，以"樘"计量，按设计图示数量计算；以"m²"计量，按设计图示洞口尺寸以面积计算。

(2)木门框以"樘"计量，按设计图示数量计算；以"m"计量，按设计图示框的中心线以"延长米"计算。单独制作安装木门框按木门框项目编码列项。

(3)门锁安装，按设计图示数量"个(套)"计算。

(4)木门五金应包括折页、插销、门碰珠、弓背拉手、搭机、木螺丝、弹簧折页(自动门)、管子拉手(自由门、地弹门)、地弹簧(地弹门)、角铁、门轧头(地弹门、自由门)等,五金安装应计算。

表 11.4　木门项目特征描述示例表

项目编码	项目名称	项目特征描述示例	计量单位	项目特征描述提示
010801001001	木质门	1.门代号及洞口尺寸:全板镶板木门 M0921。 2.镶嵌玻璃品种、厚度:无	m²	1.一般门窗都是采用标准图集,因此描述时主要描述清楚门窗的类型、材质、洞口尺寸、图集编号及门窗代号、玻璃品种厚度等内容。还可描述开启方式、门窗扇数。或直接引用标准图集的编号及做法。 　2.一般情况下,防护材料种类单独列项,不需描述防护材料要求。若木构件成品已包含防腐防火处理,则防护材料不单独列项,则需描述防护材料种类。 　3.凡以樘计量时,项目特征必须描述洞口尺寸,没有洞口尺寸必须描述门框或扇外围尺寸;以平方米计量时,项目特征可不描述洞口尺寸及框、扇的外围尺寸
010801001002	木质门	1.门代号及洞口尺寸:有亮带百叶镶板门 MM1,1 000×2 500。 2.镶嵌玻璃品种、厚度:5 厚白玻	樘	
010801001003	木质门	1.门代号及洞口尺寸:水曲柳木装饰门 M2,双扇无亮。 2.镶嵌玻璃品种、厚度:无	m²	
010801001004	木质门	1.门代号及洞口尺寸:M4,胶合板门单扇有亮。 2.镶嵌玻璃品种、厚度:5 厚白玻	m²	
010801001005	木质门	1.门代号及洞口尺寸:M-4,无亮带玻带百叶夹板门,800×2 100。 2.镶嵌玻璃品种、厚度:5 厚白玻	樘	
010801001006	木质门	1.门代号及洞口尺寸:M6,樱桃木夹板装饰门,900×2 100。 2.镶嵌玻璃品种、厚度:无	樘	
010801002001	木质门带套	1.门代号及洞口尺寸:M1,单扇,白影木夹板装饰门。 2.镶嵌玻璃品种、厚度:无	m²	
010801004001	木质防火门	1.门代号及洞口尺寸:甲级防火门(全板)FM-1,1 000×2 100。 2.镶嵌玻璃品种、厚度:无	樘	
010801004002	木质防火门	1.门代号及洞口尺寸:甲级防火门(带竖条玻璃)FM-3,1 200×2 400。 2.镶嵌玻璃品种、厚度:无	樘	
010801005001	木门框	1.门代号及洞口尺寸:M1,1 000×2 100。 2.框截面尺寸:截面 60×110。 3.防护材料种类:另计	樘/m	一般不单独列项。单独制作安装木门框时列项
010801006001	门锁安装	球形执手锁	个(套)	若成品门已含门锁,则门锁不单独列项

在综合单价中。需要注意的是,木门五金不含门锁,门锁安装单独列项计算。

(5)木质门带套计量按洞口尺寸以面积计算,不包括门套的面积,但门套应计算在综合单价中。单独门套的制作、安装,按木门套项目编码列项计算工程量。

(6)木质门应区分镶板木门、企口木板门、实木装饰门、胶合板门、夹板装饰门、木纱门、全玻门(带木质扇框)、木质半玻门(带木质扇框)等项目,分别编码列项,如图 11.2 所示。

(7)镶板门分有亮子和无亮子两种形式,每一形式又分为全板门、带百叶门、一玻三板门、三玻一板门等类型。

(8)胶合板门(夹板门)类型有有亮子和无亮子两种形式,每一形式又分为全板门、带玻璃门、带百叶门、带玻璃带百叶门。

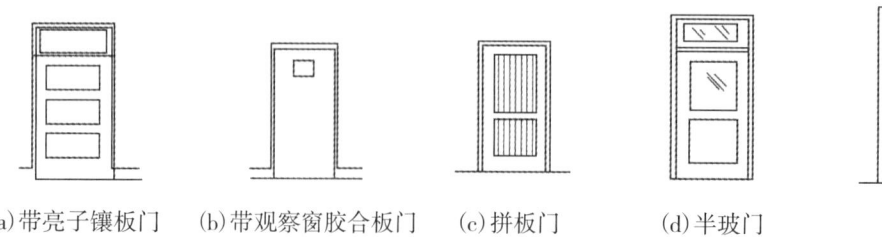

(a)带亮子镶板门　(b)带观察窗胶合板门　(c)拼板门　(d)半玻门　(e)全玻门

图 11.2　木门示意图

11.1.2　金属门(编码:010802)、金属卷帘(闸)门(编码:010803)

金属门包括金属(塑钢)门、彩板门、钢质防火门、防盗门。金属卷帘(闸)门包括金属卷帘(闸)门、防火卷帘(闸)门。

1.项目特征描述示例

金属门、金属卷帘(闸)门项目特征描述示例见表 11.5。

表 11.5　金属门、金属卷帘(闸)门项目特征描述示例表

项目编码	项目名称	项目特征描述示例	计量单位	项目特征描述提示
010802 001001	金属平开门	1.门代号及洞口尺寸:铝合金平开门 M1,1 500×2 100。 2.门框、扇材质:铝合金 70 系列,1.2 厚。 3.玻璃品种、厚度:5 mm 厚平板玻璃	樘	1.一般门窗都是采用标准图集,因此描述时主要描述清楚门窗的类型、材质、洞口尺寸、图集编号及门窗代号、玻璃品种厚度等内容。还可描述开启方式、门窗扇数。或直接引用标准图集的编号及做法。
010802 001002	金属推拉门	88 系列铝合金推拉门 M1,1 500×2 100,中空玻璃 6 + 12 A + 6	樘	2.一般情况下,防护材料种类单独列项,不需描述防护材料要求。若木构件成品已包含防腐防火处理,则防护材料不单独列项,则需描述防护材料种类。
010802 001003	金属地弹门	100 系列铝合金地弹门 M2,12 厚钢化玻璃,不锈钢装饰拉手	m²	
010802 001004	塑钢平开门	乳白色 85 系列塑钢平开门 M1021,1 000×2 100,5 mm 厚平板玻璃,装饰拉手	樘	3.凡以樘计量时,项目特征必须描述洞口尺寸,没有洞口尺寸必须描述门框或扇外围尺寸;以平方米计量时,项目特征可不描述洞口尺寸及框、扇的外围尺寸。
010802 001005	塑钢推拉门	乳白色 85 系列塑钢推拉门 M1521,1 500×2 100,5 mm 厚平板玻璃	樘	
010802 002001	彩板门	M6,彩板组合平开门,900×2 100,装饰拉手、门碰珠、门锁(型号详见设计图 1/20)	樘	4.金属门应区分金属平开门、金属推拉门、金属地弹门、全玻门(带金属扇框)、金属半玻门(带扇框)等项目,分别编码列项。
010802 003001	钢质防火门	钢质甲级防火门 FM1,900×2 100,不锈钢闭门器	樘	
010802 004001	防盗门	钢质防盗门 M1021,1 000×2 100	樘	5.特殊五金应描述
010802 004002	防盗门	盼盼牌入户三防门 SFM-1,1 000×2 100	樘	
010803 001001	金属卷帘(闸)门	铝合金卷帘门 M1,1 000×2 100。电子防盗锁、传感器、电动启动	樘	1.以樘计量,项目特征必须描述洞口尺寸,以平方米计量,项目特征可不描述洞口尺寸。
010803 002001	防火卷帘(闸)门	不锈钢防火卷帘门 M2,1.2 厚,1 500×2 400,电动传感器、防盗锁	樘	2.特殊五金应描述

2. 工程量计算规则及相关说明

金属(塑钢)门、彩板门、钢质防火门、防盗门、金属卷帘(闸)门,以"樘"计量,按设计图示数量计算;以"m²"计量,按设计图示洞口尺寸以面积计算,无设计图示洞口尺寸,按门框、扇外围以面积计算。

铝合金门五金包括地弹簧、门锁、拉手、门插、门铰、螺丝等。五金安装应计算在综合单价中。

其他金属门五金包括 L 形执手插锁(双舌)、执手锁(单舌)、门轨头、地锁、防盗门机、门眼(猫眼)、门碰珠、电子锁(磁卡锁)、闭门器、装饰拉手等。

11.1.3　厂库房大门、特种门(编码:010804)

厂库房大门、特种门包括木板大门、钢木大门、全钢板大门、防护铁丝门、金属格栅门、钢质花饰大门、特种门。

1. 项目特征描述示例

厂库房大门、特种门项目特征描述示例见表 11.6。

表 11.6　厂库房大门、特种门项目特征描述示例表

项目编码	项目名称	项目特征描述示例	计量单位	项目特征描述提示
010804003001	全钢板大门	1. 门代号及洞口尺寸:四扇无框折叠钢板大门 M6,3 000 mm×3 000 mm。 2. 门框、扇材质:钢板,厚度 5 mm。 3. 五金种类、规格:专用防盗锁。 4. 防护材料种类:另计	樘	1. 一般门窗都是采用标准图集,因此描述时主要描述清楚门窗的类型、材质、洞口尺寸、图集编号及门窗代号、玻璃品种厚度等内容。还可描述开启方式、门窗扇数。或直接引用标准图集的编号及做法。 2. 一般情况下,防护材料种类单独列项,不需描述防护材料要求。若木构件成品已包含防腐防火处理,则防护材料不单独列项,则需描述防护材料种类。 3. 凡以樘计量时,项目特征必须描述洞口尺寸,没有洞口尺寸必须描述门框或扇外围尺寸;以平方米计量时,项目特征可不描述洞口尺寸及框、扇的外围尺寸。 4. 特殊五金应描述
010804007001	冷藏门	1. 门代号及洞口尺寸:双扇有框平开门 M7,2 100 mm×2 400 mm。 2. 门框、扇材质:彩色涂层钢板,厚度 1 mm,聚氯乙烯软塑料板	樘	
010804007002	冷藏门	手动平开不锈钢板冷藏门 M8,2 400 mm×2 700 mm。图集 17 J610-1,门型号 LMSP2427	樘	
010804007003	变电室门	1. 门代号及洞口尺寸:单向推拉门 M9,3 000 mm×3 000 mm。 2. 门框、扇材质:门扇内外两侧采用 1.0 mm 不锈钢板,门框及门扇骨架采用 1.5 mm 镀锌钢板,门扇中间填充岩棉。图集 17 J610-1,门型号 PM2 单 -3030	m²	
010804007004	人防防护门	钢筋混凝土单扇防护密闭门 RFM1,900 mm×2 000 mm。图集 RFJ01-2008,型号 HFM0920(6)	樘	

2. 工程量计算规则及相关说明

木板大门、钢木大门、全钢板大门、防护铁丝门、钢质花饰大门、金属格栅门、特种门,以"樘"计量,按设计图示数量计算;以"m²"计量,按设计图示洞口尺寸以面积计算,无设计图示洞口尺寸,按门框、扇外围以面积计算。

特种门应区分冷藏门、冷冻间门、保温门、变电室门、隔音门、防射线门、人防门、金库门等项目,分别编码列项。

11.1.4　其他门(编码:010805)

其他门包括平开电子感应门、旋转门、电子对讲门、电动伸缩门、全玻自由门、镜面不锈钢饰面门、复合材料门。

1. 项目特征描述示例

其他门项目特征描述示例见表11.7。

表11.7　其他门项目特征描述示例表

项目编码	项目名称	项目特征描述示例	计量单位	项目特征描述提示
010805 001001	电子感应门	1.门代号及洞口尺寸:M1,外围尺寸3 000×2 400。 2.门框、扇材质:不锈钢。 3.玻璃品种、厚度:12厚钢化玻璃。 4.启动装置的品种、规格:自动开启。 5.电子配件品种、规格:电子传感器	樘	1.一般门窗都是采用标准图集,因此描述时主要描述清楚门窗的类型、材质、洞口(或外围)尺寸、图集编号及门窗代号、玻璃品种厚度等内容。还可描述开启方式、门窗扇数。或直接引用标准图集的编号及做法。 电子感应门、旋转门、电子对讲门、电动伸缩门还需描述启动装置的品种、规格,电子配件品种、规格。 2.凡以樘计量时,项目特征必须描述洞口尺寸,没有洞口尺寸必须描述门框或扇外围尺寸;以平方米计量时,项目特征可不描述洞口尺寸及框、扇的外围尺寸。 3.特殊五金应描述
010805 002001	旋转门	不锈钢自动旋转门 XM1,洞口尺寸2 800×2 200,12厚钢化玻璃,电子传感器	樘	
010805 003001	电子对讲门	1.灰绿色钢质电子对讲门 M1。 2.外围尺寸:1 800×2 400。 3.电子对讲系统:24户以内	m²	
010805 003002	电子对讲门	1.灰色钢质防盗单元门 MLC-1。 2.洞口尺寸:2 400×2 400。 3.电子对讲系统:25户以上	樘	
010805 005001	全玻自由门	M1,无框全玻自由门,2 000×2 100,不锈钢装饰拉手	樘	

2.工程量计算规则及相关说明

工程量以"樘"计量,按设计图示数量计算;以"m²"计量,按设计图示洞口尺寸以面积计算,无设计图示洞口尺寸,按门框、扇外围以面积计算。

11.1.5　木窗(编码:010806)

木窗包括木质窗、木飘(凸)窗、木橱窗、木纱窗。

1.工程量计算规则

(1)木质窗以"樘"计量,按设计图示数量计算;以"m²"计量,按设计图示洞口尺寸以面积计算。

(2)木飘(凸)窗、木橱窗,以"樘"计量,按设计图示数量计算;以"m²"计量,按设计图示尺寸以框外围展开面积计算。

(3)木橱窗、木飘(凸)窗以"樘"计量,项目特征必须描述框截面及外围展开面积。

(4)木纱窗以"樘"计量,按设计图示数量计算;以"m²"计量,按框的外围尺寸以面积计算。

2.相关说明

(1)木质窗应区分木百叶窗、木组合窗、木天窗、木固定窗、木装饰空花窗等项目,分别编码列项。

(2)以"樘"计量,项目特征必须描述洞口尺寸,没有洞口尺寸的必须描述窗框外围尺寸;以"m²"计量,项目特征可不描述洞口尺寸及框的外围尺寸。

(3)以"m²"计量,无设计图示洞口尺寸,按窗框外围以面积计算。

(4)木窗五金包括折页、插销、风钩、木螺丝、滑轮滑轨(推拉窗)等。

11.1.6　金属窗(编码:010807)

金属窗包括金属(塑钢、断桥)窗、金属防火窗、金属百叶窗、金属纱窗、金属格栅窗、金属(塑钢、断桥)橱窗、金属(塑钢、断桥)飘(凸)窗、彩板窗、复合材料窗。

1.项目特征描述示例

金属窗项目特征描述示例见表11.8。

2.工程量计算规则及相关说明

(1)金属(塑钢、断桥)窗、金属防火窗、金属百叶窗、金属格栅窗工程量,以"樘"计量,按设计图示数量计算;以"m²"计量,按设计图示洞口尺寸以面积计算。

(2)金属纱窗、金属(塑钢、断桥)橱窗、金属(塑钢、断桥)飘(凸)窗的工程量,以"樘"计量,按设计图示数量计算;以"m²"计量,按设计图示尺寸以框外围展开面积计算。

(3)彩板窗、复合材料窗以"樘"计量,按设计图示数量计算;以"m²"计量,按设计图示洞口尺寸或框外围以面积计算。

(4)金属窗五金包括折页、螺丝、执手、卡锁、铰拉、风撑、滑轮、滑轨、拉把、拉手、角码、牛角制等。

表 11.8　金属窗项目特征描述示例表

项目编码	项目名称	项目特征描述示例	计量单位	项目特征描述提示
010807001001	金属推拉窗	1. 窗代号及洞口尺寸:窗 C-1，1 500×1 800。 2. 框、扇材质:铝合金断桥。 3. 玻璃品种、厚度:5 厚平板玻璃	樘	1. 一般门窗都是采用标准图集，因此描述时主要描述清楚门窗的类型、材质、洞口(或外围)尺寸、图集编号及门窗代号、玻璃品种厚度等内容。还可描述开启方式、门窗扇数。或直接引用标准图集的编号及做法。 2. 凡以樘计量时，项目特征必须描述洞口尺寸，没有洞口尺寸必须描述门框或扇外围尺寸;以平方米计量时，项目特征可不描述洞口尺寸及框、扇的外围尺寸。 3. 特殊五金应描述。 4. 金属窗应区分金属组合窗、防盗窗等项目，分别编码列项
010807001002	塑钢平开窗	乳白色 65 系列塑钢平开窗 C2，1 500×1 500，5 厚平板玻璃	樘	
010807002001	金属防火窗	钢防火窗推拉窗 C-3，900×700，中空防火玻璃	m²	
010807003001	金属百叶窗	铝合金百叶窗 C-4	m²	
010807005001	金属格栅窗	不锈钢格栅窗 C-5	m²	
010807007001	塑钢飘(凸)窗	DC1，框外围展开面积 2 400×1 500	樘	

11.1.7　门窗套(编码:010808)、窗台板(编码:010809)

门窗套包括木门窗套、木筒子板、饰面夹板筒子板、金属门窗套、石材门窗套、门窗木贴脸、成品木门窗套。

1. 项目特征描述示例

门窗套及其他零星项目特征描述示例见表 11.9。

表 11.9　门窗套及其他零星项目特征描述示例表

项目编码	项目名称	项目特征描述示例	计量单位	项目特征描述提示
010808001001	木窗套	1. 窗代号及洞口尺寸:M1、C3。 2. 门窗套展开宽度:600 mm。 3. 基层材料种类:18 厚木芯板。 4. 面层材料品种、规格:3 厚樱桃木板。 5. 线条品种、规格:30 mm 木线条	m²	1. 以樘计量，项目特征必须描述洞口尺寸、门窗套展开宽度。 2. 以平方米计量，项目特征可不描述洞口尺寸、门窗套展开宽度。 3. 以米计量，项目特征必须描述门窗套展开宽度、筒子板及贴脸宽度
010808005001	石材窗套	1. 窗代号及洞口尺寸:C1。 2. 门窗套展开宽度:400 mm。 3. 底层厚度、砂浆配合比:20 厚 1∶3 水泥砂浆。 4. 面层材料品种、规格:金线米黄大理石	樘	
010808007001	成品木门窗套	1. 窗代号及洞口尺寸:M2。 2. 门窗套展开宽度:500 mm。 3. 门窗套材料品种、规格:复合材质	m	
010810003001	饰面夹板窗帘盒	枫木饰面夹板，规格 300 mm×500 mm	m	必须描述材质、规格

2. 工程量计算规则

(1)木门窗套、木筒子板、饰面夹板筒子板、金属门窗套、石材门窗套、成品木门窗套,以"樘"计量,按设计图示数量计算;以"m²"计量,按设计图示尺寸以展开面积计算;以"m"计量,按设计图示中心线以延长米计算。

(2)门窗贴脸,以"樘"计量,按设计图示数量计算;以"m"计量,按设计图示尺寸以延长米计算。

(3)木门窗套适用于单独门窗套的制作、安装。

(4)窗台板包括木窗台板、铝塑窗台板、金属窗台板、石材窗台板。工程量按设计图示尺寸以展开面积"m²"计算。

【例 11.1】如图 11.3 所示,起居室的门洞 M-4,3 000 mm×2 000 mm,设计做门套装饰。筒子板构造:细木工板基层,柚木装饰面层,厚 30 mm。筒子板宽 300 mm。贴脸构造:80 mm 宽柚木装饰线脚。试计算筒子板、贴脸的工程量。

【解】　　　　筒子板工程量 $=(1.97×2+2.94)×0.3$ m² $=6.88×0.3$ m² $=2.06$ m²

　　　　　　　贴脸工程量 $=(1.97×2+2.94+0.08×2)$ m $=7.04$ m

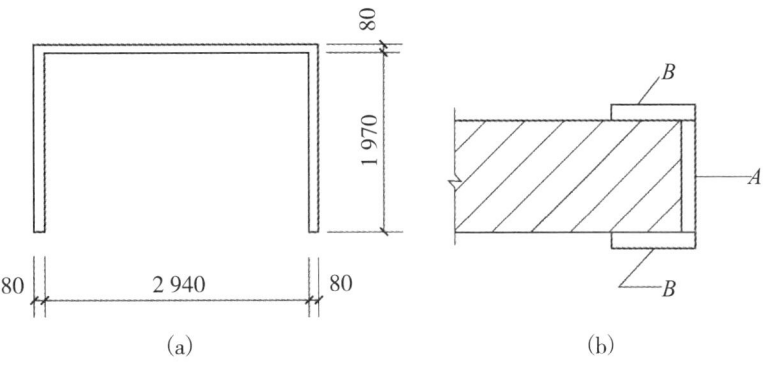

图 11.3　某起居室门装饰示意图

11.1.8　窗帘、窗帘盒、窗帘轨(编码:010810)

窗帘、窗帘盒、窗帘轨包括窗帘、木窗帘盒、饰面夹板(塑料)窗帘盒、铝合金窗帘盒、窗帘轨。

1. 工程量计算规则

(1)窗帘工程量以"m"计量,按设计图示尺寸以成活后长度计算;以"m²"计量,按图示尺寸以成活后展开面积计算。

(2)木窗帘盒、饰面夹板(塑料)窗帘盒、铝合金窗帘盒、窗帘轨,按设计图示尺寸以长度"m"计算。

2. 相关说明

(1)窗帘若是双层,项目特征必须描述每层材质。

(2)当窗帘以"m"计量时,项目特征必须描述窗帘高度和宽。

(3)当窗帘盒为弧形时,其长度应按中心线计算。

11.2 清单计价

任务书 11.2

背景资料:结合任务 11.1 及所编制的工程量清单(如表 11.3)。

任务:按控制价要求计算综合单价并填写清单项目计价表。

▌**任务实施**

任务步骤 1:计价工程量计算见表 11.10。

表 11.10 计价工程量计算表

序号	编码	项目名称	计算式	合计	单位
1	010801002001	木质门带套			m²
2	010802004001	防盗门			m²
3	010807001001	金属(塑钢、断桥)窗			m²
4	010808007001	成品门套			樘
5	010808007002	成品窗套			樘
6	010808007003	成品窗套			樘
7	010808007004	成品窗套			樘

任务步骤 2:综合单价计算见表 11.11。

表 11.11 分部分项工程清单综合单价计算表

序号	项目编码	工程项目名称	单位	数量	综合单价 / 元					合价
					人工费	材料费	机械使用费	管理费+利润(=人机费×____)	小计(人材机费+管理费+利润)	
1	010801002001	木质门带套	m²							

续表

序号	项目编码	工程项目名称	单位	数量	综合单价/元					合价
					人工费	材料费	机械使用费	管理费＋利润(＝人机费×___)	小计(人材机费＋管理费＋利润)	
2	010802004001	防盗门	m²							
3	010807001001	金属(塑钢、断桥)窗	m²							
4	010808007001	成品门套	樘							
5	010808007002	成品窗套	樘							
6	010808007003	成品窗套	樘							
7	010808007004	成品窗套	樘							

任务步骤3:清单计价见表11.12。

表11.12　分部分项工程和单价措施项目清单与计价表

序号	项目编码	项目名称	项目特征	计量单位	工程量	金额	
						综合单价	合价
1	010801002001	木质门带套	成品实木门带套 M-1,900 mm×2 100 mm; 含球形执手锁、铜合页、门碰珠等五金	m²	3.78		
2	010802004001	防盗门	成品彩色涂层钢质防盗门,含指纹锁、闭门器等五金; M-2,1 500 mm×2 100 mm	m²	6.3		
3	010807001001	金属(塑钢、断桥)窗	1. 平开窗: C-1(1 500 mm×1 500 mm); C-2(1 200 mm×1 500 mm); C-3(1 800 mm×1 500 mm)。 2.90系列断桥铝型材。 3. 中空玻璃(6＋5＋6)。 4. 不锈钢五金	m²	13.5		
4	010808007001	成品门套	1. 门代号及洞口尺寸:M-2(1 500 mm×2 100 mm)。 2. 门窗套展开宽度:门套展开宽度为200 mm。 3. 门窗套材料品种、规格:成品仿柚木复合材质门套,门套厚度20 mm	樘	2		

续表

序号	项目编码	项目名称	项目特征	计量单位	工程量	金额	
						综合单价	合价
5	010808007002	成品窗套	1.窗代号及洞口尺寸:C-1(1 500 mm×1 500 mm)。 2.门窗套展开宽度:窗套展开宽度为150 mm。 3.门窗套材料品种、规格:成品仿柚木复合材质门套,窗套厚度20 mm	樘	4		
6	010808007003	成品窗套	1.窗代号及洞口尺寸:C-2(1 200 mm×1 500 mm)。 2.门窗套展开宽度:窗套展开宽度为150 mm。 3.门窗套材料品种、规格:成品仿柚木复合材质门套,窗套厚度20 mm	樘	1		
7	010808007004	成品窗套	1.窗代号及洞口尺寸:C-3(1 800 mm×1 500 mm)。 2.门窗套展开宽度:窗套展开宽度为150 mm。 3.门窗套材料品种、规格:成品仿柚木复合材质门套,窗套厚度20 mm	樘	1		

任务 11.2 相关知识点

门窗工程定额工程量及定额应用有关说明:

11.2.1　木门

(1)成品套装门安装包括门套和门扇的安装,定额子目以门的开启方式、安装方法不同进行划分。成品木门(带门套)定额中,已包括了相应的贴脸及装饰线条安装人工及材料消耗量,不另单独计算。

(2)成品木门框安装按设计图示框的中心线长度计算。

(3)成品木门扇安装按设计图示扇面积计算。

(4)成品套装木门安装按设计图示数量计算。

(5)木质防火门安装按设计图示洞口面积计算。

(6)纱门按设计图示扇外围面积计算。

(7)木门清单涉及定额子目的几种组合:

①门框+门扇。

②成品门带门套。

③门套+门扇。

④旧门:包门框+贴门扇。

11.2.2　金属门、窗,防盗栅(网)

1. 工程量计算

铝合金门窗(飘窗、阳台封闭窗除外)、塑钢门窗、塑料节能门窗、彩板钢门窗、钢质防火门、防盗门、不锈钢格栅防盗门、电控防盗门、防盗窗、钢质防火窗、金属防盗栅(网)均按设计图示门、窗洞口面积计算。与清单量相同。

飘窗、阳台封闭窗按设计图示框型材外边线尺寸以展开面积计算。与清单量相同。

彩板钢门窗附框按框中心线长度计算。

纱窗扇按设计图示扇外围面积计算。

电控防盗门控制器按设计图示套数计算。

门连窗按设计图示洞口面积分别计算门、窗面积,其中窗的宽度算至门框的外边线。

2. 定额应用

铝合金成品门窗安装项目按隔热断桥铝合金型材考虑,当设计为普通铝合金型材时,按相应项目执行,其中人工乘以系数 0.8。

金属门连窗,门、窗应分别执行相应项目。

彩板钢窗附框安装执行彩板钢门附框安装项目。

金属防盗栅(网)制作安装如单位面积主材含量超过 20% 时,可以调整。

11.2.3　金属卷帘(闸)

1. 工程量计算

金属卷帘(闸)按设计图示卷帘门宽度乘以卷帘门高度(包括卷帘箱高度)以面积计算。电动装置安装按设计图示套数计算。与清单量有所区别:清单可按设计图示数量以樘计量,也可按设计图示洞口尺寸以平方米计量。电动装置也应包含在清单综合单价中。

2. 定额应用

(1)金属卷帘(闸)项目是按卷帘侧装(即安装在门洞口内侧或外侧)考虑的,当设计为中装(即安装在洞口中)时,按相应项目执行,其中人工乘以系数 1.1。

(2)金属卷帘(闸)项目是按不带活动小门考虑的,当设计为带活动小门时,按相应项目执行,其中人工乘以系数 1.07,材料调整为带活动小门金属卷帘(闸)。

(3)防火卷帘(闸)(无机布基防火卷帘除外)按镀锌钢板卷帘(闸)项目执行,并将材料中的镀锌钢板卷帘换为相应的防火卷帘。

11.2.4　厂库房大门、特种门

1. 工程量计算

厂库房大门、特种门按设计图示门洞口面积计算。

百叶钢门的安装工程量按设计尺寸以重量计算,不扣除孔眼、切肢、切片、切角的重量。

2.定额应用

(1)厂库房大门项目是按一、二类木种考虑的,如采用三、四类木种时,制作按相应项目执行,人工和机械乘以系数 1.3;安装按相应项目执行,人工和机械乘以系数 1.35。

(2)厂库房大门的钢骨架制作以钢材重量表示,已包括在定额中,不再另列项计算。

(3)厂库房大门门扇上所用铁件均已列入定额,墙、柱、楼地面等部位的预埋铁件按设计要求另按"混凝土及钢筋混凝土工程"中相应项目执行。

(4)冷藏库门、冷藏冻结间门、防辐射门安装项目包括筒子板制作安装。

11.2.5　其他门

1.工程量计算

(1)全玻有框门扇按设计图示扇边框外边线尺寸以扇面积计算。

(2)全玻无框(条夹)门扇按设计图示扇面积计算,高度算至条夹外边线,宽度算至玻璃外边线。

(3)全玻无框(点夹)门扇按设计图示玻璃外边线尺寸以扇面积计算。

(4)无框亮子按设计图示门框与横梁或立柱内边缘尺寸玻璃面积计算。

(5)全玻转门按设计图示数量计算。

(6)不锈钢伸缩门按设计图示延长米计算。

(7)电子感应门安装按设计图示数量计算。

(8)全玻转门传感装置、伸缩门电动装置和电子感应门电磁感应装置按设计图示套数计算。

(9)金属子母门安装按设计图示洞口面积计算。

2.定额应用

(1)全玻璃门扇安装项目按地弹门考虑,其中地弹簧消耗量可按实际调整。

(2)全玻璃门门框、横梁、立柱钢架的制作安装及饰面装饰,按门钢架相应项目执行。

(3)全玻璃门有框亮子安装按全玻璃有框门扇安装项目执行,人工乘以系数 0.75,地弹簧换为膨胀螺栓,消耗量调整为 277.55 个 / 100 m²;无框亮子安装按固定玻璃安装项目执行。

(4)全玻转门电子感应自动门传感装置、伸缩门电动装置安装、电控防盗门控制器安装、钢化玻璃电子感应门电磁感应装置已包括调试用工。

11.2.6　门钢架、门窗套、包门框(扇)

1.工程量计算

(1)门钢架按设计图示尺寸以质量计算。

(2)门钢架基层、面层按设计图示饰面外围尺寸展开面积计算。

(3)门窗套(筒子板)龙骨、面层、基层均按设计图示饰面外围尺寸展开面积计算。

(4)成品门窗套按设计图示饰面外围尺寸展开面积计算。

(5)包门框按展开面积计算。包门扇及木门扇镶贴饰面板按门扇垂直投影面积计算。

2.定额应用

(1)门钢架基层、面层项目未包括封边线条,设计要求时,另按"其他装饰工程"中相应线条项目执行。

(2)门窗套(筒子板)项目未包括封边线条,设计要求时,按"其他装饰工程"中相应线条项目执行。

(3)包门框设计只包单边框时,按定额含量的60%计算。

(4)包门扇如设计与定额不同时,饰面板材可以换算,定额人工含量不变。

(5)门扇贴饰面板项目未包括封边线条,设计要求时,按"其他装饰工程"中相应线条项目执行。

11.2.7　窗台板、窗帘盒、轨

1.工程量计算

(1)窗台板按设计图示长度乘宽度以面积计算。图纸未注明尺寸的,窗台板长度可按窗框的外围宽度两边共加 100 mm 计算。窗台板凸出墙面的宽度按墙面外加 50 mm 计算。

(2)窗帘盒、窗帘轨按设计图示长度计算。

2.定额应用

(1)窗台板与暖气罩相连时,窗台板并入暖气罩,按"其他装饰工程"中相应暖气罩项目执行。

(2)石材窗台板安装项目按成品窗台板考虑。实际为非成品需现场加工时,石材加工另按"其他装饰工程"中石材加工相应项目执行。

11.2.8　其他

(1)包橱窗框按橱窗洞口面积计算。

(2)门、窗洞口安装玻璃按洞口面积计算。

(3)玻璃黑板按外框外围尺寸以垂直投影面积计算。

(4)玻璃加工:钻孔按个计算,划圆孔、划线按面积计算。定额中玻璃加工均按平板玻璃考虑。如加工弧形玻璃、钢化玻璃、空心玻璃等,另行计算。

(5)铝合金踢脚板安装按实铺面积计算。

11.2.9　门五金

(1)成品木门扇安装定额项目中包含的五金配件仅包括合页安装人工和合页材料费,成品套装木门安装定额项目中包含的五金配件包括合页、门锁、门磁吸和大门暗插销的安装人工和相应的材料费,设计要求的其他五金另按"门五金"中门特殊五金相应项目执行。

(2)成品木门安装定额中的五金件,设计规格和数量与定额不同时,应进行调整换算。

(3)成品金属门窗、金属卷帘(闸)、特种门、其他门安装项目包括五金安装人工,五金材料费包括在成品门窗价格中。

(4)成品全玻璃门扇安装项目中仅包括地弹簧安装的人工和材料费,设计要求的其他五金另执行"门五金"中门特殊五金相应项目。五金材料的设计规格和数量与定额不同时,应进行调整换算。

(5)厂库房大门项目均包括五金铁件安装人工,五金铁件材料费另执行"门五金"中相应项目,当设计与定额取定不同时,按设计规定计算。

工作手册 12

屋面及防水工程计量与计价

WUMIAN JI FANGSHUI GONGCHENG JILIANG YU JIJIA

12.1 清单计量

任务书 12.1

背景资料:某工程地下室平面、基础及墙身防水构造如图 12.1 所示(墙身防水高度至±0.000),地下室底板厚 400 mm,垫层出边 100 mm。该工程屋面如图 12.2 所示,女儿墙 200 mm 厚(中间缺口宽 1 000 mm)。屋面构造做法参见 15 ZJ001–122– 屋 105–1F1,具体做法如下(从上向下):①20 厚 1∶2.5 水泥砂浆分格面积 1 m²;②0.4 厚聚乙烯膜;③3.0 + 3.0 厚双层 SBS 改性沥青防水卷材,上翻高度 500 mm;④20 厚 1∶2.5 水泥砂浆找平;⑤80 厚挤塑聚苯板(B1 级);⑥最薄处 30 厚 LC5.0 轻骨料混凝土找 2% 坡;⑦钢筋混凝土屋面表面清扫干净。

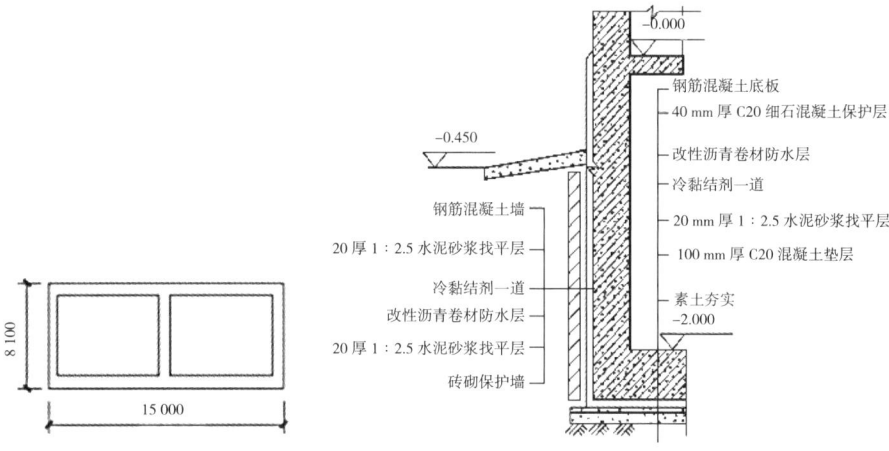

图 12.1   地下室平面、基础及墙身防水示意图

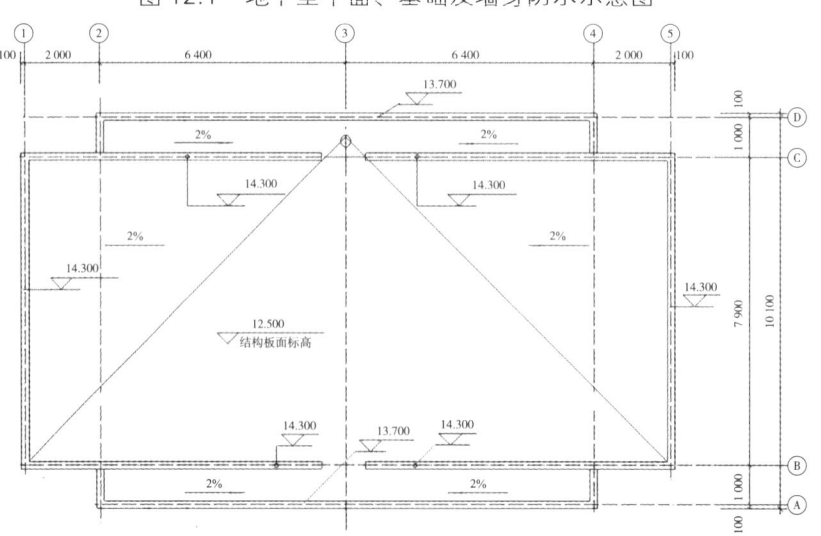

图 12.2   屋面平面图

任务：编制地下室基础及墙身防水构造、屋面构造相关的工程量清单（暂不考虑基础及基础垫层、地下室外墙、女儿墙、板等）。

▌任务实施

任务步骤 1：列项计量，填表 12.1。

表 12.1　清单工程量计算表

序号	项目编码	项目名称	计算式	工程量合计	计量单位
1	010902001001	屋面卷材防水			m²
2	011001001001	保温隔热屋面			m²
3	011101001001	水泥砂浆楼地面(屋面)			m²
4	010903001001	墙面卷材防水			m²
5	011201004001	立面砂浆找平层(地下室外墙)			m²
6	010904001001	楼(地)面卷材防水(地下室基础)			m²
7	011101006001	平面砂浆找平层(地下室基础)			m²
8	011101006002	平面砂浆找平层(地下室基础)			m²

任务步骤 2：编制工程量清单，如表 12.2 所示。

表 12.2　某工程防水及保温相关项目清单与计价表

序号	项目编码	项目名称	项目特征	计量单位	工程量	综合单价	合价
1	010902001001	屋面卷材防水	1. 卷材品种、规格、厚度：3.0 厚 SBS 改性沥青防水卷材。 2. 防水层数：双层。 3. 防水层做法： 面层另计； 0.4 厚聚乙烯膜； 3.0 ＋ 3.0 厚双层 SBS 改性沥青防水卷材，上翻高度 500 mm	m²			
2	011001001001	保温隔热屋面	保温做法： 防水另计； 20 厚 1：2.5 水泥砂浆找平； 80 厚挤塑聚苯板(B1 级)； 最薄处 30 厚 LC5.0 轻骨料混凝土找 2% 坡； 钢筋混凝土屋面表面清扫干净	m²			
3	011101001001	水泥砂浆楼地面(屋面)	屋顶面层做法要求： 20 厚 1：2.5 水泥砂浆分格面积 1 m²	m²			

续表

序号	项目编码	项目名称	项目特征	计量单位	工程量	金额	
						综合单价	合价
4	010903001001	墙面卷材防水	1. 卷材品种、规格、厚度：3.0厚SBS改性沥青防水卷材。 2. 防水层数：单层。 3. 防水层做法：冷黏结剂一道，3.0厚双层SBS改性沥青防水卷材	m²			
5	011201004001	立面砂浆找平层（地下室外墙）	1. 基层类型：地下室外墙混凝土防水层上＋下。 2. 找平层砂浆厚度、配合比：20厚1：2.5水泥砂浆	m²			
6	010904001001	楼（地）面卷材防水（地下室基础）	1. 卷材品种、规格、厚度：3.0厚SBS改性沥青防水卷材。 2. 防水层数：单层。 3. 防水层做法：冷黏结剂一道，3.0厚双层SBS改性沥青防水卷材	m²			
7	011101006001	平面砂浆找平层（地下室基础）	找平层砂浆配合比、厚度：20厚1：2.5水泥砂浆找平层	m²			
8	011101006002	平面砂浆找平层（地下室基础）	找平层砂浆配合比、厚度：40厚C20细石砼保护层	m²			

任务 12.1 相关知识点

屋面及防水工程包括瓦（型材）屋面及其他屋面、屋面防水及其他、墙面防水及防潮、楼（地）面防水及防潮。

12.1.1   瓦屋面、型材屋面及其他屋面（编码：010901）

瓦、型材及其他屋面包括瓦屋面、型材屋面、阳光板屋面、玻璃钢屋面、膜结构屋面。

1. 项目特征描述示例

瓦、型材及其他屋面项目特征描述示例见表12.3。

2. 工程量计算规则

（1）瓦屋面、型材屋面，按设计图示尺寸以斜面积"m²"计算，不扣除房上烟囱、风帽底座、风道、小气窗、斜沟等所占面积，小气窗的出檐部分不增加面积。

瓦屋面项目中，檩条、椽子、安顺水条、挂瓦条按木结构中檩条和木基层项目编码列项；防水层按屋面防水项目编码列项。

表 12.3　瓦屋面、型材屋面及其他屋面项目特征描述示例表

项目编码	项目名称	项目特征描述示例	计量单位	项目特征描述提示
010901001001	瓦屋面	1. 瓦品种、规格:彩色水泥瓦。 2. 黏结层砂浆的配合比:20 厚 1：2 水泥砂浆	m²	1. 瓦屋面,若是在木基层上铺瓦,项目特征不必描述黏结层砂浆的配合比。 2. 型材屋面、阳光板屋面、玻璃钢屋面的柱、梁、屋架,按计量规范附录金属结构工程、木结构工程中相关项目编码列项。 3. 如施工图标注见标准图集时,可注明标准图集编号、页码及节点大样
010901002001	型材屋面	1. 型材品种、规格: 0.53 mm V-760 压型彩钢板 + 50 mm 玻璃保温棉 + 0.473 mm V-900 压型彩钢板。 2. 金属檩条材料品种、规格: Q300 冷弯薄壁 C 型钢。 3. 接缝、嵌缝材料种类:丁基橡胶密封黏结带	m²	
010901003001	阳光板屋面	1. 阳光板品种、规格: PC 耐力板,透明,板厚 3 mm。 2. 骨架材料品种、规格:100 系列铝管,厚 2.5 mm。 3. 接缝、嵌缝材料种类:耐候硅酮密封胶。 4. 油漆品种、刷漆遍数:无	m²	
010901005001	膜结构屋面	1. 膜布品种、规格:加强型 PVC 膜布。 2. 支柱(网架)钢材品种、规格:不锈钢管支架支撑。 3. 钢丝绳品种、规格:6 股 7 丝(镀锌)。 4. 锚固基座做法: C15 现浇钢筋混凝土基础。 5. 油漆品种、刷漆遍数:无	m²	1. 若有油漆,应描述油漆品种、遍数。 2. 锚固基座挖土、回填应包含在综合单价中。 3. 如施工图标注见标准图集时,可注明标准图集编号、页码及节点大样

①　两坡排水屋面如图 12.3 所示。

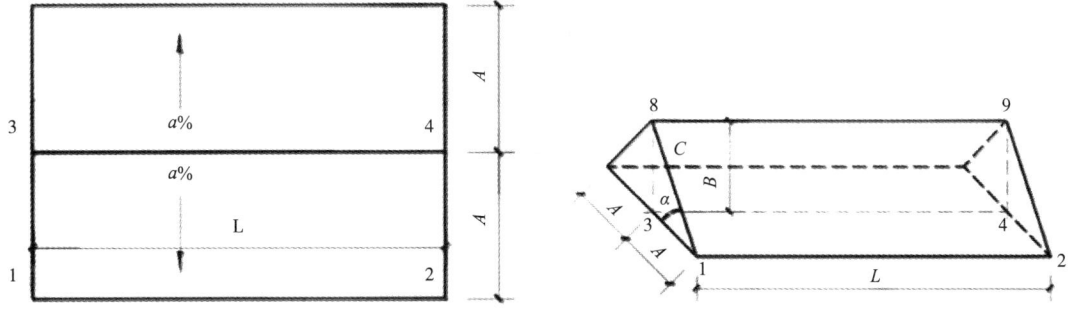

图 12.3　二坡屋面坡度示意图

$$屋面坡度\ tan\alpha = \frac{B}{A} = a\% = i$$

屋面坡度系数(也称延迟系数):

$$k = \frac{C}{A} = \frac{\sqrt{A^2+B^2}}{A} = \sqrt{1+\left(\frac{B}{A}\right)^2} = \sqrt{1+(a\%)^2} = \sqrt{1+i^2}$$

$$S_{坡} = A\sqrt{1+(a\%)^2} \times L \times 2 = 2AL\sqrt{1+(a\%)^2} = S_{水平}\sqrt{1+(a\%)^2} = S_{水平}\sqrt{1+i^2}$$

屋面斜面积 = k × 水平投影面积

② 四坡排水屋面如图 12.4 所示。

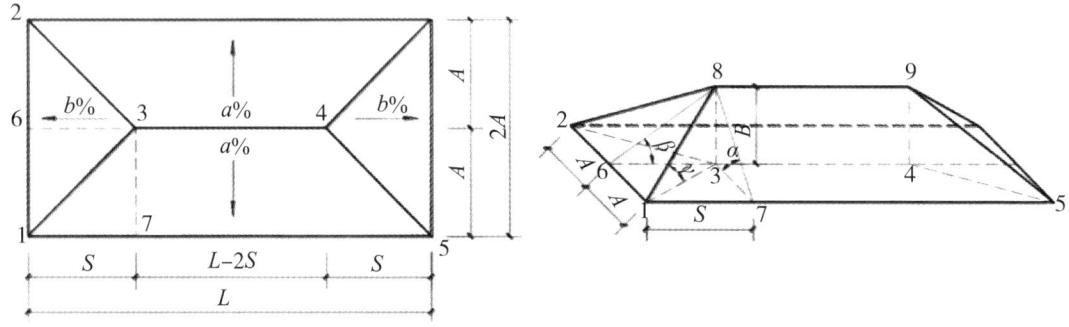

图 12.4 四坡屋面坡度示意图

$$S_{坡面} = S_{梯形水平}\sqrt{1+(a\%)^2} + S_{三角水平}\sqrt{1+(b\%)^2}$$

(2) 阳光板、玻璃钢屋面，按设计图示尺寸以斜面积"m²"计算，不扣除屋面面积小于或等于 0.3 m² 孔洞所占面积。

(3) 膜结构屋面，按设计图示尺寸以需要覆盖的水平投影面积"m²"计算，如图 12.5 所示。

(4) 型材屋面的金属檩条应包含在综合单价内计算，其工作内容包含了檩条制作、运输及安装。

【例 12.1】有一两坡的坡形屋面，其外墙中心线长度为 40 m，宽度为 15 m，四面出檐距外墙外边线为 0.3 m，屋面坡度为 1∶1.333，外墙为 24 墙，试计算屋面工程量。

【解】(1) 屋面水平投影面积 = 长 × 宽。

长 = (40 + 0.12×2 + 0.30×2) m = 40.84 m
宽 = (15 + 0.12×2 + 0.30×2) m = 15.84 m
水平投影面积 = 40.84×15.84 m² = 646.91 m²

(2) 屋面坡度系数。

坡度：

1∶1.333 = B/A = 0.75/1

$$k = \sqrt{1+i^2} = \sqrt{1+0.75^2} = 1.25$$

(3) 计算屋面工程量。

$$S = 646.91 \times 1.25 \ m^2 = 808.64 \ m^2$$

【例 12.2】某四坡屋面平面如图 12.6 所示，设计屋面坡度 0.5，计算斜面积、斜脊长、正脊长。

【解】屋面坡度 = B/A = 0.5，则 k = 1.118。

屋面斜面积 = (50 + 0.6×2) × (18 + 0.6×2) × 1.118 m² = 1 099.04 m²
斜脊长 = (18 + 0.6×2) ÷ 2 × $\sqrt{2}$ × 1.118 × 4 m = 60.70 m
正脊长 = [(50 + 0.6×2) − (18 + 0.6×2) ÷ 2×2] m = 32 m

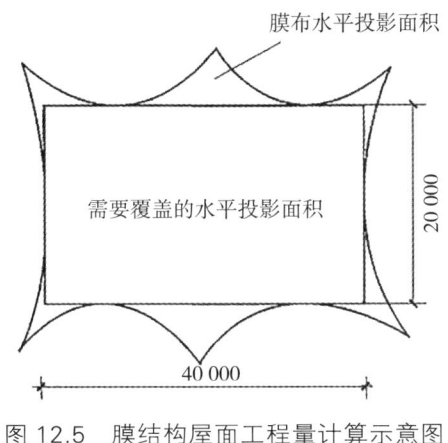

图 12.5　膜结构屋面工程量计算示意图

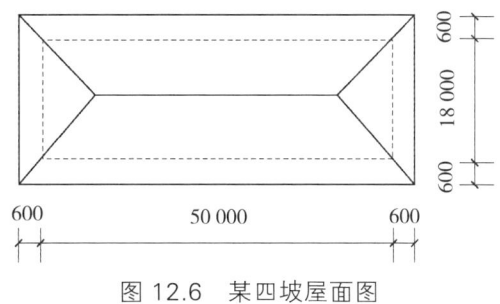

图 12.6　某四坡屋面图

12.1.2　屋面防水及其他(编码:010902)

屋面防水及其他包括屋面卷材防水、屋面涂膜防水、屋面刚性层、屋面排水管、屋面排(透)气管、屋面(廊、阳台)泄(吐)水管、屋面天沟及檐沟、屋面变形缝。

1. 项目特征描述示例

屋面防水及其他项目特征描述示例见表 12.4。

2. 工程量计算规则及相关说明

(1)屋面卷材防水、屋面涂膜防水,按设计图示尺寸以面积"m^2"计算。斜屋顶(不包括平屋顶找坡)按斜面积计算,平屋顶按水平投影面积计算。不扣除房上烟囱、风帽底座、风道、屋面小气窗和斜沟所占面积。屋面的女儿墙、伸缩缝和天窗等处的弯起部分,并入屋面工程量内。

表 12.4　屋面防水及其他项目特征描述示例表

项目编码	项目名称	项目特征描述示例	计量单位	项目特征描述提示
010902001001	屋面卷材防水	1. 卷材品种、规格、厚度:3 mm 厚 SBS 改性沥青防水卷材。 2. 防水层数:一道。 3. 防水层做法:卷材底刷冷底子油、加热烤铺	m^2	1. 屋面刚性层无钢筋,其钢筋项目特征不必描述。 2. 描述防水层做法时,如施工图标注见标准图集时,可注明标准图集编号、页码及节点大样
010902002001	屋面涂膜防水	1. 防水膜品种:APP 改性沥青涂料。 2. 涂膜厚度、遍数:涂膜厚 2 mm、二布六涂。 3. 增强材料种类:无纺布	m^2	
010902003001	屋面刚性层	1. 刚性层厚度:40 mm,提浆压光。 2. 混凝土强度等级:C20 混凝土加 4% 防水剂。 3. 嵌缝材料种类:有机硅橡胶密封膏。 4. 钢筋规格、型号:混凝土内配 Φ4@200 mm 双向钢筋	m^2	

续表

项目编码	项目名称	项目特征描述示例	计量单位	项目特征描述提示
010902004001	屋面排水管	1. 排水管品种、规格：PVC φ100 mm。 2. 雨水斗、山墙出水口品种、规格：PVC φ100 mm。 3. 接缝、嵌缝材料种类：密封胶。 4. 油漆品种、刷漆遍数：无	m	1. 需要油漆等防护材料时应注明防护材料品种并描述刷漆做法。 2. 如施工图设计标注做法见标准图集时，可注明标准图集编号、页码及节点大样
010902005001	屋面排(透)气管	1. 排(透)气管品种、规格：PVC φ100 mm。 2. 接缝、嵌缝材料种类：密封胶。 3. 油漆品种、刷漆遍数：无	m	
010902006001	屋面(廊、阳台)吐水管	1. 吐水管品种、规格：PVC φ75 mm。 2. 接缝、嵌缝材料种类：密封胶。 3. 吐水管长度：1.5 m。 4 油漆品种、刷漆遍数：无	根(个)	
010902007001	屋面天沟、檐沟	1. 材料品种、规格：3 mm厚APP改性沥青防水卷材，2层。 2. 接缝、嵌缝材料种类：无	m²	
010902008001	屋面变形缝	1. 嵌缝材料种类：50 mm厚聚苯乙烯泡沫板。 2. 止水带材料种类：金属止水带。 3. 盖板材料：1 mm厚镀锌钢板。 4. 防护材料种类：无	m	

屋面防水搭接及附加层用量不另行计算，在综合单价中考虑。

（2）屋面刚性层，按设计图示尺寸以面积"m²"计算。不扣除房上烟囱、风帽底座、风道等所占的面积。

（3）屋面排水管（见图12.7），按设计图示尺寸以长度"m"计算。如设计未标注尺寸，以檐口至设计室外散水上表面垂直距离计算。

（4）屋面排(透)气管，按设计图示尺寸以长度"m"计算。

（5）屋面(廊、阳台)泄(吐)水管，按设计图示数量"根(个)"计算。

（6）屋面天沟、檐沟，按设计图示尺寸以展开面积"m²"计算。工作内容包含：天沟材料铺设、天沟配件安装、接缝嵌缝、刷防护材料。

（7）屋面变形缝（见图12.8），按设计图示尺寸以长度"m"计算。

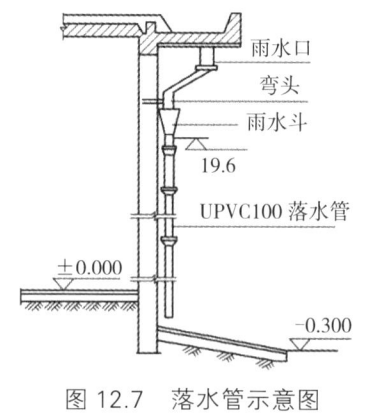

图 12.7　落水管示意图

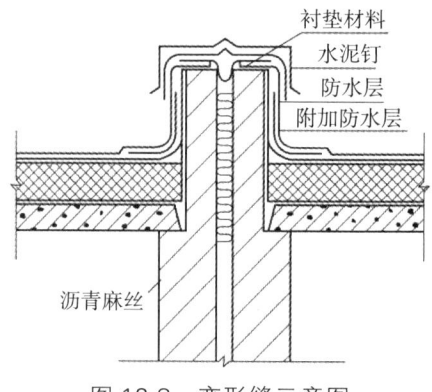

图 12.8　变形缝示意图

（8）屋面找平层按楼地面装饰工程"平面砂浆找平层"项目编码列项。屋面保温找坡层按保温、隔热、防腐工程"保温隔热屋面"项目编码列项。某屋面构造做法对应清单列项示例如表 12.5 所示。

表 12.5　某屋面构造做法对应清单列项示例

某屋面做法（自下而上）	清单项目列项
1.120 mm 厚现浇混凝土板基层	混凝土板中已计算，此处不再列项计算
现浇水泥珍珠岩，最薄处 30 mm 厚	按"保温隔热屋面"列项
3.20 厚 1∶2.5 水泥砂浆找平层	按"平面砂浆找平层"列项
冷底子油一遍，热粘满铺 SBS 防水层	按"屋面卷材防水"列项

【例 12.3】如图 12.9 所示，有一两坡防水 SBS 卷材屋面，屋面防水层构造层次为：预制钢筋混凝土楼板、1∶2 水泥砂浆找平层、冷底子油一道、3 mm 厚 SBS 防水层。试计算：① 当有女儿墙时，屋面坡度为 1∶4 时；② 当有女儿墙且屋面坡度为 3% 时；③ 当无女儿墙有挑檐，檐宽 500 mm，坡度为 3% 时的防水层工程量。

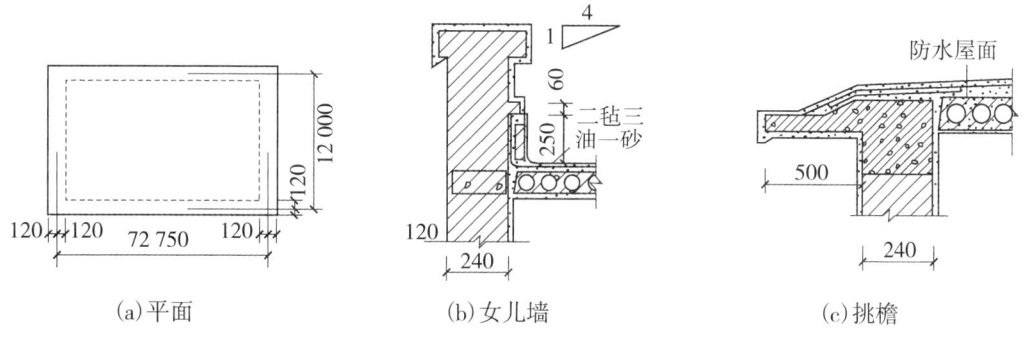

　　　（a）平面　　　　　　　　（b）女儿墙　　　　　　（c）挑檐

图 12.9　某卷材防水屋面

【解】（1）屋面坡度 1∶4，相应角度为 14°02′，坡度系数 $C = 1.0308$。

　　　　坡屋面卷材工程量＝水平投影面积 × 坡度系数＋应增加的面积

$S = [(72.75-0.24)\times(12-0.24)\times1.0308 + 0.25\times(72.75-0.24 + 12-0.24)\times2]\ \text{m}^2$

$= (878.98 + 42.14)\ \text{m}^2 = 921.12\ \text{m}^2$

（2）屋面坡度 3% 时，按平屋面计算。

　　　　卷材工程量＝女儿墙间的净面积＋应增加的面积

$S = [(72.75 + 0.24)\times(12 + 0.24)-0.24\times(72.75 + 12)\times2$
$+ 0.25\times(72.75-0.24 + 12-0.24)\times2]\ \text{m}^2 = 894.86\ \text{m}^2$

或　　　　　　$S = [(72.75-0.24)\times(12-0.24) + 0.25\times(72.75-0.24$
$+ 12-0.24)\times2]\ \text{m}^2 = (852.72 + 42.14)\ \text{m}^2 = 894.86\ \text{m}^2$

（3）无女儿墙有挑檐平屋面（3%）。

　　　　卷材工程量＝外墙外围水平面积＋$L_{外}$ × 檐宽＋4× 檐宽 × 檐宽

$S = [(72.75 + 0.24)\times(12 + 0.24) + (72.75 + 0.24 + 12 + 0.24)$
$\times2\times0.5 + 4\times0.5\times0.5]\ \text{m}^2 = 979.63\ \text{m}^2$

12.1.3　墙面防水、防潮(编码:010903)

墙面防水、防潮(见图 12.10)包括墙面卷材防水、墙面涂膜防水、墙面砂浆防水(防潮)、墙面变形缝。

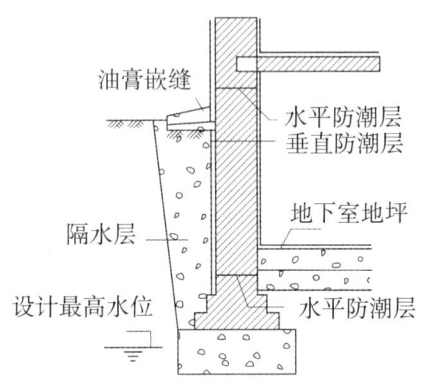

图 12.10　墙基防潮示意图

1.项目特征描述示例

墙面防水、防潮项目特征描述示例见表 12.6。

表 12.6　墙面防水、防潮项目特征描述示例表

项目编码	项目名称	项目特征描述示例	计量单位	项目特征描述提示
010903001001	墙面卷材防水	1.卷材品种、规格、厚度:三元乙丙橡胶防水卷材。 2.防水层数:一层。 3.防水层做法:刷基层处理剂一道;1.8 mm厚三元乙丙橡胶防水卷材;911 聚氨酯、三元乙丙胶黏剂接缝、嵌缝	m²	描述防水层做法时,如施工图标注见标准图集时,可注明标准图集编号、页码及节点大样
010903002001	墙面涂膜防水	1.防水膜品种:聚氨酯防水涂料。 2.涂膜厚度、遍数:一布 4 涂,2.0 mm 厚。 3.增强材料种类:玻璃纤维网格布	m²	
010903003001	墙面砂浆防水(防潮)	1.防水层做法:砂浆掺 6% 防水粉。 2.砂浆厚度、配合比:1∶2 水泥砂浆。 3.钢丝网规格:无	m²	
010903004001	墙面变形缝	1.外墙变形缝。 2.具体做法:14 J936-P33-A 系列外墙盖板型变形缝③	m	1.需要防护材料时应注明防护材料品种并描述做法。 2.如施工图设计标注做法见标准图集时,可注明标准图集编号、页码及节点大样

2.工程量计算规则

(1)墙面卷材防水、墙面涂膜防水、墙面砂浆防水(防潮),按设计图示尺寸以面积"m²"

计算。

(2)墙面变形缝,按设计图示尺寸以长度"m"计算。墙面变形缝,若做双面,工程量乘以系数2。

3.相关说明

(1)墙面防水搭接及附加层用量不另行计算,在综合单价中考虑。

(2)墙面找平层按墙、柱面装饰与隔断、幕墙工程"立面砂浆找平层"项目编码列项。

(3)墙面砂浆防水(防潮)项目特征描述防水层做法、砂浆厚度及配合比、钢丝网规格,要注意在其工作内容中已包含了挂钢丝网,即钢丝网不另行计算,在综合单价中考虑。

12.1.4　楼(地)面防水、防潮(编码:010904)

楼(地)面防水、防潮包括楼(地)面卷材防水、楼(地)面涂膜防水、楼(地)面砂浆防水(防潮)、楼(地)面变形缝。

1.项目特征描述示例

楼(地)面防水、防潮项目特征描述示例见表12.7。

表 12.7　楼(地)面防水、防潮项目特征描述示例表

项目编码	项目名称	项目特征描述示例	计量单位	项目特征描述提示
010904001001	楼(地)面卷材防水	1.卷材品种、规格、厚度:APP 高聚物改性沥青防水卷材,4 mm。 2.防水层数:一层。 3.防水层做法:刷基层处理剂一道;APP 高聚物改性沥青防水卷材。 4.反边高度:300 mm	m²	描述防水层做法时,如施工图标注见标准图集时,可注明标准图集编号、页码及节点大样
010904002001	楼(地)面涂膜防水	1.防水膜品种:聚合物水泥基防水涂料。 2.涂膜厚度、遍数:4 遍,1.2 mm 厚。 3.增强材料种类:玻璃纤维网格布。 4.反边高度	m²	
010904003001	楼(地)面砂浆防水(防潮)	1.防水层做法:砂浆掺5%无机铝盐防水剂。 2.砂浆厚度、配合比:1∶3 水泥砂浆。 3.反边高度:200 mm	m²	
010904004001	楼(地)面变形缝	1.楼面变形缝。 2.具体做法:14 J936-P33-A 系列楼面防震型变形缝①②	m	1.需要防护材料时应注明防护材料品种并描述做法。 2.如施工图设计标注做法见标准图集时,可注明标准图集编号、页码及节点大样

2. 工程量计算规则

（1）楼（地）面卷材防水、楼（地）面涂膜防水、楼（地）面砂浆防水（防潮），按设计图示尺寸以面积"m²"计算。

① 楼（地）面防水：按主墙间净空面积计算，扣除凸出地面的构筑物、设备基础等所占面积，不扣除间壁墙及单个面积小于或等于 0.3 m² 的柱、垛、烟囱和孔洞所占面积。

② 楼（地）面防水反边高度小于或等于 300 mm 算作地面防水，反边高度大于 300 mm 算作墙面防水计算。

（2）楼（地）面变形缝，按设计图示尺寸以长度"m"计算。

3. 相关说明

（1）楼（地）面防水找平层按楼地面装饰工程"平面砂浆找平层"项目编码列项。

（2）楼（地）面防水搭接及附加层用量不另行计算，在综合单价中考虑。

12.1.5　基础防水（编码：010905）

基础防水包括基础卷材防水、基础涂膜防水、止水带。

1. 项目特征描述示例

基础防水项目特征描述示例见表 12.8。

表 12.8　基础防水项目特征描述示例表

项目编码	项目名称	项目特征描述示例	计量单位	项目特征描述提示
010905001001	基础卷材防水	1. 卷材品种、规格、厚度：APP 高聚物改性沥青防水卷材，4 mm。 2. 防水层数：一层。 3. 防水层做法：刷基层处理剂一道；APP 高聚物改性沥青防水卷材	m²	描述防水层做法时，如施工图标注见标准图集时，可注明标准图集编号、页码及节点大样
010905002001	基础涂膜防水	1. 防水膜品种：聚合物水泥基防水涂料。 2. 涂膜厚度、遍数：4 遍，1.2 mm 厚。 3. 增强材料种类：玻璃纤维网格布	m²	
010905003001	止水带	1. 止水带材料种类：紫铜板。 2. 止水带尺寸：3 mm 厚，400 mm 宽。 3. 铺设方式：嵌入	m	

2. 工程量计算规则及相关说明

（1）基础卷材防水、基础涂膜防水，按图示尺寸以展开面积计算，与筏板、防水底板相连的电梯井坑、集水坑及其他基础的防水按展开面积并入计算；不扣除桩头所占面积及单个面积 ≤ 0.3 m² 孔洞所占面积；后浇带附加层面积并入计算。

（2）基础防水找平层按计量规范附录楼地面装饰工程"平面砂浆找平层"项目编码列项。

（3）基础防水细石混凝土保护层按计量规范附录楼地面装饰工程"细石混凝土楼地面"项

目编码列项。

(4)挡土墙外侧筏板、防水底板、条形基础侧面及上表面并入基础防水计算,筏板以上挡土墙防水按照墙面防水计算。

(5)止水带(见图 12.11)按照设计尺寸按延长米计算。

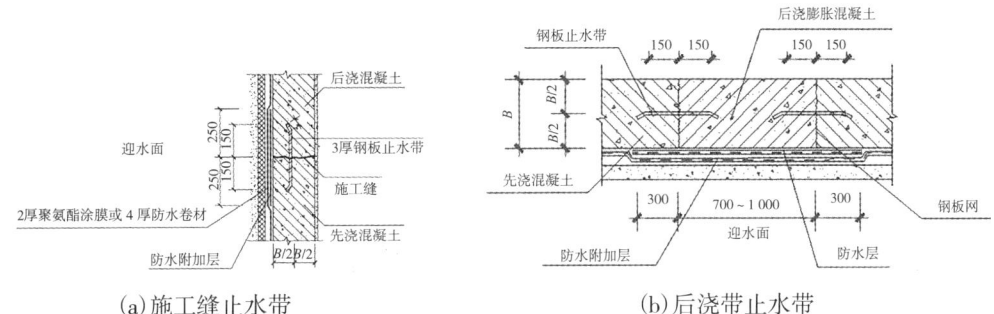

(a)施工缝止水带　　　　　　　　(b)后浇带止水带

图 12.11　地下室侧墙止水带示例

【例 12.4】某工程 SBS 改性沥青卷材防水屋面平面、剖面图如图 12.12 所示,其自结构层由下向上的做法为:钢筋混凝土板上用 1∶12 水泥珍珠岩找坡,坡度 2%,最薄处 60 mm;保温隔热层上 1∶3 水泥砂浆找平层,反边高 300 mm,找平层上刷冷底子油,冷铺,贴 3 mm 厚 SBS 改性沥青防水卷材二道(反边高 300 mm);在防水卷材上抹 1∶2.5 水泥砂浆找平层(反边高 300 mm)。不考虑嵌缝,砂浆使用中砂为拌和料。

计算该屋面找平层、保温及卷材防水工程量并编制清单。

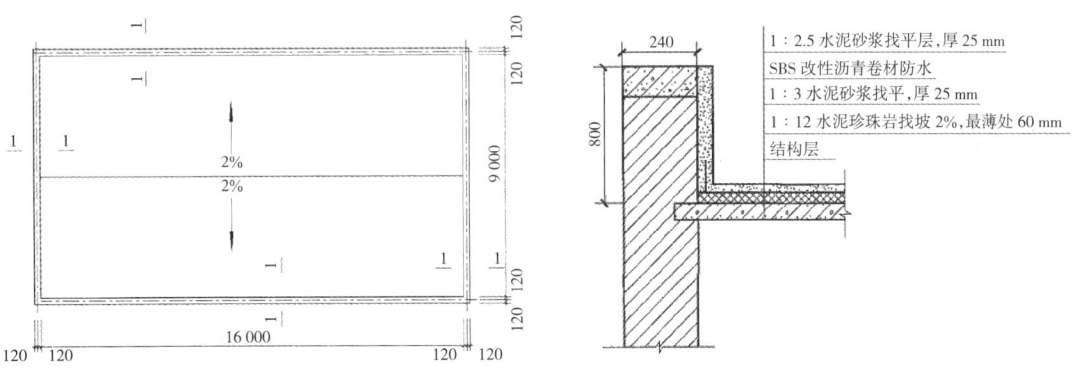

图 12.12　防水屋面平面、剖面图

【解】(1)列项计量,填表 12.9。

表 12.9　防水屋面清单工程量计算表

序号	清单项目编码	清单项目名称	计算式	工程量合计	计量单位
1	011001001001	屋面保温	$S = 16 \times 9$	144	m²
2	010902001001	屋面卷材防水	$S = 16 \times 9 + (16 + 9) \times 2 \times 0.3$	159	m²
3	011101006001	屋面找平层	$S = 16 \times 9 + (16 + 9) \times 2 \times 0.3$	159	m²

（2）编制工程量清单，如表 12.10 所示。

表 12.10　防水屋面分项工程和单价措施项目清单与计价表

序号	项目编码	项目名称	项目特征	计量单位	工程量	金额	
						综合单价	合价
1	011001001001	屋面保温	1. 材料品种：1∶12 水泥珍珠岩。 2. 保温厚度：最薄处 60 mm	m²	144		
2	010902001001	屋面卷材防水	1. 卷材种类、规格、厚度：3 mm 厚 SBS 改性沥青防水卷材。 2. 防水层数：二道。 3. 防水层做法：刷冷底子油、冷铺卷材	m²	159		
3	011101006001	屋面找平层	20 mm 厚 1∶3 水泥砂浆找平层（防水底层）； 25 mm 厚 1∶2.5 水泥砂浆找平层（防水面层）	m²	159		

12.2　清单计价

任务书 12.2

背景资料：结合任务 12.1 及图 12.1、图 12.2 和所编制的工程量清单（见表 12.2）。
任务：按控制价要求计算综合单价并填写清单项目计价表。

任务实施

任务步骤 1：计价工程量计算见表 12.11。

表 12.11　计价工程量计算表

序号	编码	项目名称	计算式	合计	单位
1	010902001001	屋面卷材防水			m²
	A6-58 ＋ A6-60	冷粘法一层＋增加一层,平面			

续表

序号	编码	项目名称	计算式	合计	单位
	A6-59 ＋ A6-61	冷粘法一层＋增加一层,立面			
	A6-68	防潮纸(换聚乙烯膜)			
2	011001001001	保温隔热屋面			m²
	A7-41	干铺 80 厚挤塑聚苯板			
	A7-122	轻集料混凝土 100 mm → 113 mm			
	A9-2	平面砂浆找平层			
3	011101001001	水泥砂浆楼地面(屋面)			m²
	A9-11	干混砂浆楼地面			
4	010903001001	墙面卷材防水			m²
	A6-59 ＋ A6-61	冷粘法一层＋增加一层,立面			
5	011201004001	立面砂浆找平层(地下室外墙)			m²
	A10-23 ＋ A10-4	立面找平 15 ＋增加 5 mm			
6	010904001001	楼(地)面卷材防水(地下室基础)			m²
	A6-58	冷粘法一层,平面			
7	011101006001	平面砂浆找平层(地下室基础)			m²
	A9-1	砂浆找平			
8	011101006002	平面砂浆找平层(地下室基础)			m²
	A9-4 ＋ A9-5×2	细石砼找平层 30 ＋ 5×2			

任务步骤 2:综合单价计算见表 12.12。

任务步骤 3:清单计价见表 12.13。

表 12.12　分部分项工程清单综合单价计算表

序号	项目编码	工程项目名称	单位	数量	综合单价/元					合价
					人工费	材料费	机械使用费	管理费+利润(=人机费×___)	小计(人材机费+管理费+利润)	
1	010902001001	屋面卷材防水	m²							
	A6-58＋A6-60	冷粘法一层＋增加一层，平面	100 m²		483.12＋414.80	5 363.19＋4 448.03	0			
	A6-59＋A6-61	冷粘法一层＋增加一层，立面	100 m²		898.53＋718.81	5 363.19＋4 448.03	0			
	A6-68	防潮纸(换聚乙烯膜)	100 m²		52.92	73.44	0			
2	011001001001	保温隔热屋面	m²							
	A7-41	干铺挤塑聚苯板 50→80	100 m²		247.66	1 178.15×80/50	0			
	A7-122	轻集料混凝土 100 mm→113mm	100 m²		398.94	3 519.45×113/100	0			
	A9-2	平面砂浆找平层(屋面)	100 m²		810.49	1 350.56	79.61			
3	011101001001	水泥砂浆楼地面	m²							
	A9-11	干混砂浆楼地面	100 m²							
4	010903001001	墙面卷材防水	m²							
	A6-59＋A6-61	冷粘法一层＋增加一层，立面	100 m²		898.53	5 363.19				
5	011201004001	立面砂浆找平层(地下室外墙)	m²							
	A10-23＋A10-4	立面找平 15＋增加 5 mm	m²							
6	010904001001	楼(地)面卷材防水(地下室基础)	m²							
	A6-58	冷粘法一层，平面	100 m²		483.12	5 363.19				
7	011101006001	平面砂浆找平层(地下室基础)	m²							
	A9-1	砂浆找平	m²							
8	011101006002	平面砂浆找平层(地下室基础)	m²							
	A9-4＋A9-5×2	细石砼找平层 30＋5×2	m²							

表 12.13 分部分项工程和单价措施项目清单与计价表

序号	项目编码	项目名称	项目特征	计量单位	工程量	金额		
						综合单价	合价	
1	010902001001	屋面卷材防水	1. 卷材品种、规格、厚度：3.0 厚 SBS 改性沥青防水卷材。 2. 防水层数：双层。 3. 防水层做法：面层另计；0.4 厚聚乙烯膜；3.0 ＋ 3.0 厚双层 SBS 改性沥青防水卷材。上翻高度 500 mm	m²				
2	011001001001	保温隔热屋面	保温做法：防水另计；20 厚 1∶2.5 水泥砂浆找平；80 厚挤塑聚苯板(B1 级)；最薄处 30 厚 LC5.0 轻骨料混凝土找 2% 坡；钢筋混凝土屋面表面清扫干净	m²				
3	011101001001	水泥砂浆楼地面(屋面)	屋顶面层做法要求：20 厚 1∶2.5 水泥砂浆分格面积 1 m²	m²				
4	010903001001	墙面卷材防水	1. 卷材品种、规格、厚度：3.0 厚 SBS 改性沥青防水卷材。 2. 防水层数：单层。 3. 防水层做法：冷粘结剂一道，3.0 厚双层 SBS 改性沥青防水卷材	m²				
5	011201004001	立面砂浆找平层(地下室外墙)	1. 基层类型：地下室外墙混凝土防水层上＋下。 2. 找平层砂浆厚度，配合比：20 厚 1∶2.5 水泥砂浆	m²				
6	010904001001	楼(地)面卷材防水(地下室基础)	1. 卷材品种、规格、厚度：3.0 厚 SBS 改性沥青防水卷材。 2. 防水层数：单层。 3. 防水层做法：冷粘结剂一道，3.0 厚双层 SBS 改性沥青防水卷材	m²				
7	011101006001	平面砂浆找平层(地下室基础)	找平层砂浆配合比，厚度：20 厚 1∶2.5 水泥砂浆找平层	m²				
8	011101006002	平面砂浆找平层(地下室基础)	找平层砂浆配合比，厚度：40 厚 C20 细石砼保护层	m²				

防水工程计量

12.2.1　屋面及防水一般说明

（1）屋面及防水工程量：定额与清单基本相同（见图 12.13）。但定额中增加说明：屋面的女儿墙、伸缩缝和天窗等处的弯起部分，按设计图示尺寸计算；设计无规定时，伸缩缝的弯起部分按 250 mm 计算，女儿墙、天窗的弯起部分按 500 mm 计算，计入立面工程量内。

屋面防水工程量 清单基本同定额

- 斜屋面：斜面面积（＝水平面积 × 坡度系数）
- 平屋面：水平面积
- 屋面上翻部分：清单并入屋面，定额超 300 mm 的计入立面。设计无规定时，伸缩缝的弯起部分按 250 mm 计算，女儿墙、天窗的弯起部分按 500 mm 计算
- 不扣除：房上烟囱、风帽底座、风道、屋面小气窗和斜沟所占面积

图 12.13　屋面及防水定额与清单工程量对比示意

（2）墙地面防水定额与清单工程量对比如图 12.14 所示。

墙地面防水工程量清单同定额

- 地面防水：主墙间净面积
  不扣除间壁墙及单个 ≤ 0.3 m² 的柱、垛、烟囱、孔洞所占的面积
  反边 ≤ 300 并入平面，＞ 300 按立面计算
- 墙面防水：墙的立面防水、防潮层，均按设计图示尺寸以面积计算

图 12.14　墙地面防水定额与清单工程量对比示意

（3）基础底板的防水、防潮层按设计图示尺寸以面积计算，不扣除桩头所占面积。桩头处外包防水按桩头投影外扩 300 mm 以面积计算，地沟处防水按展开面积计算，均计入平面工程量，执行相应规定。

（4）西班牙瓦、瓷质波形瓦、英红瓦屋面的正斜脊瓦、檐口线，按设计图示尺寸以长度计算。

（5）屋面分格缝，按设计图示尺寸，以长度计算。

（6）瓦屋面、金属板屋面、采光板屋面、玻璃采光顶、卷材防水、水落管、水口、水斗、沥青砂浆填缝、变形缝盖板、止水带等项目是按标准或常用材料编制，设计与定额不同时，材料可以换算，人工、机械不变。

（7）屋面保温等项目执行"保温、隔热、防腐工程"相应项目，找平层等项目执行"楼地面装饰工程"相应项目，如图 12.15 所示。

例：某屋面做法（自下而上）：　　　　　　清单项目列项：

20 厚 1∶2.5 水泥砂浆找平层　——→　按平面砂浆找平层列项计算

现浇水泥珍珠岩，最薄处 30 mm 厚——→　按保温隔热层列项计算

20 厚 1∶2.5 水泥砂浆找平层　——→　按平面砂浆找平层列项计算

冷底子油一遍，热粘满铺 SBS 防水层——→　按屋面卷材防水列项

20 厚 1∶2.5 水泥砂浆保护层　——→　按楼地面相应列项计算

图 12.15　某屋面做法列清单示例图

12.2.2　屋面工程

(1) 黏土瓦若穿铁丝钉圆钉，每 100 m^2 增加 11 工日，增加镀锌低碳钢丝(22#)3.5 kg，圆钉 2.5 kg；若用挂瓦条，每 100 m^2 增加 4 工日，增加挂瓦条(尺寸 25 mm×30 mm)300.3 m，圆钉 2.5 kg。

(2) 围墙瓦顶。围墙瓦顶按设计图示尺寸以长度计算。定额采用小青瓦规格 160 mm×170 mm，如设计断面与定额取定不同时，材料可以调整，人工、机械不变。

(3) 金属板屋面中一般金属板屋面，执行彩钢板和彩钢夹心板项目；装配式单层金属压型板屋面区分不同檩距执行定额项目。

(4) 采光板屋面如设计为滑动式采光顶，可以按设计增加 U 形滑动盖帽等部件，调整材料，人工乘以系数 1.05。

(5) 膜结构屋面中膜材料可以调整含量。膜结构屋面的钢支柱、锚固支座混凝土基础等执行其他章节相应项目。

(6) 坡度满足“25% ＜坡度≤ 45%”及人字形、锯齿形、弧形等不规则瓦屋面，人工乘以系数 1.3；坡度＞ 45% 的，人工乘以系数 1.43。

12.2.3　防水工程及其他

1. 防水

(1) 细石混凝土防水层，使用钢筋网时，其钢筋网执行“混凝土及钢筋混凝土工程”相应项目。刚性防水清单可能涉及定额如图 12.16 所示。

刚性防水、防潮层清单
- ①刚性防水定额
- ②分隔缝(工作内容包含做分格缝、灌缝膏)
- ③钢筋

图 12.16　刚性防水清单可能涉及定额

(2) 平(屋)面以坡度≤ 15% 为准，15% ＜坡度≤ 25% 的，按相应项目的人工乘以系数 1.18；25% ＜坡度≤ 45% 及人字形、锯齿形、弧形等不规则屋面或平面，人工乘以系数 1.3；坡度＞ 45% 的，人工乘以系数 1.43。

(3) 防水卷材、防水涂料及防水砂浆，定额以平面和立面列项，实际施工桩头、地沟、零星部位时，人工乘以系数 1.43；单个房间楼地面面积≤ 8 m^2 时，人工乘以系数 1.3。

(4) 卷材防水的附加层、接缝、收头、找平层嵌缝及冷底子油基层的人工、材料均计入定额内，不另计算。

(5) 屋面、楼地面及墙面、基础底板等，其防水搭接、拼缝、压边、留槎用量已综合考虑，不另行计算。

(6) 立面是以直形为依据编制的，弧形者，相应项目的人工乘以系数 1.18。

(7) 冷粘法是以满铺为依据编制的，点、条铺粘者按其相应项目的人工乘以系数 0.91，黏合剂乘以系数 0.7。

(8) 改性沥青卷材防水定额取定卷材厚度 3 mm，聚氯乙烯防水卷材定额取定卷材厚度 1.2 mm，卷材的层数定额均按一层编制。卷材与涂膜防水定额应用如图 12.17 所示。

卷材防水 ── 设计厚度与定额不同时,调差价

设计层数与定额(定额均按一层)不同时,执行"每增加一层"定额,否则:若设计为 2 层,主材 ×2,人工、辅材 ×1.8

涂膜防水 ── 设计厚度与定额不同时,材料按厚度比调整,人工不调。如:聚氨酯、水泥涂料等

换算主要材料:主材料不同,工艺相同或相近,材料换算,其他不变

图 12.17   卷材与涂膜防水定额应用

2. 屋面排水

(1)水落管、水口、水斗均按材料成品、现场安装考虑。

(2)铁皮屋面及铁皮排水项目内已包括铁皮咬口和搭接的工料。

(3)采用不锈钢水落管排水时,执行镀锌钢管项目,材料按实换算,人工乘以系数 1.1。

3. 变形缝与止水带

变形缝(嵌填缝与盖板)与止水带按设计图示尺寸,以长度计算。

屋面检修孔盖板以"块"计算。

变形缝嵌(填)缝、变形缝盖板、止水带按如下尺寸考虑,如设计断面与定额取定不同时,材料可以调整,人工、机械不变。

(1)变形缝嵌填缝定额项目中,建筑油膏、聚氯乙烯胶泥设计断面取定为 30 mm×20 mm;油浸木丝板取定为 150 mm×25 mm;其他填料取定为 150 mm×30 mm。

(2)变形缝盖板定额尺寸分别为(宽 × 厚):木板盖板断面取定为 200 mm×25 mm;铝合金盖板断面取定为 200 mm×1.5 mm;不锈钢板断面取定为 200 mm×1 mm。

(3)钢板(紫铜板)止水带展开宽度为 400 mm,氯丁橡胶宽为 300 mm,涂刷式氯丁胶贴玻璃纤维止水片宽为 350 mm。示例如图 12.18 所示。

图 12.18   止水带示例

【例 12.5】计算例 12.4 所列清单综合单价。

【解】(1)假设湖北 2018 定额中人材机单价同现行市场单价。

计价工程量计算见表 12.14。

表 12.14　计价工程量计算表

序号	编码	项目名称	计算式	合计	单位
1	011001001001	屋面保温		144	m²
	A7−15	屋面水泥珍珠岩厚度 100 mm	同清单量	144	
	A7−16	屋面水泥珍珠岩厚度每增减 10 mm	保温层平均厚度＝保温层宽度÷2×坡度÷2＋最薄处厚度＝(9 000/2÷2×2%÷2＋60)mm＝82.5 mm,厚度应减少约 20 mm,144×(−2)＝−288	−288	m²
2	010902001001	屋面卷材防水(两层)		159	m²
	A6−58	改性沥青卷材冷粘法一层 平面	同清单量	159	m²
	A6−60	改性沥青卷材 冷粘法每增一层平面	同清单量	159	m²
3	011101006001	屋面找平层		159	m²
	A9−1	平面砂浆找平层混凝土或硬基层上 20 mm	同清单量	159	m²
	A9−3	平面砂浆找平层每增减 5 mm	同清单量	159	m²
	A9−2 换	平面砂浆找平层填充材料上 20 mm 换为干混抹灰砂浆 DS M15	同清单量	159	m²

(2)综合单价计算见表 12.15。

土建工程管理费率＋利润率＝28.27%＋19.73%＝48%,装饰工程管理费率＋利润率＝14.19%＋14.64%＝28.83%。

水泥砂浆 1∶3 对应的干混地面砂浆 DS M15 单价为 295.81 元/t,水泥砂浆 1∶2.5 对应的干混地面砂浆 DS M20 单价为 308.64 元/t。

表 12.15　分部分项工程清单综合单价计算表

序号	项目编码	工程项目名称	单位	数量	综合单价/元					合价
					人工费	材料费	机械使用费	管理费＋利润(＝人机费×48%或28.83%)	小计(人材机费＋管理费＋利润)	
1	011001001001	屋面保温	m²	144				2 872.51/144＝19.95		3 551.18−678.67＝2 872.51

序号	项目编码	工程项目名称	单位	数量	综合单价 / 元					合价
					人工费	材料费	机械使用费	管理费＋利润(＝人机费×48%或28.83%)	小计(人材机费＋管理费＋利润)	
	A7-15	水泥珍珠岩厚度100 mm	100 m²	1.44	751.14	1 354.41	0	(751.14 ＋ 0)×48%＝360.55	2 466.10	1.44×2 466.1＝3 551.18
	A7-16	水泥珍珠岩厚度每增减10 mm	100 m²	−2.88	67.71	135.44	0	(67.71 ＋ 0)×48%＝32.5	235.65	−2.88×235.65＝−678.67
2	010902001001	屋面卷材防水(两层)	m²	159					17 712.82/159＝111.40	9 664.35 ＋ 8 048.47＝17 712.82
	A6-58	改性沥青卷材 冷粘法一层 平面	100 m²	1.59	483.12	5 363.19	0	(483.12 ＋ 0)×48%＝231.90	6 078.21	1.59×6 078.21＝9 664.35
	A6-60	改性沥青卷材 冷粘法每增一层 平面	100 m²	1.59	414.8	4 448.03	0	(414.8 ＋ 0)×48%＝199.10	5 061.93	1.59×5 061.93＝8 048.47
3	011101006001	屋面找平层	m²	159					7 770.97/159＝48.87	3 237.78 ＋ 650.95 ＋ 3 882.24＝7 770.97
	A9-1	平面砂浆找平层混凝土或硬基层上20 mm	100 m²	1.59	678.08	1 080.72	63.69	(678.08 ＋ 63.69)×28.83%＝213.85	2 036.34	1.59×2 036.34＝3 237.78
	A9-3	平面砂浆找平层每增减5 mm	100 m²	1.59	92.74	269.41	15.92	(92.74 ＋ 15.92)×28.83%＝31.33	409.4	1.59×409.4＝650.95
	A9-2 换	平面砂浆找平层填充材料上20 mm换为干混抹灰砂浆DS M15	100 m²	1.59	810.49	1 350.56 ＋ 4.335×(295.81−308.64)＝1 294.94	79.61	(810.49 ＋ 79.61)×28.83%＝256.62	2 441.66	1.59×2 441.66＝3 882.24

(3)清单计价见表12.16。

表 12.16　分部分项工程和单价措施项目清单与计价表

序号	项目编码	项目名称	项目特征	计量单位	工程量	金额	
						综合单价	合价
1	011001 001001	屋面保温	1. 材料品种：1∶12 水泥珍珠岩。 2. 保温厚度：最薄处 60 mm	m²	144	19.95	2 872.51
2	010902 001001	屋面卷材防水	1. 卷材种类、规格、厚度：3 mm 厚 SBS 改性沥青防水卷材。 2. 防水层数：二道。 3. 防水层做法：刷冷底子油、冷铺卷材	m²	159	111.40	17 712.82
3	011101 006001	屋面找平层	20 mm 厚 1∶3 水泥砂浆找平层（防水底层）； 25 mm 厚 1∶2.5 水泥砂浆找平层（防水面层）	m²	159	48.87	7 770.97

工作手册13

保温、隔热、防腐工程计量与计价

BAOWEN、GERE、FANGFU GONGCHENG JILIANG YU JIJIA

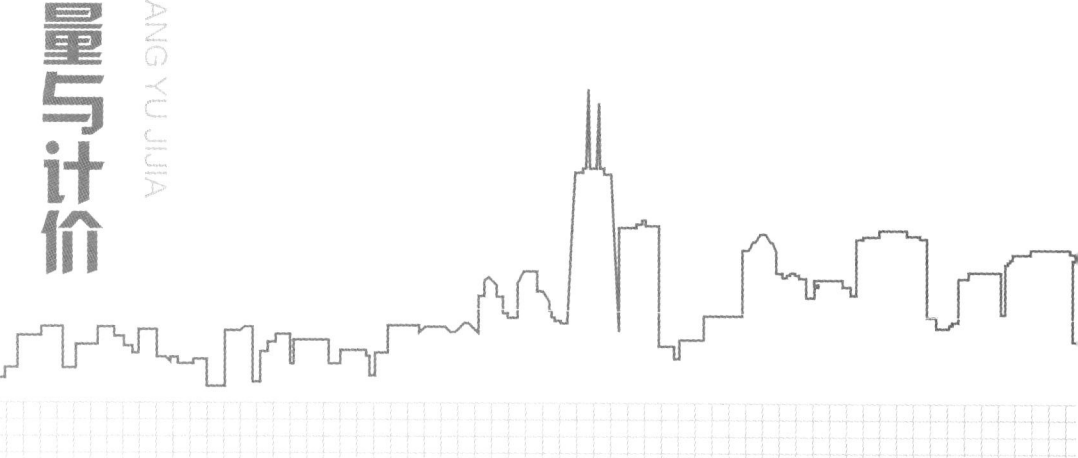

13.1　清单计量

任务书 13.1

背景资料：某库房工程如图 13.1 所示，室内净高层高 3.6 m。墙厚均为 240 mm，门洞地面做防腐面层，侧边不做踢脚线。

该工程外墙保温做法：① 基层表面清理；② 刷界面砂浆；③ 刷 30 mm 厚无机轻集料保温砂浆；④ 门窗边做保温宽度为 120 mm。

室内地面做法：①100 mm 厚轻集料混凝土保温层；② 20 mm 厚 1∶0.533∶0.533∶3.121 不发火沥青砂浆防腐面层。

踢脚线做法：①20 mm 厚 1∶0.3∶1.5∶4 铁屑砂浆；②FVC 防腐漆，刮腻子、面漆一遍。踢脚线高度 200 mm。

室内墙面：30 mm 厚 1∶0.3∶1.5∶4 铁屑砂浆。

天棚做法：① 混凝土楼板底 45 厚Ⅰ型轻集料砂浆；②4 mm 厚抗裂砂浆，中间压入一层耐碱网布；③FVC 防腐面漆一遍。

独立柱面保温做法：① 基层表面清理；② 聚合物黏结砂浆；③40 mm 厚保温石膏板铺砌；④ 贴玻璃丝布；⑤FVC 防腐面漆一遍。

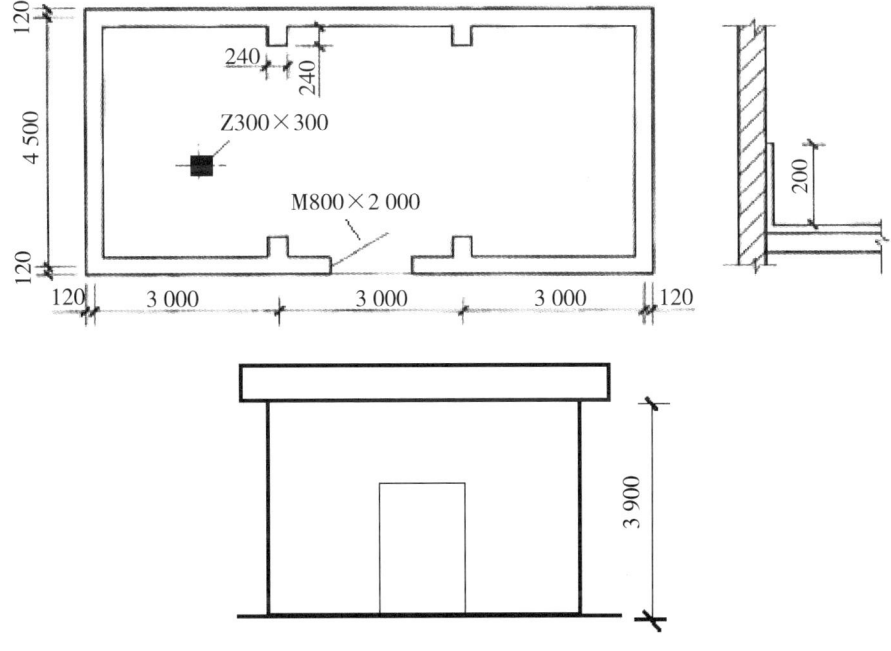

图 13.1　某库房工程示意图

任务：编制库房防腐面层、保温相关的工程量清单。

任务实施

任务步骤 1:列项计量,填表 13.1。

表 13.1　清单工程量计算表

序号	项目编码	项目名称	计算式	工程量合计	计量单位
1	011001002001	保温隔热天棚			m²
2	011001003001	保温隔热墙面			m²
3	011001004001	保温柱、梁			m²
4	011001005001	保温隔热楼地面			m²
5	011002002001	防腐砂浆面层(地面)			m²
6	011002002002	防腐砂浆面层(墙面)			m²
7	011003003001	防腐涂料(天棚)			m²
8	011003003002	防腐涂料(踢脚线)			m²
9	011003003003	防腐涂料(柱)			m²

任务步骤 2:编制工程量清单,如表 13.2 所示。

表 13.2　清单与计价表

序号	项目编码	项目名称	项目特征	计量单位	工程量	金额 综合单价	金额 合价
1	011001002001	保温隔热天棚	1.保温隔热面层材料品种、规格、性能:无。 2.保温隔热材料品种、规格及厚度:45 厚 I 型轻集料砂浆。 3.黏结材料种类及做法:无。 4.防护材料种类及做法:4 厚抗裂砂浆,中间压入一层耐碱网布	m²			
2	011001003001	保温隔热墙面	1.保温隔热部位:外墙。 2.保温隔热方式:外保温。 3.踢脚线、勒脚线保温做法:无。 4.龙骨材料品种、规格:无。 5.保温隔热面层材料品种、规格、性能:刷界面砂浆 5 mm;刷 30 mm 厚无机轻集料保温砂浆。 6.保温隔热材料品种、规格及厚度:无。 7.增强网及抗裂防水砂浆种类:无。 8.黏结材料种类及做法:无。 9.防护材料种类及做法:无	m²			

续表

序号	项目编码	项目名称	项目特征	计量单位	工程量	金额	
						综合单价	合价
3	011001004001	保温柱、梁	1. 保温隔热部位:柱。 2. 保温隔热方式:内保温。 3. 踢脚线、勒脚线保温做法:无。 4. 龙骨材料品种、规格:无。 5. 保温隔热面层材料品种、规格、性能:无。 6. 保温隔热材料品种、规格及厚度:40 mm保温石膏板铺砌。 7. 增强网及抗裂防水砂浆种类:无。 8. 黏结材料种类及做法:聚合物黏结砂浆。 9. 防护材料种类及做法:贴玻璃丝布,刮腻子	m²			
4	011001005001	保温隔热楼地面	1. 保温隔热部位:地面。 2. 保温隔热材料品种、规格、厚度:100 mm厚轻集料混凝土保温层。 3. 隔气层材料品种、厚度:无。 4. 黏结材料种类、做法:无。 5. 防护材料种类、做法:无	m²			
5	011002002001	防腐砂浆面层(地面)	1. 防腐部位:地面。 2. 面层厚度:20 mm。 3. 砂浆、胶泥种类、配合比:1:0.533:0.533:3.121不发火沥青砂浆防腐面层	m²			
6	011002002002	防腐砂浆面层(墙面)	1. 防腐部位:内墙面。 2. 面层厚度:30 mm。 3. 砂浆、胶泥种类、配合比:1:0.3:1.5:4铁屑砂浆	m²			
7	011003003001	防腐涂料(天棚)	1. 涂刷部位:天棚。 2. 基层材料类型:砂浆层。 3. 刮腻子的种类、遍数:无。 4. 涂料品种、刷涂遍数:FVC防腐面漆一遍	m²			
8	011003003002	防腐涂料(踢脚线)	1. 涂刷部位:踢脚。 2. 基层材料类型:砂浆层。 3. 刮腻子的种类、遍数:一遍。 4. 涂料品种、刷涂遍数:FVC防腐面漆一遍	m			
9	011003003003	防腐涂料(柱)	1. 涂刷部位:独立柱。 2. 基层材料类型:砂浆层。 3. 刮腻子的种类、遍数:无。 4. 涂料品种、刷涂遍数:FVC防腐面漆一遍	m²			

任务 13.1 相关知识点

13.1.1 保温、隔热(编码:011001)

保温、隔热包括保温隔热屋面、保温隔热天棚、保温隔热墙面、保温柱及梁、保温隔热楼地面、其他保温隔热。

1. 项目特征描述示例

保温、隔热项目特征描述示例见表 13.3。

表 13.3 保温、隔热项目特征描述示例表

项目编码	项目名称	项目特征描述示例	计量单位	项目特征描述提示
011001 001001	保温隔热屋面	1. 保温隔热材料品种、规格、厚度:加气混凝土块,厚度 150 mm,干铺。 2. 隔气层材料品种、厚度:干铺一层石油沥青卷材(防止找平层施工水及雨水进入保温层内的隔水层,搭接部位满粘宽度不小于 50,沿出屋面构件面上翻 20 满粘)。 3. 黏结材料种类、做法:无。 4. 防护材料种类、做法:20 mm 厚 1∶2 水泥砂浆。 本例项目特征也可这样描述: 保温做法(从上到下): 1.20 mm 厚 1∶2 水泥砂浆; 2. 干铺一层石油沥青卷材(防止找平层施工水及雨水进入保温层内的隔水层,搭接部位满粘宽度不小于 50,沿出屋面构件面上翻 20 满粘); 3. 干铺 150 mm 加气混凝土块	m²	1. 无保温部位要求的,可增加描述部位,如屋面 1、天棚 1。 2. 有隔气层描述要求的,设计无隔气层时可不描述。防水代替隔气层时可另列防水防潮清单计算。 3. 如施工图标注见标准图集时,可注明标准图集编号、页码及节点大样
011001 001002	保温隔热屋面	屋面 2 保温做法(从上到下): 1. 干铺一层石油沥青卷材(防止找平层施工水及雨水进入找坡层与保温层内的隔水层,搭接部位满粘宽度不小于 50,沿出屋面构件面上翻 20 满粘); 2. 干铺最薄处 30 厚、坡度 2% 的 B06 级加气混凝土楔形砌块找坡层; 3. 泡沫玻璃板面干铺一层石油沥青卷材保护层; 4. 保温隔热层,干铺 120 厚 160 号泡沫玻璃板; 5. 钢筋混凝土屋面板,表面清理干净	m²	
011001 001003	保温隔热屋面	屋面 3 保温做法:15 ZJ001 屋 102-50 B1-G1。 本例项目特征也可这样描述: 屋面 3 保温做法(从上到下): 1. 保温层,50 mm 厚挤塑聚苯乙烯泡沫板; 2. 隔汽层,1.5 mm 厚聚氨酯防水涂料	m²	

续表

项目编码	项目名称	项目特征描述示例	计量单位	项目特征描述提示
011001 002001	保温隔热天棚	1. 保温隔热面层材料品种、规格、性能:无。 2. 保温隔热材料品种、规格及厚度:30 mm 厚胶粉聚苯颗粒浆料。 3. 黏结材料种类及做法:无。 4. 防护材料种类及做法:5 厚抗裂砂浆,中间压入一层耐碱网布。 本例项目特征也可这样描述: 保温做法(从上到下): 1.5 厚抗裂砂浆,中间压入一层耐碱网布; 2.30 mm 厚胶粉聚苯颗粒浆料	m²	
011001 002002	保温隔热天棚	1. 保温隔热面层材料品种、规格、性能:无。 2. 保温隔热材料品种、规格及厚度:天棚板面上铺放50 mm 厚聚苯乙烯板。 3. 黏结材料种类及做法:无。 4. 防护材料种类及做法:无。 本例项目特征也可这样描述: 天棚 1 保温做法:天棚板面上铺放 50 mm 厚聚苯乙烯板	m²	1. 无保温部位要求的,可增加描述部位,如屋面 1、天棚 1。 2. 有隔气层描述要求的,设计无隔气层时可不描述。防水代替隔气层时可另列防水防潮清单计算。 3. 如施工图标注见标准图集时,可注明标准图集编号、页码及节点大样
011001 003001	保温隔热墙面	1. 保温隔热部位:内墙 1。 2. 保温隔热方式:内保温。 3. 踢脚线、勒脚线保温做法:无。 4. 龙骨材料品种、规格:由 50×10 双面镀锌 U 形承载轻钢龙骨和 50×B(B 与岩棉板或玻璃棉板厚度相同)的 X300 型 XPS 板板条组成的 I 型复合龙骨。 5. 保温隔热面层材料品种、规格、性能:无。 6. 保温隔热材料品种、规格及厚度:50 mm 厚岩棉板(密度 ≥ 81 kg/m²)干铺,φ7 锚栓按双向中距 @ ≤ 600 固定。 7. 增强网及抗裂防水砂浆种类:无。 8. 黏结材料种类及做法:无。 9. 防护材料种类及做法:聚丙烯薄膜黏结剂与轻钢龙骨面粘贴,12 mm 厚纸面石膏板螺钉固定	m²	
011001 003002	保温隔热墙面	外墙 2 外保温做法: 1. 保温隔热层,50 mm 厚(整体墙面)、30 厚(门窗套及窗台)140 号/160 号泡沫玻璃板,聚合物黏结砂浆按规范要求满粘或条粘,锚栓固定; 2. 抗裂砂浆 7 厚,中间压入一层耐碱网布,门窗套及窗台、门窗洞口周边墙面及阳角阴角各 200 宽部位,加铺一层耐碱网布,门窗洞口四角对角线方向斜向加铺一层 400×300 耐碱网布	m²	

续表

项目 编码	项目 名称	项目特征描述示例	计量 单位	项目特征描述提示
011001 003003	保温隔热墙面	1. 保温隔热部位：外墙2。 2. 保温隔热方式：外保温。 3. 保温隔热材料品种、厚度：30 mm厚胶粉聚苯颗粒。 4. 基层材料（黏结材料）：5 mm厚界面砂浆	m²	1. 无保温部位要求的，可增加描述部位，如屋面1、天棚1。 2. 有隔气层描述要求的，设计无隔气层时可不描述。防水代替隔气层时可另列防水防潮清单计算。 3. 如施工图标注见标准图集时，可注明标准图集编号、页码及节点大样
011001 005001	保温隔热楼地面	1. 保温隔热部位：×××楼面。 2. 保温隔热材料品种、规格、厚度：30 mm厚X30型XPS板，干铺。 3. 隔气层材料品种、厚度：另计。 4. 黏结材料种类、做法：无。 5. 防护材料种类、做法：2厚抹面胶浆	m²	

2. 工程量计算规则

（1）保温隔热屋面，按设计图示尺寸以面积"m²"计算。扣除面积大于0.3 m²孔洞及占位面积。屋面保温层平均厚度＝保温层宽度÷2×坡度÷2＋最薄处厚度（见图13.2）。

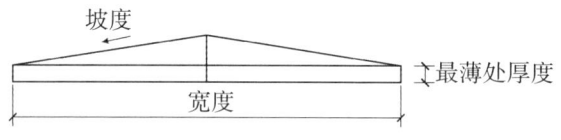

图13.2　平均厚度计算示意图

（2）保温隔热天棚，按设计图示尺寸以面积"m²"计算。扣除面积大于0.3 m²的柱、垛、孔洞所占面积。与天棚相连的梁按展开面积计算，并入天棚工程量内。柱帽保温隔热应并入天棚保温隔热工程量内。

（3）保温隔热墙面（见图13.3），按设计图示尺寸以面积"m²"计算。扣除门窗洞口以及面积大于0.3 m²的梁、孔洞所占面积；门窗洞口侧壁以及与墙相连的柱，并入保温墙体工程量。湖北定额计量墙面保温面积时，外墙按隔热层中心线长度计算，内墙按隔热层净长度计算。

（4）保温柱、梁，按设计图示尺寸以面积"m²"计算。

① 柱按设计图示柱断面保温层中心线展开长度乘以保温层高度以面积计算，扣除面积大于0.3 m²梁所占面积。

② 梁按设计图示梁断面保温层中心线展开长度乘以梁净长以面积计算。

（5）保温隔热楼地面，按设计图示尺寸以面积"m²"计算。扣除面积大于0.3 m²的柱、垛、孔洞所占面积，门洞、空圈、暖气包槽、壁龛的开口部分不增加面积。

（6）其他保温隔热，按设计图示尺寸以展开面积"m²"计算。扣除面积大于0.3 m²孔洞及占位面积。

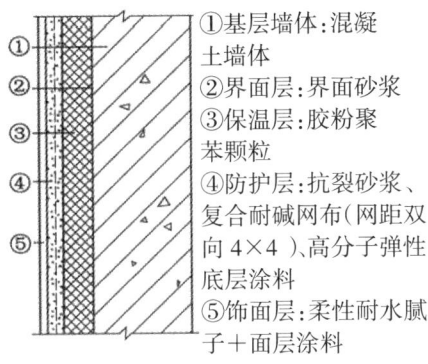

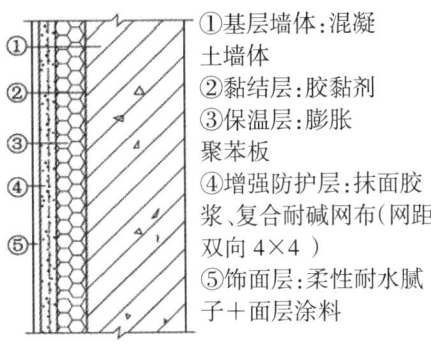

涂料饰面胶粉聚苯颗粒外墙外保温系统

膨胀聚苯板薄抹灰外墙外保温系统

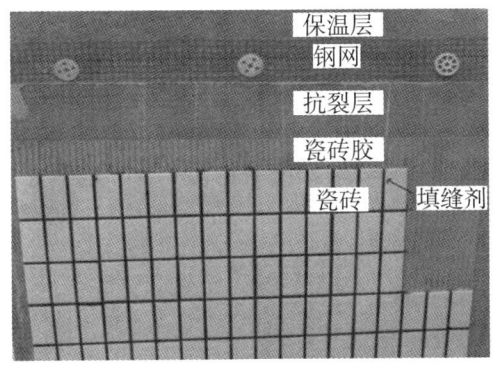

［注：外保温常见材料有膨胀型聚苯乙烯板(EPS)、挤塑型聚苯乙烯板(XPS)、硬质聚氨酯泡沫塑料(PUR)、胶粉聚苯颗粒保温砂浆、玻化微珠保温砂浆］

图 13.3　墙面保温示例

3. 相关说明

(1)池槽保温隔热应按其他保温隔热项目编码列项。

(2)项目特征中保温隔热方式是指内保温、外保温、夹心保温。

(3)保温隔热装饰面层,按装饰工程中相关项目编码列项。

(4)仅做找平层按楼地面装饰工程"平面砂浆找平层"或墙、柱面装饰与隔断、幕墙工程"立面砂浆找平层"项目编码列项。

(5)保温柱、梁适用于不与墙、天棚相连的独立柱、梁,与墙、天棚相连的柱、梁并入墙、天棚工程量内。

13.1.2　防腐面层(编码:011002)

防腐面层包括防腐混凝土面层、防腐砂浆面层、防腐胶泥面层、玻璃钢防腐面层、聚氯乙烯板面层、块料防腐面层、池及槽块料防腐面层。

1. 项目特征描述示例

防腐面层项目特征描述示例见表 13.4。

表 13.4　防腐面层项目特征描述示例表

项目编码	项目名称	项目特征描述示例	计量单位	项目特征描述提示
011002001001	防腐混凝土面层	1.防腐部位:地面。 2.面层厚度:80 mm。 3.混凝土种类:水玻璃耐酸混凝土。 4.胶泥种类、配合比:水玻璃胶泥 1∶0.15∶1.2∶1.1	m^2	1.防腐踢脚线,应按楼地面装饰工程"踢脚线"项目编码列项。 2.防腐混凝土面层、防腐砂浆面层、防腐胶泥面层等项目在描述项目特征时,应描述混凝土、砂浆、胶泥等材料的种类和防腐的部位
011002002001	防腐砂浆面层	1.防腐部位:地面。 2.面层厚度:25 mm。 3.砂浆、胶泥种类、配合比:石油沥青砂浆 1∶2∶7	m^2	
011002003001	防腐胶泥面层	1.防腐部位:立面。 2.面层厚度:2 mm。 3.胶泥种类、配合比:环氧稀胶泥	m^2	
011002004001	玻璃钢防腐面层	1.防腐部位:池底池壁。 2.玻璃钢种类:环氧酚醛玻璃钢。 3.贴布材料的种类、层数:2层玻璃丝布 δ0.2。 4.面层材料品种:环氧树脂	m^2	
011002005001	聚氯乙烯板面层	1.防腐部位:地面及踢脚。 2.面层材料品种、厚度:软聚氯乙烯板地面。 3.黏结材料种类:XY-401胶	m^2	
011002006001	块料防腐面层	1.防腐部位:墙面。 2.块料品种、规格:耐酸瓷砖230×113×65。 3.黏结材料种类:水玻璃耐酸砂浆 1∶0.15∶1.1∶1∶2.6。 4.勾缝材料种类:环氧树脂胶泥 1∶0.08∶0.1∶2	m^2	
011002007001	池、槽块料防腐面层	1.防腐池、槽名称、代号:池1。 2.块料品种、规格:耐酸陶板150×150×30。 3.黏结材料种类:沥青石英粉石棉胶泥 1∶1∶0.05。 4.勾缝材料种类:水玻璃耐酸胶泥 1∶0.15∶0.5∶0.5	m^2	

2.工程量计算规则

(1)防腐混凝土面层、防腐砂浆面层、防腐胶泥面层、玻璃钢防腐面层、聚氯乙烯板面层、块料防腐面层,按设计图示尺寸以面积"m^2"计算。

① 平面防腐:扣除凸出地面的构筑物、设备基础等以及面积大于 0.3 m^2 的孔洞、柱、垛所占面积,门洞、空圈、暖气包槽,壁龛的开口部分不增加面积。

② 立面防腐:扣除门、窗、洞口以及面积大于 0.3 m^2 的孔洞,梁所占面积,门、窗、洞口侧壁、垛凸出部分按展开面积并入墙面积内。

(2)池、槽块料防腐面层,按设计图示尺寸以展开面积"m²"计算。

3. 相关说明

(1)防腐踢脚线,应按楼地面装饰工程"踢脚线"项目编码列项。

(2)防腐混凝土面层、防腐砂浆面层、防腐胶泥面层等项目在描述项目特征的时候,应描述混凝土、砂浆、胶泥等材料的种类和防腐的部位。

13.1.3　其他防腐(编码:011003)

其他防腐包括隔离层、砌筑沥青浸渍砖、防腐涂料。

1. 项目特征描述示例

其他防腐项目特征描述示例见表13.5。

表 13.5　其他防腐项目特征描述示例表

项目编码	项目名称	项目特征描述示例	计量单位	项目特征描述提示
011003001001	隔离层	1. 隔离层部位:××地面。 2. 隔离层材料品种:耐酸沥青胶泥卷材。 3. 隔离层做法:二毡三油。 4. 粘贴材料种类:耐酸沥青胶泥1∶0.3∶0.05	m²	1. 砌筑沥青浸渍砖项目特征中浸渍砖砌法指平砌、立砌。 2. 防腐涂料需要刮腻子时,项目特征应描述刮腻子的种类及遍数并包含在综合单价内,不另计算
011003002001	砌筑沥青浸渍砖	1. 砌筑部位: 2. 浸渍砖规格:混凝土实心砖240×115×53。 3. 胶泥种类:耐酸沥青胶泥1∶0.3∶0.05。 4. 浸渍砖砌法:平砌	m³	
011003003001	防腐涂料	1. 涂刷部位: 2. 基层材料类型:混凝土面。 3. 刮腻子的种类、遍数:无。 4. 涂料品种、刷涂遍数:环氧呋喃树脂底漆2遍,面漆2遍	m²	

2. 工程量计算规则

(1)隔离层,按设计图示尺寸以面积"m²"计算。

① 平面防腐:扣除凸出地面的构筑物、设备基础等以及面积大于0.3 m²的孔洞、柱、垛所占面积,门洞、空圈、暖气包槽、壁龛的开口部分不增加面积。

② 立面防腐:扣除门、窗、洞口以及面积大于0.3 m²的孔洞、梁所占面积,门、窗、洞口侧壁、垛凸出部分按展开面积并入墙面积内。

(2)砌筑沥青浸渍砖,按设计图示尺寸以体积"m³"计算。

(3)防腐涂料,按设计图示尺寸以面积"m²"计算。

① 平面防腐:扣除凸出地面的构筑物、设备基础等以及面积大于0.3 m²的孔洞、柱、垛所占面积,门洞、空圈、暖气包槽、壁龛的开口部分不增加面积。

② 立面防腐:扣除门、窗、洞口以及面积大于0.3 m²的孔洞、梁所占面积,门、窗、洞口侧壁、垛凸出部分按展开面积并入墙面积内。

3. 相关说明

(1)砌筑沥青浸渍砖项目特征中浸渍砖砌法指平砌、立砌。

(2)防腐涂料需要刮腻子时,项目特征应描述刮腻子的种类及遍数并包含在综合单价内,不另计算。

13.2 清单计价

任务书 13.2

背景资料:结合任务 13.1 及图 13.1 和所编制的工程量清单(见表 13.2)。

任务:按控制价要求计算综合单价并填写清单项目计价表。

┃任务实施

任务步骤 1:计价工程量计算见表 13.6。

表 13.6   计价工程量计算表

序号	编码	项目名称	计算式	合计	单位
1	011001002001	保温隔热天棚			m²
	A7-68	无机轻集料保温砂浆 20 mm			
	A7-69	无机轻集料保温砂浆 每增减 5 mm			
	A7-97	耐碱网格布抗裂砂浆 4 mm			
2	011001003001	保温隔热墙面			m²
	A7-76 + A7-77	无机轻集料保温砂浆 25 mm + 5 mm			
	A10-24	界面剂			
3	011001004001	保温柱、梁			m²
	A7-89	保温石膏板			
4	011001005001	保温隔热楼地面			m²
	A7-122	100 mm 厚轻集料混凝土			
5	011002002001	防腐砂浆面层(地面)			m²
	A7-156	不发火沥青砂浆			
6	011002002002	防腐砂浆面层(墙面)			m²
	A7-154	铁屑砂浆			
7	011003003001	防腐涂料(天棚)			m²

续表

序号	编码	项目名称	计算式	合计	单位
	A7-367	FVC 防腐面漆一遍			
8	011003003002	防腐涂料(踢脚线)			m
	A7-367	FVC 防腐面漆一遍			
	A7-365	FVC 防腐腻子			
9	011003003003	防腐涂料(柱)			m²
	A7-367	FVC 防腐面漆一遍			

任务步骤 2:综合单价计算见表 13.7。

表 13.7　分部分项工程清单综合单价计算表

序号	项目编码	工程项目名称	单位	数量	综合单价/元					合价
					人工费	材料费	机械使用费	管理费+利润(=人机费×____)	小计(人材机费+管理费+利润)	
1	011001002001	保温隔热天棚	m²							
	A7-68	无机轻集料保温砂浆 20 mm	100 m²							
	A7-69，×5	无机轻集料保温砂浆 每增减 5 mm	100 m²							
	A7-97	耐碱网格布抗裂砂浆 4 mm	100 m²							
2	011001003001	保温隔热墙面	m²							
	A7-76 + A7-77	无机轻集料保温砂浆 25 + 5								
	A10-24	界面剂								
3	011001004001	保温柱、梁								
	A7-89	保温石膏板	100 m²							
4	011001005001	保温隔热楼地面	m²							
	A7-122	100 mm 厚轻集料混凝土	100 m²							
5	011002002001	防腐砂浆面层(地面)	m²							
	A7-156	不发火沥青砂浆	100 m²							
6	011002002002	防腐砂浆面层(墙面)	m²							
	A7-154	铁屑砂浆	100 m²							
7	011003003001	防腐涂料(天棚)	m²							
	A7-367	FVC 防腐面漆一遍	100 m²							
8	011003003002	防腐涂料(踢脚线)	m							
	A7-367	FVC 防腐面漆一遍	100 m²							
	A7-365	FVC 防腐腻子	100 m²							
9	011003003003	防腐涂料(柱)	m²							
	A7-367	FVC 防腐面漆一遍	100 m²							

任务步骤 3:清单计价见表 13.8。

表 13.8　分部分项工程和单价措施项目清单与计价表

序号	项目编码	项目名称	项目特征	计量单位	工程量	金额	
						综合单价	合价
1	011001 002001	保温隔热天棚	1.保温隔热面层材料品种、规格、性能:无。 2.保温隔热材料品种、规格及厚度:45 厚 I 型轻集料砂浆。 3.黏结材料种类及做法:无。 4.防护材料种类及做法:4 厚抗裂砂浆,中间压入一层耐碱网布	m²			
2	011001 003001	保温隔热墙面	1.保温隔热部位:外墙。 2.保温隔热方式:外保温。 3.踢脚线、勒脚线保温做法:无。 4.龙骨材料品种、规格:无。 5.保温隔热面层材料品种、规格、性能:刷界面砂浆 5 mm;刷 30 mm 厚无机轻集料保温砂浆。 6.保温隔热材料品种、规格及厚度:无。 7.增强网及抗裂防水砂浆种类:无。 8.黏结材料种类及做法:无。 9.防护材料种类及做法:无	m²			
3	011001 004001	保温柱、梁	1.保温隔热部位:柱。 2.保温隔热方式:内保温。 3.踢脚线、勒脚线保温做法:无。 4.龙骨材料品种、规格:无。 5.保温隔热面层材料品种、规格、性能:无。 6.保温隔热材料品种、规格及厚度:40 mm 保温石膏板铺砌。 7.增强网及抗裂防水砂浆种类:无。 8.黏结材料种类及做法:聚合物黏结砂浆。 9.防护材料种类及做法:贴玻璃丝布,刮腻子	m²			
4	011001 005001	保温隔热楼地面	1.保温隔热部位:地面。 2.保温隔热材料品种、规格、厚度:100 mm 厚轻集料混凝土保温层。 3.隔气层材料品种、厚度:无。 4.黏结材料种类、做法:无。 5.防护材料种类、做法:无	m²			
5	011002 002001	防腐砂浆面层（地面）	1.防腐部位:地面。 2.面层厚度:20 mm。 3.砂浆、胶泥种类、配合比:1∶0.533∶0.533∶3.121 不发火沥青砂浆防腐面层	m²			
6	011002 002002	防腐砂浆面层（墙面）	1.防腐部位:内墙面。 2.面层厚度:30 mm。 3.砂浆、胶泥种类、配合比:1∶0.3∶1.5∶4 铁屑砂浆	m²			
7	011003 003001	防腐涂料（天棚）	1.涂刷部位:天棚。 2.基层材料类型:砂浆层。 3.刮腻子的种类、遍数:无。 4.涂料品种、刷涂遍数:FVC 防腐面漆一遍	m²			

续表

序号	项目编码	项目名称	项目特征	计量单位	工程量	金额 综合单价	金额 合价
8	011003 003002	防腐涂料（踢脚线）	1. 涂刷部位：踢脚。 2. 基层材料类型：砂浆层。 3. 刮腻子的种类、遍数：一遍。 4. 涂料品种、刷涂遍数：FVC 防腐面漆一遍	m			
9	011003 003003	防腐涂料（柱）	1. 涂刷部位：独立柱。 2. 基层材料类型：砂浆层。 3. 刮腻子的种类、遍数：无。 4. 涂料品种、刷涂遍数：FVC 防腐面漆一遍	m²			

任务 13.2 相关知识点

定额工程量及定额应用有关说明：

13.2.1　保温、隔热工程

屋面保温、天棚保温、墙面保温、柱梁保温、楼地面保温、其他保温工程量均按面积计算。

（1）保温层定额工程量与清单工程量规则基本相同。定额中特别强调：计算墙体保温面积时，外墙按隔热层中心线长度计算，内墙按隔热层净长度计算。柱帽保温隔热层，并入天棚保温隔热层工程量内。墙体及混凝土板下铺贴隔热层不扣除木框架及木龙骨的体积。

（2）保温隔热定额仅包括保温隔热层材料的铺贴，不包括隔气防潮、保护层或衬墙等。

（3）保温层的保温材料配合比、材质、厚度与设计不同时，可以换算调整。

（4）弧形墙墙面保温隔热层，按相应项目的人工乘以系数 1.1。

（5）柱面保温根据墙面保温定额项目人工乘以系数 1.19、材料乘以系数 1.04。

（6）墙面岩棉板保温、聚苯乙烯板保温及保温装饰一体板保温如使用钢骨架，钢骨架按"墙、柱面装饰工程"相应项目执行。

（7）抗裂保护层工程如采用塑料膨胀螺栓固定时，每 1 m² 增加：人工 0.03 工日，塑料膨胀螺栓 6.12 套。

（8）厚层保温腻子子目中，如果保温腻子厚度小于 15 mm 且为一遍成活时，人工系数乘 0.8。

（9）各类保温隔热涂料，如实际与定额取定厚度不同时，材料含量可以调整，人工不变。

（10）屋面预制纤维板水泥架空板凳子目中板凳的规格如果与定额中不一致，换算材料，其他不变。

13.2.2　防腐工程

（1）防腐定额工程量与清单工程量规则基本相同。

（2）各种胶泥、砂浆、混凝土配合比以及各种整体面层的厚度，如与设计不同时，可以换算。定额已综合考虑各种块料面层的接合层、胶结料厚度及灰缝宽度。

(3)花岗岩面层以六面剁斧的块料为准,接合层厚度为 15 mm,如板底为毛面时,其接合层胶结料用量按设计厚度调整。

(4)整体面层踢脚板按整体面层相应项目执行,块料面层踢脚板按立面砌块相应项目人工乘以系数 1.2。

(5)环氧自流平洁净地面中间层(刮腻子)按每层 1 mm 厚度考虑,如设计要求厚度不同时,按相应厚度可以调整。

(6)卷材防腐接缝、附加层、收头工料,已包括在定额内,不再另行计算。

(7)块料防腐中面层材料的规格、材质与定额不同时,可以调整换算。

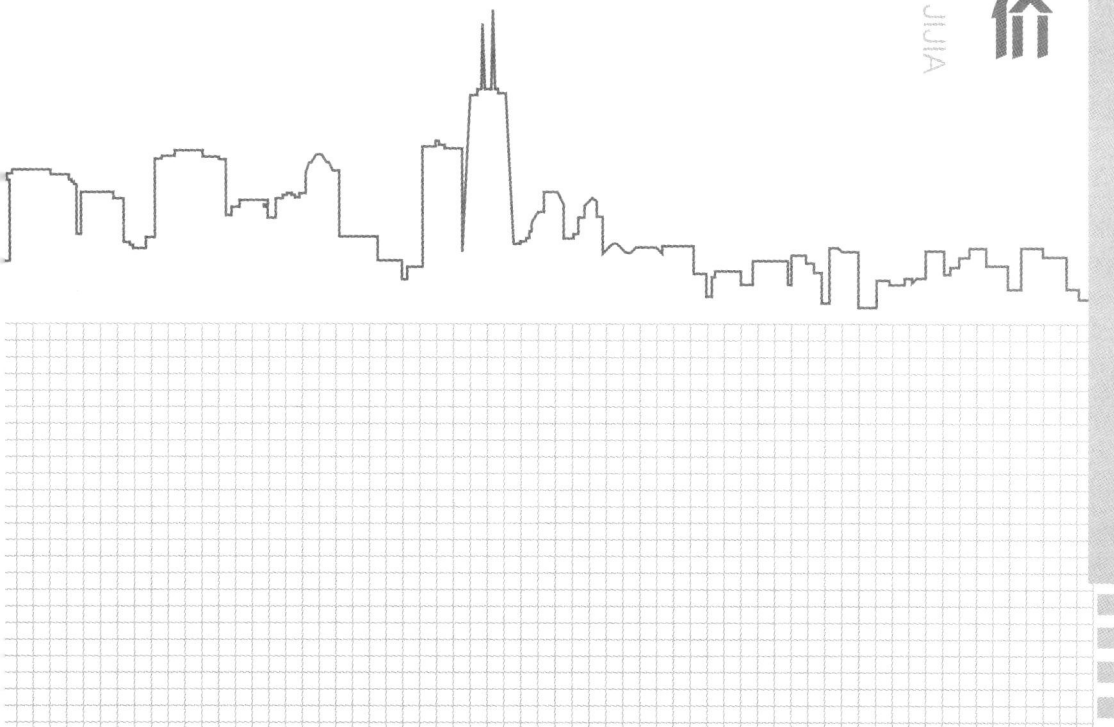

工作手册14

楼地面装饰工程计量与计价

LOUDIMIAN ZHUANGSHI GONGCHENG JILIANG YU JIJIA

14.1   清单计量

任务书 14.1

背景资料：某工程一层平面图如图 14.1 所示，柱尺寸 300×300，踢脚高 100 mm，M-1，2 400×2 700，其中窗 1 200×1 800，M-2，900×2 100。地面及台阶的装饰做法如下：

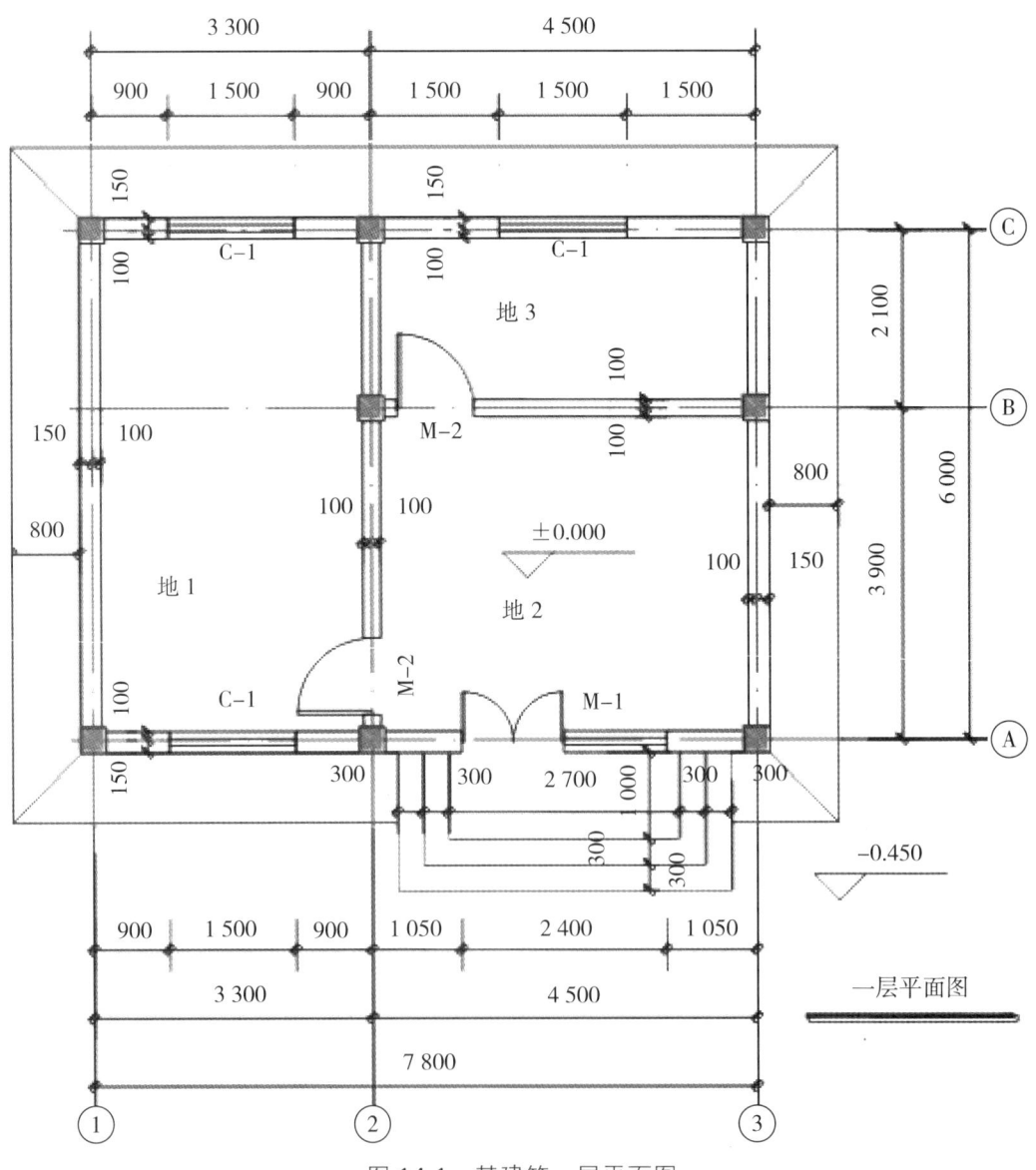

图 14.1   某建筑一层平面图

（1）地1实木复合地板地面：①12厚实木复合地板；②3~5厚聚乙烯泡沫塑料衬垫；③建筑胶水泥腻子刮平；④20厚1:3水泥砂浆找平；⑤1.5厚聚合物水泥防水涂料防潮层，上翻300 mm高；⑥20厚1:3水泥砂浆找平；⑦100厚C15混凝土；⑧基土压（夯）实。

（2）地2陶瓷地砖地面：①10厚800 mm×800 mm防滑地砖铺实拍平，白水泥浆擦缝；②20厚1:3干硬性水泥砂浆；③素水泥浆一遍；④80厚C15混凝土；⑤基土压（夯）实。门洞口地面均按地2做法。

（3）地3水泥砂浆地面：①20厚1:2水泥砂浆抹面压光；②素水泥浆一遍；③80厚C15混凝土垫层；④基土压（夯）实。

（4）花岗石贴面台阶：①20~40厚花岗石板材踏步及踢脚板，水泥浆擦缝；②30厚1:3干硬性水泥砂浆；③素水泥浆一遍；④80厚C15混凝土台阶（厚度不包括台阶三角部分）；⑤300厚3:7灰土；⑥基土压（夯）实。

（5）陶瓷块料踢脚（地2、地3）：①17厚1:3水泥砂浆；②3~4厚1:1水泥砂浆加水重20%建筑胶镶贴；③8~10厚面砖，水泥浆擦缝。块料踢脚在M-1侧壁考虑150 mm宽、M-2侧壁考虑100 mm宽。地1不做踢脚。

任务：编制地面及台阶相关的工程量清单。

▎**任务实施**

任务步骤1：列项计量，填表14.1。

表14.1　清单工程量计算表

序号	项目编码	项目名称	计算式	工程量合计	计量单位
1	011101001001	水泥砂浆楼地面（地3）		8.17	m²
2	011101006001	平面砂浆找平层（地1）			m²
3	011101006002	平面砂浆找平层（地1）			m²
4	011102003001	块料楼地面（地2）			m²
5	011104002001	竹、木（复合）地板（地1）			m²
6	011105003001	块料踢脚线（地2、地3）			m²
7	011107001001	石材台阶面			m²
8	011102001001	石材楼地面（台阶平台）			m²
9	010404001001	垫层（3:7灰土）			m³
10	010501001001	垫层（砼）（地1~3、台阶平台）			m³
11	010507004001	台阶（砼）			m²
12	011702027001	台阶（模板）			m²
13	010904002001	楼（地）面涂膜防水（地1）			m²

任务步骤2：编制工程量清单，如表 14.2 所示。

表 14.2　清单与计价表

序号	项目编码	项目名称	项目特征	计量单位	工程量	金额	
						综合单价	合价
1	011101001001	水泥砂浆楼地面	1. 找平层厚度、砂浆配合比：无。 2. 素水泥浆遍数：素水泥浆一遍。 3. 面层厚度、砂浆配合比：20 厚 1∶2 水泥砂浆。 4. 面层做法要求：抹面压光	m²			
2	011101006001	平面砂浆找平层	找平层砂浆配合比、厚度：20 厚 1∶3 水泥砂浆找平	m²			
3	011101006002	平面砂浆找平层	找平层砂浆配合比、厚度：建筑胶水泥腻子刮平	m²			
4	011102003001	块料楼地面	1. 找平层厚度、砂浆配合比：无。 2. 接合层厚度、砂浆配合比：20 厚 1∶3 干硬性水泥砂浆；素水泥浆一遍。 3. 面层材料品种、规格、颜色：10 厚 800 mm×800 mm 防滑地砖。 4. 嵌缝材料种类：白水泥浆擦缝。 5. 防护层材料种类：无。 6. 酸洗、打蜡要求：无	m²			
5	011104002001	竹、木（复合）地板	1. 龙骨材料种类、规格、铺设间距：无。 2. 基层材料种类、规格：3～5 厚聚乙烯泡沫塑料衬垫。 3. 面层材料品种、规格、颜色：12 厚实木复合地板。 4. 防护材料种类：无	m²			
6	011105003001	块料踢脚线	1. 踢脚线高度：100 mm。 2. 粘贴层厚度、材料种类：17 厚 1∶3 水泥砂浆＋3～4 厚 1∶1 水泥砂浆加水重 20% 建筑胶镶贴。 3. 面层材料品种、规格、颜色：8～10 厚面砖，水泥浆擦缝。 4. 防护材料种类：无	m²			
7	011107001001	石材台阶面	1. 找平层厚度、砂浆配合比：无。 2. 黏结层材料种类：30 厚 1∶3 干硬性水泥砂浆；素水泥浆一遍。 3. 面层材料品种、规格、颜色：20～40 厚花岗石板材踏步及踢脚板。 4. 勾缝材料种类：水泥浆。 5. 防滑条材料种类、规格：无。 6. 防护材料种类：无	m²			

续表

序号	项目编码	项目名称	项目特征	计量单位	工程量	金额	
						综合单价	合价
8	011102001001	石材楼地面（台阶平台）	1. 找平层厚度、砂浆配合比：无。 2. 接合层厚度、砂浆配合比：30 厚 1：3 干硬性水泥砂浆；素水泥浆一遍。 3. 面层材料品种、规格、颜色：20~40 厚花岗石板材。 4. 嵌缝材料种类：水泥浆。 5. 防护层材料种类：无。 6. 酸洗、打蜡要求：无	m²			
9	010404001001	垫层	垫层材料种类、配合比、厚度：300 mm 厚 3：7 灰土	m³			
10	010501001001	垫层	1. 混凝土类别：预拌。 2. 混凝土强度等级：C15	m³			
11	010507004001	台阶	1. 踏步高宽比：150：300。 2. 混凝土类别：预拌。 3. 混凝土强度等级：C15	m²			
12	011702027001	台阶	踏步宽：300×3，模板	m²			
13	010904002001	楼（地）面涂膜防水	1. 防水膜品种：聚合物水泥防水涂料防潮层。 2. 涂膜厚度、遍数：1.5 厚，上翻 300 mm 高。 3. 增强材料种类：无	m²			

任务 14.1 相关知识点

　　楼地面装饰工程（编码：0111）包括整体面层及找平层、块料面层、橡塑面层、其他材料面层、踢脚线、楼梯面层、台阶装饰、零星装饰项目。楼梯、台阶侧面装饰，小于或等于 0.5 m² 少量分散的楼地面装修，应按零星装饰项目编码列项。

14.1.1　整体面层及找平层（编码：011101）

　　整体面层及找平层包括水泥砂浆楼地面、现浇水磨石楼地面、细石混凝土楼地面、菱苦土楼地面、自流坪楼地面、平面砂浆找平层。

　　1. 相关清单项目示例

　　整体面层及找平层清单项目特征描述示例见表 14.3。

表 14.3 整体面层及找平层清单项目特征描述示例表

项目编码	项目名称	项目特征描述示例	计量单位	项目特征描述提示
011101001001	水泥砂浆楼地面	1. 找平层厚度、砂浆配合比:无。 2. 素水泥浆遍数:素水泥浆一遍。 3. 面层厚度、砂浆配合比:20 厚 1∶2 水泥砂浆。 4. 面层做法要求:抹面压光	m²	1. 水泥砂浆面层处理是拉毛还是提浆压光,应在面层做法要求中描述。 2. 地面做法中,垫层需单独列项计算,而找平层综合在地面清单项目中,在综合单价中考虑,不需另行计算。 3. 如果设计采用标准图,可只注明标准图集和页次、图号,局部和标准图不一致则需单独列出
011101005001	自流坪楼地面	1. 找平层砂浆配合比、厚度:20 厚 1∶3 水泥砂浆找平。 2. 界面剂材料种类:环氧稀胶泥一道。 3. 面层材料种类:3~4 厚环氧树脂自流平涂料		
011101006001	平面砂浆找平层	屋面 1 防水找平。 找平层厚度、砂浆配合比:20 厚 1∶2 水泥砂浆		

2. 工程量计算规则

(1)水泥砂浆楼地面、现浇水磨石楼地面、细石混凝土楼地面、菱苦土楼地面、自流坪楼地面,按设计图示尺寸以面积"m²"计算。扣除凸出地面构筑物、设备基础、室内铁道、地沟等所占面积,不扣除间壁墙及小于或等于 0.3 m² 柱、垛、附墙烟囱及孔洞所占面积。门洞、空圈、暖气包槽、壁龛的开口部分不增加面积。

(2)平面砂浆找平层,按设计图示尺寸以面积"m²"计算。平面砂浆找平层适用于仅做找平层的平面抹灰。

【例 14.1】某建筑平面如图 14.2 所示,地面及门口处均为水泥砂浆面层,试计算室内楼地面的工程量。

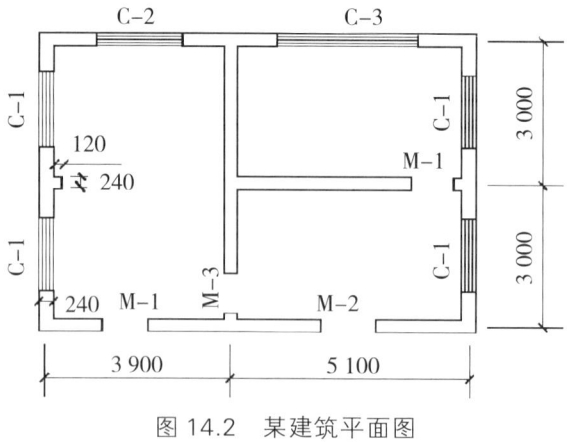

图 14.2 某建筑平面图

【解】   工程量 ＝ [(3.9－0.24)×(3 ＋ 3－0.24)＋(5.1－0.24)×(3－0.24)×2] m²

　　　　＝ (21.082 ＋ 26.827) m²

　　　　＝ 47.91 m²

3. 相关说明

(1)楼地面混凝土垫层另按现浇混凝土基础中垫层项目编码列项,除混凝土外的其他材料垫层按砌筑工程中垫层项目编码列项。

(2)间壁墙指墙厚小于或等于120 mm的墙。

(3)列项示例:

某地面做法:3:7灰土垫层300 mm厚,40 mm厚C20细石混凝土找平层,细石混凝土现场搅拌,20 mm厚1:3水泥砂浆面层。则该地面涉及垫层(010404001)、水泥砂浆楼地面(011101001)两个清单项目,而找平层属于水泥砂浆楼地面的工作内容,不单独列项。

14.1.2　块料面层(编码:011102)

块料面层包括石材楼地面、碎石材楼地面、块料楼地面。

1. 相关清单项目示例

块料面层清单项目特征描述示例见表14.4。

块料面层楼地面
计量

表14.4　块料面层清单项目特征描述示例表

项目编码	项目名称	项目特征描述示例	计量单位	项目特征描述提示
011102001001	石材楼地面	描述方法一: 15 ZJ001-楼207,1 000×1 000。 1.20厚花岗石板防碱背涂剂进行背涂处理,水泥浆擦缝。 2.30厚1:3干硬性水泥砂浆。 3. 素水泥浆一遍。 描述方法二: 1. 找平层厚度、砂浆配合比:无。 2. 接合层厚度、砂浆配合比:30厚1:3干硬性水泥砂浆。 3. 面层材料品种、规格、颜色:20厚花岗石板1 000×1 000。 4. 嵌缝材料种类:水泥浆擦缝。 5. 防护层材料种类:防碱背涂剂进行背涂处理。 6. 酸洗、打蜡要求:无	m²	1. 在描述碎石材项目的面层材料特征时可不用描述规格、品牌、颜色。 2. 石材、块料与粘接材料的接合面刷防渗材料的种类在防护层材料种类中描述。 3. 如果设计采用标准图,可只注明标准图集和页次、图号,局部和标准图不一致则需单独列出。 4. 楼地面项目特征通常有四种描述方式:①按计量规范要求的问答式描述;②简化式描述;③采用标准图集简化描述;④按标准图集的做法照搬描述
011102003001	块料楼地面	描述方法一: 15 ZJ001-楼201,800×800。 1.8~14厚防滑地砖铺实拍平,水泥浆擦缝。 2.25厚1:2水泥砂浆。 描述方法二: 1. 找平层厚度、砂浆配合比:无。 2. 接合层厚度、砂浆配合比:25厚1:2水泥砂浆。 3. 面层材料品种、规格、颜色:8~14厚防滑地砖800×800。 4. 嵌缝材料种类:水泥浆擦缝。 5. 防护层材料种类:无。 6. 酸洗、打蜡要求:无		

2. 工程量计算规则

石材楼地面、碎石材楼地面、块料楼地面,按设计图示尺寸以面积计算。门洞、空圈、暖气包槽、壁龛的开口部分并入相应的工程量内。

3. 相关说明

(1)工作内容中的磨边指施工现场磨边(下同)。已磨边的成品价格中包含磨边费用,现场磨边费用也应计入对应块料清单综合单价中。

(2)与整体面层工程量计算上的不同之处在于门洞、空圈、暖气包槽、壁龛的开口部分是否并入相应的工程量。

(3)找平层计入相应清单项目的综合单价,不单独列项计算工程量。

14.1.3　橡塑面层(编码:011103)

橡塑面层包括橡胶板楼地面、橡胶卷材楼地面、塑料板楼地面、塑料卷材楼地面。

1. 相关清单项目示例

橡塑面层清单项目特征描述示例见表14.5。

表14.5　橡塑面层清单项目特征描述示例表

项目编码	项目名称	项目特征描述示例	计量单位	项目特征描述提示
011103003001	塑料板楼地面	描述方法一: 15 ZJ001- 楼 208,300×300。 1.2.5 厚聚氯乙烯板。 2. 专用胶黏剂粘贴。 描述方法二: 1. 黏结层厚度、种类:专用胶黏剂粘贴。 2. 面层材料种类、规格、颜色:2.5 厚聚氯乙烯板,300×300。 3. 压线条种类:无	m²	1. 无压线条时,可不描述。 2. 如果设计采用标准图,可只注明标准图集和页次、图号,局部和标准图不一致,则需单独列出

2. 工程量计算规则

橡塑面层楼地面,按设计图示尺寸以面积计算。门洞、空圈、暖气包槽、壁龛的开口部分并入相应的工程量内。

3. 相关说明

橡塑面层项目中如有找平层,另按"找平层"项目编码列项。这一点与整体面层和块料面层不同,即橡塑面层工作内容中不含找平层,不计入综合单价,需要另外计算。

14.1.4　其他材料面层(编码:011104)

其他材料面层包括地毯楼地面、竹木(复合)地板、金属复合地板、防静电活动地板。

1. 相关清单项目示例

其他材料面层清单项目特征描述示例见表 14.6。

表 14.6　其他材料面层清单项目特征描述示例表

项目编码	项目名称	项目特征描述示例	计量单位	项目特征描述提示
011104001001	地毯楼地面	描述方法一： 提花羊毛地毯 5 mm 厚＋5 mm 厚橡胶海绵衬垫；古铜色压口条 60 mm。 描述方法二： 1. 面层材料品种、规格、颜色：提花羊毛地毯 5 mm 厚＋5 mm 厚橡胶海绵衬垫。 2. 防护材料种类：无。 3. 黏结材料种类：无。 4. 压线条种类：古铜色压口条 60 mm	m²	1. 应注明防护材料种类，若是成品地板不另需防护材料时，不予描述。 2. 如果设计采用标准图，可只注明标准图集和页次、图号，局部和标准图不一致则需单独列出
011104002001	竹木地板	描述方法一： 15 ZJ001- 楼 301。 1.12 厚硬木长条地板或拼花木地板。 2. 专用配套胶黏剂黏结。 描述方法二： 1. 龙骨材料种类、规格、铺设间距：无。 2. 基层材料种类、规格：专用配套胶黏剂黏结。 3. 面层材料品种、规格、颜色：12 厚硬木长条地板或拼花木地板。 4. 防护材料种类：无		
011104002002	竹木地板	描述方法一： 15 ZJ001- 楼 308。 1.20 厚硬木企口长条或席纹拼花、人字拼花木地板。 2. 铺 0.4 厚塑料膜一层。 3.22 厚松木毛地板 45°斜铺。 4.50×60 木龙骨中距 400,40×50 横撑中距 1 000。 描述方法二： 1. 龙骨材料种类、规格、铺设间距：50×60 木龙骨中距 400,40×50 横撑中距 1 000。 2. 基层材料种类、规格：铺 0.4 厚塑料膜一层；22 厚松木毛地板 45°斜铺。 3. 面层材料品种、规格、颜色：20 厚硬木企口长条或席纹拼花、人字拼花木地板。 4. 防护材料种类：无		1. 应注明防护材料种类，若是成品地板不另需防护材料时，不予描述。 2. 如果设计采用标准图，可只注明标准图集和页次、图号，局部和标准图不一致则需单独列出

2. 工程量计算规则

其他材料面层按设计图示尺寸以面积"m²"计算。门洞、空圈、暖气包槽、壁龛的开口部分并入相应的工程量内。

3. 相关说明

其他材料面层项目中如有找平层,另按"找平层"项目编码列项。这一点与整体面层和块料面层不同,即其他材料面层、橡塑面层工作内容中不含找平层,不计入综合单价,需要另外计算。

【例 14.2】如上例图 14.2 所示,地面及门口处均为木地板面层,M-1,1 000×2 100,M-2,1 200×2 100,M-3,900×2 100。试计算地面木地板装饰工程量。

【解】木地板地面的工程量=地面工程量+门洞口开口部分工程量-墙垛所占面积
$$=[47.91+(1\times2+1.2+0.9)\times0.24-0.12\times0.24]\text{ m}^2$$
$$=(47.91+0.984-0.029)\text{ m}^2=48.87\text{ m}^2$$

14.1.5　踢脚线(编码:011105)

踢脚线包括水泥砂浆踢脚线、石材踢脚线、块料踢脚线、塑料板踢脚线、木质踢脚线、金属踢脚线、防静电踢脚线。工程量以"m²"计量,按设计图示长度乘高度以面积计算;以"m"计量,按延长米计算。

楼梯处锯齿形踢脚线的长度和高度如图 14.3 所示。

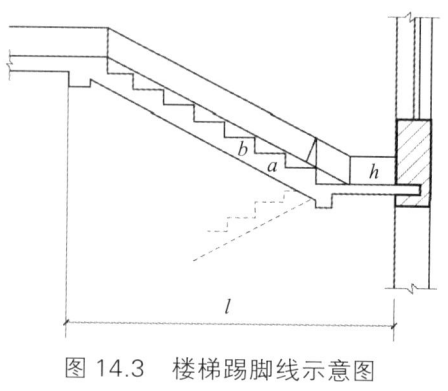

图 14.3　楼梯踢脚线示意图

14.1.6　楼梯面层(编码:011106)

楼梯面层包括石材楼梯面层、块料楼梯面层、拼碎块料面层、水泥砂浆楼梯面层、现浇水磨石楼梯面层、地毯楼梯面层、木板楼梯面层、橡胶板楼梯面层、塑料板楼梯面层。

1. 工程量计算规则

楼梯面层按设计图示尺寸以楼梯(包括踏步、休息平台及小于或等于 500 mm 的楼梯井)水平投影面积"m²"计算。楼梯与楼地面相连时,算至梯口梁内侧边沿,无梯口梁者,算至最上一层踏步边沿加 300 mm。

2. 相关说明

(1)在描述碎石材项目的面层材料特征时可不用描述规格、颜色。

(2)石材、块料与黏结材料的接合面刷防渗材料的种类在防护材料种类中描述。

(3)与整体楼地面一样,找平层计入综合单价,不需要另行计算。防滑条也计入综合单价,不另计算。

【例 14.3】如图 14.4 所示,同走廊连接采用直线双跑形式楼梯,墙厚 240 mm,梯井宽 300 mm,楼梯铺块料面层,试计算楼梯块料面层工程量。

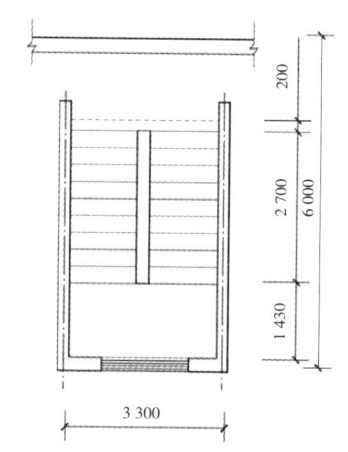

图 14.4　某楼梯平面图

【解】　工程量＝$(3.3-0.24)\times(0.20+2.7+1.43)$ m^2 ＝ 3.06×4.33 m^2 ＝ 13.25 m^2

【例 14.4】某一层石材饰面楼梯如图 14.5 所示,楼梯踏步宽 270 mm,踏步高 140 mm,石材踢脚线高 150 mm,计算一层楼梯石材面层和踢脚线工程量。

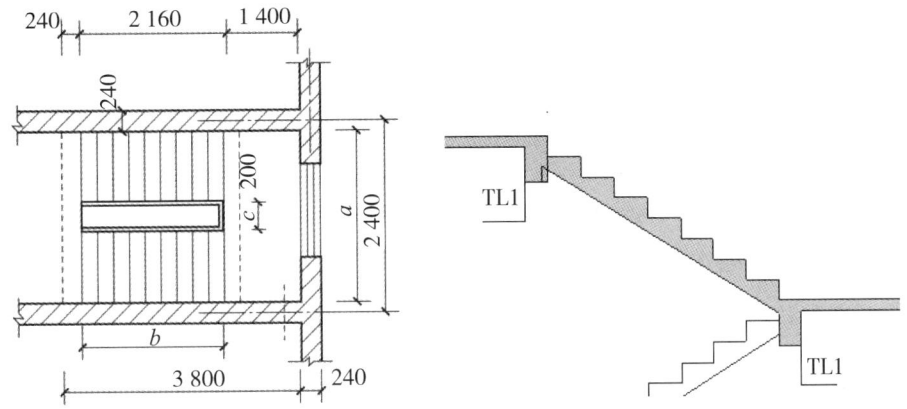

图 14.5　楼梯示意图

【解】(1)楼梯石材面层工程量:$(2.4-0.24)\times3.8$ m^2 ＝ 8.208 m^2

(2)楼梯踢脚线工程量:

踏步部分的工程量:

$$踏板数 = 2.16\div0.27 = 8$$

$$踏步部分踢脚线长\ L = \sqrt{0.27^2+0.14^2}\times(8+1)\,\text{m} = 2.737\ \text{m}$$

$$\begin{aligned}踏步部分踢脚线面积(含锯齿部分) &= [\,2.737\times0.15+0.27\times0.14\times0.5\times(8+1)\,]\times2\ \text{m}^2\\ &= (0.410\,55+0.170\,1)\times2\ \text{m}^2 = 1.161\ \text{m}^2\end{aligned}$$

$$中间休息平台部分的踢脚线面积 = [\,(1.4-0.27)\times2+2.4-0.24\,]\times0.15\ \text{m}^2 = 0.663\ \text{m}^2$$

$$楼梯踢脚线工程量 = (1.161+0.663)\ \text{m}^2 = 1.824\ \text{m}^2$$

14.1.7　台阶装饰(编码:011107)

台阶装饰包括石材台阶面、块料台阶面、拼碎块料台阶面、水泥砂浆台阶面、现浇水磨石台阶面、剁假石台阶面。

1. 工程量计算规则

台阶装饰工程量按设计图示尺寸以台阶(包括最上层踏步边沿加 300 mm)水平投影面积"m^2"计算。

2. 相关说明

(1)在描述碎石材项目的面层材料特征时可不用描述规格、颜色。

(2)石材、块料与黏结材料的接合面刷防渗材料的种类在防护材料种类中描述。

(3)台阶平台按楼地面相关项目编码列项。

【例 14.5】某台阶如图 14.6 所示,采用 1∶2.5 水泥砂浆粘贴花岗石板。计算工程量。

【解】　　　　花岗石板地面工程量 ＝ 2.1×1 m^2 ＝ 2.1 m^2

花岗石板台阶工程量 ＝ $[\,(2.1+0.3\times4)\times(1+0.3\times2)-2.1\,]$ m^2 ＝ 3.18 m^2

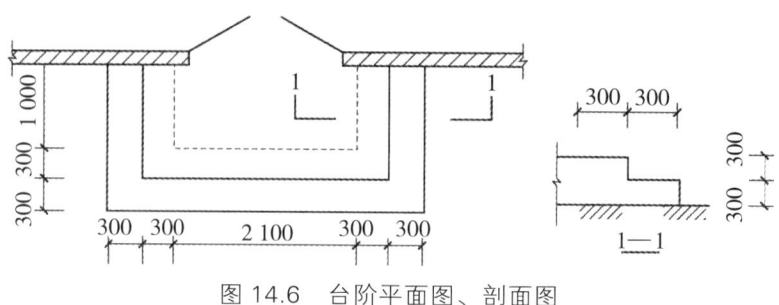

图 14.6　台阶平面图、剖面图

14.1.8　零星装饰项目(编码:011108)

零星装饰项目包括石材零星项目、拼碎石材零星项目、块料零星项目、水泥砂浆零星项目。

1. 工程量计算规则

零星装饰项目按设计图示尺寸以面积"m^2"计算。

2. 相关说明

(1)楼梯、台阶牵边和侧面镶贴块料面层,不大于 0.5 m^2 的少量分散的楼地面镶贴块料面层,应按零星项目列项。

(2)石材、块料与黏结材料的接合面刷防渗材料的种类在防护材料种类中描述。

14.2　清单计价

任务书 14.2

背景资料:结合任务 14.1 及所编制的工程量清单(如表 14.2)。

任务:按控制价要求计算综合单价并填写清单项目计价表。

┃任务实施

任务步骤 1: 计价工程量计算见表 14.7。

表 14.7　计价工程量计算表

序号	项目编码	项目名称	计算式	工程量合计	计量单位
1	011101001001	水泥砂浆楼地面			m^2
2	011101006001	平面砂浆找平层			m^2

续表

序号	项目编码	项目名称	计算式	工程量合计	计量单位
3	011101006002	平面砂浆找平层			m²
4	011102003001	块料楼地面			m²
5	011104002001	竹、木(复合)地板			m²
6	011105003001	块料踢脚线			m²
7	011107001001	石材台阶面			m²
8	011102001001	石材楼地面			m²
9	010404001001	垫层			m³
10	010501001001	垫层			m³
11	010507004001	台阶			m²
12	011702027001	台阶			m²
13	010904002001	楼(地)面涂膜防水			m²

任务步骤 2:综合单价计算见表 14.8。

表 14.8　分部分项工程清单综合单价计算表

序号	项目编码	工程项目名称	单位	数量	综合单价 / 元					合价
					人工费	材料费	机械使用费	管理费+利润（＝人机费×___）	小计(人材机费+管理费+利润)	
1	011101001001	水泥砂浆楼地面	m²							
	A9-10	砂浆面层								

续表

序号	项目编码	工程项目名称	单位	数量	综合单价/元					合价
					人工费	材料费	机械使用费	管理费＋利润（＝人机费×＿＿）	小计（人材机费＋管理费＋利润）	
	A9-13	素水泥浆								
2	011101006001	平面砂浆找平层	m²							
	A9-1	砂浆找平层								
3	011101006002	平面砂浆找平层	m²							
	A9-13	素水泥浆								
4	011102003001	块料楼地面	m²							
	A9-45	陶瓷地面砖 单块地砖 0.64 m² 以内								
	A9-13	素水泥浆								
5	011104002001	竹、木（复合）地板	m²							
	A9-88	复合地板铺在水泥地面上								
6	011105003001	块料踢脚线	m²							
	A9-104	踢脚线 陶瓷地面砖								
7	011107001001	石材台阶面	m²							
	A9-135	台阶装饰 石材 砂浆								
8	011102001001	石材楼地面（平台）	m²							
	A9-33	石材楼地面 每块面积 0.64 m² 以外								
9	010404001001	垫层	m³							
	A1-70	垫层（灰土）	10 m³							
10	010501001001	垫层	m³							
	A2-1	砼垫层								
11	010507004001	台阶	m²							
	A2-50	台阶								
12	011702027001	台阶	m²							

续表

序号	项目编码	工程项目名称	单位	数量	人工费	材料费	机械使用费	管理费＋利润（＝人机费×___）	小计(人材机费＋管理费＋利润)	合价
	A16-136	台阶模板								
13	010904002001	楼(地)面涂膜防水	m²							
	A6-99 ＋ A6-101	聚合物水泥防水涂料 平面								

任务步骤 3：清单计价见表 14.9。

表 14.9　分部分项工程和单价措施项目清单与计价表

序号	项目编码	项目名称	项目特征	计量单位	工程量	金额	
						综合单价	合价
1	011101001001	水泥砂浆楼地面	1. 找平层厚度、砂浆配合比:无。2. 素水泥浆遍数:素水泥浆一遍。3. 面层厚度、砂浆配合比:20厚1:2水泥砂浆。4. 面层做法要求:抹面压光	m²			
2	011101006001	平面砂浆找平层	找平层砂浆配合比、厚度:20厚1:3水泥砂浆找平	m²			
3	011101006002	平面砂浆找平层	找平层砂浆配合比、厚度:建筑胶水泥腻子刮平	m²			
4	011102003001	块料楼地面	1. 找平层厚度、砂浆配合比:无。2. 接合层厚度、砂浆配合比:20厚1:3干硬性水泥砂浆;素水泥浆一遍。3. 面层材料品种、规格、颜色:10厚800 mm×800 mm 防滑地砖。4. 嵌缝材料种类:白水泥浆擦缝。5. 防护层材料种类:无。6. 酸洗、打蜡要求:无	m²			
5	011104002001	竹、木(复合)地板	1. 龙骨材料种类、规格、铺设间距:无。2. 基层材料种类、规格:3~5厚聚乙烯泡沫塑料衬垫。3. 面层材料品种、规格、颜色:12厚实木复合地板。4. 防护材料种类:无	m²			

续表

序号	项目编码	项目名称	项目特征	计量单位	工程量	综合单价	合价
						金额	
6	011105003001	块料踢脚线	1. 踢脚线高度：100 mm。 2. 粘贴层厚度、材料种类：17 厚 1：3 水泥砂浆＋3~4 厚 1：1 水泥砂浆加水重 20% 建筑胶镶贴。 3. 面层材料品种、规格、颜色：8~10 厚面砖，水泥浆擦缝。 4. 防护材料种类：无	m²			
7	011107001001	石材台阶面	1. 找平层厚度、砂浆配合比：无。 2. 黏结层材料种类：30 厚 1：3 干硬性水泥砂浆；素水泥浆一遍。 3. 面层材料品种、规格、颜色：20~40 厚花岗石板材踏步及踢脚板。 4. 勾缝材料种类：水泥浆。 5. 防滑条材料种类、规格：无。 6. 防护材料种类：无	m²			
8	011102001001	石材楼地面（台阶平台）	1. 找平层厚度、砂浆配合比：无。 2. 接合层厚度、砂浆配合比：30 厚 1：3 干硬性水泥砂浆；素水泥浆一遍。 3. 面层材料品种、规格、颜色：20~40 厚花岗石板材。 4. 嵌缝材料种类：水泥浆。 5. 防护层材料种类：无。 6. 酸洗、打蜡要求：无	m²			
9	010404001001	垫层	垫层材料种类、配合比、厚度：300 mm 厚 3：7 灰土	m³			
10	010501001001	垫层	1. 混凝土类别：预拌。 2. 混凝土强度等级：C15	m³			
11	010507004001	台阶	1. 踏步高宽比：150：300。 2. 混凝土类别：预拌。 3. 混凝土强度等级：C15	m²			
12	011702027001	台阶	踏步宽：300×3，模板	m²			
13	010904002001	楼（地）面涂膜防水	1. 防水膜品种：聚合物水泥防水涂料防潮层。 2. 涂膜厚度、遍数：1.5 厚，上翻 300 mm 高。 3. 增强材料种类：无	m²			

任务 14.2 相关知识点

14.2.1　清单计价指引

清单计价指引如图 14.7～图 14.10 所示。

水泥砂浆面层清单（楼地面或屋面）
- ①素水泥浆（若有）
- ②找平层（厚度可调整、配合比可调）
- ③面层（厚度可调整、配合比可调）
- ④屋面分隔缝（厚度可调整）

图 14.7　水泥砂浆楼地面清单涉及定额示意图

细石混凝土面层清单（楼地面或屋面）
- ①找平层（厚度可调整、强度可调）
- ②加浆抹光随捣随抹 5 mm
- ③屋面分隔缝（厚度可调整）

图 14.8　细石混凝土楼地面清单涉及定额示意图

块料面层清单
- ①素水泥浆（若有）
- ②找平层：厚度可调整、配合比可调
- ③面层
  - 砂浆黏结层定额厚度均为 20 mm。设计厚度不同可按找平层厚度调整
  - 圆弧形等不规则地面镶贴面层、饰面面层按相应项目人工乘以系数 1.15，块料消耗量损耗按实调整
  - 石材楼地面需做分格、分色的，按相应项目人工乘以系数 1.10
  - 波打线（嵌边）、石材拼花及点缀另套定额
- ④石材底面刷养护液包括侧面涂刷
- ⑤块料楼地面做酸洗打蜡或结晶者，按设计图示尺寸以表面积计算
- ⑥定额中块料是按规格料考虑的。如需现场倒角、磨边者按"其他装饰工程"相应项目执行
- ⑦单独密封剂勾缝

清单与定额：设计图示尺寸以面积计算。开口部分并入相应的工程量内
定额中：计算主体铺贴地面面积时，不扣除点缀所占面积，但要扣除拼花的最大外围矩形面积

图 14.9　块料面层楼地面清单涉及定额示意图

木地板楼地面
- 垫层清单（若有）
  - ①非砼垫层子目在砌体章节
  - ②砼垫层子目在砼章节（厚度＞60 mm 的细石砼按砼垫层）
  - ③地暖的地板垫层，按不同材料执行相应项目，人工乘以系数 1.3，材料乘以系数 0.95
- 找平层清单（若有）：找平层（厚度可调整、配合比或强度可调）
- 木地板面层清单
  - ①骨架——双向或单向（若有）
  - ②基层板（若有）
  - ③面板
- 保温清单（若有）
- 防潮防水清单（若有）

图 14.10　木地板楼地面清单涉及定额示意图

14.2.2　定额工程量及定额应用有关说明

14.2.2.1　一般情况

楼地面工程定额包括找平层及整体面层,块料面层,橡塑面层,木地板、复合地板,其他材料面层,踢脚线,楼梯面层,台阶装饰,零星装饰项目,分格嵌条、防滑条,酸洗打蜡及结晶。

楼地面中刷素水泥浆单独设立子目,楼地面相关定额工作内容中不再包括刷素水泥浆工序,若有此做法,可单独套用此子目。

"楼地面砼面层打磨"子目适用条件:楼地面砼完成后不再做找平、面层处理,直接达到平整度要求。

"石材地面结晶"子目属于装修新工艺,是一种石材表面深度洁净及养护工艺,与酸洗打蜡子目同属于表面清洁养护。不可重复套用。

分格嵌条按设计图示尺寸以"延长米"计算。铜嵌条规格与定额取定不同时,材料单价可以换算;防滑条规格与定额取定不同时,材料单价可以换算。

14.2.2.2　楼地面找平层及整体面层

1. 工程量

楼地面找平层及整体面层定额工程量计算规则同对应清单的工程量计算规则。

2. 有关说明

(1)水磨石地面水泥石子浆的配合比,设计与定额不同时,可以调整。

水磨石地面包含酸洗打蜡,其他块料项目如需做酸洗打蜡者,单独执行相应酸洗打蜡项目。

(2)厚度 ≤ 60 mm 的细石混凝土按找平层项目执行,厚度 > 60 mm 的按混凝土垫层定额项目执行。

(3)楼梯找平层按水平投影面积套用地面找平层项目乘以系数 1.365,台阶找平层按水平投影面积套用地面找平层乘以系数 1.48。

(4)采用地暖的地板垫层,按不同材料执行相应项目,人工乘以系数 1.3,材料乘以系数 0.95。

14.2.2.3　块料面层、橡塑面层、其他材料面层

1. 工程量

(1)块料面层、橡塑面层、其他材料面层工程量计算规则同对应清单的工程量计算规则。

定额中:计算主体铺贴地面面积时,不扣除点缀所占面积,但要扣除拼花的最大外围矩形面积。

(2)石材拼花按最大外围尺寸以矩形面积计算。有拼花的石材地面,按设计图示尺寸扣除拼花的最大外围矩形面积计算面积。石材楼地面拼花按成品考虑。

块料拼花、点缀与分格调色示例如图 14.11 所示。

(3)点缀按"个"计算,石材楼地面点缀按成品考虑。计算主体铺贴地面面积时,不扣除点缀所占面积。

镶嵌规格在 100 mm×100 mm 以内的石材执行点缀项目。

图 14.11 块料拼花、点缀与分格调色示例

注:楼地面点缀是一种简单的块料拼铺方式,即在主体块料四角相交处各切去一个角,另镶一小块其他颜色块料,起到点缀作用。点缀与小方块整料(不需加工的主体块料)及分格调色是有区别的。分色是按几种不同规格、不同色差的规格块料拼简单图案考虑的。

(4)石材底面刷养护液包括侧面涂刷,工程量按设计图示尺寸以底面积加侧面面积计算。石材表面刷保护液按设计图示尺寸以表面积计算。

(5)块料、石材勾缝单列子目。块料、石材勾缝区分规格按设计图示尺寸以面积计算。

(6)块料楼地面做酸洗打蜡或结晶者,按设计图示尺寸以表面积计算。石材表面深度清洁养护处理,按不同工艺分别执行酸洗打蜡或结晶项目。

2. 有关说明

(1)块料面层粘贴砂浆厚度中,未注明的石材、陶瓷地砖、陶瓷锦砖、水泥花砖、缸砖、广场砖粘贴厚度均为 20 mm。设计粘贴厚度与定额厚度不同时,按找平层每增减子目进行调整。

(2)圆弧形等不规则地面镶贴面层、饰面面层按相应项目人工乘以系数 1.15,块料消耗量损耗按实调整。

(3)块料面层按块料单块面积大小划分定额项目,定额中块料是按规格料考虑的。如需现场倒角、磨边者(见图 14.12)按"其他装饰工程"相应项目执行(其中:① 石材、瓷砖倒角按块料设计倒角长度计算;② 石材磨边按成型圆边长度计算;③ 石材开槽按块料成型开槽长度计算;④ 石材、瓷砖开孔按成型孔洞数量计算)。

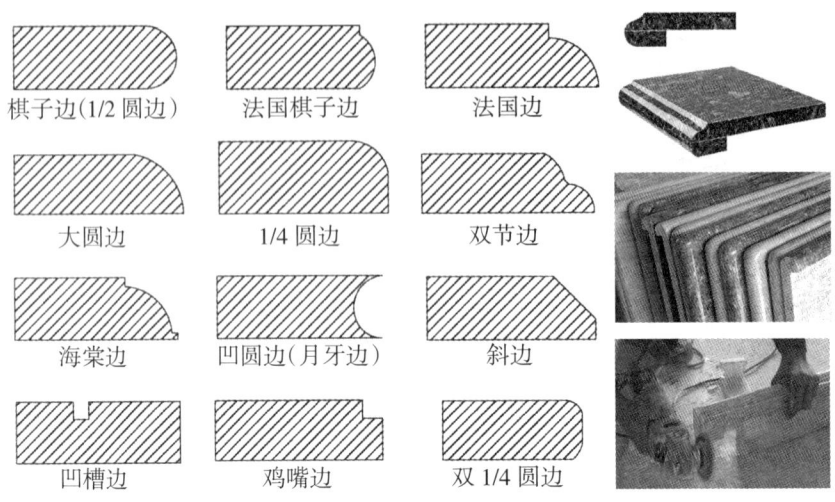

棋子边(1/2 圆边)　　法国棋子边　　　法国边

大圆边　　　　1/4 圆边　　　　双节边

海棠边　　　凹圆边(月牙边)　　斜边

凹槽边　　　　鸡嘴边　　　双 1/4 圆边

图 14.12　石材磨边示例

(4)玻化砖按陶瓷地面砖相应项目执行。

(5)石材楼地面需做分格、分色的,按相应项目人工乘以系数 1.10。

(6)木地板安装按成品企口考虑,若采用平口安装,其人工乘以系数 0.85。

(7)木地板填充材料、防潮材料按其他章节相应项目执行。

(8)"铝合金防静电活动地板安装"中铝合金地板含支架,材质不同可以换算,其他不变。

14.2.2.4　踢脚线、楼梯面层、台阶面层、零星项目面层

1.踢脚线

按面积计算踢脚线定额工程量时,与清单规则相同(清单还可按长度计算)。

弧形踢脚线、楼梯段踢脚线按相应项目人工、机械乘以系数 1.15。

楼梯靠墙踢脚线(含锯齿形部分)贴块料按设计图示面积计算。

墙面贴块料、饰面高度在 300 mm 以内者,按踢脚线项目执行。

2.楼梯、台阶面层

楼梯、台阶面层装饰定额工程量计算规则同对应清单的工程量计算规则。

防滑条如无设计要求时,按楼梯、台阶踏步两端距离减 300 mm 以长度计算。防滑条规格与定额取定不同时,材料单价可以换算。

3.零星项目面层

零星项目面层定额工程量计算规则同对应清单的工程量计算规则。

适用范围与清单稍有差异:定额中零星项目面层适用范围在计量规范适用范围(楼梯、台阶牵边和侧面镶贴块料面层,≤ 0.5 m² 的少量分散的楼地面面层)基础上,增加小便池、蹲台、池槽等部位面层。

工作手册15

墙柱面装饰工程计量与计价

QIANGZHUMIAN ZHUANGSHI GONGCHENG JILIANG YU JIJIA

15.1 清单计量

任务书 15.1

背景资料：某工程如图 15.1、图 15.2 所示，柱尺寸 300×300，踢脚高 100 mm，门窗尺寸 M-1,2 400×2 700（其中窗 1 200×1 800），M-2,900×2 100，C-1,1 500×1 800，房 1 和房 2 吊顶高度 3.0 m。窗侧壁，内外侧均按 80 mm 宽考虑；M-1 与内侧墙平齐，外侧壁考虑 150 mm 宽；M-2 与房 1、房 3 侧墙平齐，房 2 中 M-2 侧壁考虑 100 mm 宽。墙面装饰做法如下：

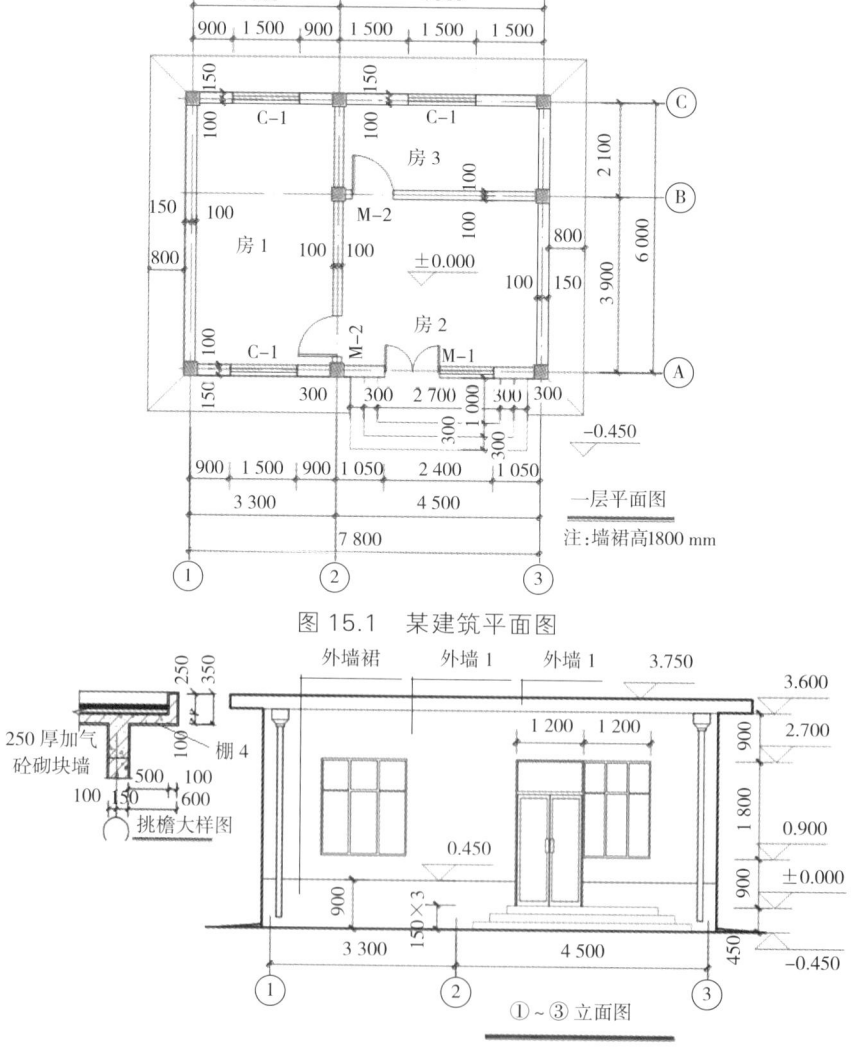

图 15.1 某建筑平面图

图 15.2 某建筑立面图

（1）内墙裙（房1），高1 200 mm：①墙内预埋40×60×60防腐木砖，水平距离400~500，垂直距离400；②1.5厚聚合物水泥防水涂料（Ⅲ型）；③20×35木龙骨中距400~500，横撑20×35，中距400；④5 mm厚白胡桃木饰面板；⑤润水粉、满刮腻子、硝基清漆五遍、磨退出亮。

（2）内墙（房1、房2、房3）：①刷专用界面剂一遍；②15厚混合砂浆1:1:4；③满刮腻子两遍、打磨、刷底漆一遍、乳胶漆两遍。

（3）外墙裙：①刷专用界面剂一遍；②15厚混合砂浆1:1:4；③8 mm厚干粉类聚合物水泥防水砂浆，中间压入一层热镀锌电焊网；④5厚面砖，规格1 000×1 000，陶瓷墙地砖胶黏剂粘贴，填缝剂填缝。

（4）外墙1：①刷专用界面剂一遍；②15厚混合砂浆1:1:4；③4厚干粉类聚合物水泥防水砂浆，中间压入一层耐碱玻璃纤维网布；④满刮腻子两遍、丙烯酸外墙涂料两遍。

任务：编制墙面装饰相关的工程量清单。

▌任务实施

任务步骤1：列项计量，填表15.1。

表15.1   清单工程量计算表

序号	项目编码	项目名称	计算式	工程量合计	计量单位
1	011201001001	墙面一般抹灰			m^2
2	011201001002	墙面一般抹灰			m^2
3	011204003001	块料墙面			m^2
4	011207001001	墙面装饰板			m^2

任务步骤2：编制工程量清单，如表15.2所示。

表15.2   清单与计价表

序号	项目编码	项目名称	项目特征	计量单位	工程量	金额 综合单价	金额 合价
1	011201001001	墙面一般抹灰	1. 墙体类型： 2. 底层厚度、砂浆配合比： 3. 面层厚度、砂浆配合比： 4. 装饰面材料种类： 5. 分格缝宽度、材料种类：	m^2			
2	011201001002	墙面一般抹灰	1. 墙体类型： 2. 底层厚度、砂浆配合比： 3. 面层厚度、砂浆配合比： 4. 装饰面材料种类： 5. 分格缝宽度、材料种类：	m^2			
3	011204003001	块料墙面	1. 墙体类型： 2. 安装方式： 3. 面层材料品种、规格、颜色： 4. 缝宽、嵌缝材料种类： 5. 防护材料种类： 6. 磨光、酸洗、打蜡要求：	m^2			

续表

序号	项目编码	项目名称	项目特征	计量单位	工程量	金额	
						综合单价	合价
4	011207001001	墙面装饰板	1. 龙骨材料种类、规格、中距: 2. 隔离层材料种类、规格: 3. 基层材料种类、规格: 4. 面层材料品种、规格、颜色: 5. 压条材料种类、规格:	m²			

任务 15.1 相关知识点

墙、柱面装饰与隔断、幕墙工程(编码:0112)包括墙面抹灰、柱(梁)面抹灰、零星抹灰、墙面块料面层、柱(梁)面镶贴块料、镶贴零星块料、墙饰面、柱(梁)饰面、幕墙工程、隔断。

15.1.1　墙面抹灰(编码:011201)

墙面抹灰包括墙面一般抹灰、墙面装饰抹灰、墙面勾缝、立面砂浆找平层。

1. 工程量计算规则

墙面一般抹灰、墙面装饰抹灰、墙面勾缝、立面砂浆找平层,按设计图示尺寸以面积"m²"计算。扣除墙裙、门窗洞口及单个大于 0.3 m² 的孔洞面积,不扣除踢脚线、挂镜线和墙与构件交接处的面积。门窗洞口和孔洞的侧壁及顶面不增加面积。附墙柱、梁、垛、烟囱侧壁并入相应的墙面面积内。飘窗凸出外墙面增加的抹灰并入外墙工程量内。

(1)外墙抹灰面积按外墙垂直投影面积计算。

(2)外墙裙抹灰面积按其长度乘以高度计算。

(3)内墙抹灰面积按主墙间的净长乘以高度计算。无墙裙的内墙高度按室内楼地面至天棚底面计算,有墙裙的内墙高度按墙裙顶至天棚底面计算。但有吊顶天棚的内墙面抹灰,抹至吊顶以上部分在综合单价中考虑,不另计算。

(4)内墙裙抹灰面积按内墙净长乘以高度计算。

2. 相关说明

(1)立面砂浆找平项目适用于仅做找平层的立面抹灰,即墙面抹灰中找平层在综合单价中考虑,不另计算。

(2)墙面抹石灰砂浆、水泥砂浆、混合砂浆、聚合物水泥砂浆、麻刀石灰浆、石膏灰浆等按墙面一般抹灰列项,墙面水刷石、斩假石、干粘石、假面砖等按墙面装饰抹灰列项。

15.1.2　柱(梁)面抹灰(编码:011202)

柱(梁)面抹灰包括柱(梁)面一般抹灰、柱(梁)面装饰抹灰、柱(梁)面砂浆找平层、柱面勾缝。

1. 工程量计算规则

（1）柱面一般抹灰、柱面装饰抹灰、柱面砂浆找平层，按设计图示柱断面周长乘以高度以面积"m^2"计算。

（2）梁面一般抹灰、梁面装饰抹灰、梁面砂浆找平层，按设计图示梁断面周长乘以长度以面积"m^2"计算。

（3）柱面勾缝，按设计图示柱断面周长乘以高度以面积"m^2"计算。

2. 相关说明

（1）砂浆找平项目适用于仅做找平层的柱（梁）面抹灰。

（2）柱（梁）面抹石灰砂浆、水泥砂浆、混合砂浆、聚合物水泥砂浆、麻刀石灰浆、石膏灰浆等按柱（梁）面一般抹灰编码列项，柱（梁）面水刷石、斩假石、干粘石、假面砖等按柱（梁）面装饰抹灰项目编码列项。

15.1.3　零星抹灰（编码：011203）

零星抹灰包括零星项目一般抹灰、零星项目装饰抹灰、零星砂浆找平层。

1. 工程量计算规则

零星项目一般抹灰、零星项目装饰抹灰、零星砂浆找平层，按设计图示尺寸以面积"m^2"计算。

2. 相关说明

（1）零星项目抹石灰砂浆、水泥砂浆、混合砂浆、聚合物水泥砂浆、麻刀石灰浆、石膏灰浆等按零星项目一般抹灰编码列项，水刷石、斩假石、干粘石、假面砖等按零星项目装饰抹灰编码列项。

（2）墙、柱（梁）面小于或等于 $0.5 \ m^2$ 的少量分散的抹灰按零星抹灰项目编码列项。

15.1.4　墙面块料面层（编码：011204）

墙面块料面层包括石材墙面、拼碎石材墙面、块料墙面、干挂石材钢骨架。

1. 工程量计算规则

（1）石材墙面、拼碎石材墙面、块料墙面，按镶贴表面积"m^2"计算。项目特征描述：墙体类型，安装方式，面层材料品种、规格、颜色，缝宽、嵌缝材料种类，防护材料种类，磨光、酸洗、打蜡要求。

（2）干挂石材钢骨架，按设计图示尺寸以质量"t"计算。

墙柱面石材饰面
工程量计算

2. 相关说明

（1）在描述碎块项目的面层材料特征时可不用描述规格、颜色。

（2）石材、块料与黏结材料的接合面刷防渗材料的种类在防护层材料种类中描述。

（3）安装方式可描述为砂浆或黏结剂粘贴、挂贴、干挂等，不论哪种安装方式，都要详细描述与组价相关的内容。

15.1.5　柱（梁）面镶贴块料（编码：011205）

柱（梁）面镶贴块料包括石材柱面、块料柱面、拼碎块柱面、石材梁面、块料梁面。

1. 工程量计算规则

石材柱面、块料柱面、拼碎块柱面、石材梁面、块料梁面，按设计图示尺寸以镶贴表面积"m²"计算。

2. 相关说明

（1）在描述碎块项目的面层材料特征时可不用描述规格、颜色。

（2）石材块料与黏结材料的接合面刷防渗材料的种类在防护层材料种类中描述。

（3）柱梁面干挂石材的钢骨架按"墙面块料面层"中相应项目编码列项。

15.1.6　镶贴零星块料（编码：011206）

镶贴零星块料包括石材零星项目、块料零星项目、拼碎块零星项目。

1. 工程量计算规则

石材零星项目、块料零星项目、拼碎块零星项目，按镶贴表面积"m²"计算。

2. 相关说明

（1）墙柱面小于或等于 0.5 m² 的少量分散的镶贴块料面层按零星项目执行。

（2）在描述碎块项目的面层材料特征时可不用描述规格、颜色。

（3）石材、块料与黏结材料的接合面刷防渗材料的种类在防护材料种类中描述。

（4）零星项目干挂石材的钢骨架按"墙面块料面层"相应项目编码列项。

15.1.7　墙饰面（编码：011207）

墙饰面包括墙面装饰板、墙面装饰浮雕。

1. 工程量计算规则

（1）墙面装饰板，按设计图示墙净长乘以净高以面积"m²"计算。扣除门窗洞口及单个大于 0.3 m² 的孔洞所占面积。

（2）墙面装饰浮雕，按设计图示尺寸以面积"m²"计算。

2. 相关说明

（1）墙面装饰板综合了龙骨制作、运输、安装，应在综合单价中考虑。

(2)基层材料是在龙骨上粘贴或铺钉一层加强面层的底板。墙面装饰板中基层铺钉应在综合单价中考虑。

15.1.8　柱(梁)饰面(编码:011208)

柱(梁)饰面包括柱(梁)面装饰、成品装饰柱。

1.工程量计算规则

(1)柱(梁)面装饰,按设计图示饰面外围尺寸以面积"m²"计算。柱帽、柱墩并入相应柱饰面工程量内。

(2)成品装饰柱,工程量以"根"计量,按设计数量计算;以"m"计量,按设计长度计算。

2.相关说明

(1)柱(梁)面装饰综合了龙骨制作、运输、安装,应在综合单价中考虑。

(2)饰面外围尺寸即饰面的表面尺寸。

【例 15.1】木龙骨、五合板基层、不锈钢柱面尺寸如图 15.3 所示,共 4 根,龙骨断面 30 mm×40 mm,间距 250 mm,计算该项目清单工程量。

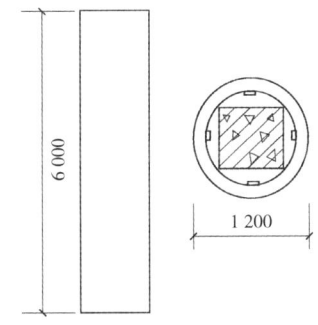

图 15.3　柱装饰示意图

【解】　　　　　清单工程量 = 1.20×3.14×6.00×4 m² = 90.43 m²

15.1.9　幕墙工程(编码:011209)

幕墙包括带骨架幕墙、全玻(无框玻璃)幕墙。

1.工程量计算规则

(1)带骨架幕墙,按设计图示框外围尺寸以面积"m²"计算。与幕墙同种材质的窗所占面积不扣除。工作内容包括:骨架制作、运输、安装;面层安装;隔离带、框边封闭;嵌缝、塞口。

(2)全玻(无框玻璃)幕墙,按设计图示尺寸以面积"m²"计算。带肋全玻幕墙按展开面积计算。玻璃肋的工程量并入玻璃幕墙工程量内计算。

2.相关说明

(1)与幕墙同种材质的窗并入幕墙工程量内,包含在幕墙综合单价中;不同种材料窗应另列项计算工程量。但幕墙上的门应单独计算工程量。

（2）幕墙钢骨架（指固定幕墙的骨架，不是幕墙自身的骨架）按干挂石材钢骨架另列项目。

（3）带肋全玻璃幕墙是指玻璃幕墙带玻璃肋，玻璃肋的工程量并入玻璃幕墙工程量内计算。

15.1.10　隔断（编码：011210）

隔断包括木隔断、金属隔断、玻璃隔断、塑料隔断、成品隔断、其他隔断。

1. 工程量计算规则

（1）木隔断、金属隔断，按设计图示框外围尺寸以面积"m²"计算。不扣除单个小于或等于 0.3 m² 的孔洞所占面积；浴厕门的材质与隔断相同时，门的面积并入隔断面积内。

（2）玻璃隔断、塑料隔断，按设计图示框外围尺寸以面积"m²"计算。不扣除单个小于或等于 0.3 m² 的孔洞所占面积。

（3）成品隔断、其他隔断，以"m²"计量，按设计图示框外围尺寸以面积"m²"计；以"间"计量，按设计间的数量计算。

2. 相关说明

（1）浴厕门材质与隔断相同时，工程量并入隔断面积内；材质不同时，分别列项计算工程量。

（2）隔断龙骨制作、运输、安装在木隔断综合单价中考虑，不另计算工程量。

15.2　清单计价

任务书 15.2

背景资料：结合任务 15.1 及所编制的工程量清单（见表 15.2）。

任务：按控制价要求计算综合单价并填写清单项目计价表。

▍**任务实施**

任务步骤 1：计价工程量计算见表 15.3。

表 15.3　计价工程量计算表

序号	项目编码	项目名称	计算式	工程量合计	计量单位
1	011201001001	墙面一般抹灰			m²

续表

序号	项目编码	项目名称	计算式	工程量合计	计量单位
2	011201001002	墙面一般抹灰			m²
3	011204003001	块料墙面			m²
4	011207001001	墙面装饰板			m²

任务步骤 2:综合单价计算见表 15.4。

表 15.4　分部分项工程清单综合单价计算表

序号	项目编码	工程项目名称	单位	数量	综合单价/元					合价
					人工费	材料费	机械使用费	管理费+利润（＝人机费×___）	小计(人材机费+管理费+利润)	
1	011201001001	墙面一般抹灰	m²							
2	011201001002	墙面一般抹灰	m²							
3	011204003001	块料墙面	m²							
4	011207001001	墙面装饰板	m²							

任务步骤 3:清单计价见表 15.5。

表 15.5　分部分项工程和单价措施项目清单与计价表

序号	项目编码	项目名称	项目特征	计量单位	工程量	金额	
						综合单价	合价
1	011201001001	墙面一般抹灰	1. 墙体类型: 2. 底层厚度、砂浆配合比: 3. 面层厚度、砂浆配合比: 4. 装饰面材料种类: 5. 分格缝宽度、材料种类:	m²			
2	011201001002	墙面一般抹灰	1. 墙体类型: 2. 底层厚度、砂浆配合比: 3. 面层厚度、砂浆配合比: 4. 装饰面材料种类: 5. 分格缝宽度、材料种类:	m²			
3	011204003001	块料墙面	1. 墙体类型: 2. 安装方式: 3. 面层材料品种、规格、颜色: 4. 缝宽、嵌缝材料种类: 5. 防护材料种类: 6. 磨光、酸洗、打蜡要求:	m²			
4	011207001001	墙面装饰板	1. 龙骨材料种类、规格、中距: 2. 隔离层材料种类、规格: 3. 基层材料种类、规格: 4. 面层材料品种、规格、颜色: 5. 压条材料种类、规格:	m²			

任务 15.2 相关知识点

15.2.1　清单计价指引

清单计价指引如图 15.4 ~ 图 15.7 所示。

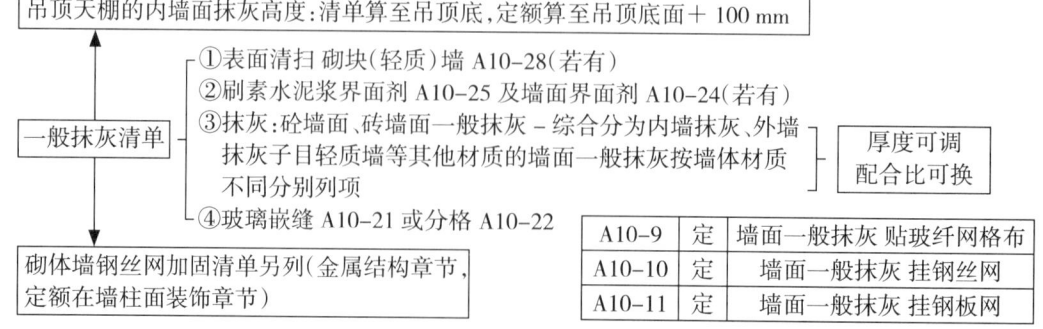

图 15.4　一般抹灰墙面清单涉及定额示意图

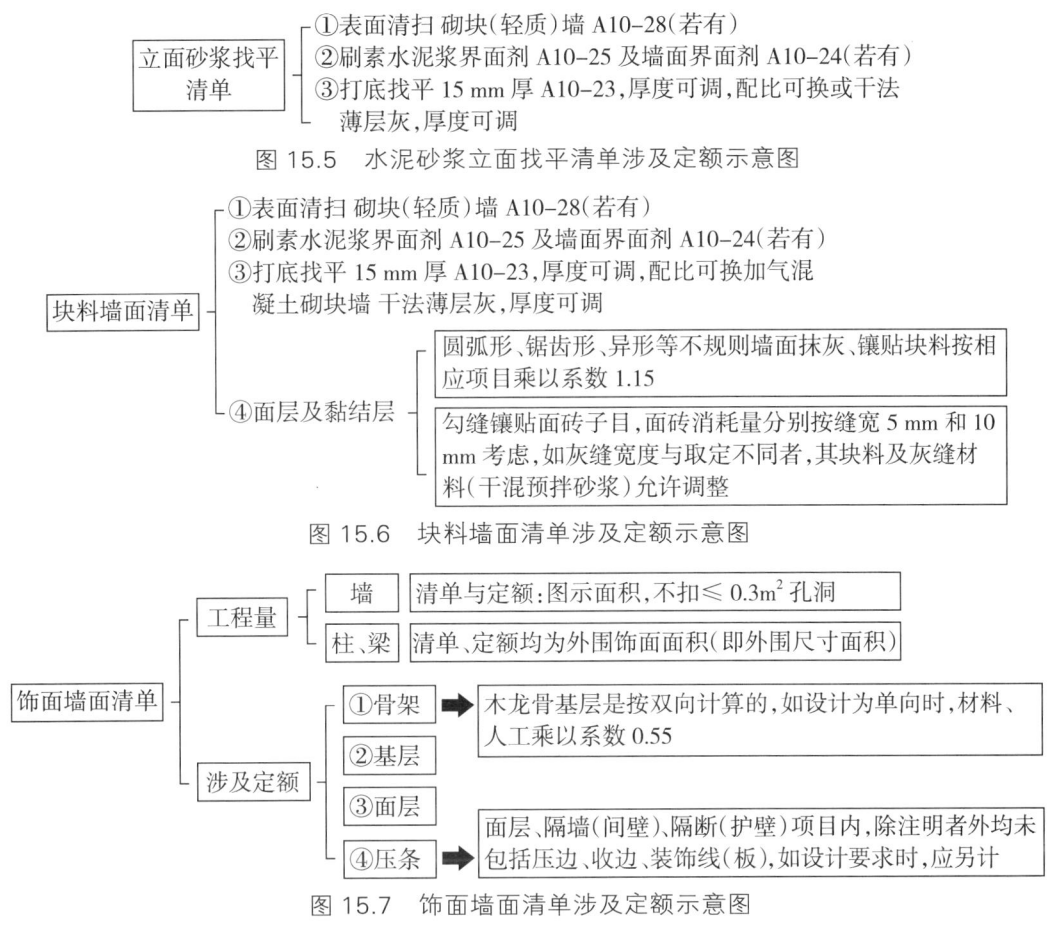

图 15.5　水泥砂浆立面找平清单涉及定额示意图

图 15.6　块料墙面清单涉及定额示意图

图 15.7　饰面墙面清单涉及定额示意图

15.2.2　定额工程量及定额应用有关说明

15.2.2.1　一般情况

墙柱面相关工程中刷素水泥浆及墙面界面剂工序单独设立定额子目,墙柱面饰面相关定额工作内容中不再包括刷素水泥浆及刷墙面界面剂工序,若有此做法,可单独套用此子目。

圆弧形、锯齿形、异形等不规则墙面抹灰、镶贴块料按相应项目乘以系数 1.15。

女儿墙内侧、阳台栏板(不扣除花格所占孔洞面积)内侧与阳台栏板外侧抹灰套用墙面一般抹灰项目乘以系数 1.1 计算,块料按展开面积计算;女儿墙带泛水挑砖者,人工及机械乘以系数 1.30 按墙面相应项目执行;女儿墙外侧并入外墙计算。

设计要求做防火、防腐、防锈处理者,应按"油漆、涂料、裱糊工程"相应定额项目执行。

15.2.2.2　抹灰面层

抹灰项目中砂浆配合比与设计不同者,按设计要求调整;如设计厚度与定额取定厚度不同者,按相应增减厚度项目调整。

1. 墙面抹灰

墙面一般抹灰、墙面装饰抹灰、墙面勾缝、立面砂浆找平层定额工程量计算规则与对应清单的工程量计算规则基本相同。但有吊顶天棚的内墙面抹灰,清单工程量算至天棚底面,定额工程量算至吊顶底面另加 100 mm。

砼墙面和砖墙面一般抹灰:不区分基层材质,综合分为内墙抹灰、外墙抹灰子目;其他基层材质的墙面一般抹灰,按基层墙体材质不同分别列项。

装饰抹灰:石粒抹灰不分墙体材质,按不同做法列项;其他装饰抹灰分基层墙体材质列项。

抹灰分格嵌缝按抹灰面面积计算。

2. 梁、柱面抹灰

梁、柱面一般抹灰、装饰抹灰、砂浆找平层,定额工程量计算规则与对应清单的工程量计算规则相同,均按结构断面周长乘抹灰高度(长度)计算。

3. 零星抹灰

零星项目抹灰定额工程量计算规则与对应清单的工程量计算规则相同,均按设计图示尺寸以展开面积计算。

定额中抹灰工程的“零星项目”适用范围包括清单范围 [墙、柱(梁)面小于或等于 0.5 m^2 的少量分散的抹灰按零星抹灰项目] 以及壁柜、碗柜、飘窗板、空调隔板、暖气罩、池槽、花台等各种零星抹灰。

装饰线条抹灰按设计图示尺寸以长度计算。

抹灰工程的装饰线条适用于门窗套、挑檐、腰线、压顶、遮阳板外边、宣传栏边框等项目的抹灰,以及突出墙面且展开宽度≤ 300 mm 的竖横线条抹灰。线条展开宽度> 300 mm 且≤ 400 mm 者,按相应项目乘以系数 1.33;展开宽度> 400 mm 且≤ 500 mm 者,按相应项目乘以系数 1.67。

15.2.2.3　块料面层、饰面层

1. 石材墙面、拼碎石材墙面、块料墙面、墙饰面

石材墙面、拼碎石材墙面、块料墙面、墙饰面定额工程量计算规则与对应清单的工程量计算规则相同,均按镶贴(饰面)表面积“m^2”计算。

墙面贴块料、饰面高度在 300 mm 以内者,按踢脚线项目执行。

勾缝镶贴面砖子目,面砖消耗量分别按缝宽 5 mm 和 10 mm 考虑,如灰缝宽度与取定不同者,其块料及灰缝材料(干混预拌砂浆)允许调整。

玻化砖、干挂玻化砖或玻岩板按面砖相应项目执行。马赛克按陶瓷锦砖相应项目执行。

干挂石材骨架按钢骨架项目执行。预埋铁件按“混凝土及钢筋混凝土工程”铁件制作安装项目执行。

定额中,墙饰面龙骨、基层、面层分开列项,龙骨、基层、面层项目工程量均与清单工程量相同。木龙骨基层是按双向计算的,如设计为单向时,材料、人工乘以系数 0.55。

2. 柱(梁)镶贴块料面层、饰面层

石材柱(梁)面、块料柱(梁)面、拼碎块柱面、柱(梁)饰面定额工程量计算规则与对应清单的工程量计算规则相同,均按设计图示尺寸以镶贴(饰面)表面积计算,即按设计图示饰面外围尺寸乘以高度(长度)以面积计算。

大理石(花岗岩)柱示例如图 15.8 所示。

图 15.8　大理石（花岗岩）柱示例

除挂贴石材零星项目中柱墩、柱帽、圆柱腰线、阴角线外,其他块料做法的柱帽、柱墩按设计图示尺寸以展开面积计算工程量,并入相应柱面积内,套用相应柱装饰定额项目。每个柱帽或柱墩另增人工:抹灰 0.25 工日,块料 0.38 工日,饰面 0.5 工日。

定额中,柱(梁)饰面龙骨、基层、面层分开列项,龙骨、基层、面层项目工程量均与清单工程量相同。柱(梁)饰面的柱帽、柱墩并入相应柱面积计算。

3.镶贴零星块料

石材零星项目、块料零星项目、拼碎块零星项目,定额工程量计算规则与对应清单的工程量计算规则相同。

挂贴石材零星项目中柱墩、柱帽、圆柱腰线、阴角线是按圆弧形成品考虑的,按其圆的最大外径以周长计算,套用柱帽、柱墩、圆柱腰线、阴角线定额项目。

【例 15.2】查找例 15.1 不锈钢柱面(见图 15.3)项目清单对应定额项目并计算工程量。

【解】查 2018 湖北定额,设计木龙骨＋五合板基层＋不锈钢面,方柱包圆柱,套 2018 湖北定额子目 A10-189 方柱包圆铜(铜板换为不锈钢面板,三合板换为五合板)。

$$工程量 = 1.20 \times 3.14 \times 6.00 \times 4 \ m^2 = 90.43 \ m^2$$

15.2.2.4　隔断

以面积计算时,隔断定额工程量计算规则与对应清单的工程量计算规则相同。

面层、隔墙(间壁)、隔断(护壁)定额项目内,除注明者外均未包括压边、收边、装饰线(板),如设计要求时,应按照"其他装饰工程"相应定额项目执行;浴厕隔断已综合了隔断门所增加的工料。

隔墙(间壁)、隔断(护壁)等项目中龙骨间距、规格如与设计不同时,允许调整。

15.2.2.5　幕墙工程

1.点支承玻璃幕墙

点支承玻璃幕墙(见图 15.9、图 15.10)按设计图示尺寸以四周框外围展开面积计算。肋玻结构点式幕墙玻璃肋工程量不另计算,作为材料项进行含量调整。

点支承玻璃幕墙是采用内置受力骨架直接和主体钢结构进行连接的模式,如采用螺栓和主体连接的后置连接方式,后置预埋钢板、螺栓等材料费另行计算。

点支承玻璃幕墙索结构辅助钢桁架制作安装,按质量计算。点支承玻璃幕墙索结构辅助钢桁架安装是考虑在混凝土基层上的,如采用和主体钢构件直接焊接的连接方式,或和主体钢构件采用螺栓连接的方式,则需要扣除化学螺栓和钢板的材料费。

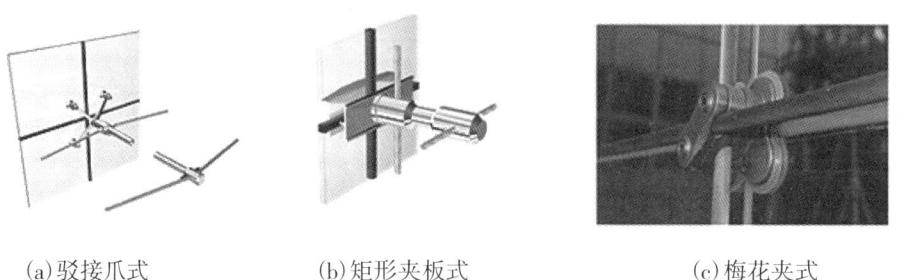

(a)驳接爪式　　　　　　(b)矩形夹板式　　　　　　(c)梅花夹式

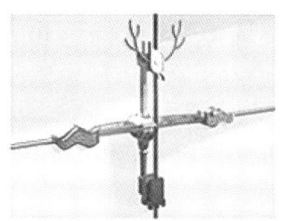

(d)夹板式　　　　　　(e)艺术型夹具

图 15.9　点支承玻璃幕墙示例

图 15.10　点支承玻璃幕墙示例

2. 全玻璃幕墙

定额工程量计算规则与对应清单的工程量计算规则相同。

全玻璃幕墙(见图 15.11)按设计图示尺寸以面积计算。玻璃肋按玻璃边缘尺寸以展开面积计算,并入幕墙工程量内。

3. 单元式幕墙

定额工程量计算规则与对应带骨架幕墙清单的工程量计算规则相同,均按图示尺寸的外围面积以"m^2"计算,不扣除幕墙区域设置的窗、洞口面积,但窗的型材用量应予调整,窗的五金用量相应增加,五金施工损耗按 2% 计算。

图 15.11　全玻璃幕墙示例

防火隔断安装的工程量按设计图示尺寸垂直投影面积以"m²"计算。

槽形预埋件及 T 形转接件螺栓安装的工程量按设计图示数量以"个"计算。

4. 框支承玻璃幕墙

定额工程量计算规则与对应带骨架幕墙清单的工程量计算规则相同,按设计图示尺寸以框外围展开面积计算,与幕墙同种材质的窗所占面积不扣除,但窗的型材用量应予调整,窗的五金用量相应增加,五金施工损耗按 2% 计算。

框支承玻璃幕墙(见图 15.12)是按照后置预埋件考虑的,如预埋件同主体结构同时施工,则应扣除化学螺栓的材料费。

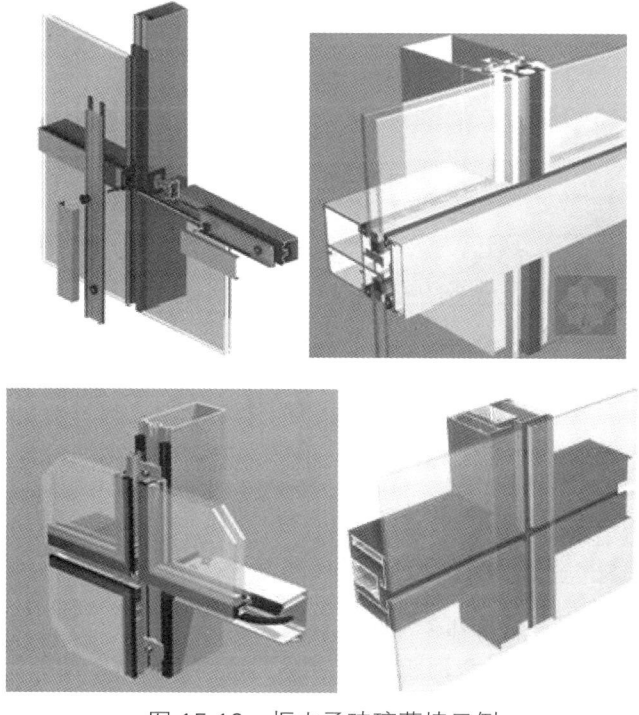

图 15.12　框支承玻璃幕墙示例

5. 金属板幕墙

金属板幕墙(见图 15.13)按设计图示尺寸以外围面积计算。凹进或凸出的板材折边不另计算,计入金属板材料单价中。

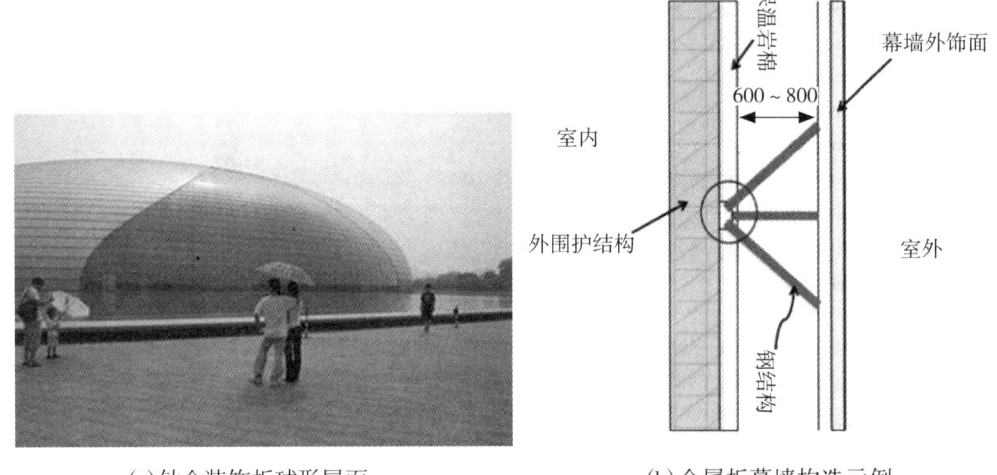

(a)钛金装饰板球形屋面　　　　　　(b)金属板幕墙构造示例

图 15.13　金属板幕墙示例

6. 幕墙防火隔断

幕墙防火隔断(见图 15.14)按设计图示尺寸以展开面积计算。

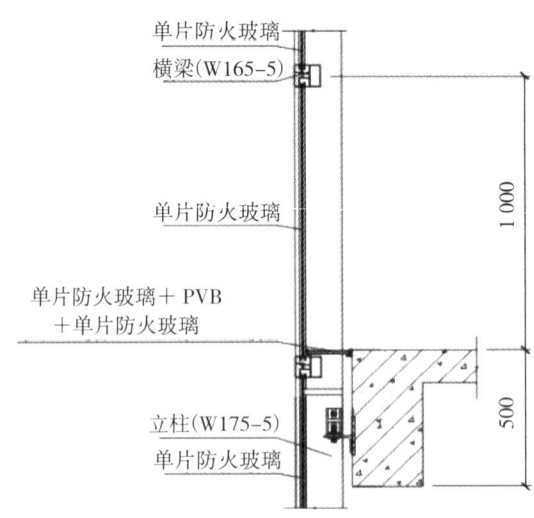

图 15.14　幕墙防火隔断示意图

7. 幕墙防雷系统、金属成品装饰压条、隔断

幕墙防雷系统、金属成品装饰压条均按延长米计算。

隔断按设计图示框外围尺寸以面积计算,扣除门窗洞口及单个面积 > 0.3 m² 的孔洞所占面积。

8. 雨篷

雨篷按设计图示尺寸以外围展开面积计算。有组织排水的排水沟槽按水平投影面积计算,并入雨篷工程量内。

9. 有关应用说明

(1)幕墙定额所使用的材料及技术要求,除符合有关规范标准外,还须符合《玻璃幕墙工程技术规范》(JGJ 102—2003)、《建筑玻璃应用技术规程》(JGJ 113—2015)以及《玻璃幕墙工程质量检验标准》(JGJ / T 139—2020)的要求。

(2)幕墙定额未包括施工验收规范中要求的检测、试验所发生的费用。

(3)幕墙定额使用的钢材、铝材、镀锌方钢型材、索、索具配件、拉杆、拉杆配件、玻璃肋、玻璃肋连接件、驳接爪及配件、镀锌加工件、化学螺栓、悬窗五金配件等型号、规格,如与设计不同时,可按设计规定调整,但人工、机械不变。

(4)幕墙饰面中的结构胶与耐候胶设计用量与定额取定用量不同时,消耗量按设计计算的用量加 15% 的施工损耗计算。

(5)玻璃幕墙设计带有平、推拉窗者,并入幕墙面积计算,窗的型材用量应予调整,窗的五金用量相应增加,五金施工损耗按 2% 计算。

(6)玻璃幕墙中的玻璃按成品玻璃考虑;幕墙中的避雷装置已综合,但幕墙的封边、封顶的费用另行计算。型钢、挂件设计用量与定额取定用量不同时,可以调整。

(7)幕墙定额所采用的骨架,如需要进行弯弧处理,其弯弧费另行计算。

(8)基层钢骨架、金属构件只考虑防锈处理,如表面采用高级装饰,另套用相应定额子目。

(9)幕墙防火系统、防雷系统中的镀锌铁皮、防火岩棉、防火玻璃、钢材和幕墙铝合金装饰线条,如与设计不同时,可按设计规定调整,但人工、机械不变。

工作手册16

天棚工程计量与计价

TIANPENG GONGCHENG JILIANG YU JIJIA

16.1 清单计量

背景资料:任务 15.1(图 15.1、图 15.2)项目中,天棚装饰做法如下:

(1)天棚 1(房 1),吊顶高度 3.0 m:①40×50 吊顶木龙骨、双向中距 505;②5 mm 厚 500×500 白胡桃木饰面板,离缝 5 mm;③满刮腻子,底漆两遍,聚酯清漆两遍。

(2)天棚 2(房 2),吊顶高度 3.0 m:① 配套金属龙骨;② 铝合金方形板,规格为 600×600。

(3)天棚 3(房 3):① 现浇钢筋混凝土板底面清理干净,10 mm 厚 1:3 水泥砂浆抹灰;② 满刮腻子两遍、打磨、刷底漆一遍、乳胶漆两遍。

(4)天棚 4(挑檐底):① 现浇钢筋混凝土板底面清理干净,10 mm 厚 1:3 水泥砂浆抹灰;② 满刮腻子两遍、丙烯酸外墙涂料两遍。

任务:编制天棚装饰相关的工程量清单。

任务实施

任务步骤 1:列项计量,填表 16.1。

表 16.1 清单工程量计算表

序号	项目编码	项目名称	计算式	工程量合计	计量单位
1	011301001001	天棚抹灰			m²
2	011302001001	吊顶天棚			m²
3	011302001002	吊顶天棚			m²

任务步骤 2:编制工程量清单,如表 16.2 所示。

表 16.2 清单与计价表

序号	项目编码	项目名称	项目特征	计量单位	工程量	金额	
						综合单价	合价
1	011301001001	天棚抹灰	1.基层类型: 2.抹灰厚度、材料种类: 3.砂浆配合比:	m²			
2	011302001001	吊顶天棚	1.吊顶形式、吊杆规格、高度: 2.龙骨材料种类、规格、中距: 3.基层材料种类、规格: 4.面层材料品种、规格: 5.压条材料种类、规格: 6.嵌缝材料种类: 7.防护材料种类:	m²			

续表

序号	项目编码	项目名称	项目特征	计量单位	工程量	金额	
						综合单价	合价
3	011302001002	吊顶天棚	1. 吊顶形式、吊杆规格、高度； 2. 龙骨材料种类、规格、中距； 3. 基层材料种类、规格； 4. 面层材料品种、规格； 5. 压条材料种类、规格； 6. 嵌缝材料种类； 7. 防护材料种类；	m²			

任务 16.1 相关知识点

天棚工程(编码:0113)包括天棚抹灰、天棚吊顶、采光天棚、天棚其他装饰。

16.1.1 天棚抹灰(编码:011301)

1. 工程量计算规则

天棚抹灰,按设计图示尺寸以水平投影面积"m²"计算。不扣除间壁墙、垛、柱、附墙烟囱、检查口和管道所占的面积,带梁天棚的梁两侧抹灰面积并入天棚面积内,板式楼梯底面抹灰按斜面积计算,锯齿形楼梯底板抹灰按展开面积计算。

2. 相关说明

天棚抹灰项目特征描述包括基层类型、抹灰厚度及材料种类、砂浆配合比,其中基层类型是指混凝土现浇板,预制混凝土板或本板条等。

【例 16.1】某钢筋砼天棚如图 16.1 所示,墙厚 240 mm,板厚 120 mm。试计算天棚抹灰工程量。

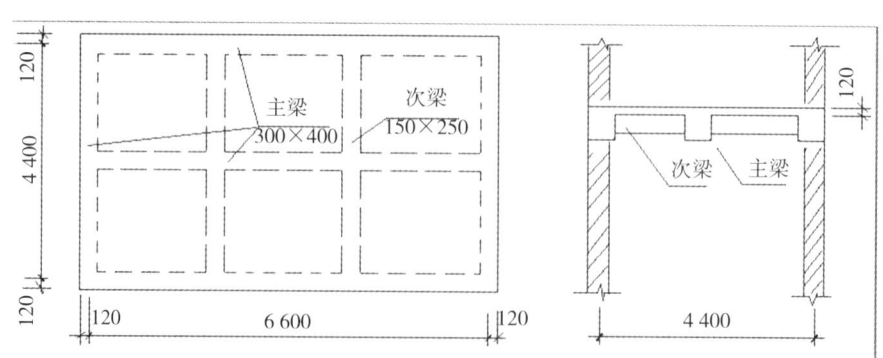

图 16.1　带梁天棚示意图

【解】顶棚抹灰工程量 = [(6.60−0.24)×(4.40−0.24)+(0.40−0.12)×6.36×2+(0.25−0.12)×(4.40−0.24−0.3)×2×2−(0.25−0.12)×0.15×4]m²

= 31.95 m²

16.1.2　天棚吊顶(编码:011302)

天棚吊顶包括吊顶天棚、格栅吊顶、吊筒吊顶、藤条造型悬挂吊顶、织物软雕吊顶、装饰网架吊顶。

1. 工程量计算规则

(1)吊顶天棚,按设计图示尺寸以水平投影面积"m^2"计算。天棚面中的灯槽及跌级、锯齿形、吊挂式、藻井式天棚面积不展开计算。不扣除间壁墙、检查口、附墙烟囱、柱垛和管道所占面积,扣除单个大于 $0.3\ m^2$ 的孔洞、独立柱及与天棚相连的窗帘盒所占的面积。

吊顶天棚计量

(2)格栅吊顶、吊筒吊顶、藤条造型悬挂吊顶、织物软雕吊顶、装饰网架吊顶,按设计图示尺寸以水平投影面积"m^2"计算。

2. 相关说明

(1)天棚的检查口应在综合单价中考虑,计算工程量时不扣除,但送风口和回风口单独列项计算工程量。天棚面中灯带(槽)已包含在天棚中,不单独列项计算,独立的灯带(槽)单独列项计算。

(2)吊顶的形式如平面、跌级、锯齿形、吊挂式、藻井式等应在项目特征中描述。

(3)吊顶龙骨(见图 16.2)安装应在综合单价中考虑,不另列项计算工程量。

图 16.2　吊顶天棚龙骨施工现场图

16.1.3　采光天棚(编码:011303)

采光天棚工程量计算按框外围展开面积计算。采光天棚骨架应单独按"金属结构"中相关项目编码列项。

16.1.4　天棚其他装饰(编码:011304)

天棚其他装饰包括灯带(槽)、送风口及回风口。

1. 工程量计算规则

(1)灯带(槽),按设计图示尺寸以框外围面积"m^2"计算。此处指独立的灯带(槽),天棚面中灯带(槽)已包含在天棚中,不单独列项计算。

(2)送风口、回风口,按设计图示数量"个"计算。

2. 相关说明

(1)格栅片材料品种有不锈钢格栅、铝合金格栅、玻璃格栅等。

(2)送风口、回风口无论所占面积大小均按数量计算。

【例 16.2】某装饰工程,地面、墙面、天棚的装饰如图 16.3~图 16.6 所示,房间外墙厚度

240 mm。800 mm×800 mm 独立柱 4 根,墙体抹灰厚度 20 mm(门窗占位面积 80 m²,门窗洞口侧壁抹灰 15 m²,柱垛展开面积 11 m²),地砖地面施工完成后尺寸为(12−0.24−0.04)×(18−0.24−0.04)m²。吊顶高度 3 600 mm(窗帘盒占据面积 7 m²),做法:地面 20 厚 1:3 水泥砂浆找平、20 厚 1:2 干性水泥砂浆粘贴玻化砖;玻化砖踢脚线高度 150 mm(门洞宽度合计 4 m);墙面混合砂浆抹灰,乳胶漆一底两面;天棚轻钢龙骨石膏板面刮成品腻子,面罩乳胶漆一底两面;柱面挂贴 30 厚花岗石板,花岗石板和柱结构面之间空隙填灌 50 厚的 1:3 水泥砂浆。根据工程量计算规范计算该装饰工程地面、墙面、天棚等分部分项工程量。

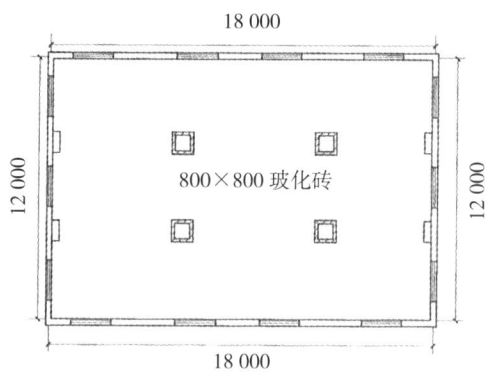

图 16.3   某工程地面示意图

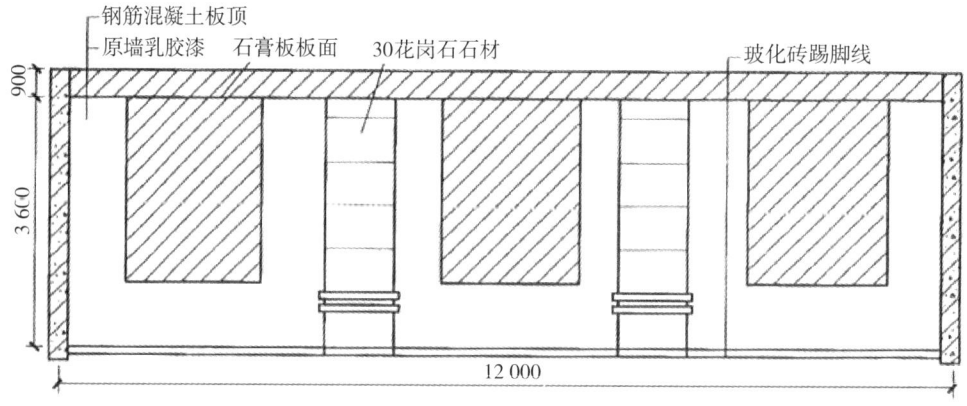

图 16.4   某工程大厅立面图

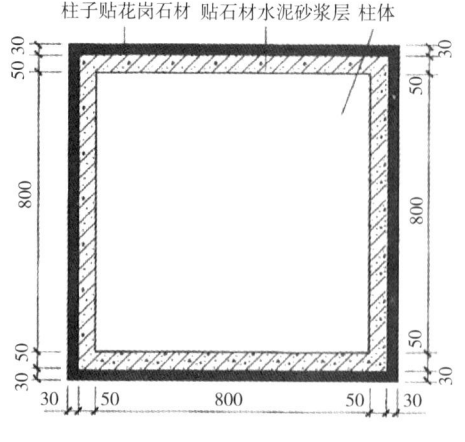

图 16.5   某工程大厅立柱剖面图

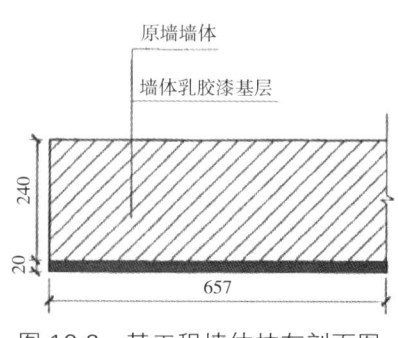

图 16.6   某工程墙体抹灰剖面图

【解】计算结果如表 16.3 所示。

表 16.3　工程量计算表

序号	项目编码	项目名称	计算式	工程量合计	计量单位
1	011102003001	玻化砖地面	$(12-0.24-0.04)\times(18-0.24-0.04)=207.68$。 扣柱占位面积:$(0.8\times0.8)\times4=2.56$。 小计:$207.68-2.56=205.12$	205.12	m²
2	011105003001	玻化砖踢脚线	$[(12-0.24-0.04)+(18-0.24-0.04)]\times2-4(门洞宽度)=54.88$; $54.88\times0.15=8.23$	8.23	m²
3	011201001001	墙面混合砂浆抹灰	$[(12-0.24)+(18-0.24)]\times2\times3.6(高度)-80(门窗洞口占位面积)+11(柱垛展开面积)=143.54$	143.54	m²
4	011205001001	花岗石柱面	柱周长:$[0.8+(0.05+0.03)\times2]\times4=3.84$。 $3.84\times3.6(高度)\times4=55.30$	55.3	m²
5	011302001001	轻钢龙骨石膏板吊顶	$207.68-0.8\times0.8\times4-7(窗帘盒占位面积)=198.12$	198.12	m²
6	011407001001	墙面喷刷乳胶漆	$143.54+15(门窗洞口侧壁)=158.54$	158.54	m²
7	011407002001	天棚喷刷乳胶漆	$207.68-(0.8+0.05\times2+0.03\times2)\times(0.8+0.05\times2+0.03\times2)\times4-7(窗帘盒占位面积)=196.99$	196.99	m²

16.2　清单计价

任务书 16.2

背景资料:结合任务 16.1 及所编制的工程量清单(见表 16.2)。

任务:按控制价要求计算综合单价并填写清单项目计价表。

‖任务实施

任务步骤 1:计价工程量计算见表 16.4。

表 16.4   计价工程量计算表

序号	项目编码	项目名称	计算式	工程量合计	计量单位
1	011301001001	天棚抹灰			m²
2	011302001001	吊顶天棚			m²
3	011302001002	吊顶天棚			m²

任务步骤 2:综合单价计算见表 16.5。

表 16.5   分部分项工程清单综合单价计算表

序号	项目编码	工程项目名称	单位	数量	综合单价 / 元					合价
					人工费	材料费	机械使用费	管理费＋利润（＝人机费×___）	小计(人材机费＋管理费＋利润)	
1	011301001001	天棚抹灰	m²							
2	011302001001	吊顶天棚	m²							
3	011302001002	吊顶天棚	m²							

任务步骤 3:清单计价见表 16.6。

表 16.6　分部分项工程和单价措施项目清单与计价表

序号	项目编码	项目名称	项目特征	计量单位	工程量	金额	
						综合单价	合价
1	011301001001	天棚抹灰	1. 基层类型： 2. 抹灰厚度、材料种类： 3. 砂浆配合比：	m²			
2	011302001001	吊顶天棚	1. 吊顶形式、吊杆规格、高度： 2. 龙骨材料种类、规格、中距： 3. 基层材料种类、规格： 4. 面层材料品种、规格： 5. 压条材料种类、规格： 6. 嵌缝材料种类： 7. 防护材料种类：	m²			
3	011302001002	吊顶天棚	1. 吊顶形式、吊杆规格、高度： 2. 龙骨材料种类、规格、中距： 3. 基层材料种类、规格： 4. 面层材料品种、规格： 5. 压条材料种类、规格： 6. 嵌缝材料种类： 7. 防护材料种类：	m²			

任务 16.2　相关知识点

16.2.1　清单计价指引

清单计价指引如图 16.7 所示。

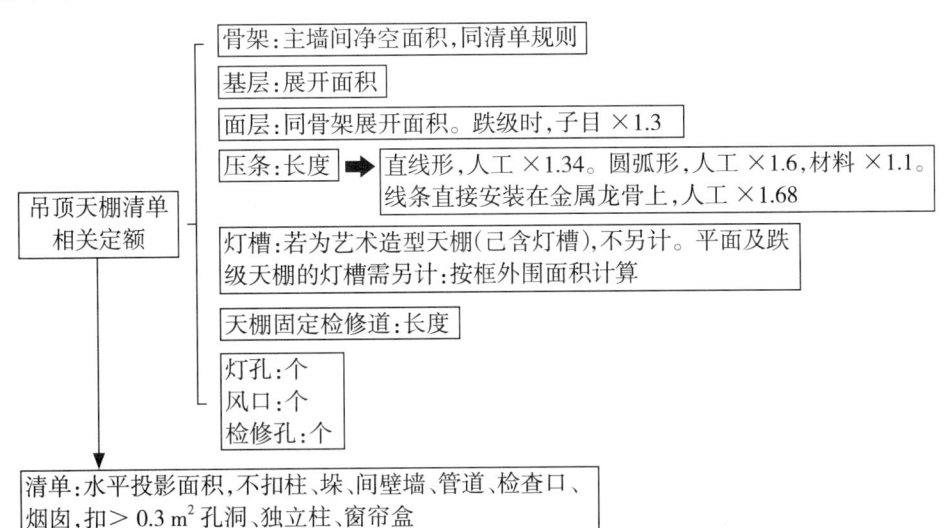

图 16.7　吊顶天棚清单涉及定额示意图

16.2.2　天棚抹灰定额工程量及定额应用有关说明

1. 工程量计算

天棚抹灰工程量如图 16.8 所示。

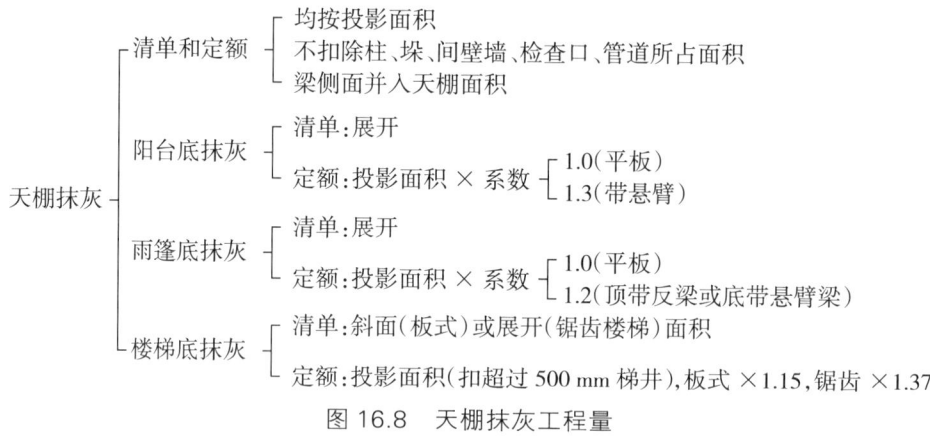

图 16.8　天棚抹灰工程量

（1）一般情况。

天棚抹灰面层定额工程量计算规则与对应清单的工程量计算规则相同（楼梯、阳台、雨篷底面抹灰除外）：按设计结构尺寸以展开面积计算。不扣除间壁墙、垛、柱、附墙烟囱、检查口和管道所占的面积。

（2）楼梯底面抹灰。

清单中：板式楼梯底面抹灰按斜面积计算，锯齿形楼梯底板抹灰按展开面积计算。

定额中：板式楼梯底面抹灰面积（包括踏步、休息平台以及 ≤ 500 mm 宽的楼梯井）按水平投影面积乘以系数 1.15 计算。锯齿形楼梯底板抹灰面积（包括踏步、休息平台以及 ≤ 500 mm 宽的楼梯井）按水平投影面积乘以系数 1.37 计算。

（3）阳台底面抹灰。

清单中：按设计结构尺寸以展开面积计算。

定额中：阳台底面抹灰按水平投影面积计算，并入相应天棚抹灰面积内。阳台如带悬臂梁者，其工程量乘系数 1.30。

（4）雨篷底面抹灰。

清单中：按设计结构尺寸以展开面积计算。

定额中：雨篷底面或顶面抹灰分别按水平投影面积计算，并入相应天棚抹灰面积内。雨篷顶面带反沿或反梁者，其工程量乘以系数 1.20；底面带悬臂梁者，其工程量乘以系数 1.20。

2. 有关说明

（1）抹灰项目中砂浆配合比与设计不同时，可按设计要求予以换算；如设计厚度与定额取定厚度不同时，按相应项目调整。

（2）若混凝土天棚刷素水泥浆或界面剂，按"墙、柱面装饰与隔断工程"相应项目人工乘以系数 1.15。

（3）带密肋小梁和每个井内面积在 5 m² 以内的井字梁天棚抹灰，按每 100 m² 增加 3.96 工日计算。

(4)楼梯底板抹灰按相应项目执行,其中锯齿形楼梯按相应项目人工乘以系数 1.35。

16.2.3　吊顶天棚定额工程量及定额应用有关说明

吊顶天棚清单项目特征包括天棚龙骨、基层、面层内容,定额中天棚龙骨、基层、面层分别列项编制。

1. 工程量计算

(1)天棚龙骨定额工程量计算规则与吊顶天棚清单的工程量计算规则相同。斜面龙骨按斜面计算。

(2)天棚吊顶的基层和面层定额工程量均按设计图示尺寸以展开面积计算。天棚面中的灯槽及跌级、阶梯式、锯齿形、吊挂式、藻井式天棚面积按展开计算。不扣除间壁墙、垛、柱、附墙烟囱、检查口和管道所占面积,扣除单个 $>0.3\ \mathrm{m}^2$ 的孔洞、独立柱及与天棚相连的窗帘盒所占的面积。

(3)格栅吊顶、藤条造型悬挂吊顶、织物软雕吊顶和装饰网架吊顶定额工程量计算规则与吊顶天棚清单的工程量计算规则相同,按设计图示尺寸以水平投影面积计算。

(4)吊筒吊顶定额工程量以最大外围水平投影尺寸,以矩形面积计算。清单量按设计图示尺寸以水平投影面积计算。

(5)采光棚清单量与定额量计算规则不同。

① 清单:按框外围展开面积计算。

② 定额:成品光棚工程量按成品组合后的外围投影面积计算,其余光棚工程量均按展开面积计算。

光棚的水槽按水平投影面积计算,并入光棚工程量。采光廊架天棚安装按天棚展开面积计算。

(6)灯带(槽)按设计图示尺寸以框外围面积计算。平面天棚和跌级天棚不包括灯光槽的制作安装。灯光槽制作安装应按相应项目执行。吊顶天棚中的艺术造型天棚项目中包括灯光槽的制作安装。

2. 有关说明

(1)吊顶天棚均按天棚龙骨、基层、面层分别列项编制。

(2)天棚分平面天棚、跌级天棚、艺术天棚,判断条件见图 16.9,艺术造型天棚断面示意图如图 16.10 所示。平面天棚和跌级天棚指一般直线形天棚。

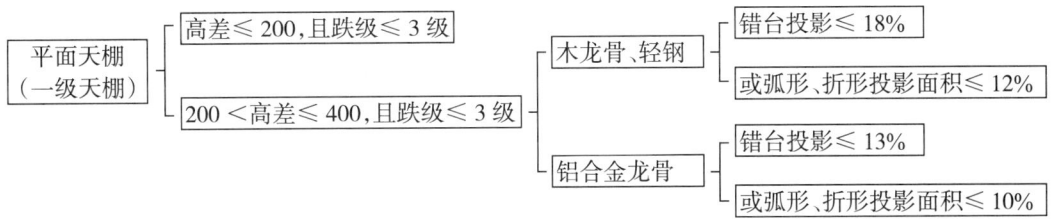

图 16.9　不同天棚判断条件

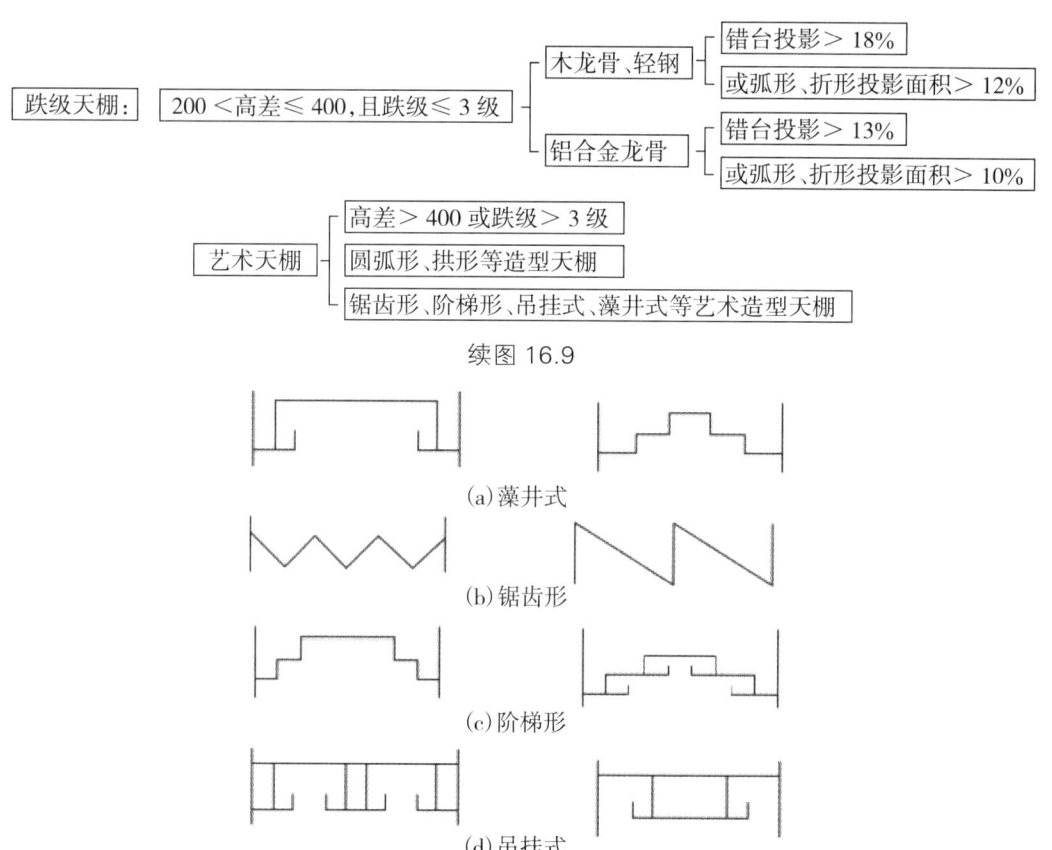

图 16.10　艺术造型天棚断面示意图

（3）龙骨的种类、间距、规格和基层、面层材料的型号、规格是按常用材料和常用做法考虑的，如设计要求不同时，材料可以调整，人工、机械不变。

（4）跌级天棚其面层按相应项目人工乘以系数 1.30。

（5）吊筋安装，如在混凝土板上钻眼、挂筋者，按相应项目每 100 m² 增加人工 3.4 工日；如在砖墙上打洞搁放骨架者，按相应天棚项目每 100 m² 增加人工 1.4 工日；上人型天棚骨架吊筋为射钉者，每 100 m² 应减去人工 0.25 工日，减少吊筋 3.8 kg，钢板增加 27.6 kg，射钉增加 585 个。

（6）轻钢龙骨和铝合金龙骨不上人型吊杆长度为 0.6 m，上人型吊杆长度为 1.4 m。吊杆长度与定额不同时可按实际调整，人工不变。

（7）轻钢龙骨、铝合金龙骨项目中龙骨按双层双向结构考虑，即中、小龙骨紧贴大龙骨底面吊挂，如为单层结构时，即大、中龙骨底面在同一水平上者，人工乘以系数 0.85。

（8）轻钢龙骨、铝合金龙骨项目中，若面层规格与定额不同时，按相近规格的项目执行。

（9）龙骨、基层、面层的防火处理及天棚龙骨的刷防腐油。石膏板刮嵌缝膏、贴绷带，按"油漆、涂料、裱糊工程"相应定额项目执行。

（10）天棚压条、装饰线条，按"其他装饰工程"相应定额项目执行。

（11）格栅吊顶、吊筒吊顶、藤条造型悬挂吊顶、织物软雕吊顶、装饰网架吊顶，龙骨、面层合并列项编制。

（12）采光棚项目未考虑支撑光棚、水槽的受力结构，发生时另行计算。

（13）光棚透光材料有两个排水坡度的为二坡光棚,两个排水坡度以上的为多边形组合光棚。光棚的底边为平面弧形的,每米弧长增加 0.5 工日。

【例 16.3】某客厅天棚尺寸,如图 16.11 所示,为不上人型轻钢龙骨石膏板吊顶,试计算天棚的定额工程量。

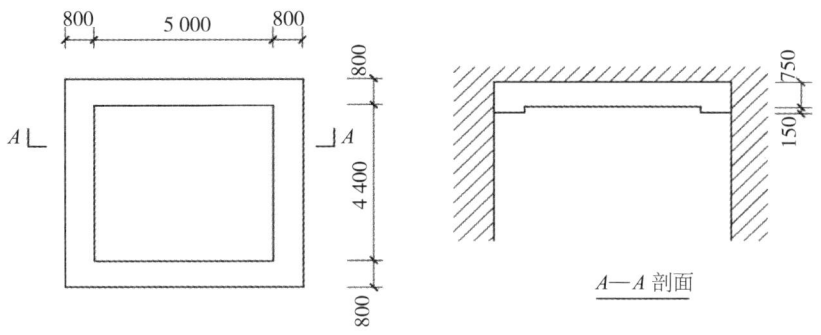

图 16.11　某客厅天棚示意图

【解】高差 150 mm ＜ 200 mm,为一级天棚。

天棚吊龙骨的工程量＝(0.8×2 ＋ 5)×(0.8×2 ＋ 4.4) m² ＝ 39.6 m²

石膏板基层的工程量＝[(0.8×2 ＋ 5)×(0.8×2 ＋ 4.4) ＋ (4.4 ＋ 5)×2×0.15] m²

　　　　　　　　　＝(6.6×6 ＋ 9.4×2×0.15) m²

　　　　　　　　　＝ 42.42 m²

油漆、涂料、裱糊工程计量与计价

YOUQI、TULIAO、BIAOHU GONGCHENG JILIANG YU JIJIA

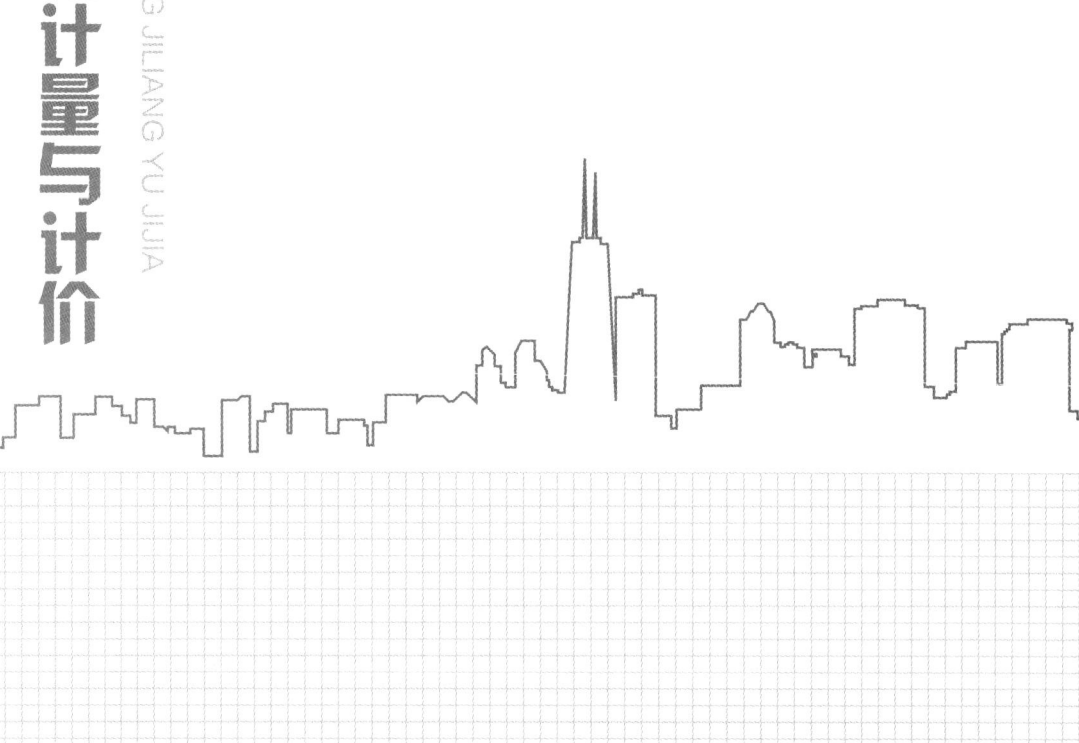

17.1 清单计量

任务书 17.1

背景资料:见任务 15.1(见图 15.1、图 15.2)、任务 16.1,M-1、M-2 均为木门,白胡桃木饰面板,离缝 5 mm;满刮腻子,底漆两遍,聚酯清漆两遍。

任务:编制油漆、涂料、裱糊工程相关的工程量清单。

▌任务实施

任务步骤 1:列项计量,填表 17.1。

表 17.1 清单工程量计算表

序号	项目编码	项目名称	计算式	工程量合计	计量单位
1	011401001001	木门油漆			m²
2	011404001001	木墙裙油漆			m²
3	011404005001	天棚面油漆			m²
4	011406001001	抹灰面油漆(墙面)			m²
5	011406001002	抹灰面油漆(天棚)			m²
6	011407001001	墙面喷刷涂料			m²
7	011407002001	天棚喷刷涂料			m²

任务步骤 2:编制工程量清单,如表 17.2 所示。

表 17.2 清单与计价表

序号	项目编码	项目名称	项目特征	计量单位	工程量	综合单价	合价
1	011401001001	木门油漆	1.门类型: 2.门代号及洞口尺寸: 3.腻子种类: 4.刮腻子遍数: 5.防护材料种类: 6.油漆品种、刷漆遍数:	m²			
2	011404001001	木墙裙油漆	1.腻子种类: 2.刮腻子遍数: 3.防护材料种类: 4.油漆品种、刷漆遍数:	m²			

续表

序号	项目编码	项目名称	项目特征	计量单位	工程量	金额	
						综合单价	合价
3	011404005001	天棚面油漆	1. 腻子种类： 2. 刮腻子遍数： 3. 防护材料种类： 4. 油漆品种、刷漆遍数：	m²			
4	011406001001	抹灰面油漆（墙面）	1. 基层类型： 2. 腻子种类： 3. 刮腻子遍数： 4. 防护材料种类： 5. 油漆品种、刷漆遍数： 6. 部位：	m²			
5	011406001002	抹灰面油漆（天棚）	1. 基层类型： 2. 腻子种类： 3. 刮腻子遍数： 4. 防护材料种类： 5. 油漆品种、刷漆遍数： 6. 部位：	m²			
6	011407001001	墙面喷刷涂料	1. 基层类型： 2. 喷刷涂料部位： 3. 腻子种类： 4. 刮腻子要求： 5. 涂料品种、喷刷遍数：	m²			
7	011407002001	天棚喷刷涂料	1. 基层类型： 2. 喷刷涂料部位： 3. 腻子种类： 4. 刮腻子要求： 5. 涂料品种、喷刷遍数：	m²			

任务 17.1 相关知识点

油漆、涂料、裱糊工程（编码：0114）包括门油漆、窗油漆、木扶手及其他板条（线条）油漆、木材面油漆、金属面油漆、抹灰面油漆、喷刷涂料、裱糊。

17.1.1 门油漆（编码：011401）、窗油漆（编码：011402）

门油漆包括木门油漆、金属门油漆；窗油漆包括木窗油漆、金属窗油漆。

1. 工程量计算规则

木门窗油漆、金属门窗油漆，工程量以"樘"计量，按设计图示数量计量；以"m²"计量，按设计图示洞口尺寸以面积计算。

2. 相关说明

(1) 木门窗油漆应区分木大门、单层木门窗、双层(一玻一纱)木门窗、双层(单裁口)木门窗、全玻自由门、半玻自由门、装饰门及有框门或无框门、双层框三层(二玻一纱)木窗、单层组合窗、双层组合窗、木百叶窗、木推拉窗等项目,分别编码列项。

金属门窗油漆应区分平开门窗、推拉门窗、钢制防火门、固定窗、组合窗、金属格栅窗等项目,分别编码列项。

(2) 以"m²"计量,项目特征可不必描述洞口尺寸。

(3) 门窗油漆工作内容中包括"刮腻子",应在综合单价中考虑,不另计算工程量。

17.1.2　木扶手及其他板条、线条油漆(编码:011403)

木扶手及其他板条、线条油漆包括木扶手油漆,窗帘盒油漆,封檐板及顺水板油漆,挂衣板及黑板框油漆,挂镜线、窗帘棍、单独木线油漆。

1. 工程量计算规则

木扶手油漆,窗帘盒油漆,封檐板及顺水板油漆,挂衣板及黑板框油漆,挂镜线、窗帘棍、单独木线油漆,按设计图示尺寸以长度"m"计算。

2. 相关说明

(1) 木扶手应区分带托板与不带托板,分别编码列项,若是木栏杆带扶手,木扶手不应单独列项,应包含在木栏杆油漆中。

(2) 工作内容中包括"刮腻子",应在综合单价中考虑,不另计算工程量。

17.1.3　木材面油漆(编码:011404)

木材面油漆包括木护墙、木墙裙油漆,窗台板、筒子板、盖板、门窗套、踢脚线油漆,清水板条天棚、檐口油漆,木方格吊顶天棚油漆,吸音板墙面、天棚面油漆,暖气罩油漆,其他木材面油漆,木间壁、木隔断油漆,玻璃间壁露明墙筋油漆,木栅栏、木栏杆(带扶手)油漆,衣柜、壁柜油漆,梁柱饰面油漆,零星木装修油漆,木地板油漆,木地板烫硬蜡面。

1. 工程量计算规则

(1) 木护墙、木墙裙油漆,窗台板、筒子板、盖板、门窗套、踢脚线油漆,清水板条天棚、檐口油漆,木方格吊顶天棚油漆,吸音板墙面、天棚面油漆,暖气罩油漆及其他木材面油漆的工程量均按设计图示尺寸以面积"m²"计算。

(2) 木间壁及木隔断油漆、玻璃间壁露明墙筋油漆、木栅栏及木栏杆(带扶手)油漆,按设计图示尺寸以单面外围面积"m²"计算。

(3) 衣柜及壁柜油漆、梁柱饰面油漆、零星木装修油漆,按设计图示尺寸以油漆部分展开面积"m²"计算。

(4) 木地板油漆、木地板烫硬蜡面,按设计图示尺寸以面积"m²"计算。空洞、空圈、暖气包槽、壁龛的开口部分并入相应的工程量内。

2. 相关说明

木栏杆(带扶手)油漆,扶手油漆在综合单价中考虑,不单独列项计算工程量。

17.1.4　金属面油漆(编码:011405)

金属面油漆以"t"计量,按设计图示尺寸以质量计算;以"m²"计量,按设计展开面积计算。

17.1.5　抹灰面油漆(编码:011406)

抹灰面油漆包括抹灰面油漆、抹灰线条油漆、满刮腻子。

1. 工程量计算规则

(1)抹灰面油漆,按设计图示尺寸以面积"m²"计算。

(2)抹灰线条油漆,按设计图示尺寸以长度"m"计算。

(3)满刮腻子,按设计图示尺寸以面积"m²"计算。

2. 相关说明

满刮腻子适用于单独刮腻子的情况。其他凡工作内容中含刮腻子的项目,刮腻子应在综合单价中考虑,均不单独列项计算工程量。

17.1.6　喷刷涂料(编码:011407)、裱糊(编码:011408)

喷刷涂料包括墙面喷刷涂料、天棚喷刷涂料、空花格及栏杆刷涂料、线条刷涂料、金属构件刷防火涂料、木材构件喷刷防火涂料。喷刷墙面涂料部位要注明内墙或外墙。裱糊包括墙纸裱糊、织锦缎裱糊。

1. 工程量计算规则

(1)墙面、天棚喷刷涂料或裱糊,按设计图示尺寸以面积"m²"计算。

(2)空花格、栏杆刷涂料,按设计图示尺寸以单面外围面积计算。

(3)线条刷涂料,按设计图示尺寸以长度"m"计算。

(4)金属构件刷防火涂料以"t"计量,按设计图示尺寸以质量计算;以"m²"计量,按设计展开面积计算。

(5)木材构件喷刷防火涂料以"m²"计量,按设计图示尺寸以面积计算。

2. 相关说明

喷刷墙面涂料部位要注明内墙或外墙。

【例 17.1】某建筑如图 17.1 所示,外墙刷真石漆墙面,木连窗门(见图 17.2),木门窗,居中立樘,框厚 80 mm,墙厚 240 mm。试计算外墙真石漆工程量、门窗油漆工程量。

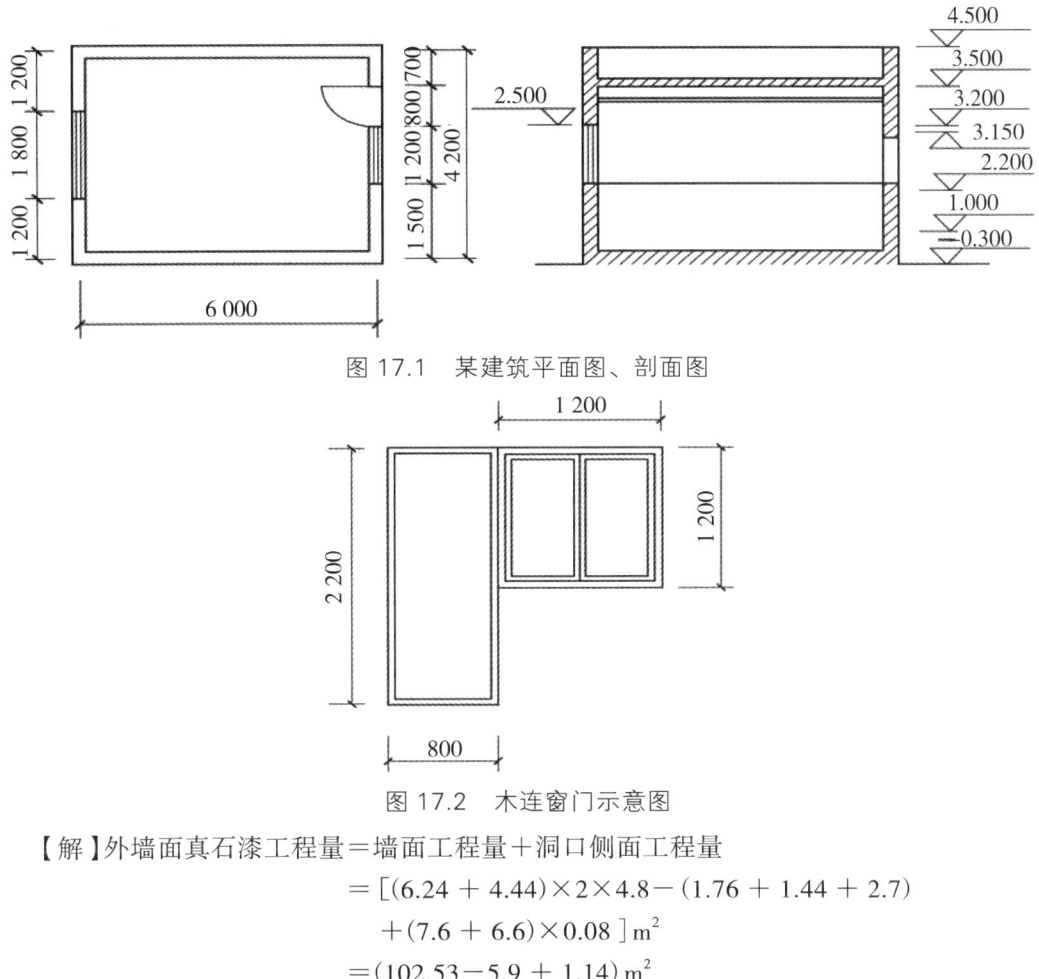

图 17.1　某建筑平面图、剖面图

图 17.2　木连窗门示意图

【解】外墙面真石漆工程量＝墙面工程量＋洞口侧面工程量

$$= [(6.24 + 4.44) \times 2 \times 4.8 - (1.76 + 1.44 + 2.7)$$
$$+ (7.6 + 6.6) \times 0.08] \, \text{m}^2$$
$$= (102.53 - 5.9 + 1.14) \, \text{m}^2$$
$$= 97.77 \, \text{m}^2$$

门油漆工程量 $= 0.8 \times 2.2 \, \text{m}^2 = 1.76 \, \text{m}^2$

窗油漆工程量 $= (1.8 \times 1.5 + 1.2 \times 1.2) \, \text{m}^2 = 4.14 \, \text{m}^2$

17.2　清单计价

任务书 17.2

背景资料：结合任务 17.1 及所编制的工程量清单（见表 17.2）。

任务：按控制价要求计算综合单价并填写清单项目计价表。

任务实施

任务步骤 1:计价工程量计算见表 17.3。

表 17.3　计价工程量计算表

序号	项目编码	项目名称	计算式	工程量合计	计量单位
1	011401001001	木门油漆			m²
2	011404001001	木墙裙油漆			m²
3	011404005001	天棚面油漆			m²
4	011406001001	抹灰面油漆(墙面)			m²
5	011406001002	抹灰面油漆(天棚)			m²
6	011407001001	墙面喷刷涂料			m²
7	011407002001	天棚喷刷涂料			m²

任务步骤 2:综合单价计算见表 17.4。

表 17.4　分部分项工程清单综合单价计算表

序号	项目编码	工程项目名称	单位	数量	综合单价／元					合价
					人工费	材料费	机械使用费	管理费＋利润(＝人机费×____)	小计(人材机费＋管理费＋利润)	
1	011401001001	木门油漆	m²							
2	011404001001	木墙裙油漆	m²							
3	011404005001	天棚面油漆	m²							
4	011406001001	抹灰面油漆(墙面)	m²							
5	011406001002	抹灰面油漆(天棚)	m²							
6	011407001001	墙面喷刷涂料	m²							
7	011407002001	天棚喷刷涂料	m²							

任务步骤 3:清单计价见表 17.5。

表 17.5　分部分项工程和单价措施项目清单与计价表

序号	项目编码	项目名称	项目特征	计量单位	工程量	金额	
						综合单价	合价
1	011401001001	木门油漆	1. 门类型: 2. 门代号及洞口尺寸: 3. 腻子种类: 4. 刮腻子遍数: 5. 防护材料种类: 6. 油漆品种、刷漆遍数:	m²			
2	011404001001	木墙裙油漆	1. 腻子种类: 2. 刮腻子遍数: 3. 防护材料种类: 4. 油漆品种、刷漆遍数:	m²			
3	011404005001	天棚面油漆	1. 腻子种类: 2. 刮腻子遍数: 3. 防护材料种类: 4. 油漆品种、刷漆遍数:	m²			
4	011406001001	抹灰面油漆（墙面）	1. 基层类型: 2. 腻子种类: 3. 刮腻子遍数: 4. 防护材料种类: 5. 油漆品种、刷漆遍数: 6. 部位:	m²			
5	011406001002	抹灰面油漆（天棚）	1. 基层类型: 2. 腻子种类: 3. 刮腻子遍数: 4. 防护材料种类: 5. 油漆品种、刷漆遍数: 6. 部位:	m²			
6	011407001001	墙面喷刷涂料	1. 基层类型: 2. 喷刷涂料部位: 3. 腻子种类: 4. 刮腻子要求: 5. 涂料品种、喷刷遍数:	m²			
7	011407002001	天棚喷刷涂料	1. 基层类型: 2. 喷刷涂料部位: 3. 腻子种类: 4. 刮腻子要求: 5. 涂料品种、喷刷遍数:	m²			

任务 17.2 相关知识点

定额工程量及定额应用有关说明:

油漆、涂料、裱糊工程定额包括木门油漆,木扶手及其他板条、线条油漆,其他木材面油漆,金属面油漆,抹灰面油漆,喷刷涂料,裱糊。

17.2.1　一般规定

(1)当设计与定额取定的喷、涂、刷遍数不同时,可按相应每增加一遍项目进行调整。

(2)油漆、涂料定额中均已考虑刮腻子。当抹灰面油漆、喷刷涂料设计与定额取定的刮腻子遍数不同时,可按喷刷涂料一节中刮腻子每增减一遍项目进行调整。喷刷涂料一节中刮腻子项目仅适用于单独刮腻子工程。

(3)附着安装在同材质装饰面上的木线条、石膏线条等油漆、涂料,与装饰面同色者,并入装饰面计算;与装饰面分色者,单独计算。

(4)门窗套、窗台板、腰线、压顶、扶手(栏板上扶手)等抹灰面刷油漆、涂料,与整体墙面同色者,并入墙面计算;与整体墙面分色者,单独计算,按墙面相应项目执行,其中人工乘以系数1.43。

(5)纸面石膏板等装饰板材面刮腻子刷油漆、涂料,按抹灰面刮腻子刷油漆、涂料相应项目执行。

(6)附墙柱抹灰面喷刷油漆、涂料、裱糊,按墙面相应项目执行;独立柱抹灰面喷刷油漆、涂料、裱糊,按墙面相应项目执行。其中人工乘以系数1.2。

17.2.2　木材面油漆

1. 木门油漆工程

执行单层木门油漆的定额项目,其定额工程量计算规则与清单不同,其定额工程量计算规则及相应系数见表17.6。多面涂刷按单面计算工程量。

表17.6　工程量计算规则和系数表

	项目	系数	工程量计算规则(设计图示尺寸)
1	单层木门	1.00	门洞口面积
2	单层半玻门	0.85	
3	单层全玻门	0.75	
4	半截百叶门	1.50	
5	全百叶门	1.70	
6	厂库房大门	1.10	
7	纱门扇	0.80	
8	特种门(包括冷藏门)	1.00	
9	装饰门扇	0.90	扇外围尺寸面积
10	间壁、隔断	1.00	单面外围面积
11	玻璃间壁露明墙筋	0.80	
12	木栅栏、木栏杆(带扶手)	0.90	

2. 木扶手及其他板条、线条油漆工程

(1)木线条油漆按设计图示尺寸以长度计算。

(2)执行木扶手(不带托板)油漆的定额项目,其定额工程量计算规则与清单不同,其定额工程量计算规则及相应系数见表 17.7。

表 17.7　工程量计算规则和系数表

	项目	系数	工程量计算规则(设计图示尺寸)
1	木扶手(不带托板)	1.00	延长米
2	木扶手(带托板)	2.50	
3	封檐板、博风板	1.70	
4	黑板框、生活园地框	0.50	

3. 其他木材面油漆工程

(1)执行其他木材面油漆的定额项目,其定额工程量计算规则与清单不同,其定额工程量计算规则及相应系数见表 17.8。

表 17.8　工程量计算规则和系数表

	项目	系数	工程量计算规则(设计图示尺寸)
1	木板、胶合板天棚	1.00	长 × 宽
2	屋面板带檩条	1.10	斜长 × 宽
3	清水板条檐口天棚	1.10	长 × 宽
4	吸音板(墙面或天棚)	0.87	
5	鱼鳞板墙	2.40	
6	木护墙、木墙裙、木踢脚	0.83	
7	窗台板、窗帘盒	0.83	
8	出入口盖板、检查口	0.87	
9	壁橱	0.83	展开面积
10	木屋架	1.77	跨度(长)× 中高 ×1/2
11	以上未包括的其余木材面油漆	0.83	展开面积

(2)木地板油漆按设计图示尺寸以面积计算,空洞、空圈、暖气包槽、壁龛的开口部分并入相应的工程量内。

(3)木龙骨刷防火、防腐涂料按设计图示尺寸以龙骨架投影面积计算。

(4)基层板刷防火、防腐涂料按实际涂刷面积计算。

(5)油漆面抛光打蜡按相应刷油部位油漆工程量计算规则计算。

4. 木材面油漆其他说明

(1)油漆浅、中、深各种颜色已在定额中综合考虑,颜色不同时,不另行调整。

(2)定额综合考虑了在同一平面上的分色,但美术图案需另外计算。

（3）木材面硝基清漆项目中每增加刷理漆片一遍项目和每增加硝基清漆一遍项目均适用于三遍以内。

（4）木材面聚酯清漆、聚酯色漆项目，当设计与定额取定的底漆遍数不同时，可按每增加聚酯清漆（或聚酯色漆）一遍项目进行调整，其中聚酯清漆（或聚酯色漆）调整为聚酯底漆，消耗量不变。

（5）木材面刷底油一遍、清油一遍可按相应底油一遍、熟桐油一遍项目执行，其中熟桐油调整为清油，消耗量不变。

（6）木门、木扶手、其他木材面等刷漆，按熟桐油、底油、生漆两遍项目执行。

（7）墙面真石漆、氟碳漆项目不包括分格嵌缝，当设计要求做分格嵌缝时，费用另行计算。

17.2.3　金属面油漆

1. 定额适用范围

湖北 2018 装饰定额中的金属面油漆应该适用不属于金属结构构件的金属面油漆以及安装定额中未包含的金属结构油漆。

金属结构等的刷油（油漆涂料）套用安装定额相应项目，安装定额中未包含的金属结构油漆均在装饰册列项。

安装定额中金属结构的刷油，分大型型钢、管廊、一般钢结构：

（1）大型型钢：H 型钢结构及任何一边大于 300 mm 的型钢，以"10 m²"为计量单位。

（2）管廊：除管廊上的平台、栏杆、梯子以及大型型钢以外的钢结构均为管廊，以"100 kg"为计量单位。

（3）一般钢结构：除大型型钢和管廊以外的其他钢结构，如：平台、栏杆、梯了、管道支吊架及其他金属构件等，均以"100 kg"为计量单位。

（4）由钢管组成的金属结构，执行管道相应子目，人工乘以系数 1.2。

2. 工程量计算规则

（1）执行金属面油漆、涂料定额项目，其定额工程量按设计图示尺寸以展开面积计算（此时与清单规则相同，清单还可按构件质量计量）。质量在 500 kg 以内的单个金属构件，可参考表 17.9 中相应的系数，将质量(t)折算为面积。

表 17.9　质量折算面积参考系数表　　　　　　单位：m²/t

	项目	系数
1	钢栅栏门、栏杆、窗栅	64.98
2	钢爬梯	44.84
3	踏步式钢扶梯	39.90
4	轻型屋架	53.20
5	零星铁件	58.00

（2）执行金属平板屋面、镀锌铁皮面（涂刷磷化、锌黄底漆）油漆的定额项目，其定额工程量计算规则与清单不同，其定额工程量计算规则及相应的系数见表 17.10。多面涂刷按单面计

算工程量。

表 17.10　工程量计算规则和系数表

	项目	系数	工程量计算规则（设计图示尺寸）
1	平板屋面	1.00	斜长 × 宽
2	瓦垄板屋面	1.20	
3	排水、伸缩缝盖板	1.05	展开面积
4	吸气罩	2.20	水平投影面积
5	包镀锌薄钢板门	2.20	门窗洞口面积

3. 有关说明

（1）当设计要求金属面刷两遍防锈漆时，按金属面刷防锈漆一遍项目执行，其中人工乘以系数 1.74，材料均乘以系数 1.90。

（2）金属面油漆项目均考虑了手工除锈，如实际为机械除锈，另按"金属结构工程"中相应项目执行，油漆项目中的除锈用工亦不扣除。

17.2.4　抹灰面油漆、涂料、裱糊工程

1. 工程量计算规则

（1）抹灰面油漆、涂料（另做说明的除外）、裱糊定额工程量计算规则与清单系统，均按设计图示尺寸以面积计算。

（2）踢脚线刷耐磨漆按设计图示尺寸以长度计算。

（3）槽形底板、混凝土折瓦板、有梁板底、密肋梁板底、井字梁板底刷油漆、涂料按设计图示尺寸以展开面积计算。

（4）墙面及天棚面刷石灰油浆、白水泥、石灰浆、石灰大白浆、普通水泥浆、可赛银浆、大白浆等涂料工程量按抹灰面积工程量计算规则。

（5）混凝土花格窗、栏杆花饰刷（喷）油漆、涂料按设计图示洞口面积计算。

（6）天棚、墙、柱面基层板缝粘贴胶带纸按相应天棚、墙、柱面基层板面积计算。

2. 有关说明

（1）木龙骨刷防火涂料按四面涂刷考虑，木龙骨刷防腐涂料按一面（接触结构基层面）涂刷考虑。

（2）金属面防火涂料项目按涂料密度 500 kg/m³ 和项目中注明的涂刷厚度计算，当设计与定额取定的涂料密度、涂刷厚度不同时，防火涂料消耗量可做调整。

（3）艺术造型天棚吊顶、墙面装饰的基层板缝粘贴胶带，按相应项目执行，人工乘以系数 1.2。

工作手册18

措施项目计量与计价

CUOSHI XIANGMU JILIANG YU JIJIA

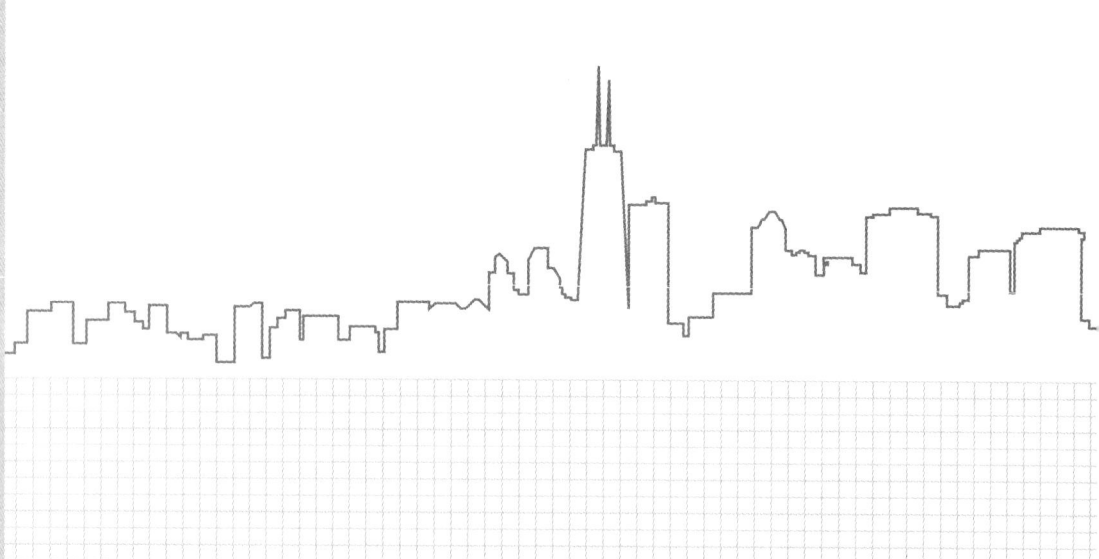

18.1　清单计量

任务书 18.1

背景资料:如图 18.1 所示,某框架剪力墙结构建筑物,管桩基础,土方开挖需要考虑地下水降水处理。地下两层层高 4.5 m,地上 9 层(1~5 层层高 4.0 m,6~9 层层高 3.0 m),檐口标高 32.00 m,室内外地坪高差 0.6 m。地下室每层建筑面积为 2 000 m²;1~7 层每层建筑面积为 1 000 m²,8~9 层每层建筑面积为 600 m²,屋顶楼梯间建筑面积为 100 m²。

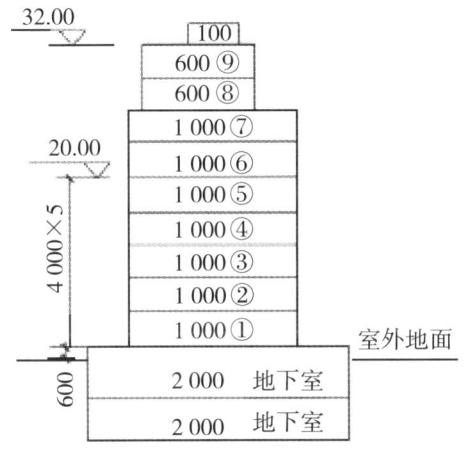

图 18.1　某建筑物示意图

任务:编制单价措施项目相关的工程量清单。

任务实施

任务步骤 1:列项计量,填表 18.1。

表 18.1　清单工程量计算表

序号	项目编码	项目名称	计算式	工程量合计	计量单位
1	011701001001	综合脚手架			m²
2	011703001001	垂直运输			m²
3	011704001001	超高施工增加			m²
4	011705001001	大型机械进出场			台次
5	011705001002	大型机械进出场			台次
6	011705001003	大型机械进出场			台次
7	011705001004	大型机械进出场			台次
8	011706001001	成井			m

任务步骤 2:编制工程量清单,如表 18.2 所示。

表 18.2 清单与计价表

序号	项目编码	项目名称	项目特征	计量单位	工程量	金额	
						综合单价	合价
1	011701001001	综合脚手架	1. 建筑结构形式: 2. 檐口高度:	m²			
2	011703001001	垂直运输	1. 建筑物建筑类型及结构形式: 2. 地下室建筑面积: 3. 建筑物檐口高度、层数:	m²			
3	011704001001	超高施工增加	1. 建筑物建筑类型及结构形式: 2. 建筑物檐口高度、层数:	m²			
4	011705001001	大型机械进出场	1. 机械设备名称: 2. 机械设备规格型号:	台次			
5	011705001002	大型机械进出场	1. 机械设备名称: 2. 机械设备规格型号:	台次			
6	011705001003	大型机械进出场	1. 机械设备名称: 2. 机械设备规格型号:	台次			
7	011705001004	大型机械进出场	1. 机械设备名称: 2. 机械设备规格型号:	台次			
8	011706001001	成井	1. 成井方式: 2. 地层情况: 3. 成井直径: 4. 井(滤)管类型、直径:	m			

任务 18.1 相关知识点

措施项目(编码:0117)包括脚手架工程、混凝土模板及支架(撑)、垂直运输、超高施工增加、大型机械设备进出场及安拆、施工降水及排水、安全文明施工及其他措施项目。措施项目可以分为两类:一类是可以计算工程量的措施项目(即单价措施项目),如脚手架、混凝土模板及支架(撑)、垂直运输、超高施工增加、大型机械设备进出场及安拆、施工降水及排水等;另一类是不方便计算工程量的措施项目(即总价措施项目,可采用费率计取的措施项目),如安全文明施工费等。

18.1.1 脚手架工程(编码:011701)

脚手架工程包括综合脚手架、外脚手架、里脚手架、悬空脚手架、挑脚手架、满堂脚手架、整体提升架、外装饰吊篮。

1. 工程量计算规则

(1)综合脚手架,按建筑面积"m²"计算。项目特征描述:建筑结构形式,檐口高度。

(2)外脚手架、里脚手架、整体提升架、外装饰吊篮,按所服务对象的垂直投影面积"m²"计算。

(3)悬空脚手架、满堂脚手架,按搭设的水平投影面积"m²"计算。

(4)挑脚手架,按搭设长度乘以搭设层数以延长米"m"计算。

2. 相关说明

(1)综合脚手架针对整个房屋建筑的土建和装饰装修部分。在编制清单项目时,当列出了综合脚手架项目时,不得再列出外脚手架、里脚手架等单项脚手架项目。综合脚手架适用于能够按《建筑工程建筑面积计算规范》GB/T 50353计算建筑面积的建筑工程脚手架,不适用于房屋加层、构筑物及附属工程脚手架。

综合脚手架项目未综合的内容,可另行使用单项脚手架项目补充。

房屋附属工程、修缮工程以及其他不适宜使用综合脚手架项目的,应使用单项脚手架项目编码列项。

与外脚手架一起设置的接料平台(上料平台),应包括在建筑物外脚手架项目中,不单独编码列项。

斜道(上下脚手架人行通道),应单独编码列项,不包括在安全施工项目(总价措施项目)中。

安全网的形式,指在外脚手架上发生的平挂网、立挂网、挑出网和密目式立网,应单独编码列项;"四口""五临边"防护用的安全网,已包括在安全施工项目(总价措施项目)中,不单独编码列项。

现浇混凝土板(含各种悬挑板)以及有梁板的板下梁、各种悬挑板中的梁和挑梁,不单独计算脚手架。

计算了整体工程外脚手架的建筑物,其四周外围的现浇混凝土梁、框架梁、墙和砌筑墙体,不另计算脚手架。

单项脚手架的起始高度:石砌体高度 > 1 m时,计算砌体砌筑脚手架。 各种基础高度 > 1 m时,计算基础施工的相应脚手架。 室内结构净高 > 3.6 m时,计算天棚装饰脚手架。 其他脚手架,脚手架搭设高度 > 1.2 m时,计算相应脚手架。

计算各种单项脚手架时,均不扣除门窗洞口、空圈等所占面积。

搭设脚手架,应包括落地脚手架下的平土、挖坑或安底座,外挑式脚手架下型钢平台的制作和安装,附着于外脚手架的上料平台、挡板、护身栏杆的敷设,脚手架作业层铺设木(竹)脚手板等工作内容。脚手架基础,实际需要时,应综合于相应脚手架项目中,不单独编码列项。

(2)同一建筑物有不同的檐高时,按建筑物竖向切面分别按不同檐高编列清单项目。

建筑物的檐口高度是指设计室外地坪至檐口滴水的高度(平屋顶系指屋面板底高度)。突出主体建筑物屋顶的电梯机房、楼梯出口间,水箱间、瞭望塔、排烟机房等不计入檐口高度。

编制综合脚手架清单时不同檐高分割标准可参考定额规定:同一建筑物有不同檐高且上层建筑面积小于下层建筑面积50%时,纵向分割,分别计算建筑面积,并按各自的檐高执行相应项目。

(3)整体提升架包括2 m高的防护架体设施。

(4)满堂脚手架应按搭设方式、搭设高度、脚手架材质分别列项。根据《房屋建筑与装饰工程消耗量定额》TY01–31–2015的规定,满堂脚手架高度在3.6 ~ 5.2 m时计算基本层,5.2 m以外,每增加1.2 m计算一个增加层,不足0.6 m按一个增加层乘以系数0.5计算。

一般情况,建筑工程不单独列项满堂脚手架清单项目,其费用计入综合脚手架清单之中。

(5)脚手架材质可以不描述,但应注明由投标人根据工程实际情况按照国家现行标准《建

筑施工扣件式钢管脚手架安全技术规范》JGJ 130、《建筑施工附着升降脚手架管理暂行规定》（建建〔2000〕230号）等规范自行确定。

（6）脚手架按垂直投影面积计算工程量时，不应扣除门窗洞口、空圈等所占面积。工作内容中包括上料平台的，在综合单价中考虑，不单独编码列项。

18.1.2　垂直运输(编码:011703)

垂直运输指施工工程在合理工期内所需垂直运输机械。

1. 工程量计算规则

垂直运输，按建筑面积"m^2"计算，或按施工工期日历天数"天"计算。项目特征描述：建筑物建筑类型及结构形式；地下室建筑面积；建筑物檐口高度、层数。

2. 相关说明

（1）同一建筑物有不同檐高时，按建筑物的不同檐高做纵向分割，分别计算建筑面积，以不同檐高分别编码列项。

（2）垂直运输项目工作内容包括：垂直运输机械的固定装置、基础制作、安装，行走式垂直运输机械轨道的铺设、拆除、摊销。垂直运输设备基础应计入综合单价，不单独编码列项计算工程量，但垂直运输机械的场外运输及安拆按大型机械设备进出场及安拆编码列项计算工程量。

（3）大型机械基础应补充编制清单项目，大型机械基础指大型机械安装就位所需要的基础及固定装置的制作、铺设、安装和拆除等工作内容。

18.1.3　超高施工增加(编码:011704)

单层建筑物檐口高度超过20 m，多层建筑物超过6层时（计算层数时，地下室不计入层数），可按超高部分的建筑面积计算超高施工增加。

1. 工程量计算规则

超高施工增加，按建筑物超高部分的建筑面积"m^2"计算。项目特征描述：建筑物建筑类型及结构形式；建筑物檐口高度、层数；单层建筑物檐口高度超过20 m，多层建筑物超过6层部分的建筑面积。

2. 相关说明

（1）超高施工增加有两种情况：第一种是已经含在相应的分部分项工程或单价措施项目综合单价内，此时不应单独编码列超高施工增加项目；第二种是没有包含在相应分部分项工程或单价措施项目内的应单独编码列项。

（2）同一建筑物有不同檐高时，可按不同高度的建筑面积分别计算建筑面积，以不同檐高分别编码列项。其工程量计算按建筑物超高部分的建筑面积计算。

（3）超高施工增加项目工作内容包括：建筑物超高引起的人工工效降低以及由于人工工效降低引起的机械降效，高层施工用水加压水泵的安装、拆除及工作台班，通信联络设备的使用及摊销。

18.1.4　大型机械设备进出场及安拆(编码:011705)

大型机械设备进出场及安拆费要单独编码列项,与一般中小型机械不同。一般中小型机械的进出场、安拆的费用已经计入机械台班单价,不应独立编码列项。

1. 工程量计算规则

大型机械设备进出场及安拆,按使用机械设备的数量"台次"计算。项目特征描述:机械设备名称;机械设备规格型号。

2. 相关说明

(1)安拆费包括施工机械、设备在现场进行安装拆卸所需人工、材料、机械和试运转费用以及机械辅助设施的折旧、搭设、拆除等费用。

(2)进出场费包括施工机械、设备整体或分体自停放地点运至施工现场或由一施工地点运至另一施工地点所发生的运输、装卸、辅助材料等费用。

18.1.5　施工排水、降水(编码:011706)

施工排水、降水包括成井、排水及降水。

1. 工程量计算规则

(1)成井,按设计图示尺寸以钻孔深度"m"计算。
(2)排水、降水,按排、降水日历天数"昼夜"计算。

2. 相关说明

(1)相应专项设计不具备时,可按暂估量计算(也可按专业工程暂估价的形式列入其他项目)。

(2)临时排水沟、排水设施安砌、维修、拆除,已包含在安全文明施工和冬雨季施工增加费中。土方工程排地表水已包含在相应项目综合单价之中。不包括在施工排水、降水措施项目中。

18.1.6　安全文明施工及其他措施项目(编码:011707)

安全文明施工及其他措施项目包括安全文明施工、夜间施工及非夜间施工照明、二次搬运、冬雨季施工、地上及地下设施及建筑物的临时保护设施、已完工程及设备保护等。湖北省还可增加房屋建筑和市政基础设施施工现场扬尘污染防治增加费。属于总价措施项目,按项列。不计算工程量。

(1)安全文明施工。安全文明施工(含环境保护、文明施工、安全施工、临时设施),其包含的具体范围如下:

① 环境保护:现场施工机械设备降低噪声、防扰民措施;水泥和其他易飞扬细颗粒建筑材料密闭存放或采取覆盖措施等;工程防扬尘洒水;土石方、建渣外运车辆防护措施等;现场污染源的控制,生活垃圾清理外运、场地排水排污措施;其他环境保护措施。

总价措施项目
费用计算

② 文明施工:"五牌一图";现场围挡的墙面美化(包括内外粉刷、刷白、标语等)、压顶装饰;现场厕所便槽刷白、贴面砖,水泥砂浆地面或地砖,建筑物内临时便溺设施。

其他施工现场临时设施的装饰装修、美化措施:现场生活卫生设施;符合卫生要求的饮水设备、淋浴、消毒等设施;生活用洁净燃料;防煤气中毒、防蚊虫叮咬等措施;施工现场操作场地的硬化;现场绿化、治安综合治理;现场配备医药保健器材、物品和急救人员培训;现场工人的防暑降温、电风扇、空调等设备及用电;其他文明施工措施。

③ 安全施工:安全资料、特殊作业专项方案的编制,安全施工标志的购置及安全宣传;"三宝"(安全帽、安全带、安全网)、"四口"(楼梯口、电梯井口、通道口、预留洞口)、"五临边"(阳台围边、楼板围边、屋面围边、槽坑围边、卸料平台两侧),水平防护架、垂直防护架、外架封闭等防护;施工安全用电,包括配电箱三级配电、两级保护装置要求,外电防护措施;起重机、塔吊等起重设备(含井架、门架)及外用电梯的安全防护措施(含警示标志);卸料平台的临边防护、层间安全门、防护棚等设施;建筑工地起重机械的检验检测;施工机具防护棚及其围栏的安全保护设施;施工安全防护通道;工人的安全防护用品、用具购置;消防设施与消防器材的配置;电气保护、安全照明设施;其他安全防护措施。

④ 临时设施:施工现场采用彩色、定型钢板,砖、混凝土砌块等围挡的安砌、维修、拆除;施工现场临时建筑物、构筑物的搭设、维修、拆除,如临时宿舍、办公室、食堂、厨房、厕所、诊疗所、临时文化福利用房、临时仓库、加工场、搅拌台及临时简易水塔、水池等;施工现场临时设施的搭设、维修、拆除,如临时供水管道、临时供电管线、小型临时设施等;施工现场规定范围内临时简易道路铺设,临时排水沟、排水设施安砌、维修、拆除;其他临时设施搭设、维修、拆除。

(2)夜间施工。夜间施工包含的工作内容及范围有:夜间固定照明灯具和临时可移动照明灯具的设置、拆除;夜间施工时,施工现场交通标志、安全标牌、警示灯等的设置、移动、拆除;夜间照明设备及照明用电、施工人员夜班补助、夜间施工劳动效率降低等。

(3)非夜间施工照明。非夜间施工照明包含的工作内容及范围有:为保证工程施工正常进行,在地下室等特殊施工部位施工时所采用的照明设备的安拆、维护、摊销及照明用电等。

(4)二次搬运。由于施工场地条件限制而发生的材料、成品、半成品等一次运输不能到达堆放地点,必须进行的二次或多次搬运。

(5)冬雨季施工。冬雨季施工包含的工作内容及范围有:冬雨(风)季施工时增加的临时设施(防寒保温、防雨、防风设施)的搭设、拆除;冬雨(风)季施工时,对砌体、混凝土等采用的特殊加温、保温和养护措施;冬雨(风)季施工时,施工现场的防滑处理、对影响施工的雨雪的清除;冬雨(风)季施工时增加的临时设施,施工人员的劳动保护用品、冬雨(风)季施工劳动效率降低等。

(6)地上、地下设施、建筑物的临时保护设施。地上、地下设施、建筑物的临时保护设施包含的工作内容及范围有:在工程施工过程中,对已建成的地上、地下设施和建筑物进行的遮盖、封闭、隔离等必要保护措施。

(7)已完工程及设备保护。已完工程及设备保护包含的工作内容及范围有:对已完工程及设备采取的覆盖、包裹、封闭、隔离等必要保护措施。

【例18.1】某高层建筑如图18.2所示,框剪结构,平面尺寸均为外墙外边线尺寸,女儿墙高度为1.8 m,垂直运输,采用自升式塔式起重机及单笼施工电梯。根据工程量计算规范,计算该高层建筑物的综合脚手架、垂直运输、超高施工增加的分部分项工程量。

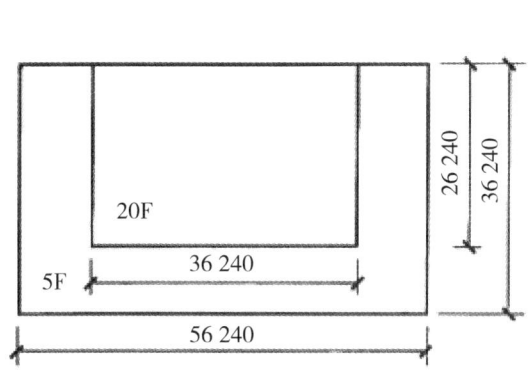
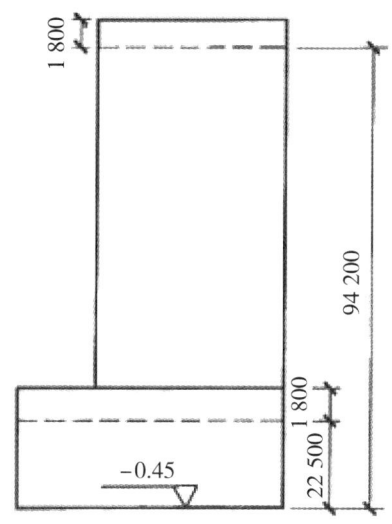

图 18.2　某高层建筑示意图

【解】计算结果如表 18.3 所示。

表 18.3　工程量计算表

序号	项目编码	项目名称	计算式	工程量合计	计量单位
1	011701001001	综合脚手架（檐高 94.20 m 以内）	$S = 26.24 \times 36.24 \times 5 + 36.24 \times 26.24 \times 15 = 4\,754.688 + 14\,264.064 = 19\,018.75$	19 018.75	m²
2	011701001002	综合脚手架（檐高 22.50 m 以内）	$S = (56.24 \times 36.24 - 36.24 \times 26.24) \times 5 = 1\,087.2 \times 5 = 5\,436.00$	5 436.00	m²
3	011703001001	垂直运输（檐高 94.20 m 以内）	同综合脚手架（檐高 94.20 m 以内），$S = 19\,018.75$	19 018.75	m²
4	011703001002	垂直运输（檐高 22.50 m 以内）	同综合脚手架（檐高 22.50 m 以内），$S = 5\,436.00$	5 436.00	m²
5	011704001001	超高施工增加	$S = 36.24 \times 26.24 \times 14 = 13\,313.13$	13 313.13	m²

18.2　清单计价

任务书 18.2

背景资料：结合任务 18.1 及所编制的工程量清单（见表 18.2）。

任务：按控制价要求计算综合单价并填写清单项目计价表。

任务实施

任务步骤 1:计价工程量计算见表 18.4。

表 18.4　计价工程量计算表

序号	项目编码	项目名称	计算式	工程量合计	计量单位
1	011701001001	综合脚手架			m^2
2	011703001001	垂直运输			m^2
3	011704001001	超高施工增加			m^2
4	011705001001	大型机械进出场			台次
5	011705001002	大型机械进出场			台次
6	011705001003	大型机械进出场			台次
7	011705001004	大型机械进出场			台次
8	011706001001	成井			m

任务步骤 2:综合单价计算见表 18.5。

表 18.5　分部分项工程清单综合单价计算表

序号	项目编码	工程项目名称	单位	数量	综合单价/元					合价
					人工费	材料费	机械使用费	管理费＋利润（＝人机费×＿＿＿）	小计(人材机费＋管理费＋利润)	
1	011701001001	综合脚手架	m^2							
2	011703001001	垂直运输	m^2							
3	011704001001	超高施工增加	m^2							
4	011705001001	大型机械进出场	台次							

续表

序号	项目编码	工程项目名称	单位	数量	综合单价／元					合价
					人工费	材料费	机械使用费	管理费＋利润（＝人机费×＿＿）	小计(人材机费＋管理费＋利润)	
5	011705001002	大型机械进出场	台次							
6	011705001003	大型机械进出场	台次							
7	011705001004	大型机械进出场	台次							
8	011706001001	成井	m							

任务步骤 3：清单计价见表 18.6。

表 18.6　分部分项工程和单价措施项目清单与计价表

序号	项目编码	项目名称	项目特征	计量单位	工程量	金额	
						综合单价	合价
1	011701001001	综合脚手架	1.建筑结构形式：框架剪力墙结构。 2.檐口高度：32.6 m	m²			
2	011703001001	垂直运输	1.建筑物建筑类型及结构形式：框架剪力墙结构。 2.地下室建筑面积：4 000 m²。 3.建筑物檐口高度、层数：32.6 m,9层	m²			
3	011704001001	超高施工增加	1.建筑物建筑类型及结构形式：框架剪力墙结构。 2.建筑物檐口高度、层数：32.6 m,9层。 3.多层建筑物超过 6 层部分的建筑面积：2 300 m²	m²			

序号	项目编码	项目名称	项目特征	计量单位	工程量	金额 综合单价	金额 合价
4	011705001001	大型机械进出场	1. 机械设备名称:塔式起重机。 2. 机械设备规格型号:施工方自定	台次			
5	011705001002	大型机械进出场	1. 机械设备名称:施工电梯。 2. 机械设备规格型号:施工方自定	台次			
6	011705001003	大型机械进出场	1. 机械设备名称:挖掘机。 2. 机械设备规格型号:施工方自定	台次			
7	011705001004	大型机械进出场	1. 机械设备名称:工程钻机。 2. 机械设备规格型号:施工方自定	台次			
8	011706001001	成井	1. 成井方式: 2. 地层情况: 3. 成井直径: 4. 井(滤)管类型、直径:	m			

任务 18.2 相关知识点

18.2.1　脚手架工程

18.2.1.1　脚手架定额工程量及定额应用有关说明

1. 脚手架定额适用范围

凡工业与民用建筑所需搭设的脚手架,均按本部分定额执行。

2. 脚手架定额其他说明

(1)脚手架措施定额项目是指施工需要的脚手架搭、拆、运输的工料机消耗。

(2)脚手架措施定额项目材料均按钢管式脚手架编制。

综合脚手架、外脚手架、里脚手架、悬空脚手架、挑脚手架、满堂脚手架、粉饰脚手架中的钢管、扣件、底座及顶丝均按租赁形式表示,其他含量以自有形式表示;悬空吊篮中的材料以自有形式表示。

(3)各项脚手架消耗量中未包括脚手架基础加固。基础加固是指脚手架立杆下端以下或脚手架底座下皮以下的一切做法。

3. 建筑物檐高

建筑物檐高以设计室外地坪至檐口滴水高度(平屋顶系指屋面板底高度,斜屋面系指外墙外边线与斜屋面板底的交点,球形或曲面屋面系指外墙外边线与曲屋面板底的交点)为准。突出主体建筑屋顶的楼梯间、电梯间、水箱间、屋面天窗等不计入檐口高度之内。阶梯式建筑物按高层的建筑物计算檐高。

2013 计量规范与 2018 定额中关于檐高的规定基本相同,但《建筑抗震设计规范(2016 年版)》中表 6.1.1 所注有所不同:房屋高度指室外地面到主要屋面板板顶的高度(不包括局部突出屋顶部分)。

18.2.1.2　综合脚手架

1. 工程量计算

2018 定额与 2013 计量规范中关于综合脚手架工程量计算规则相同:按设计图示尺寸以建筑面积计算。

综合脚手架
计量

定额规定:同一建筑物有不同檐高且上层建筑面积小于下层建筑面积 50% 时,纵向分割,分别计算建筑面积,并按各自的檐高执行相应项目。

编制综合脚手架清单时不同檐高分割标准可参考定额规定。

2. 综合脚手架内容

(1)综合脚手架定额包括内容:

外墙砌筑及外墙粉饰、3.6 m 以内的内墙砌筑及混凝土浇捣用脚手架,内墙面和天棚粉饰脚手架。

(2)高度在 3.6 m 以外时:

①3.6 m 以外的砖及砌块内墙,按墙长乘以操作高度的面积执行双排外脚手架定额乘以系数 0.3。

② 独立柱、现浇混凝土单(连续)梁、施工高度超过 3.6 m 的框架柱、剪力墙 ,柱、梁、墙分别按柱周长、梁长、墙长乘以操作高度的面积执行双排外架定额项目乘以系数 0.3。

计算范围不包括圈梁、过梁、各种现浇楼板(含有梁板)、楼梯、阳台、雨篷、砼基础、施工高度 ≤ 3.6 m 的框架柱和剪力墙。

③ 高度在 3.6 m 以外的内墙面装饰和天棚装饰可计算满堂脚手架,且墙面装饰按每 100 m² 墙面垂直投影面积增加改架一般技工 1.28 工日(具体见满堂脚手架相关内容)。

3. 综合脚手架应用

(1)一般结构工程。

① 凡单层建筑工程执行单层建筑综合脚手架项目;当檐高超过 6 m(或 10 m),应另套每增加 1 m 定额。

② 二层及二层以上的建筑工程执行多层建筑综合脚手架项目;按总面积,以总檐高套用子目,符合分割条件时,按分割后的面积和檐高套子目。

③ 地下室执行地下室综合脚手架项目。按总面积,以总层数套用子目。

(2)装配式混凝土结构综合脚手架。

装配式混凝土结构综合脚手架按一般结构工程综合脚手架定额相应项目乘以系数 0.85 计算。

(3)钢结构工程综合脚手架。

厂(库)房钢结构工程综合脚手架定额按单层、多层划分项目;住宅钢结构工程综合脚手架定额按檐高划分项目。

① 单层钢结构厂房若檐高超过 6 m,则按每增加 1 m 定额计算。

② 多层钢结构厂房若檐高超过 20 m 或层高超过 6 m,应分别按每增加 1 m 定额计算。

4. 可另执行单项脚手架项目

执行综合脚手架,有下列情况者,可另执行单项脚手架项目。

(1)满堂基础或者高度(垫层上皮至基础顶面)在 1.2 m 以外的混凝土或钢筋混凝土基础,按满堂脚手架基本层定额乘以系数 0.3;高度超过 3.6 m,每增加 1 m 按满堂脚手架增加层定额乘以系数 0.3。

(2)砌筑高度在 1.2 m 以外的屋顶烟囱的脚手架,按设计图示烟囱外围周长另加 3.6 m 乘以烟囱出屋顶高度以面积计算,执行里脚手架项目。

(3)砌筑高度在 1.2 m 以外的管沟墙及砖基础(含砖胎模),按设计图示砌筑长度乘以高度以面积计算,执行里脚手架项目。

(4)幕墙施工的吊篮费用,实际发生时,按批准的施工方案计算。

(5)按照建筑面积计算规范的有关规定未计入建筑面积,但施工过程中需搭设脚手架的施工部位,以及不适宜使用综合脚手架的项目,均可按相应的单项脚手架项目执行。

(6)幕墙脚手架问题。幕墙属于外装修,则其脚手架包含在综合脚手架中。若施工方案要求必须单独搭设专用脚手架,则需专项签证计算。

5. 土建与装饰分割

按建筑面积计算的综合脚手架,是按一个整体工程考虑的,当建筑工程(主体结构)与装饰装修工程不是一个单位施工时,建筑工程综合脚手架按定额子目的 80% 计算,装饰装修工程另按实际使用的单项脚手架或其他脚手架(如:外墙脚手架、粉饰脚手架、满堂脚手架等)计算。

【例 18.2】某 18 层建筑工程檐高 52.55 m(见图 18.3),各层建筑面积如下:1~3 层每层 1 200 m²,4 层 1 000 m²,5~18 层每层 460 m²,地下室 2 层共 3 000 m²。层高均为 2.9 m,室内外高差 0.45 m,4 层处檐高 11.95 m。内墙柱面粉饰 28 792 m²(未扣洞口面积),天棚粉饰 13 028 m²。

计算:① 综合脚手架清单工程量;② 湖北 2018 定额综合脚手架子目工程量。

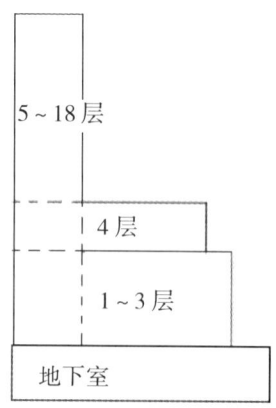

图 18.3　某工程立面示意图

【解】先判断是否需要垂直分割,参照湖北 2018 定额:3 层与 4 层面积相差 < 50%,不需

分割;4 层与 5 层面积相差＞50%,需分割。

(1)综合脚手架清单分割列项,则:

$$地下室综合脚手架工程量 = 3\ 000\ m^2$$

$$综合脚手架檐高\ 52.55\ m\ 工程量 = 460 \times 18\ m^2 = 8\ 280\ m^2$$

综合脚手架檐高 11.95 m 工程量 $= [(1\ 200 - 460) \times 3 + (1\ 000 - 460)]\ m^2 = 2\ 760\ m^2$

(2)综合脚手架子目列项与计量(湖北 2018 定额):

① 多层综合脚手架檐高 60 m 以内 A17–11:$460 \times 18\ m^2 = 8\ 280\ m^2$。

② 多层综合脚手架檐高 20 m 以内 A17–7:$1\ 200 \times 3\ m^2 + 1\ 000\ m^2 - 460 \times 4\ m^2 = 2\ 760\ m^2$。

③ 地下室综合脚手架 2 层 A17–27:$3\ 000\ m^2$。

18.2.1.3　单项脚手架

1. 外脚手架

按外墙外边线长度(含墙垛及附墙井道)乘以外墙高度以面积计算。不扣除门、窗、洞口、空圈等所占面积。同一建筑物高度不同时,应按不同高度分别计算。

外脚手架消耗量中已综合斜道、上料平台、护卫栏杆等。

建筑物外墙脚手架,设计室外地坪至檐口的砌筑高度在 15 m 以下的按单排脚手架计算;砌筑高度在 15 m 以上或砌筑高度虽不足 15 m,但外墙门窗及装饰面积超过外墙表面积 60% 时,执行双排脚手架项目。

围墙脚手架,室外地坪至围墙顶面的砌筑高度在 3.6 m 以内的,按里脚手架执行;砌筑高度在 3.6 m 以外的,执行单排外脚手架项目。

单项脚手架
计量

石砌墙体,砌筑高度在 1.2 m 以外时,执行双排外脚手架项目。

大型设备基础,凡距地坪高度在 1.2 m 以外的,执行双排外脚手架项目。

2. 里脚手架

按墙面垂直投影面积计算,均不扣除门、窗、洞口、空圈等所占面积。

建筑物内墙脚手架,设计室内地坪至板底(或山墙高度的 1/2 处)的砌筑高度在 3.6 m 以内的,执行里脚手架项目。

3. 粉饰脚手架

内墙面粉饰脚手架按内墙面垂直投影面积计算,不扣除门窗洞口所占面积。

层高 3.6 m 以内内墙、柱面、天棚面装饰用架执行 3.6 m 以内墙、柱面及天棚面装饰简易内脚手架(见图 18.4)项目。

高度在 3.6 m 以外,墙面装饰不能利用原砌筑脚手架时,执行内墙面粉饰脚手架项目。

室内凡计算了满堂脚手架,墙面装饰不再计算墙面粉饰脚手架,只按每 100 m² 墙面垂直投影面积增加改架一般技工 1.28 工日。

4. 满堂脚手架(装饰)

(1)满堂脚手架计算条件:

层高超过 3.6 m 天棚,需抹灰、刷油、吊顶等装饰者,可计算满堂脚手架。

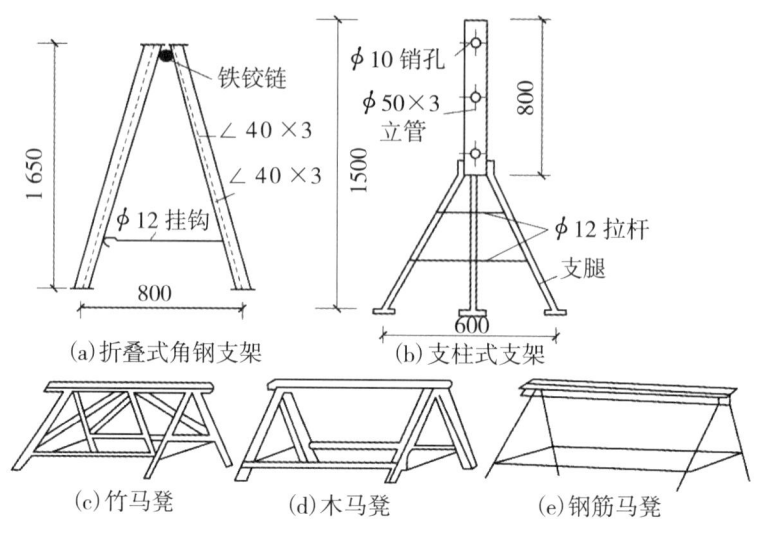

图 18.4　内墙面装饰简易脚手架示意图

(2)计算规则(见图 18.5):

室内净高在 3.6~5.2 m 之间时计算基本层。

室内净高 > 5.2 m,每增加 1.2 m 计算一个增加层。其中:≥ 0.6 m 按一个增加层计算,< 0.6 m 按一个增加层乘以系数 0.5 计算。

满堂脚手架增加层 =(室内净高 −5.2)/1.2。

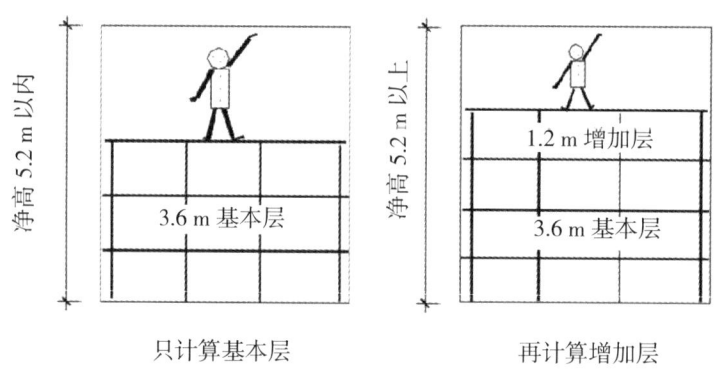

图 18.5　满堂脚手架计算示意图

【例 18.3】某多层建筑物底层层高 9 m,楼板 100 mm 厚,底层室内净面积 300 m^2,天棚需抹灰,试计算底层满堂脚手架定额工程量。

【解】(1)底层净层高 9 m−0.1 m = 8.9 m > 3.6 m,需计算满堂脚手架基本层,工程量 300 m^2。

(2)增加层的计算:8.9 m > 5.2 m,需计算增加层。

(9−5.2)÷1.2 = 3 余 0.2 m,取 3 个增加层 + 0.5 个增加层 = 3.5 个增加层。

$$增加层工程量 = 3.5 \times 300 \ m^2 = 1\ 050 \ m^2$$

5.挑脚手架

挑脚手架(见图 18.6)按搭设长度乘以层数以长度计算。挑脚手架适用于外檐挑檐宽度大于 0.9 m 等部位的局部装饰。

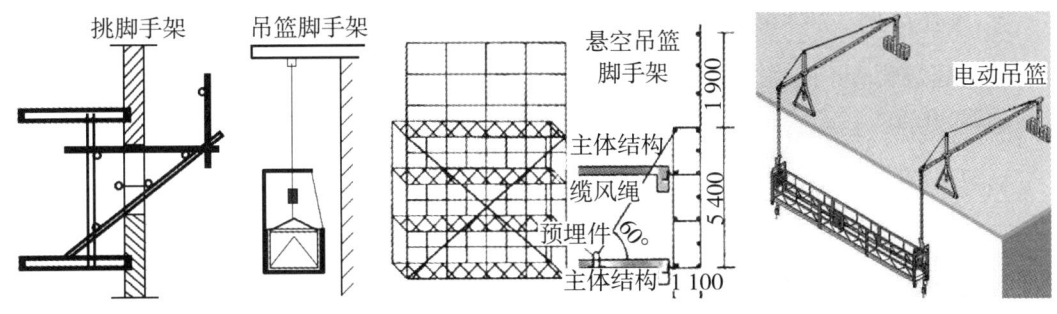

图 18.6　挑脚手架、吊篮脚手架示意图

6. 悬空脚手架

悬空脚手架按搭设水平投影面积计算。悬空脚手架适用于有露明屋架的屋面板勾缝、油漆或喷浆等部位。

7. 整体提升架

整体提升架适用于高层建筑的外墙施工。

整体提升架按提升范围的外墙外边线长度乘以外墙高度以面积计算,不扣除门窗、洞口所占面积。

8. 电梯井架

电梯井架按单孔以座计算。电梯井架每一电梯台数为一孔。

9. 吊篮脚手架

吊篮脚手架(见图 18.6)按外墙垂直投影面积计算,不扣除门窗洞口所占面积。

10. 挑出式安全网

挑出式安全网按挑出的水平投影面积计算。

18.2.2　垂直运输工程

1. 垂直运输定额工作内容

垂直运输定额工作内容包括单位工程在合理工期内完成全部工程项目所需要的垂直运输机械台班,不包括机械的场外往返运输、一次安拆及路基铺垫和轨道铺拆等的费用。

2. 适用范围

除檐高 3.6 m 以内的单层建筑不计算垂直运输机械台班外,其他建筑均应计算垂直运输。

3. 土建与装饰专业分割

按建筑面积计算的垂直运输,是按一个整体工程考虑的,当建筑工程(主体结构)与装饰装修工程不是一个单位施工时,建筑工程垂直运输按定额子目的 80% 计算,装饰装修工程垂直运输按定额子目的 20% 计算。

4. 垂直分割

同一建筑物有不同檐高且上层建筑面积小于下层建筑面积 50% 时，纵向分割，分别计算建筑面积，并按各自的檐高执行相应项目。

5. 工程量计算及定额应用

垂直运输计量

建筑物垂直运输，区分不同建筑物檐高按建筑面积计算。

地下室垂直运输按地下室建筑面积计算。

装配率 ≥ 50% 的装配式混凝土建筑工程执行《装配式混凝土建筑工程垂直运输补充预算定额（试行）》。

厂（库）房钢结构工程的垂直运输费用已包括在相应的安装定额项目内，不另单独计算。住宅钢结构需按对应的垂直运输定额计算。

垂直运输定额按 3.6 m 层高考虑，超过 3.6 m 者，应另计层高超高垂直运输增加费，每超过 1 m，其超高部分按相应套用定额增加 10%，超高不足 1 m 按 1 m 计算。例如：某层层高为 3.9 m，则该层工程量为该层建筑面积 ×1.1。

【例 18.4】某项目檐高 200 m，总建筑面积为 A，其中，第 2 层（层高 4.5 m）建筑面积为 B，第 50 层（层高 4.0 m）建筑面积为 C，如何计算层高超高垂直运输增加费？

【解】该项目垂直运输套用子目为 A18–23（檐高 200 m 以内垂直运输子目），则层高超高垂直运输增加费 $B×0.1 + C×0.1$ 套用 A18–23，即该项目垂直运输费合计为 $A-B-C + 1.1B + 1.1C$，套用 A18–23。

【例 18.5】某项目檐高 200 m，总建筑面积为 A，其中，第二层（层高 4.9 m）建筑面积为 B，第 50 层（层高 4.0 m）建筑面积为 C，如何计算层高超高垂直运输增加费？

【解】该项目垂直运输费合计为 $A-B-C + 1.2B + 1.1C$，套用 A18–23。

垂直运输定额按泵送混凝土考虑，如采用非泵送，垂直运输费按以下方法增加：相应项目乘以调整系数 1.08，再乘以非泵送混凝土数量占全部混凝土数量的百分比。

例如：若 40% 非泵送，则为（工程量 ×40%）× 相应垂直运输子目 ×1.08 +（工程量 ×60%）× 相应垂直运输子目。

基坑支护的水平支撑梁等垂直运输，按经批准的施工组织设计计算。

塔吊基础（见图 18.7）、门架基础等费用未包括在定额内，发生时根据建设方批准的施工方案，按实计算。

图 18.7　某塔吊基础施工

【例 18.6】已知条件见例 18.2,计算垂直运输定额工程量。

【解】先判断是否垂直分割:4 层与 5 层面积相差 > 50%,需分割。

(1)檐高 60 m 以内塔式起重机施工 A18-9:460×18 m^2 = 8 280 m^2。

(2)檐高 20 m 以内塔式起重机施工 A18-5:$(1\ 200 \times 3 + 1\ 000 - 460 \times 4)$ m^2 = 2 760 m^2。

(3)地下室垂直运输 2 层 A18-2:3 000 m^2。

18.2.3　超高施工增加

1. 适用范围

适用于建筑物檐口高度超过 20 m 的项目。

2. 工作内容

工人上下班降低工效、上下楼及自然休息增加时间;垂直运输影响的时间;由于人工降效引起的机械降效;水压不足所发生的加压水泵。

3. 工程量计算及定额应用

分不同檐高,按建筑物超高部分的建筑面积计算。超高部分的建筑面积从室外地面至楼面结构高度 ≥ 20 m 的楼层算起。

装配式混凝土结构工程的建筑物超高增加费按相应项目计算,其中人工消耗量乘以系数 0.7。

装配式钢结构工程的建筑物超高增加费按相应项目计算,其中人工消耗量乘以系数 0.7。

4. 土建与装饰专业分割

按建筑面积计算的建筑物超高增加费,是按一个整体工程(主体结构)考虑的,当建筑工程(主体结构)与装饰装修工程不是一个单位施工时,建筑工程超高增加费按定额子目的 80% 计算,装饰装修工程超高增加费按定额子目的 20% 计算。分割原则同垂直运输。

5. 垂直分割

同一建筑物有不同檐高且上层建筑面积小于下层建筑面积 50% 时,纵向分割,分别计算建筑面积,并按各自的檐高执行相应项目。分割原则同垂直运输。

【例 18.7】已知条件见例 18.2,计算该项目的超高增加费。

【解】$(2.9 \times 7 + 0.45)$ m = 20.75 m > 20 m,从第 8 层开始计算建筑物超高增加费。

判断是否垂直分割:8 层及以上无面积差别,不分割。

檐高 60 m 以内 A19-4:$460 \times (18 - 7)$ m^2 = 5 060 m^2。

18.2.4　大型机械设备进出场及安拆

1. 适用范围

凡需安拆和(或)场外运输,且该费用未计入台班单价的机械,均需计算安拆费及场外运费,主要是安拆复杂、移动需要起重及运输机械的特、大(重)型(包括少数中型)施工机械。湖北运输距离均按 25 km 计算。

利用辅助设施移动的施工机械,其辅助设施(包括基础、底座、固定锚桩、行走轨道枕木等)的折旧、搭设和拆除等费用可单独计算,如塔吊基础等。

安装和拆卸定额工作内容:施工机械在现场进行安装、拆卸所需的人工、材料、机械费、试运转费。

场外运输费用工作内容:机械整体或分体自停放地点运至施工现场(或由一个工地运至另一工地)的运输、装卸、辅助材料费用。

2. 工程量计算

(1)大型机械每安装和拆卸一次费用均以"台次"计算。

(2)大型机械场外运输费用均以"台次"计算。一般情况如下:基地→现场:一次;现场→基地:一次;基地→现场 A:一次;现场 A→现场 B:一次;现场 B→基地:一次。

3. 有关说明

(1)常用大型机械场外运输费(25 km 以内)将机械回程费(指运输大型机械的空车回来的费用)综合到机械费用中。

(2)自升式塔式起重机的安拆高度以塔顶高度 30 m 为准,以后每增加塔身 10 m(每标准节为 2.5 m×4)的安装和拆卸,人工增加 12 个(工日),本机台班 0.5 个(台班)。自升式塔式起重机的附着臂(附墙)安拆费,按人工增加 10 个(工日)/道。

(3)自升式塔式起重机的附着装置运输费用未包括在本定额内,发生时按实计算。

(4)塔式起重机及自升式塔式起重机 25 km 以内运输费是以塔顶高度 30 m 计算的,超过 30 m 时若运输标准节(每标准节为 2.5 m),每 4 个标准节收取人工 1.2 个(工日),8 t 载重汽车 1.2 个(台班),16 t 汽车吊 0.6 个(台班)。

(5)26 km 至 35 km 场外运输按 25 km 以内表列的机械费增加 15%,36 km 起按《湖北省汽车运价规则实施细则》(鄂交运〔2011〕140 号)执行。原表中各子项人工费、材料费等仍需计算。

(6)拖式铲运机的场外运输费按相应规格的履带式推土机乘以 1.10 系数计算。

(7)静力压桩机、三轴搅拌桩机安装和拆卸一次费用及场外运输费按规格型号综合考虑。

(8)塔式起重机(包括自升式塔式起重机)、走道式及轨道式打桩机的轨道(管道)枕木铺设、拆除以及垫层、路基压实修筑费用未包含在定额内,发生时按实计算。

(9)塔式起重机(包括自升式塔式起重机)塔吊固定式基础处理设计有规定的,按设计要求计算,执行《湖北省房屋建筑与装饰工程消耗量定额及全费用基价表》相应项目。没有规定的,发生时,费用按实计算。

(10)运输车辆、汽车式起重机过桥如需收取费用,按当地人民政府有关文件规定收费。

土石方定额

地基处理与
边坡支护定额

桩基础定额

混凝土及钢筋
混凝土定额

模板工程定额

砌筑工程定额

金属结构
工程定额

门窗工程定额

屋面及防水
工程定额

保温、隔热、
防腐工程定额

楼地面
工程定额

墙、柱面
工程定额

幕墙工程定额

天棚工程定额

油漆、涂料、
裱糊工程定额

其他装饰
工程定额

脚手架
工程定额

垂直运输
工程定额

建筑物超高
增加费定额

大型机械进出场
及安拆定额

施工排水
降水定额

参考文献 References

[1] 中华人民共和国住房和城乡建设部.建设工程劳动定额：LD/T 72.1 ~ 11—2008[S].北京：中国计划出版社，2009.

[2] 规范编制组.2013 建设工程计价计量规范辅导[M].2 版.北京：中国计划出版社，2013.

[3] 中华人民共和国住房和城乡建设部.建设工程工程量清单计价规范：GB 50500—2013[S].北京：中国计划出版社，2013.

[4] 中华人民共和国住房和城乡建设部.房屋建筑与装饰工程工程量计算规范：GB 50854—2013[S].北京：中国计划出版社，2013.

[5] 湖北省建设工程造价管理总站.湖北省建筑安装工程费用定额[M].武汉：长江出版社，2018.

[6] 湖北省建设工程造价管理总站.湖北省房屋建筑与装饰工程消耗量定额及全费用基价表[M].武汉：长江出版社，2018.

[7] 湖北省建设工程标准定额管理总站.湖北省建设工程公共专业消耗量定额及全费用基价表[M].武汉：长江出版社，2018.

[8] 焦红，王松岩，郭兵.钢结构工程计量与计价[M].北京：中国建筑工业出版社，2006.

[9] 成如刚.建筑工程定额计量与计价[M].武汉：武汉大学出版社，2014.

[10] 中华人民共和国住房和城乡建设部.民用建筑通用规范：GB 55031—2022[S].北京：中国建筑工业出版社，2022.